建筑职业技能鉴定教材配套读本

抹灰工

升级考核试题集

张 良 屈锦红
雍 玲 雍传德 编

中国建筑工业出版社

图书在版编目（CIP）数据

抹灰工升级考核试题集/张良等编. —北京：中国建筑工业出版社，2008

建筑职业技能鉴定教材配套读本

ISBN 978-7-112-09806-4

Ⅰ. 抹… Ⅱ. 张… Ⅲ. 抹灰-职业技能鉴定-习题 Ⅳ. TU754.2-44

中国版本图书馆 CIP 数据核字（2007）第 202258 号

本书根据《职业技能鉴定教材——抹灰工》（初级工、中级工、高级工、技师）编写的，是建筑业知识、技能培训考核用书。

本书共分四章二十四节，包括本工种各等级的知识、技能要求，不仅具有明显的等级界线，而且具备各种类型的题型区分。具体内容包括建筑识图和房屋构造，抹灰常用材料和机具，抹灰饰面的基本知识，一般抹灰饰面、装饰抹灰饰面、贴面类饰面的镶贴与安装，花饰的制作与安装，一般古建筑的装饰知识；常见质量疵病与防治；抹灰工程施工组织与安全管理；季节施工、安全技术；建筑饰面质量检验评定标准等。

本书是抹灰工职业技能鉴定、培训、升级考核教材和自学用书，也可供相关专业职业技术学校师生和施工技术人员参考。

* * *

责任编辑：周世明
责任设计：赵明霞
责任校对：安 东 王金珠

建筑职业技能鉴定教材配套读本
抹灰工升级考核试题集
张 良 屈锦红 雍 玲 雍传德 编

*

中国建筑工业出版社出版、发行（北京西郊百万庄）
各地新华书店、建筑书店经销
北京红光制版公司制版
北京建筑工业印刷厂印刷

*

开本：787 × 1092毫米 1/16 印张：$19\frac{3}{4}$ 字数：476千字
2008年4月第一版 2008年4月第一次印刷
印数：1—3,000册 定价：**41.00**元
ISBN 978-7-112-09806-4
(16470)

前　言

培养同现代化建设要求相适应的数以亿计的高素质劳动者，是建立现代化企业制度，实现国民经济持续、稳定、快速发展的重要基础。企业之间的竞争归根结底是技术的竞争，技术的竞争关键是人才的竞争。是否拥有一支力量雄厚的初、中、高级匹配的技术工人队伍是企业实力的重要标志。

当前，建筑企业中、高级技术人才数量严重不足、专业素质和技能偏低，已经影响了企业技术进步以及产品的质量提高。加快培养一大批具有熟练操作技能的技术工人队伍，是建筑企业进一步发展的当务之急。

为适应职业培训和职业技能鉴定工作的开展，满足各等级抹灰工的升级考核的需要，将建筑专业职业技能鉴定教材《抹灰工》（包括初级抹灰工、中级抹灰工、高级抹灰工、技师抹灰工），按照抹灰工考核考题的类型分别编写判断题、填空题、选择题、简答题、计算题、操作技能考核题。

《抹灰工升级考核试题集》一书，具有很强的针对性、实用性、效果性，有利于准备参加升级考核鉴定的人员掌握鉴定的范围和内容，适用于各级培训和鉴定机构组织升级考核复习，以及各类人员自学，对于相关专业职业技术学校师生和施工技术人员有较重要的参考价值。

编写《抹灰工升级考核试题集》一书，有很大的难度，对每道题的准确度不可能都达到标准，由于时间仓促，知识缺乏，经验不足，难免存在缺点和错误，恳切希望广大读者提出宝贵意见，以利今后修订，逐步完善，达到题题准确。

目　录

第一章　初级抹灰工试题

第一节　初级抹灰工判断题

一、判断题（判断正确的请打“√”，错误后请打“×”）

1. 建筑工程图是应用投影的原理和方法绘制的。　(　　)

2. 建筑工程图是用六个投影图来表示建筑物的真实形状、内部构造和具体尺寸的。　(　　)

3. 投影线与投影面垂直所得的投影，叫做正投影。　(　　)

4. 空间的形体都有长、宽、高三个方向的尺度。　(　　)

5. 建筑施工图一般用一个三面投影图就能反映其内外概况。　(　　)

6. 三面图的投影关系：平面图和正面图宽相等。　(　　)

7. 三面图的投影关系：正面图和侧面图长对正。　(　　)

8. 三面图的投影关系：平面图和侧面图高平齐。　(　　)

9. 在画形体的投影时，形体上不可见的轮廓线在投影图上需用虚线画出。　(　　)

10. 断面图要划出包括断面在内的物体留下部分的投影图。　(　　)

11. 建筑施工图是按比例缩小或放大绘出的，但是标注尺寸还必须是建筑物或构件的实际尺寸。　(　　)

12. 建筑物的实际尺寸一般比较大，只有将其放大若干倍，才能绘制到图样上。　(　　)

13. 常用构件代号，如墙板用 QB 为代号。　(　　)

14. 常用构件代号，如屋架用 WJ 为代号。　(　　)

15. 建筑施工图（简称结施），包括结构布置平面图和构件的结构详图。　(　　)

16. 施工图中的各种图样，主要是用正投影法绘制的，它们都应符合正投影规律和投影关系。　(　　)

17. 阅读总平面图应先看工程性质、用地范围、地形地貌和周围环境等情况。　(　　)

18. 阅读总平面图应明确拟建房屋的位置和朝向。　(　　)

19. 从立面图的形状与总长总宽尺寸，可以计算出房屋的用地面积。　(　　)

20. 从房屋平面图中可以看到室外台阶、散水和雨水管的大小与位置。　(　　)

21. 从房屋平面图中可以看到房屋内部各房间的配置、用途、数量及其相互间的联系情况。　(　　)

22. 在与房屋立面平行的投影上所作的房屋的正投影图，就是建筑平面图，简称平

面图。（ ）

23. 从立面图上可以了解房屋的各层及总高度多少。（ ）

24. 当物体的某一局部，在图中由于比例过小未能表达清楚或不便于标注尺寸，则可将该局部构造用大于原图的比例放大，这种图形叫做详图，也叫局部放大图或剖面图。（ ）

25. 从立面图可看到该房屋的整个外貌形状，也可了解该房屋的屋面、门窗、雨篷、阳台、台阶及勒脚等的形式和位置。（ ）

26. 高层建筑是指八层及其以上。（ ）

27. 砖混结构是指用砖墙（或柱）、木屋架作为主要承重结构的建筑。（ ）

28. 钢结构是指房屋建筑的柱、梁、屋架等主要结构构件采用型钢制作。（ ）

29. 材料孔隙越大，表观密度（容重）越小，其相对密度（比重）也越小。（ ）

30. 石灰是水硬性胶凝材料，可以用在潮湿的环境中。（ ）

31. 贮存期超过三个月的水泥，仍可按原标号使用。（ ）

32. 麻刀、纸筋可提高抹灰层的抗拉强度，增加抹灰层的弹性和耐久性。（ ）

33. 抹灰是装修阶段中量最大，最主要的部分。（ ）

34. 装饰工程在基体或基层完工后，即可施工。（ ）

35. 室外抹灰工程施工，一般应自下而上进行。（ ）

36. 石灰砂浆内抹灰，可用水泥砂浆或水泥混合砂浆做标志和冲筋。（ ）

37. 钢木门窗缝隙，应用水泥砂浆一次嵌塞密实。（ ）

38. 剖面剖切符号采用细实线绘制。（ ）

39. 砖混结构是以砖墙或柱、钢筋混凝土楼板为主要承重结构。（ ）

40. 建筑施工图包括首页图、总平面图、平面图、立面图、屋顶平面图、剖面图和构造详图。（ ）

41. 混合砂浆是由水泥、石灰粉、砂子按一定比例加水拌合而成。（ ）

42. 水泥和水拌合后，只能在水中硬化，而不能在空气中硬化。（ ）

43. 屋顶主要起围护作用，它一般是不承重的。（ ）

44. 天然地基是指天然土层有足够的地基承载力，可以直接在上面建造房屋的地基。（ ）

45. 建筑图纸上的标高以米为单位。（ ）

46. 钢筋混凝土基础、砖基础属于刚性基础。（ ）

47. 108胶具有一定腐蚀性，应储存在铁桶和塑料桶内。（ ）

48. 砂浆搅拌机每天清洗、保养（指日常保养）。（ ）

49. 抹灰通常有底层、中层、面层组成。（ ）

50. 比例为1∶20，是指图上距离为1，实际距离为20。（ ）

51. 文明施工，按操作规程施工也是建筑工人职业道德的具体表现。（ ）

52. 使用砂浆搅拌机，要先将料倒入拌筒中，再接通搅拌机电源。（ ）

53. 装饰工程所用的材料，应按设计要求选用，并将符合现行材料规范规定。（ ）

54. 装饰工程常用颜料按来源可分为天然颜料和合成颜料，包括无机颜料和矿物颜料。（ ）

55. 108 胶要存放在铁质器皿中，这样可以存放较长时间。（ ）
56. 在脚手架上操作时，靠尺板、直尺等工具必须斜靠在墙上。（ ）
57. 对于墙面有抹灰的踢脚板，层层砂浆和面砂浆可以一次抹成。（ ）
58. 室外墙面抹灰分格的目的就是为了美观。（ ）
59. 抹楼梯踏步时，阳角一定要跟斜线。（ ）
60. 外窗台抹灰，在漏贴滴水线槽时，可用铁皮划沟的方法补救。（ ）
61. 使用磨石机时，要将胶皮电线在地面上摆好，配电盘要有保险丝。（ ）
62. 雨篷抹灰顺序是：先抹上口面，后抹下口面，最后抹外口正面。（ ）
63. 喷涂抹灰的质量标准比一般手工抹灰的质量标准低。（ ）
64. 装饰抹灰用的石粒，使用前必须冲洗干净。（ ）
65. 水泥砂浆和水泥混合砂浆抹灰层，应待前一层 7～8 成干后，方可抹后一层。（ ）
66. 石灰砂浆底层、中层抹灰洒水润湿后，即可抹水泥砂浆面层。（ ）
67. 抹灰砂浆底层主要是粘结作用。（ ）
68. 不同品种水泥抹灰时可以混合使用。（ ）
69. 墙面抹灰用木制分格条，应浸泡水，晾干后使用。（ ）
70. 搁预制板时，宜边铺灰，边搁置，以防引起楼层地面开裂。（ ）
71. 拌制的砂浆要求具有良好的和易性。（ ）
72. 一般来说孔隙率越大的材料，强度越高。（ ）
73. 建筑材料发展方向应逐渐由天然材料转变为人造材料。（ ）
74. 108 胶可作为胶粘剂使用。（ ）
75. 圈梁的作用是加强房屋的空间刚度和整体性及防止地基产生不均匀沉降。（ ）
76. 基础埋置深度受地基土层构造影响，应尽量埋在深的土层内。（ ）
77. 全面质量管理是全过程的质量管理。（ ）
78. 抹灰工程分为一般抹灰和装饰抹灰。（ ）
79. 抹中层灰主要起找平作用，根据施工质量，可以一次抹成，亦可分次进行。（ ）
80. 膨胀珍珠岩具有密度小、导热系数高、承压能力较高的特点。（ ）
81. 抹灰前对结构工程以及其他配合工程项目进行检查是确保抹灰质量和进度的关键。（ ）
82. 砂浆抹灰层在硬化后，不得受冻。（ ）
83. 加气混凝土和粉煤灰砌块，基层抹混合砂浆时，应先刷 108 胶水溶液一道。（ ）
84. 假面砖操作类似于釉面砖操作，只是和釉面砖材料不同。（ ）
85. 瓷砖铺贴前，要先找好规矩，定出水平标准，进行预排。（ ）
86. 基础是建筑物的最下部位承重构件，而地基是不承重的。（ ）
87. 摩擦桩是桩头达到硬层一种桩，建筑物的荷载由桩尖阻力承受。（ ）
88. 石灰和水玻璃都是属于气硬性胶凝材料。（ ）
89. 建筑石膏在运输和贮存时应防止受潮。（ ）

90. 普通硅酸盐水泥和硅酸盐水泥是同一品种水泥。 （ ）
91. 水泥的初凝指水泥开始产生强度的时间。 （ ）
92. 白垩也可作为抹灰用的材料。 （ ）
93. 环氧树脂耐热性、柔韧性、耐化学腐蚀性好，而且具有体积缩率低、粘结力强等特点。 （ ）
94. 砂浆的流动性即稠度与用水量、骨料粗细等有关，但与气候无关。 （ ）
95. 一般来说砂浆的抗压强度越高、粘结力越强。 （ ）
96. 材料的吸湿性大小决定材料本身组织构造和化学成分。 （ ）
97. 缸砖留缝铺贴顺序，一般是从四周向中间逐块铺贴。 （ ）
98. 抹灰的面层应在踢脚板、挂镜线等木制品安装后涂抹。 （ ）
99. 全面质量管理的核心是加强对产品质量的检查。 （ ）
100. 白水泥和彩色水泥主要用于各种颜色的水磨石、水刷面、剁假石等。 （ ）
101. 抹灰工程在做好标志块后，即可进行抹灰。 （ ）
102. 剁假石操作，包括抹完素水泥浆后，应待水泥浆干后，再抹水泥石屑罩面层。 （ ）
103. 组织管理科学化也是建筑工业化的内容之一。 （ ）
104. 基础埋置深度，要考虑受冻影响，应埋置在冰冻线以下。 （ ）
105. 有机胶凝材料和无机胶凝材料都是建筑上常用的胶凝材料。 （ ）
106. 水泥体积安定性不良，指水泥在硬化过程中体积不发生变化。 （ ）
107. 砂浆的和易性包括流动性和粘结力两个方面。 （ ）
108. 水泥砂浆保水性比石灰砂浆保水性好一些。 （ ）
109. 大理石、花岗石材料，它们的抗压强度和抗拉强度都很好。 （ ）
110. 地面分格是为了防止地面出现不规则裂缝，影响使用美观。 （ ）
111. 石灰砂浆底、中层抹灰和抹水泥砂浆面层可同时进行。 （ ）
112. 镶贴釉面砖前应试排，如遇突出管线、灯具等，应用非整砖拼凑镶贴。 （ ）
113. 菱苦土拌合料，不得直接在水泥砂浆地面上拌合。 （ ）
114. 石膏罩面灰，应抹在水泥砂浆或混合砂浆基层上。 （ ）
115. 细石混凝土或水泥砂浆地面，应隔夜浇水润湿以避免引起裂缝。 （ ）
116. 水泥砂浆掺入适量的石灰浆，能提高砂浆的和易性。 （ ）
117. PDCA 循环是一种动态循环。 （ ）
118. 在施工中遇到安全无保证措施作业时，有权拒绝作业，同时立刻报告有关部门，这是建筑工人的安全职责。 （ ）
119. 不同品种、强度等级的水泥，可以一起堆放、使用。 （ ）
120. 钢筋混凝土基础抗弯能力强，又称刚性基础。 （ ）
121. 煤沥青和石油沥青可以按比例混合使用。 （ ）
122. 装饰处理效果可以通过质感、线条和色彩来反映。 （ ）
123. 墙面的脚手架孔洞必须堵塞严密，管道通过的墙洞等，必须用石灰砂浆堵严。 （ ）
124. 用冻结法砌筑的墙体，室外抹灰应在完全解冻后施工。 （ ）

125. 膨胀蛭石砂浆适用于地下室和湿度较大的车间内墙面和顶棚抹灰。 ( )

126. 甲基硅醇钠具有疏水、防污染等优点，但不能提高饰面耐久性。 ( )

127. 顶棚抹灰前，应在四周墙上弹出水平线，以墙上水平线为依据，先抹顶棚四周圈边找平。 ( )

128. 喷涂时，门窗和不喷涂部位应采取措施防污染。 ( )

129. 陶瓷锦砖在铺贴前，应在清水中浸泡，晾干后，方可使用。 ( )

130. 图纸上尺寸除标高及总平面图上尺寸以米为单位外，其他尺寸一律以毫米为单位。 ( )

131. 人工地基是指土层承载力较高，不必进行加固处理，就能在上面建造房屋。 ( )

132. 楼板安装后，板缝应用 1∶2 水泥砂浆灌缝，这样可避免缝隙漏水。 ( )

133. 石灰砂浆硬化过程中，“结晶”和“碳化”两个过程是同时进行的。 ( )

134. 湿纸筋使用时，清水浸泡透与石灰膏均匀搅拌后，可作为建筑装饰中的堆塑用料。 ( )

135. 水泥的强度等级，是以水泥 28d 的强度值确定的，以后水泥的硬化就停止了。 ( )

136. 装饰水泥性能同硅酸盐水泥相近，施工和养护方法也基本相同。 ( )

137. 膨胀珍珠岩可制作为防水砂浆用。 ( )

138. 保水性良好的砂浆，其分层度是较小的。 ( )

139. 材料的吸湿性是指材料在水中吸收水分的性质。 ( )

140. 水泥面层压光时，钢抹子不宜在面层上多压和用力过大，以免起壳。 ( )

141. 装饰抹灰面层应做在平整且光滑的中层砂浆上。 ( )

142. 剁假石面层应赶平压光，剁前应试剁，以石子不脱落为准。 ( )

143. 室内釉面砖镶贴完后，如不足潮湿房间可用白水泥浆或石膏浆嵌缝。 ( )

144. 每遍抹灰太厚或各层抹灰间隔时间太短，会引起抹灰层开裂。 ( )

145. 地面抹水泥砂浆，为增加砂浆的和易性，可掺入适量的粉煤灰。 ( )

146. 职业道德首先是人们在从事一定正当的职业工作中，要遵循的特定的职业行为规范。 ( )

147. 墙和柱是房屋的平行承重构件，承受楼层和屋顶传给它的荷载，并把这些荷载传给基础。 ( )

148. 房屋柱作为承重构件，而填充在柱间的墙不仅是一个承重构件，同时也是房屋的围护结构。 ( )

149. 墙和柱应该满足承载力、刚度和稳定性要求，除此之外还要保温、隔热、隔声和防水，同时具有耐久性。 ( )

150. 楼面和楼地面是房屋的垂直承重和分隔构件。 ( )

151. 楼地面是建筑物底层的地坪，直接承受各种使用荷载，把荷载直接传给土层。 ( )

152. 屋顶是房屋顶部的承重和围护部分，由屋面和承重结构两大部分组成。 ( )

153. 门和窗安装在墙上，因而是房屋承重、围护结构的组成部分，依所在位置不同，

分别要求它们防水、防风沙、保温和隔声。 （ ）

154. 勒脚是外墙接近室内地面处的表面部分。 （ ）

155. 勒脚的作用是保护接近地面的墙身避免受潮，同时防止外界力量破坏墙身和建筑物的立面处理效果。 （ ）

156. 散水是外墙四周地面做出向外倾斜的坡道。 （ ）

157. 散水的作用是将屋面雨水排至远处，防止墙基受雨水侵蚀。 （ ）

158. 过梁设置的目的是增加房屋整体的刚度和墙体的稳定性，增强对横向风力、地基不均匀沉降以及地震的抵抗能力。 （ ）

159. 圈梁设置的目的是支承洞口上的砌体重量，并连同自重传给窗间墙。 （ ）

160. 圈梁应连续地设在同一水平上，并做成封闭状。 （ ）

161. 踢脚板是地面和墙体相交处的一种构造处理。 （ ）

162. 在建筑工程中，将散粒材料（砂和石子）或块状材料粘结成一个整体的材料，统称为胶结材料。 （ ）

163. 在抹灰饰面中，常用的是有机胶结材料，它又分为气硬性胶结材料（石灰、石膏）和水硬性胶结材料（水泥）两大类。 （ ）

164. 水硬性胶结材料，是指只能在空气中硬化，并能长久保持强度或继续提高强度的材料。 （ ）

165. 气硬性胶结材料，是指不但能在空气中硬化，还能更好地在水中硬化且保持、继续增长其强度。 （ ）

166. 水泥呈粉末状，与适量水调和后形成可塑性浆体，能胶结其他材料成为整体。 （ ）

167. 在抹灰工程中常用的是硅酸盐水泥、普通硅酸盐水泥、矿渣硅酸盐水泥、火山灰质硅酸盐水泥和粉煤灰硅酸盐水泥等。 （ ）

168. 水泥的强度等级是以它 7d 时的抗压强度为主要依据进行划分。分为 32.5、32.5R、42.5、42.5R、52.5、52.5R 等。 （ ）

169. 装饰水泥有白色硅酸盐水泥和彩色硅酸盐水泥。 （ ）

170. 装饰水泥的性能、施工和养护方法与一般水泥大不相同。 （ ）

171. 在抹灰工程中，主要使用生石灰，其呈白色块状，主要成分是氧化钙，含有少量氧化镁（MgO）。 （ ）

172. 石灰吸水性、吸湿性强，在运输、保存过程中应特别注意防水防潮，存放期也不宜过长，一般最好不超过一个月。 （ ）

173. 建筑石膏与适当的水混合，最初成为可塑性的浆体，但很快失去塑性，并逐渐产生强度且不断增长，直到完全干燥为止。 （ ）

174. 抹灰用砂最好是中砂，或者中砂与细砂混合掺用。 （ ）

175. 石粒习惯上用大八厘、中八厘、小八厘、米粒石来表示，但这种表示方法不符合统一长度名称，其中大八厘粒径约为 20mm。 （ ）

176. 聚乙烯醇缩甲醛胶（108 胶），也是抹灰饰面工程中常用的一种经济适用的有机聚合物。 （ ）

177. 聚乙烯醇缩甲醛胶（108 胶），常用于聚合物砂浆喷涂、弹涂饰面，镶贴釉面砖，

或用于加气混凝土墙面底层抹灰等。（ ）

178. 纤维材料在抹灰饰面中起拉结和骨架作用，以提高抹灰层的抗拉强度，增强抹灰层的弹性和耐久性，使抹灰层不易裂缝脱落。（ ）

179. 麻刀应均匀、坚韧、干燥、不含杂质。使用时将麻丝剪成长 200～300mm，敲打松散，即可使用。（ ）

180. 纸筋灰储存时间越长越好，一般为半年以上。（ ）

181. 砂浆的流动性也称稠度，是指砂浆在自重或外力作用下流动的性能。（ ）

182. 当胶结材料和砂子一定时，砂浆的流动性主要取决于含水量。（ ）

183. 砂浆的保水性指砂浆在搅拌后，运输到使用地点时，砂浆中各种材料分离快慢的性质。（ ）

184. 要改善砂浆的保水性，除选择适当粒径的砂子外，主要是增加水泥的用量。（ ）

185. 砂浆的强度以抗拉强度为主要指标。（ ）

186. 不同强度等级的砂浆用不同数量的原材料拌制而成。（ ）

187. 通常水泥砂浆适用于干燥环境。（ ）

188. 通常水泥石灰混合砂浆适用于一般简易房屋。（ ）

189. 各种材料必须要过秤，以保证准确的配合比。一般抹灰砂浆，通常以体积比进行配制。（ ）

190. 砂浆拌制要随拌、随运、随用，不得积存过多，应控制在水泥终凝前用完。（ ）

191. 釉面砖为多孔的精陶坯体，在长期与空气的接触过程中，特别是在潮湿的环境中，会吸收大量水分而产生吸湿膨胀的现象。（ ）

192. 白色釉面砖的特点是色纯白、釉面光亮，镶于墙面，清洁大方。（ ）

193. 瓷砖画的特点：以各种釉面砖拼成各种瓷砖画，或根据已有画稿烧制釉面砖拼装成各种瓷砖画，清洁优美。（ ）

194. 白色釉面砖长度允许偏差为±0.5mm，白色度不低于 87 度。（ ）

195. 白色釉面砖长方形长边圆的规格为长 152mm，宽 70mm，厚 5mm，圆弧半径 8mm。（ ）

196. 外墙面砖用于建筑外墙装饰的块状陶瓷建筑材料，制品分有釉、无釉两种。（ ）

197. 地砖又称缸砖，不上釉，是由黏土烧成。颜色有红、绿、蓝等；形状有正方形、六角形、八角形和叶片形等。（ ）

198. 铁抹子弹性大比较薄，用于抹水泥砂浆面层及压光。（ ）

199. 钢皮抹子用弹性好的钢皮制成，用于小面积或铁抹子伸不进去的地方抹灰或修理，以及门窗框嵌缝等。（ ）

200. 铁皮抹子用于砂浆的搓平和压实。（ ）

201. 圆角阴角抹子用于室内阴角和水池明沟阴角压光。（ ）

202. 八字靠尺（引条）用于做棱角的依据，长度按需截取。（ ）

203. 抹灰工具常用钢制工具，用后要擦洗干净，以防生锈，也便于下次使用。各种

工具用后要放好，不要乱扔乱放，防止丢失和损坏。（　）

204. 灰槽、灰桶等上下移动要轻拿轻放，不要由跳板上往下扔。（　）

205. 砂浆搅拌机是用来制备各种砂浆的专用机械，常用规格为 $18m^3$、$26m^3$。（　）

206. 纸筋石灰、麻刀石灰拌合机是用来拌制抹灰面层用的各种纤维灰膏的。（　）

207. 地面抹光机用于研磨水磨石地面面层。（　）

208. 磨石机是在水泥砂浆铺摊在地上经过大面积刮平后，进行压平与抹光用的机械。（　）

209. 建筑饰面是房屋和构筑物表面的装修和装饰。（　）

210. 建筑饰面根据其所处的部位的不同，分为外墙饰面、内墙饰两种。（　）

211. 建筑外墙饰面主要有两个方面的作用，一是保护墙体，二是装饰立面。（　）

212. 由于外墙取材的不同，必然存在这样或那样的不足，不能全部满足外墙围护功能的要求，因此必须通过饰面来弥补并改善其不足。（　）

213. 建筑室内饰面主要有两方面的作用，即保证室内的使用要求、装饰要求。（　）

214. 楼地面饰面的目的是为保护楼板和地坪，保证使用条件和装饰室内。（　）

215. 室内抹灰包括有顶棚、墙面、楼地面、踢脚板、墙裙、楼梯以及厨房、卫生间等。（　）

216. 中级抹灰工序要求：阴阳角找方、设置标筋、分层赶平、修整、表面压光。（　）

217. 普通抹灰工序要求：分层赶平、修整、表面压光。（　）

218. 高级抹灰工序要求：阳角找方、设置标筋、分层赶平、修整表面压光。（　）

219. 特种砂浆抹灰分为保温砂浆、耐酸砂浆和防水砂浆。（　）

220. 抹灰底层主要起找平的作用，抹灰中层主要起与上下连接作用；抹灰面层是起装饰作用。（　）

221. 顶棚抹灰基层为预制混凝土，其抹灰平均厚度为 15mm。（　）

222. 内墙高级抹灰平均总厚度为 20mm。（　）

223. 室外勒脚抹灰平均总厚度为 20mm。（　）

224. 水泥砂浆各层抹灰经赶平、压实后，每遍厚度宜为 7～9mm。（　）

225. 装饰抹灰用砂浆每遍厚度应按设计要求进行。（　）

226. 如设计无要求时，外墙门窗洞口、屋檐、勒脚等，应选用水泥砂浆或水泥混合砂浆抹灰。（　）

227. 如设计无要求时，温度较高的房间和工厂车间，应选用水泥砂浆抹灰。（　）

228. 如设计无要求时，混凝土板、墙的底层抹灰，应选用水泥砂浆抹灰。（　）

229. 内墙普通抹灰平均总厚度应为 25mm。（　）

230. 纸筋石灰和石灰膏抹灰，每遍厚度不应小于 5～7mm。（　）

231. 抹灰前应对主体结构和水电、暖卫、燃气设备的预埋件，以及消防梯、雨水管管箍、泄水管、阳台栏杆、电线绝缘的托架等安装是否齐全和牢固，各种预埋件、木砖位置标高是否正确进行检查。（　）

232. 抹灰前应检查板条、苇箔或钢丝网吊顶是否牢固，标高是否正确。（　）

233. 基体表面的处理，如对墙上的脚手眼、各种管道洞口、剔槽等应用1∶4水泥砂浆填嵌密实或砌好。 ( )

234. 基体表面的处理，如门窗框与立墙交接处应用水泥砂浆一次嵌塞密实。 ( )

235. 抹灰前应浇水润墙，各种基体浇水程度与施工季节、气候和室内外操作环境有关，应根据实际情况酌情掌握。 ( )

236. 在常温下进行外墙抹灰，墙体一定要浇两遍水，以防止底层灰的水分很快被墙面吸收，影响底层砂浆与墙面的粘结力。 ( )

237. 为保证工程质量、安全生产及文明施工的要求，室内外抹灰应按施工方案规定的施工顺序安排施工，并以此来分别做好各项施工准备。 ( )

238. 有抹灰基体的饰面安装工程，可和抹灰工程同时进行。 ( )

239. 一般抹灰工程，普通抹灰和高级抹灰的施工操作工序大不相同。 ( )

240. 一般抹灰的施工操作工序，以墙面为例：先进行基体处理、挂线、做标志块、标筋及门窗洞口做护角等；然后进行标档、刮杠、搓平；最后做面层（亦称罩面）。 ( )

241. 为保证墙面抹灰垂直平整、达到装饰目的，抹灰前必须找规矩。 ( )

242. 内墙抹灰饰面找规矩做标志块，其间距一般为2～3m左右，凡在窗口、垛角处必须做标志块。 ( )

243. 标筋也叫冲筋、出柱头，就是在上下两个标志块之间先抹出一长条梯形灰埂，其宽度为50mm左右，厚度与标志块相平，作为墙面抹灰填平的标志。 ( )

244. 高级抹灰，为了便于作业和保证阴阳角为正垂直，必须在阴阳角两边都要做标志块、标筋。 ( )

245. 室内墙面、柱面的阳角和门洞口的阳角抹灰要求线条清晰、挺直，并防止碰坏，因此不论设计有无规定，都需要做护角。 ( )

246. 抹护角时，以墙面标志块为依据，首先要将阳角用方尺规方，靠门框一边，以门框离墙面的空隙为准，另一边以标志块厚度为依据。 ( )

247. 同一高度的护角要一次完成，以免分次成活造成明显的接槎印。 ( )

248. 标筋所用砂浆的强度要比抹灰底层砂浆高一些。 ( )

249. 窗口正面应按大墙面标志块抹灰，侧面应根据窗框所留灰口确定抹灰厚度，同样应使用八字靠尺找方吊正，分层涂抹，阳角处也应用阳角抹子捋出小圆角。 ( )

250. 底层与中层抹灰在标志块、标筋及门窗口做好护角后即可进行。 ( )

251. 底层与中层抹灰是将砂浆抹于墙面两标筋之间，底层要高于标筋，待收水后再进行中层抹灰，其厚度以垫平标筋为准，并使其略低于标筋。 ( )

252. 待中层砂浆涂抹后，即用中、短木杠按标筋刮平。使用木杠时，人站成骑马式，双手紧握木杠，均匀用力，由上往下移动，并使木杠前进方向的一边略微翘起，手腕要活。 ( )

253. 墙的阴角，先用方尺上下核对方正，然后用阴角器上下抽动扯平，使室内四角方正。 ( )

254. 当层高小于3.2m时，一般先抹下面一步架，然后搭架子再抹上一步架。 ( )

255. 如果后做地面、墙裙和踢脚板时，要按墙裙、踢脚板准线上口500mm处的砂浆

切成直槎。墙面要清理干净，并及时清除落地灰。（ ）

256. 面层抹灰俗称罩面，应在底子灰稍干后进行，底灰太湿会影响抹灰面平整，还可能出现咬色。（ ）

257. 面层抹灰，若底灰太干，则易使面层脱水太快而影响粘结，造成面层空鼓。（ ）

258. 纸筋石灰或麻刀石灰砂浆面层，一般应在中层砂浆6～7成干时进行（手按不软，但有指印），如底子灰过于干燥，应先洒水湿润。（ ）

259. 石灰砂浆面层，一般采用1∶3石灰砂浆，厚度3mm左右，应在中层砂浆5～6成干时进行。（ ）

260. 混合砂浆面层搓平时，如砂浆太干，可边洒水边搓平，直至表面平整密实。（ ）

261. 水泥砂浆面层压光时，压得太早容易引起面层空鼓、裂纹；压得太晚不易光滑。（ ）

262. 石灰砂浆抹灰，砖墙基体，分层做法：用1∶2∶8（石灰膏∶砂子∶黏土）砂浆抹底、中层，用1∶2～2.5石灰砂浆面层压光，注意应待前一层7～8成干后，方可涂抹后一层。（ ）

263. 砖墙基体用1∶2.5石灰砂浆抹底、中层，用木抹子搓平后，再用铁抹子压光，然后刮大白腻子两遍，砂纸打磨。总厚度为12mm。（ ）

264. 加气混凝土条板基体，墙面浇水湿润，刷一道108胶：水＝1∶3～4溶液，随即抹1∶3石灰砂浆底、中层，最后刮石灰膏，总厚度为10mm。（ ）

265. 砖墙基体，抹1∶1∶3∶5（水泥∶石灰膏∶沙子∶木屑）水泥混合砂浆，分两遍成活，木抹子搓平，厚度宜为15～18mm，适用于有吸声要求的房间。（ ）

266. 墙裙、踢脚板抹1∶3水泥砂浆底层，厚度为5～7mm；1∶3水泥砂浆抹中层，厚度为5～7mm，1∶2.5或1∶2水泥砂浆罩面，厚度为5mm。要求应待前一层抹灰层凝结后，方可抹第二层。（ ）

267. 加气混凝土表面先清理干净，刷一遍108胶：水＝1∶3～4溶液，随即抹1∶1∶4水泥石灰砂浆用含7%108胶水溶液拌制聚合物砂浆抹底层、中层、厚度为10mm，最后用1∶3水泥砂浆，用含7%108胶水溶液拌制聚合物水泥砂浆抹面层，厚度为8mm。（ ）

268. 混凝土基体用1∶0.3∶3比例的水泥石灰砂浆抹底层、中层，其厚度分别为7～9mm，最后用纸筋石灰或麻刀石灰罩面，厚度为7～9mm。（ ）

269. 混凝土大板或大模板建筑内墙基体，用聚合物水泥砂浆或水泥混合砂浆喷毛打底，厚度为7～9mm，用纸筋石灰或麻刀石灰罩面，厚度为7～9mm。（ ）

270. 板条、苇箔、金属网墙用麻刀石灰或纸筋石灰砂浆抹底层，厚度为2～3mm；用麻刀石灰或纸筋石灰砂浆抹中层，厚度为2～3mm；用1∶2.5石灰砂浆（略掺麻刀）找平，厚度为3～6mm；用纸筋石灰或麻刀石灰抹面层，厚度为3～6mm。（ ）

271. 内墙抹灰分层每层抹灰厚度应控制在5mm。（ ）

272. 为了增加墙面的美观，避免罩面砂浆收缩后产生裂纹，一般均需粘分格条，设分格线。（ ）

273. 粘贴分格条要在中层灰抹完后进行 （ ）

274. 木制分格条在使用前要用水泡透，这样既便于粘贴又能防止分格条使用时变形。 （ ）

275. 水平分格条宜粘贴在水平线的下口，垂直分格条粘贴在垂线的左侧，这样便于观察，操作方便。 （ ）

276. 分格线不得有错缝和掉棱掉角，其缝宽和深浅应均匀一致。 （ ）

277. 外墙的抹灰层要求有一定的防水性能，用水泥混合砂浆（水泥：石灰膏：砂子=1：1：6）打底或罩面（或打底用1：1：6，罩面用1：0.5：0.5）。 （ ）

278. 抹水泥砂浆罩面压光后，用刷子蘸水，按同一方向轻刷一遍，以使墙面色泽、纹路均匀一致。 （ ）

279. 抹灰面空鼓、裂缝。主要是基体清理不干净，墙面浇水不透或不均匀，一次抹灰过厚或各层抹灰时间间隔太近。 （ ）

280. 现浇混凝土楼板顶棚抹灰可用1：0.5：1水泥石灰混合砂浆抹底层，厚度6mm；用1：3：9水泥石灰砂浆抹中层，厚度为3mm；用纸筋石灰或麻刀石灰抹面层，厚度为2～3mm。 （ ）

281. 现浇混凝土楼板顶棚抹头道灰时，必须与模板木纹的方向相一致，并用钢皮抹子用力抹实，越薄越好，底子灰抹完后紧跟抹第二遍找平，待6～7成干时，即应罩面。 （ ）

282. 预制混凝土楼板顶棚抹灰，抹前要先将预制板缝勾实勾平，然后用1：0.5：1水泥石灰混合砂浆抹底层，厚度为6mm；用1：3：9水泥石灰砂浆抹中层，厚度为2mm；用纸筋石灰或麻刀灰抹面层，厚度为2～3mm。 （ ）

283. 预制混凝土楼板顶棚抹灰，用1：0.3：6水泥纸筋灰砂浆抹底层、中层灰，厚度为5mm；用1：0.2：6水泥细纸筋灰罩面压光，厚度为7mm。 （ ）

284. 预制混凝土楼板顶棚抹灰，用1：1水泥砂浆（加水泥重量2%的聚醋酸乙烯乳液）抹底层，厚度为6mm；用1：3：9水泥石灰砂浆抹中层，厚度为2mm；用纸筋灰罩面，厚度为2mm。底层抹灰需养护2～3d后，再做找平层。 （ ）

285. 顶棚抹灰易出现抹灰层空鼓和裂纹，其原因基层清理不干净，一次抹灰过厚，没有分层赶平，一般每遍抹灰应控制在10mm内。 （ ）

286. 多线条灰线一般指有五条以上凹槽较深、形状不一定相同的灰线。常用于高级装修房间。 （ ）

287. 抹灰线一般分四道灰。头道灰是粘结层，用1：1：1=水泥：石灰膏：砂子的水泥混合砂浆，薄薄抹一层。 （ ）

288. 抹灰线最后一道灰是罩面灰，分两遍抹成，用细纸筋灰（或石膏），厚度不超过2mm。 （ ）

289. 抹灰线工具死模是用硬木按照施工图样的设计灰线要求制成，并在模口包镀锌薄钢板。 （ ）

290. 方柱、圆柱出口线角一般不用模型，使用水泥混合砂浆或石灰膏砂浆里掺石膏抹出线角。 （ ）

291. 方柱抹出口线角，抹灰时，应分层进行，要做到对称均匀，柱面平整光滑，四

边角棱方正顺直，线条清晰，出口线角平直，并与顶棚或梁的接头处理好，看不出接槎。（　）

292. 圆柱抹出口线角，应根据设计要求按圆柱出口线角的形状、厚度和尺寸大小，制作圆形样板。（　）

293. 室内灰线抹灰、其墙面、顶棚找规矩基本与一般抹灰找规矩有些不同。（　）

294. 墙面与顶棚交接处灰线抹灰，首先要做好稳尺。稳尺的方法可利用纸筋石灰∶水泥＝1∶3的水泥混合砂浆灰饼贴靠尺板。（　）

295. 墙面与顶棚交接处灰线抹灰，上下靠尺粘贴要牢固，出进上下要水平一致。（　）

296. 墙面与顶棚交接处灰线抹灰，死模坐入后，要上下灰口适当，推拉时要不卡不松，如有阻碍和偏差，可校正上靠尺。（　）

297. 灰线抹灰，死模双尺操作法等基本推出棱角时，再用细纸筋石灰罩面推到使灰线棱角整齐光滑为止（分两遍推抹罩面灰的厚度不超过10mm）。然后将模取下，刷洗干净。（　）

298. 如果抹石膏灰线，在底层、中层及出线灰抹完并待6～7成干时稍洒水，用4∶6的比例配好石灰石膏浆罩面，灰浆要控制在20～30mm用完。（　）

299. 死模双尺操作法无论是扯制出线灰或罩面灰，模头及模底板下面小木条都要始终紧靠上、下靠尺板，用力要均匀，使死模平稳地沿轨道缓缓向前。（　）

300. 接阴角灰线接头，即当灰线扯制完成后，拆除靠尺，切齐甩槎，然后进行每两对应的灰线之间的接头。（　）

301. 灰线接头基本成型后再用小铁皮修理勾画成型，使它不显接槎，然后用排笔蘸水清刷。（　）

302. 一般常见圆形灰线多用于顶棚灯头圆形灰线，使用圆形活模扯制。（　）

303. 在外墙面装饰灰线中，门、窗洞顶部半圆形灰线的扯制方法与顶棚灯头圆形灰线的扯制方法大不一样。（　）

304. 水泥楼地面由于其刚性大、散热性大，有易返潮、冷、硬、响，以及施工操作方法不当时易起灰、起砂等缺点，故在混凝土垫层通常使用干硬性水泥砂浆。（　）

305. 水泥砂浆面层多铺在混凝土楼、地面、碎砖三合土等垫层上，垫层处理是防止水泥砂浆面层空鼓、裂纹、起砂质量通病的关键工序。（　）

306. 地面抹灰前，应先在四周墙上弹出一道水平基准线，作为确定水泥砂浆面层标高的依据。（　）

307. 水平基线是以地面±0.000及楼层砌墙前的抄点为依据，一般可根据情况弹在标高1500mm的墙上。（　）

308. 根据水平基准线再把楼地面面层上皮的水平辅助基准线弹出，面积不大的房间，可根据水平基准线直接用长木杠抹标筋。（　）

309. 地面标筋用1∶3水泥砂浆，宽度一般为150～200mm。（　）

310. 楼地面抹灰做标筋时，要注意控制面层厚度，面层的厚度应高于门框的锯口线。（　）

311. 对于厨房、浴室、厕所等房间的地面，必须将流水坡度找好。（　）

二、判断题答案

1. ✓　2. ×　3. ✓　4. ✓　5. ✓　6. ×　7. ×　8. ×　9. ✓
10. ×　11. ✓　12. ×　13. ✓　14. ✓　15. ×　16. ✓　17. ×　18. ✓
19. ×　20. ✓　21. ✓　22. ×　23. ✓　24. ×　25. ✓　26. ×　27. ×
28. ✓　29. ×　30. ×　31. ×　32. ✓　33. ×　34. ✓　35. ×　36. ×
37. ×　38. ×　39. ✓　40. ✓　41. ✓　42. ×　43. ×　44. ✓　45. ✓
46. ×　47. ×　48. ✓　49. ✓　50. ✓　51. ×　52. ×　53. ×　54. ✓
55. ×　56. ×　57. ×　58. ×　59. ✓　60. ×　61. ×　62. ×　63. ×
64. ✓　65. ×　66. ×　67. ✓　68. ×　69. ✓　70. ×　71. ×　72. ×
73. ✓　74. ✓　75. ✓　76. ×　77. ✓　78. ×　79. ×　80. ×　81. ✓
82. ×　83. ×　84. ×　85. ×　86. ×　87. ×　88. ✓　89. ✓　90. ×
91. ×　92. ✓　93. ✓　94. ×　95. ✓　96. ✓　97. ×　98. ×　99. ×
100. ✓　101. ×　102. ×　103. ✓　104. ✓　105. ✓　106. ×　107. ×　108. ×
109. ×　110. ✓　111. ×　112. ×　113. ✓　114. ×　115. ✓　116. ✓　117. ✓
118. ✓　119. ×　120. ×　121. ×　122. ✓　123. ×　124. ✓　125. ×　126. ×
127. ✓　128. ✓　129. ×　130. ✓　131. ×　132. ×　133. ✓　134. ✓　135. ×
136. ×　137. ×　138. ✓　139. ×　140. ✓　141. ×　142. ✓　143. ✓　144. ✓
145. ×　146. ✓　147. ×　148. ×　149. ✓　150. ×　151. ✓　152. ✓　153. ×
154. ×　155. ✓　156. ✓　157. ✓　158. ×　159. ×　160. ✓　161. ✓　162. ✓
163. ×　164. ×　165. ×　166. ✓　167. ✓　168. ×　169. ✓　170. ×　171. ×
172. ✓　173. ✓　174. ×　175. ×　176. ✓　177. ✓　178. ✓　179. ×　180. ×
181. ✓　182. ✓　183. ✓　184. ×　185. ×　186. ✓　187. ×　188. ×　189. ✓
190. ×　191. ✓　192. ✓　193. ✓　194. ×　195. ×　196. ✓　197. ✓　198. ×
199. ×　200. ×　201. ✓　202. ✓　203. ✓　204. ✓　205. ×　206. ✓　207. ×
208. ×　209. ✓　210. ×　211. ✓　212. ✓　213. ×　214. ✓　215. ✓　216. ×
217. ✓　218. ×　219. ✓　220. ×　221. ×　222. ×　223. ×　224. ×　225. ✓
226. ✓　227. ✓　228. ✓　229. ×　230. ×　231. ✓　232. ✓　233. ×　234. ×
235. ✓　236. ✓　237. ✓　238. ×　239. ×　240. ✓　241. ✓　242. ×　243. ×
244. ✓　245. ✓　246. ✓　247. ✓　248. ×　249. ✓　250. ✓　251. ×　252. ×
253. ✓　254. ✓　255. ×　256. ✓　257. ✓　258. ✓　259. ×　260. ✓　261. ×
262. ✓　263. ×　264. ×　265. ✓　266. ✓　267. ✓　268. ×　269. ×　270. ×
271. ×　272. ✓　273. ×　274. ✓　275. ✓　276. ✓　277. ×　278. ✓　279. ✓
280. ×　281. ×　282. ×　283. ×　284. ×　285. ×　286. ×　287. ✓　288. ✓
289. ✓　290. ✓　291. ✓　292. ✓　293. ×　294. ×　295. ✓　296. ✓　297. ×
298. ×　299. ✓　300. ✓　301. ✓　302. ✓　303. ×　304. ✓　305. ✓　306. ✓
307. ×　308. ✓　309. ×　310. ×　311. ✓

第二节 初级抹灰工填空题

一、填空题（将正确答案填在横线空白处）

1. 投影线与投影面垂直所得的________，叫做正投影。

2. 投影线倾斜于________所得投影，叫做斜投影。

3. 形体在一个三面投影体系中，V 面叫做________（简称正面），形体在 V 面上的投影叫做________，也叫________图（简称正面图）。

4. 为了能清晰地表达出物体内部构造，假想用一个剖面将物体切开，并移去剖切前面的部分，然后做出剖切面后面部分的投影图，这种________称为剖面图。

5. 在剖切图中，为了突出物体中________，在断面上应画材料符号。

6. 假想用剖切图将物体剖切后，仅画出________称为断面图。

7. 根据国家标准，图样上除了________以米（m）为单位外，其余均以毫米（mm）为单位，因此也可________。

8. 在图样上用10mm代表________长，称这种缩小的尺寸绘出的图的比例为1∶100。

9. 房屋结构的基本构件，如各种梁、柱、板等，种类繁多，布置复杂，为了便于查找，把每类构件用该构件的汉语拼音________表示。

10. 常用构件代号，如天沟板其代号为________。

11. 常用构件代号，如屋面板其代号为________。

12. 建筑材料图例，如 为________材料图例。

13. 建筑材料图例，非承重的空心砖的图例为________。

14. 总平面图图例，室内的地坪标高的图例为________。

15. 总平面图图例，如“▼”图例为________。

16. 房屋建筑工程图是用以指导________，简称施工图。

17. 结构施工图（简称结施）：包括________和构件的结构详图。

18. 施工图中的各种图样，通常在 H 面上作________，在 V 面上作________，在 W 面上作________。

19. 阅读总平面图，可以了解工程性质、用地范围、地形地貌和________等情况。

20. 一般建筑施工图都使用________，即以首层室内地面高度为相对标高的零点。零点标高应注写成________。

21. 假想用一水平的切平面________将房屋剖切后，对切平面以下部分所作的水平剖面图，即为________，简称平面图。

22. 一般地说，房间有几层，就应画出________，并在图的下方注明相应的________，如底层平面图、二层平面图等。

23. 通过指北针的符号，可以了解房屋的________。

24. 从平面图的形状与________尺寸，可计算出房屋的用地面积。

25. 从平面图可以了解房屋内部各房间的________的联系情况。

26. 从平面图中看到的注有外部和内部尺寸，可了解到房间的________的大小和位置。

27. 从平面图中门窗的图例及其编号，可了解到门窗的________。

28. 从立面图中可看到该房屋的________，也可了解该房屋的________等的形式和位置。

29. 从立面图中可了解外墙表面________的做法。

30. 按房屋的用途有居住类，包括________等。

31. 按房屋的层数有多层建筑，是指________的。

32. 民用建筑按承重结构的材料分类，有砖混结构，即用砖墙（或柱）、钢筋混凝土楼板作为________的建筑。

33. 墙不仅是一个承重构件，同时也是房屋的________。外墙阻隔________对室内的影响，内墙把室内空间分隔的房间，避免相互干扰。

34. 墙和柱应该满足________要求，除此之外还要________，同时具有耐久性。

35. 楼梯是楼房上下各层的________。在平时供人们________，在遇到火灾、地震时供人们________。因此，要求楼梯________和有足够的通行能力。

36. 屋顶的作用是承受作用在上面的各种荷载，包括________，并连同自重一起，传给________。同时又起着________的作用。因此要求屋顶应有足够的承载力和刚度。

37. 按墙体材料分有________等。

38. 勒脚常见的做法是用坚实的材料砌成，或在勒脚部位用________抹灰。

39. 散水材料一般用素混凝土浇筑，宽度一般为________mm。当屋顶有出檐时，较出檐多________mm，坡度为________。

40. 常用的踢脚板材料有________等。

41. 石油沥青、煤沥青及各种天然和人造树脂属于________材料。

42. 水泥、石灰、石膏等属于________材料。

43. 水泥加水拌合形成________，经本身化学物理变化，逐渐变稠失去塑性，称为________。

44. 水泥的凝结时间对施工具有重要意义，初凝________，终凝________。国家标准规定，初凝时间不得小于________min，终凝时间不得大于________h。

45. 水泥的保管。按不同生产厂、不同________，定期储存分别保管。

46. 水泥保管，堆垛不宜太高，一般不超过________。

47. 在抹灰工程中，主要使用________——氢氧化钙［$Ca(OH)_2$］。

48. 生石灰加入适量的水成为________，经过筛（筛孔 3mm）沉淀后得到________。

49. 建筑石膏凝结很快，终凝时间在________min 以内；硬化后抗压强度较高，长期强度增长________。

50. 砂按颗粒大小可分为________。

51. 砂平均粒径在________mm 以下为特细砂。

52. 石粒是由天然________以及其他天然石材破碎加工而成，可用做________。

53. 在水泥或水泥砂浆中掺入适量的 108 胶，可以将水泥砂浆的粘结性能提高________倍，增加砂浆的________，从而减少砂浆面层________现象。

54. 在水泥或水泥砂浆中掺入适量的108胶，可提高砂浆________，便于操作。

55. 聚乙烯醇缩甲醛胶宜用________储运。冬期应注意________后质量会受到严重影响。

56. 纸筋灰储存时间越________，一般为1～2月。湿纸筋使用时________浸透，每50kg灰膏掺________ kg纸筋搅拌均匀，其碾磨和过筛方法同于纸筋。

57. 砂子的级配即砂子________按一定比例配合，使砂子的空隙率及表面积达到设计要求，这种________叫砂子的级配。

58. 胶结材料和砂子一定时，砂浆的流动性主要取决于________。

59. 选择砂浆流动性时，应考虑抹灰饰面的________等因素。

60. 砂浆保水性的好或差，与砂浆组成材料有关。如砂子及水的________，胶结材料、掺合材料较少，不足以包裹砂子，则水分易与砂子及胶结材料分离。

61. 砂浆强度与配合比、加水量、________、砂子的颗粒级配和所含________等因素有关。

62. 影响砂浆粘结力的因素有________和养护条件等。

63. 一般来说，砂浆的粘结力随砂浆的________而提高。

64. 砂浆各种材料必须________，以保证准确的配合比。

65. 拌制砂浆前，砂要________，除去大颗粒和杂质。

66. 人工拌制砂浆时，应将规定量的砂子和水泥先________，再将定量的水、石灰膏________，待砂浆________，稠度合适即可。

67. 釉面砖由于釉的吸湿膨胀________，当坯体湿膨胀的________到使釉面处于拉应力状态，应力超过釉的抗拉强度时，釉面发生________。

68. 釉面砖有________等多种品种。釉面砖表面________。

69. 釉面砖中白色品种是________的一种。白色釉面砖有________两种及配件。

70. 釉面砖按外观质量分为：________级。

71. 外墙面砖的坯体质地密实，釉质耐磨，因此具有________。

72. 地（缸）砖具有质坚、耐磨、强度高、吸水率低、易清洗等特点，一般用于室外平台、________等地面装饰材料。

73. 木抹子用于砂浆的________。

74. 阴角抹子用于阴角________。

75. 圆阳角抹子用于________。

76. 木杠（刮杠、大杠）分长杠、中杠、短杠。用于________的抹灰层。

77. 各种刷子及木制工具用后要将________并擦干放好。木制工具不要堆放在________，以防止变形。

78. 周期式砂浆搅拌机用料斗上料，自动活门出料，适用于________的搅拌。

79. 使用砂浆搅拌机，加料时工具不能________，更不能在转动时把工具________。

80. 纸筋石灰、麻刀石灰拌合机使用时，拌合机要安装________，一次加料________，用毕用水将机械冲刷干净。

81. 地面抹光机使用时抹刀倾斜方向与转子旋转________，抹刀的倾角与地面呈________。

82. 操作抹光机时，应穿________和戴________以防触电；每班工作结束后，________，放置干燥处。

83. 磨石机用于研磨________地面面层。

84. 外墙是建筑物的重要组成部分，不仅具有一定的________，而且有的还要承担________。

85. 建筑室内饰面是使房屋内部墙面具有________和________的功能，为人们在室内工作、生活创造舒适的环境。

86. 楼板和地坪必须依靠面层来解决________和防止生产、生活及擦洗用水的________。

87. 楼面和地面应具有足够的________，并要求表面________和便于________。

88. 普通抹灰工序要求，分层赶平、修整，________。

89. 各种板块楼地面层，铺贴水泥花砖，表面平整度用2m靠尺和楔形塞尺检查，允许偏差不大于________mm。

90. 抹灰等级的选定，以________为准，以________作为划分抹灰等级的主要依据。

91. 普通抹灰一般用在________或高级建筑的附属工程，以及临时建筑物等。

92. 抹灰饰面为使抹灰层与基体粘结牢固，防止起鼓开裂，并使抹灰表面平整，保证工程质量，一般应分层涂抹，即________。

93. 抹灰层的平均厚度，根据________不同，________不同等要求，规定抹灰层的厚度。

94. 麻刀石灰抹灰层每遍抹灰的厚度，不应大于________mm。

95. 加气混凝土砌块和板的底层抹灰，如设计无要求时，可用________抹灰。

96. 抹灰工程的施工，必须在结构或基体质量检验________，并具备不被后继工程所________的条件下方可进行。

97. 抹灰前应检查门窗框及其他木制品是否________固定，是否预留抹灰层厚，门窗口高低是否符合________。

98. 抹灰前应检查水、电管线、配电箱是否________，有无漏项；水暖管道是否做过________；地漏位置标高________。

99. 抹灰前基体的表面应认真处理，如基体表面的________、粘结砂浆等均应清除干净。

100. 平整光滑的混凝土表面如设计无要求时，可不抹灰，而用________处理。否则应进行________，方可抹灰。

101. 抹灰前对基体要进行浇水润墙。各种基体浇水程度，与________有关，应根据实际情况酌情掌握。

102. 加气混凝土表面孔隙率大，其毛细管为________，阻碍了水分渗透速度，它同砖墙比，吸水速度约慢________分之一。

103. 混凝土墙体吸水率低，抹灰前浇水可以________。

104. 室外抹灰和饰面工程的施工，一般应________进行。高层建筑如采取措施后，可以________。

105. 室内抹灰通常应在屋面防水工程________进行。如果要在屋面防水工程

________抹灰，应采取可靠的防护措施，以免使抹灰成品遭到________。

106. 内墙面抹灰饰面，在做标志块前，先用托线板全面检查砖墙表面________，根据检查的实际情况，并结合不同抹灰类型构造厚度的规定，决定墙面________。

107. 内墙抹灰饰面做标志块，用底层抹灰砂浆，即 1∶3 水泥砂浆或________水泥混合砂浆。

108. 内墙抹灰饰面做标志块，厚度为________，大小为________mm 左右见方。

109. 内墙抹灰饰面做标志块，凡在________处必须做标志块。

110. 标筋的两边用刮尺修成________，使其与抹灰层接槎顺平。

111. 内墙面抹灰，阴阳角找方，方法是先在阳角________，用方尺将阳角先规方，然后在墙角弹出________，并在准线上下两端挂通线做________。

112. 高级抹灰要求阴阳角都要________，阴阳角两边都要________。

113. 不论设计有无规定，门窗洞口都需要做________。护角做好后，可起到标筋作用。

114. 门窗洞口做护角应抹________水泥砂浆，一般高度由地面起不低于________m，护角每侧宽度不小于________mm。

115. 窗洞口一般虽不要求做________，但同样也要方正一致，________。

116. 抹底层灰时，一般由________，抹子贴紧墙面用力________，使砂浆与墙面粘结牢固。

117. 一般情况下，标筋抹完就可以________。但要注意，如果________，容易将标筋刮坏产生凸凹现象；如果________再刮，墙面砂浆和标筋收缩不一致，则又会出现标筋高于墙面成分离现象。

118. 面层抹灰俗称罩面。应在底子灰________，底灰太湿会影响抹灰面平整，还可能出现咬色。

119. 纸筋石灰或麻刀石灰砂浆面层抹灰，通常由阴角或阳角开始，________进行，两人配合，一人先竖向（或横向）薄薄抹一层，使纸筋灰与中层紧密结合；另一人横向（或竖向）抹第二层，并要________。

120. 石灰砂浆面层操作时，一般先用________抹灰，再用________由下向上刮平，然后用________搓平，最后用________压光成活。

121. 混合砂浆面层，一般采用 1∶2.5 水泥石灰砂浆，厚度________mm，先用________罩面，再用________刮平，找直。

122. 水泥砂浆面层压光时，用力要适当，遍数不宜过多，但不得少于________。罩面后次日应进行________。

123. 石灰砂浆抹灰，砖墙基体，分层做法是用比例为________的石灰砂浆抹底层，厚度为 7～9mm；用 1∶2.5 石灰砂浆抹中层，厚度为________mm；在中层还潮湿时刮________，厚度为 1mm。

124. 石灰砂浆抹灰，砖墙基体，分层做法是用比例为________的石灰砂浆抹底层，厚度为 7mm；用 1∶3 石灰砂浆抹中层，厚度为________mm；用 1∶1 石灰木屑（或谷壳）抹面，厚度为________mm。

125. 水泥混合砂浆抹灰，砖墙基体，分层做法，用 1∶1∶3∶5（水泥∶石灰膏∶砂子：木屑）分________成活，________搓平，厚度为________mm，适用于有吸声要求的房间。

126. 水泥混合砂浆抹灰，用于做油漆墙面抹灰，分层做法，用比例为________的水泥石灰砂浆抹底层，厚度为7mm；用1∶0.3∶3水泥石灰砂浆抹中层，厚度为________mm；用1∶0.3∶3水泥石灰砂浆罩面，厚度为________mm。

127. 纸筋石灰或麻刀石灰抹灰，适用范围为混凝土大板或大模板建筑内墙基体。分层做法是聚合物水泥砂浆或水泥混合砂浆喷毛打底，厚度为________mm；纸筋石灰或麻刀石灰罩面，厚度为________mm。

128. 纸筋石灰或麻刀石灰抹灰，适用范围是加气混凝土砌块或条板基体。分层做法，用比例为________的水泥石灰砂浆抹底层，厚度为3mm；1∶3石灰砂浆抹中层，厚度为________mm；最后用纸筋石灰或麻刀石灰罩面，厚度为________mm。

129. 内墙抹灰容易出现________质量问题，主要是由于基体________，墙面________，砂浆中的水分被墙体吸收，降低了砂浆的粘结强度。

130. 外墙面抹灰与内墙抹灰一样要挂线做________。

131. 竖向分格线用线锤或经纬仪________；横向要以水平线为依据________。

132. 分格条因本身水分蒸发而________也比较容易起出，又能使分格条两侧的________。

133. 粘贴完一条竖向或横向的分格条后，应用直尺________，并将分格条两侧用素水泥浆抹成呈________（若是水平线应先抹下口）。

134. 当天抹面的分格条，两侧八字形斜角抹成________；当天不抹面的"隔夜条"，两侧八字形斜角应抹得陡一些，成________。

135. 面层抹灰与分格条齐平，然后按分格条厚度________，并将分格条表面的余灰________。

136. "隔夜条"不宜________，应在罩面层达到强度之后再起。分格条起出后应将其清理干净，________。分格线处用________勾缝。

137. 如果饰面层较薄时，墙面分格条可采用________。

138. 分格线采用划缝法。等做完饰面后，待砂浆________，弹出分格线。沿着分格线按贴靠尺板，用________沿靠尺板进行划缝，深度________mm（或露出底层）。

139. 外墙的抹灰层要求有一定的________，用水泥混合砂浆打底和罩面（打底比例用________，罩面比例用________）。

140. 外墙抹灰饰面经打磨后的饰面务必使表面____，抹纹顺直，________。

141. 外墙抹水泥砂浆饰面，抹底层时，必须把砂浆压入________，刮平________。

142. 外墙抹灰面有明显接槎。主要是墙面没有分格，留槎________，应将接槎位置留在分格线处或阴阳角和落水管处；或砂浆没有________。

143. 水平分格条一般应粘在________；竖向分格条一般应粘在________。

144. 顶棚抹灰常用的主要有混凝土预制顶棚和________顶棚。

145. 顶棚抹灰基层处理。对于预制混凝土楼板，要用________灌注预制板缝，以免板缝产生裂纹，并用钢丝刷清除附着的________。

146. 为防止顶棚抹灰层出现________等现象，为此在抹灰时，应先清理干净的混凝土表面刷水后________进行处理，方可抹灰。

147. 顶棚抹灰通常不做________，用目测的方法控制其________，以无明显高低不平及接槎痕迹为度。

148. 顶棚抹中层灰后用________刮平赶匀，随刮随用________将抹印顺平，再用________搓平，顶棚管道周围用________顺平。

149. 顶棚抹灰的顺序一般是________，并注意其方向必须同基体的缝隙（混凝土板缝）成________，这样，容易使砂浆挤入缝隙牢固结合。

150. 顶棚抹中层灰，厚薄应掌握________，随后用软刮尺赶平。如平整度欠佳，应再补抹和赶平。但________，否则容易搅动底灰而引起掉灰。

151. 顶棚面层抹灰。待中层抹灰达到________干，即用手按不软、有指印时（但防止过干，如过干应稍洒水），再开始面层抹灰。

152. 各抹灰层受冻或急骤干燥，都能引起产生________，因此要________。

153. 无论现浇或预制楼板顶棚，如用人工抹灰，都应进行基体处理，即混凝土表面________。

154. 现浇混凝土楼板顶棚抹灰，分层做法是用配合比例1∶0.2∶4水泥纸筋砂浆抹底层，厚度为2～3mm；用配合比例________水泥纸筋砂浆抹中层，厚度为________mm；最后用纸筋灰罩面，厚度为________mm。

155. 顶棚抹灰分层做法中纸筋石灰配合比是________∶________=100∶1.2（重量比）。

156. 顶棚在罩面灰抹完后，要等待罩面灰________再进行压光。压光时，抹子要稍平，________按顺序压光，就不会出现________现象。

157. 灰线有简单灰线，就是抹出________条简单线条。

158. 抹灰线一般分四道灰。第二道灰是垫层灰，用配合比为________=水泥∶石灰膏∶砂子的水泥混合砂浆，略掺________，厚度随灰线尺寸而定，要分几遍抹成。

159. 抹灰线工具死模，适用于________设置的灰线，以及较大的灰线抹灰。

160. 抹灰线工具活模。它是用硬木按灰线的设计要求制成，模口包镀锌薄钢板，适用于________。

161. 抹灰线工具合叶式喂灰板。是配合死模抹灰线时的________。它是根据________，用钢丝将两块或数块木板穿孔连接，能折叠转动。

162. 方柱抹出口线角时，一般应先抹柱子的侧面出口线角，将靠尺板临时卡在________；做正面的出口线角时，把靠尺卡在________。

163. 圆柱抹出口线角时，出口线角柱面要做到________，并与平顶或梁接头处理好，看不出________。

164. 灰线扯制要________，操作时要待粘贴靠尺的灰饼________，先抹粘结层，接着一层层地抹垫灰层，垫灰层的厚度根据________决定。

165. 扯模及喂灰操作动作要________，步子________，使喂灰板依靠模的推动前进。

166. 楼地面抹灰，表面比较光滑的基层，应进行________，并________。冲洗后的基层，最好不要________。

167. 在现浇混凝土或水泥砂浆垫层、找平层上做水泥砂浆地面面层时，必须在其

________达到1.2MPa后，才能铺设面层，这样才不致破坏其________。

168. 楼地面铺设前，还要将门框再一次________。并注意当地面面层铺设后，门扇与地面的间隙应符合________。然后将门框固定，防止松动位移。

169. 楼地面铺抹的砂浆开始初凝时，即人踩上去有脚印但不塌陷，即可开始用钢皮抹子压________。

170. 楼地面铺抹水泥砂浆，用钢皮抹子压第二遍时，要压实、压光、________，抹子与地面接触时，发出"沙沙"声，并把________都压平。

171. 楼地面铺抹的水泥砂浆，第二遍压光最重要，表面要清除________，做到________，进一步收水后待水泥砂浆终凝前，人踩上去有细微脚印，抹子抹上去不再有抹子纹时，再用铁抹子压________。

172. 楼地面铺抹的水泥砂浆，第三遍抹压时用劲要________，并把第二遍留下的________，压平、压实、压光。

173. 地面分格。当地面面积较大，设计要求________时，应根据地面分格线的位置和尺寸，在________画好分格线位置。

174. 地面分格。待面层砂浆________，再用钢皮抹子压平、压光，把分格缝________。

175. 水泥砂浆面层抹压后，应在________条件下养护。养护要适时，如浇水过早易________，过晚易产生________。

176. 铺设细石混凝土地面按________刮平拍实后，稍待收水，即用钢皮抹子预压一遍。要求抹子放平压紧，将细石的________，使地面平整，________现象。

177. 豆石混凝土地面压光时，切忌采用________的方法，以吸收泛出的水泥浆中多余的水分。

178. 细石混凝土地面面层终凝虽然不是水泥水化作用和硬化的终结，但它表示水泥浆从________，开始具有________。

179. 细石混凝土地面面层如果终凝后再进行抹压工作，则对水泥凝胶体的凝结结构会遭到________，很难再进行________。

180. 豆石混凝土地面在养护期间，禁止________或进行其他________，以免损伤面层。

181. 楼梯抹灰前，将楼梯踏步、栏杆等基体清理刷净，还要将设置钢或木栏杆、扶手等的________用细石混凝土灌实。

182. 楼梯抹面操作时，要使踏步的阳角落在踏级分布标准斜线上，并且距离相等；每个踏步的高（踢脚板）和宽（踏步板）的________。

183. 对于不靠墙的独立楼梯无法弹线，应________拉小线操作，以保证踏步的________。

184. 楼梯抹立面时，靠尺板压在________，按尺寸留出灰头，使踏步板的宽度一致，依着________上灰，用木抹子搓平。

185. 踢脚板、墙裙和外墙勒脚抹灰，凡阳角处，用方尺________，最好将阳角处弹上________。

186. 踢脚板、墙裙和外墙勒脚抹面层用________水泥砂浆先薄薄刮一层，再抹第二遍，用小阳角抹子________，再用压子压光。

187. 抹灰前，要先检查窗台的________，以及与左右上下相邻窗台的关系，即________是否一致。

188. 外窗台抹灰，在底面一般都做________，以阻止雨水沿窗台往墙上淌。

189. 窗台的平面应向外呈________。

190. 拉毛灰的种类较多，如________；此外还有条筋拉毛等。

191. 拉毛灰的底、中层抹灰找平要根据________以及________不同，而采取不同的底、中层砂浆。

192. 中层砂浆涂抹后，________，再用木抹子________。待中层砂浆________时，然后涂抹面层进行拉毛。

193. 拉毛灰用料，应根据________统一配制，先做出________，然后再进行大面积施工。

194. 纸筋石灰浆罩面拉毛多用于有________要求的内墙面。

195. 纸筋石灰浆拉毛，其方法是一人先抹纸筋石灰浆，另一人紧跟在后边用硬毛刷往墙上________，拉出毛头。

196. 水泥石灰砂浆拉毛有水泥石灰砂浆和水泥石灰加纸筋砂浆拉毛两种。前者多用于________，后者多用于________。

197. 水泥石灰砂浆拉毛用白麻缠成的圆形麻刷子（麻刷子的直径依________而定），将砂浆一点一带，带出________。

198. 水泥石灰加纸筋拉毛的罩面砂浆配合比，拉粗毛时掺石灰膏________和石灰膏质量的________的纸筋。

199. 水泥石灰加纸筋拉毛的罩面砂浆配合比，拉细毛掺________石灰膏和适量砂子。

200. 水泥石灰砂浆拉毛，拉中等毛头可用________，也可用________拉起。

201. 水泥石灰砂浆拉毛，如设计要求掺入颜料，应先做出________，选样后________，使颜色一致。

202. 条筋形拉毛给人一种类似________的感觉，用于________。

203. 条筋形拉毛分层做法，用配合比为________的水泥石灰砂浆抹底层和中层。

204. 条筋形拉毛，条筋比拉毛面凸出________，稍干后用钢皮抹子压一下，最后按设计要求刷色浆。

205. 条筋形拉毛，刷条筋，宽窄________，应自然带点毛边，条筋之间的拉毛应保护________。

206. 根据________和条筋的宽窄，把刷条筋用的________剪成三条，以便一次刷出三条筋。

207. 几人同时洒毛灰操作时，应先________，看每个人的手势是否一样，在墙面上形成的________。

208. 在刷色的中层上，人为________地洒上罩面灰浆，并用铁抹子轻轻压平，部分地露出色的底子，形成________呈云朵状的饰面。

209. 拉毛、洒毛花纹不匀，产生原因，拉甩浆后呈现________的现象，颜色也比其他部分深；未按________成活，造成接槎。

210. 拉毛、洒毛防治花纹不匀的措施，基层要洒水湿润，________，保证饰面花纹、颜色均匀；操作时应按________成活，不得任意甩槎。

211. 拉毛、洒毛颜色不匀，产生原因有的甩毛云朵杂乱无章，云朵和垫层的________；未按________成活，随意留槎，造成露底、色泽不一致。

212. 拉毛、洒毛颜色不匀，防治措施是应熟练掌握________，动作要________、有规律，花纹分布要均匀；应按________成活，不得中途停顿，造成不必要的接槎。

213. 所谓聚合物水泥砂浆，即在________中掺入适量的有机聚合物以改善________的某些不足。

214. 聚合物水泥砂浆装饰抹灰中，使用甲基硅醇钠时，勿触及________，必须密封存放，________。

215. 聚合物水泥砂浆使用木质素磺酸钙时，它能使水泥水化时产生的________均匀分散，并有减轻析出于表面的趋势，在常温下施工时能有效地克服面层________现象。

216. 作为饰面材料的主要矛盾是要具有________，抗压强度略有降低并不严重影响使用，可是________则是必须克服的问题。

217. 聚合物水泥砂浆中应掺入少量的________，低温施工时还必须同时掺入________。

218. 聚合物水泥砂浆饰面做法有________。

219. 喷涂装饰抹灰，是把聚合物水泥砂浆用________将砂浆喷涂于墙体表面形成的装饰抹灰。

220. 普通水泥喷涂颜色灰暗，装饰效果________，所以用普通水泥喷涂应掺入________以改善其装饰效果。

221. 喷涂装饰抹灰，使用普通水泥的强度等级应不低于________级。

222. 喷涂装饰抹灰，所采用的石灰膏应用________淋成膏状，并在沉淀池中挖取________。

223. 喷涂装饰抹灰，所采用的各种石膏的粒径应为________mm 以下。

224. 喷涂装饰抹灰，如采用内掺疏水剂时，还应掺入________的甲基硅醇钠（事先用硫酸铝溶液中和至 pH 值为 8～9）。

225. 外墙喷涂砂浆重量配合比，若饰面做法为液面时，其配合比应选用：白水泥100：适量颜料：细骨料 200：甲基硅醇钠（4～6）：木质素磺酸钙 03：108 胶（10～15）。其砂浆稠度应为________ cm。

226. 拌合外墙喷涂砂浆时宜用砂浆搅拌机或手持式搅拌器。应注意避免将中和________直接混合，否则会使 108 胶凝聚。聚合物砂浆应在________内使用完。

227. 聚合物水泥砂浆饰面喷涂，应提前将中层表面________，将门窗和不喷涂的部位，采取________，以防止污染。

228. 聚合物水泥砂浆饰面喷涂，按设计要求分格时，应在分格线位置用 108 胶水________。

229. 聚合物水泥砂浆饰面喷涂，为了避免接槎________，下班时应使________收头。

230. 聚合物水泥砂浆饰面喷涂，粒状喷涂时应________成活，以表面布满砂浆颗粒，勿使________为原则。

231. 聚合物水泥砂浆饰面喷涂，喷粗、疏、大点时砂浆要________；喷细、密、小点时砂浆________。如空压机的气压保持不变，可调节喷斗气阀和________。

232. 聚合物水泥砂浆饰面喷涂，如果中途停歇超过________，均要将输送系统的砂浆排净，并用________。

233. 聚合物水泥砂浆喷涂饰面。粒状喷涂只宜用楼房________部位，首层及经常与人接触的部位________。

234. 聚合物水泥砂浆滚涂饰面是将砂浆________，用滚子滚出花纹。

235. 聚合物水泥砂浆滚涂饰面，砂浆稠度一般要求在________mm。

236. 聚合物水泥砂浆滚涂操作分干滚和湿滚两种，前者滚子不蘸水，滚出花纹________。后者滚涂时滚子________，滚出的花纹较小，花纹不均能及时修补，但工效稍低。

237. 聚合物水泥砂浆滚涂时需两人合作，一人在前面________，抹子紧压刮一遍，再用抹子顺平；另一人________，并紧跟涂抹人，否则易出现浆少砂多的"翻砂"现象，造成________。

238. 聚合物水泥砂浆湿滚法要求________，一般不会有翻砂现象，但应注意保持整个表面________，否则水多的部位颜色较浅。

239. 聚合物水泥砂浆弹涂饰面是在墙体表面刷一道聚合物水泥色浆后，用________分几遍将不同色彩的聚合物水泥砂浆弹在已涂刷的涂层上，形成3～5mm大小的________。

240. 聚合物水泥砂浆弹涂饰面，由于表面________波面喷涂，加上外罩甲基硅树脂或聚乙烯醇缩丁醛酒精溶液，因而________比粒状喷涂稍好。

241. 聚合物水泥砂浆弹涂饰面，花点必须________，否则会出现________的现象，大面积应用时更应注意。

242. 弹涂器分为手动及电动两种。前者比较灵活方便，适合于________操作；后者速度快、工效高，适用于________施工。

243. 聚合物水泥砂浆弹涂饰面，砂浆的配制是分别将108胶按配合比________，在将白水泥和颜料拌合均匀后，再将配好的108胶水倒入搅拌成________。

244. 调色浆应由________，严格按配合比过秤，如采用喷浆，则________。要求涂刷（或喷涂）均匀，不得漏刷（喷）。

245. 按配合比调好弹涂色浆后，将不同颜色的色浆________，按每人操作一种颜色，进行流水作业。

246. 弹涂饰面时，弹涂器内色浆不宜放的太多，色浆过多________；色浆太少则________。

247. 喷涂颜色不均匀，防治措施是施工时尽量使基层材质________，喷涂前使基层干湿________。

248. 喷涂颜色不均匀，防治措施是大风、雨天________；同一工程使用材料品种、规格、产地一致，________。

249. 喷涂饰面颗粒大小不一，产生原因是细骨料颗粒________；砂浆稠度________；操作方法不当。

250. 滚涂颜料不匀，防治措施是施工时用湿滚法滚子蘸水量________；原材料________；颜料应事先________备用。

251. 滚涂花纹不匀，产生原因是采用干滚法时，基层局部吸水过快或抹灰________，滚涂后出现翻砂现象，颜色也比其他部分深。

252. 滚涂花纹不匀，产生原因是每一分格块或工作段________，造成接槎。

253. 弹涂出现拉丝、色点大小不一样，防治措施是施工时配合比________，操作前，________，水蒸发快时，要随时________。

254. 石粒类饰面是将水泥为________、石粒为骨料的水泥石粒浆抹于________，然后用水洗、斧剁、水磨等手段除去________露出以石粒的颜色、质感为主的饰面做法。

255. 水刷石可用于________等墙体饰面。

256. 水刷石用于砖墙，分层做法（体积比），用 1∶3 水泥砂浆抹底层、中层，厚度分别为________mm；刮水灰比为________水泥浆一遍；然后抹面层，其配合比为 1∶1.5 水泥小八厘石粒浆，其厚度为________mm。

257. 水刷石用于混凝土墙，分层做法（体积比），用刮水灰比为________水泥浆或洒水泥砂浆；用 1∶0.5∶3 水泥混合砂浆抹底层，厚度为________mm；用 1∶3 水泥砂浆抹中层，厚度为________mm；刮水灰比为________水泥浆一遍；用 1∶1.5 水泥小八厘石粒浆抹面层；厚度为________mm。

258. 水刷石用于加气混凝土墙，分层做法（体积比），用水泥石粒浆或水泥石灰膏石粒浆面层，其配合比为 1∶1 水泥大八厘石粒浆（或________＝水泥∶石灰膏∶石粒），厚度为________mm。

259. 水刷石面层抹灰厚度要视石子粒径大小而异，通常应为石粒粒径的________倍。

260. 水刷石面层抹灰厚度要视石子粒径大小而异，用大八厘石子时厚度约为________mm。

261. 水刷石面层抹灰厚度要视石子粒径大小而异，用小八厘石子时厚度约为________mm。

262. 水刷石抹面层时，要用铁抹子________，随抹随用铁抹子________。待稍收水后，墙面无水光时，再用铁抹子，________，将露出的石子尖棱________，将________。

263. 水刷石抹面粒浆时，每抹完一块要用直尺检查其________，不平处应及时增补抹平。同一平面的面层要求一次完成，不留________，必须留施工缝时，应留在________。

264. 水刷石喷刷。冲洗是确保水刷石质量的________之一，冲洗不净会使水刷石表面________或明暗不一致。

265. 水刷石待罩面灰浆收水后，可开始喷刷。喷刷分两遍进行，第一遍先用软毛刷子蘸水刷掉________；第二遍紧用手压喷浆机或喷雾器将四周相邻部位喷湿，然后________。

266. 水刷石罩面灰浆喷刷时，门窗、阳台等部位的水刷石应先________，后________，以保证大面的________。

267. 水刷石阳角部位应用喷头________喷刷。

268. 水刷石一般是将罩面分成几段，每段都抹上________，在水泥浆上粘贴油毡或牛皮纸将________，使水不直接往下淌。

269. 水刷石喷刷时，冲洗大面积墙面时，应采取先________，后________，罩面时________，这样既保证上部罩面洗刷方便，也避免下部罩面受到损坏。

270. 外墙窗台、檐口、雨篷等，应按规范规定分别设置________。

271. 水刷石饰面不清晰、颜色不一致，防治措施是石粒原材料要________，罩面灰抹后要用直尺检查________，稍收水后，用铁抹子多次抹压拍平，冲洗顺序为________，最后用小水壶将灰浆全部冲净。

272. 干粘石与水刷石比较，不仅节约水泥、石粒，而且________，明显________。

273. 近年来，随着108胶在建筑物面层上抹灰被广泛应用，在干粘石的________掺入适量的108胶，使粘结层砂浆厚度________，粘结质量也有显著提高。

274. 干粘石用在砖墙上，抹底层可用1∶3水泥砂浆，其厚度为________mm。

275. 干粘石用于混凝土墙，使用聚合物水泥混合砂浆，其配合比例为：水泥100∶石灰膏50∶砂子200∶108胶（5～15），厚度为________mm。当采用中八厘石粒时，其厚度为________mm。

276. 加气混凝土面层上做干粘石，可用水泥混合砂浆抹底层，其配合比例为________，厚度为________mm。

277. 干粘石粘分格条可采用粘布条或木条，也可采用玻璃条作分格条，优点是______。

278. 干粘石粘结层涂抹前，应根据中层砂浆的________，洒水润湿，接着刷水泥浆________，随即涂抹粘结层砂浆。

279. 干粘石粘结层抹好后，待________适宜时即可用手甩石粒。

280. 干粘石甩石粒时，如发现有不匀或过稀现象时，应用________直接补贴，否则会使墙面出现死坑或裂缝。

281. 干粘石甩石粒拍压时________，否则容易翻浆糊面，出现________。

282. 干粘石甩石粒时，在阳角处应在角的两侧________，否则当一侧石粒粘上去后，在角边口的砂浆收水，另一侧的石粒________，出现明显的接槎黑边。

283. 干粘石甩石粒时，未粘上墙的石粒________，造成浪费。可用________，随时回收，节约石粒。

284. 干粘石墙面达到________时，即可将分格条取出，注意不要碰掉石粒。分格条取出后，随手用小溜子刮________将分格缝修补好，达到顺直清晰。

285. 干粘石面层空鼓裂缝，防治措施是施工前应做好基体的________，严格按照________施工。

286. 干粘石表面层滑坠，产生原因是________，产生翻浆造成粘结层收缩、裂缝引起滑坠；中层砂浆________，粘结层易产生滑坠。

287. 斩假石在基体处理后，即抹________，搓平划毛。按设计要求________，粘分格条。

288. 斩假石罩面时一般分两次进行，用刮尺搓平，待收水后再用________压实，上下顺势溜平，最后用软质扫帚________，面层完成后不能受烈日暴晒或遭冰冻，且须________。

289. 斩假石，面层在斩剁时，应先进行________，以石粒________为准。

290. 斩假石，斩剁时必须保持________，如墙面过于干燥，应予蘸水，以免石屑爆裂。但斩剁完后，________，以免影响外观。

291. 斩假石其质感分________，可根据设计选用。

292. 斩假石时，转角和四周边缘的剁纹应与其边棱呈________，中间墙面斩成________。

293. 斩假石时，斩斧要保持________，斩剁时动作________要一致，每斩一行随时将分格条取出，并检查分格内灰浆是否________，如有缝隙和小孔，应及时用素水泥浆修补平整。

294. 斩假石颜色不匀，防治措施是同一饰面应选同一品种________，并一次备齐。

295. 斩假石颜色不匀，防治措施是拌灰时应将________，然后加入石粒拌合，全部水泥石屑灰用量________。

296. 斩假石空鼓，产生原因是：中层表面________，造成面层粘结不牢；施工时________，产生干缩不均或脱水快而干缩空鼓。

297. 斩假石剁纹不均匀。产生原因是剁斧不锋利，用力轻重不均匀，各种剁斧用法________。

298. 斩假石剁纹不匀，防治措施是剁斧应保持锋利，斩剁动作要迅速，用力________，移动速度________，剁斧深浅________，不得________。

299. 水磨石有现制和预制两种，按材料不同又分为________。

300. 现制水磨石地面，选用深色的水磨石，采用________水泥。

301. 水磨石面层最大厚度为________ mm，石子最大粒径为________ mm。

302. 水磨石面层最小厚度为________ mm，石子最小粒径为________ mm。

303. 水磨石所用的各种石粒应按不同的________分别堆放，切不可互相混杂。

304. 立面水磨石一般将________混合使用，或________单独使用。使用前将石粒冲洗干净并晾干。

305. 在组成水磨石中，颜料应优先选用________颜料如氧化铁红、氧化铁黄、氧化铁棕、氧化铬绿及群青等。每一单项工程应按________选用同批号颜料。

306. 川蜡一般为蜂蜡或虫蜡，性质较柔，________比石蜡好，上蜡后较易________。

307. 基体处理是保证水磨石________的重要因素。水磨石损坏后难以修复，即使修复，________也很难完全一致。

二、填空题答案

1. 投影
2. 投影面
3. 正立投影面；正面投影；正立面图
4. 投影图
5. 被剖切的部分
6. 断面的投影图
7. 总平面图及标高尺寸；不注单位名称
8. 1000mm
9. 第一个字母
10. TGB
11. WB
12. 砂、灰、土及粉刷

13.

14.

15. 室外整平标高

16. 施工的图样

17. 结构布置平面图

18. 平面图；立面图；剖面图

19. 周围环境

20. 相对标高；±0.000

21. 沿门窗洞的位置；建筑平面图

22. 几个平面图；图名

23. 朝向

24. 总长总宽

25. 配置、用途、数量及其相互间

26. 开间、进深、门窗及室内设备

27. 类型、数量及其位置

28. 整个外貌形状；屋面、门窗、雨篷、阳台、台阶及勒脚

29. 装饰

30. 单身宿舍、住宅、招待所和旅馆

31. 8层及其以下

32. 主要承重结构

33. 围护结构；雨水、风雪、寒暑

34. 承载力、刚度和稳定性；保温、隔热、隔声和防水

35. 垂直交通设施；上下楼；紧急疏散；坚固、安全

36. 风、雪荷载和维修荷载；墙柱；保温、隔热、防水

37. 砖墙、石墙和混凝土大板墙

38. 水泥砂浆

39. 600～1000；200；5％

40. 水泥砂浆、石磨石、木材

41. 有机胶结

42. 无机胶结

43. 可塑性浆体；初凝

44. 不宜过快；也不能太迟；45；12

45. 品种、强度等级、出厂日期

46. 10袋

47. 熟石灰膏

48. 石灰浆；石灰膏

49. 30；很快

50. 粗砂、中砂、细砂、特细砂

51. 0.25
52. 大理石、白云石、方解石、花岗石；水磨石、水刷石、干粘石、斩假石。
53. 2～4；柔韧性和弹性；开裂，粉酥脱落
54. 黏稠度和保水性
55. 塑料桶、陶瓷、容器；防冻，受冻
56. 长越好；先用清水；1.45
57. 大小颗粒；配合比
58. 含水率
59. 基层、施工条件和气温
60. 用量过多或砂子过细
61. 水泥的活性、塑化剂的用量；杂质、搅拌的均匀程度
62. 砂浆成分、水灰比、块体强度、块体表面的清洁与粗糙程度
63. 抗压强度增大
64. 过秤
65. 过筛
66. 拌均匀；加入；颜色一致
67. 非常小；程序增长；开裂
68. 白色、彩色、印花和图案；光滑、美观
69. 最常用；正方形、长方形
70. 一级、二级、三
71. 耐水、抗冻、耐磨性
72. 阳台、厕所、走廊、厨房
73. 搓平和压实
74. 压光
75. 防滑条捋光压实
76. 刮平地面或墙面
77. 粘结的砂浆清理干净；室外风吹日晒
78. 大批量抹灰砂浆
79. 碰撞拌叶；伸进料斗里扒浆
80. 平稳、牢固；不要过多
81. 方向一致；10°～15°
82. 胶鞋；绝缘手套；切断电源
83. 水磨石
84. 耐久性；荷载
85. 平整光滑、清洁美观；改善采光
86. 耐磨损、磕碰；渗漏
87. 强度；平整光洁；清洁
88. 表面压光
89. 3

90. 设计；质量要求和主要工序
91. 仓库、车库、地下室、锅炉房
92. 底层、中层和面层（也称罩面层）
93. 基体材料；抹灰等级
94. 3
95. 水泥混合砂浆或聚合物水泥砂浆
96. 合格，损坏和玷污
97. 安装齐全并校正后；室内水平线标高
98. 安装完毕；压力试验；是否正确
99. 灰尘、污垢、油渍、碱膜、沥青渍
100. 刮腻子；凿毛
101. 施工季节、气候和室内外操作环境
102. 封闭性和半封闭性；3～4
103. 少一些
104. 自上而下；分段进行
105. 完工后；完工前；水冲雨淋
106. 垂直平整程度；抹灰厚度
107. 1∶3∶9
108. 抹灰层厚度；50
109. 窗口、剁角
110. 斜面
111. 一侧墙做基线；抹灰准线；标志块
112. 找方；弹基线
113. 护角
114. 1∶2；2；50
115. 护角；棱角分明，平整光滑
116. 上而下；要均匀
117. 装档刮平；标筋太软；标筋硬化后
118. 稍干后进行
119. 自左向右；压平溜光
120. 铁抹子；刮尺；木抹子；铁抹子
121. 5～8；铁抹子；刮尺
122. 两遍；洒水养护
123. 1∶2.5；7～9；石灰膏
124. 1∶3；7；10
125. 两遍；木抹子；15～18
126. 1∶0.3∶3；7；5
127. 1～3；2～3
128. 1∶3∶9；7～9；2～3

129. 空鼓、裂缝；清理不干净；浇水湿润不够
130. 标志块、标筋
131. 校正垂直；校正其水平
132. 收缩；灰口整齐
133. 校正其平整；八字形斜角
134. 45°；60°
135. 刮平；搓实；清除干净
136. 当时起条；收存待用；水泥浆
137. 粘布条法或划线法
138. 初凝时；划缝工具；4～5
139. 防水性能；1∶1∶6；1∶0.5∶4
140. 平整、密实；色泽均匀
141. 灰缝内；压实搓毛
142. 位置不对；统一配料
143. 水平线下边；垂直线左侧
144. 现浇混凝土
145. 细石混凝土；砂子和砂浆
146. 空鼓、裂缝；刮一遍水灰比为0.37～0.4的水泥浆
147. 标志块和冲筋；平整度
148. 软刮尺；长毛刷子；木抹子；小工具
149. 由前往后退；垂直方向
150. 适度；不宜多次修补
151. 6～7成；
152. 裂纹或脱落；加强养护
153. 先刮水泥浆或洒水泥砂浆
154. 1∶0.2∶4；10；2
155. 白灰膏；纸筋
156. 收水后；由前往后；起泡和抹纹
157. 1～2
158. 1∶1∶4；麻刀
159. 顶棚与墙面交接处
160. 梁底及门窗角灰线
161. 上灰工具；灰线大致形状
162. 前后两面；侧面
163. 形圆、线条清晰；接槎
164. 分层进行；干硬后；灰线尺寸
165. 协调；要稳
166. 凿毛；冲洗干净；上人
167. 抗压强度；内部结构

168. 校核找正；规定要求
169. 第二遍
170. 不漏压；死坑；砂眼和踩的脚印
171. 气泡、孔隙；平整光滑；第三遍
172. 稍大些；抹子纹、毛细孔
173. 分格；墙上或踢脚板上
174. 终凝前；理直压平
175. 常温湿润；起皮；裂纹或起砂
176. 按标志筋厚度；棱角压平；无石子显露
177. 撒干水泥或1∶1干水泥砂
178. 塑态进入固态；机械强度
179. 损坏和破坏；闭合
180. 上人走动；操作活动
181. 预埋部分
182. 尺寸一致
183. 左右上下；尺寸一致
184. 踏步板上；八字靠尺
185. 规方；直角线
186. 1∶2；捋光上口
187. 平整度；高度与进出
188. 滴水槽或滴水线
189. 流水坡度
190. 拉长毛、短毛、拉粗毛和细毛
191. 基体的不同；拉毛灰种类
192. 先刮平；搓毛；6～7成干
193. 设计要求；样板
194. 音响
195. 垂直拍拉
196. 外墙饰面；内墙饰面
197. 毛疙瘩的大小；均匀一致的毛疙瘩
198. 5%；3%
199. 25%～30%
200. 铁抹子；硬毛棕刷
201. 色调对比样板；统一配料
202. 树皮；内外墙饰面
203. 1∶1∶6
204. 2～3mm
205. 不要太一致；整洁、清晰
206. 条筋的间距；刷子鬃毛

207. 试洒；毛面是否调和
208. 不均匀；底色与洒毛灰纵横交错
209. 浆多浆少；分格缝或工作段
210. 浇匀浇透；分格缝按工作段
211. 颜色不协调；分格缝
212. 操作技术；快慢一致；工作段或分格缝
213. 普通砂浆；原来材料方面
214. 皮肤、衣物；阳光直射
215. 氢氧化钙；颜色不均匀
216. 足够的粘结强度；颜色不匀甚至严重析白
217. 分散剂；抗冻剂
218. 喷涂、滚涂及弹涂
219. 挤压式砂浆泵或喷斗
220. 较差；石灰膏
221. 42.5
222. 钙质石灰块；尾部的优质石灰膏
223. 3
224. 4%～6%
225. 13～14
226. 甲基硅醇钠溶液与108胶；半日
227. 清扫干净；遮挡措施
228. 粘贴胶布条
229. 痕迹；完成面在分格缝处
230. 连续三遍；局部成片出浆、颜色不均
231. 稠，气压要小；要稀，气压要大；开关大小来解决。
232. 水泥凝结时间，或活完后；加压水洗净
233. 二层以上；不可采用
234. 抹在墙体表面
235. 110～120
236. 较大，工效较高；反复蘸水
237. 涂抹灰浆；拿滚子滚拉；颜色不均
238. 随滚随用滚子蘸水上墙；水量大体一致
239. 弹涂器；扁圆形花点
240. 凹凸起伏不大、接近；耐污染性能
241. 分布均匀；颜色深浅不匀
242. 局部或小面积；大面积
243. 加水搅拌均匀；刷底色浆
244. 专人负责；应过筛
245. 分别装入弹涂器内

246. 弹点太大，易流淌；弹点过小
247. 接近；程度一致
248. 不进行操作；统一；一次配料
249. 不一致；不一
250. 应一致；应一次备齐；拌均匀
251. 时间过长
252. 未一次成活
253. 要准确；要充分拌匀；加水搅拌
254. 胶结材料；基体表面；表面水泥浆皮
255. 砖、混凝土或加气混凝土
256. 5～7；0.37～0.4；10
257. 0.37～0.4；0～7；5～6；0.37～0.4；10
258. 1∶0.5∶1.3；20
259. 2.5
260. 20
261. 10
262. 一次抹平；压紧、揉平；溜一遍；轻轻拍平；小孔洞压实、挤严
263. 平整度；施工缝；分格条的位置上
264. 重要环节；颜色发暗
265. 面层水泥浆；露出石粒；由上往下顺序喷水
266. 做小面；做大面；清洁美观
267. 由外往里
268. 阻水的水泥浆挡水；水外排
269. 罩面先冲洗；罩面后冲洗；由上往下
270. 滴水槽或滴水线
271. 一次备齐，并冲洗干净备用；平整度；从上而下
272. 减少了湿作业；提高了工效
273. 粘结层砂浆中；减薄
274. 5～7
275. 4～5；5～6
276. 2∶1∶8；7～9
277. 不起条，一次成活
278. 干湿程度；一遍
279. 干湿情况
280. 抹子和手
281. 用力不宜过大；抹子或滚子轴的阴印
282. 同时操作；就不易粘上去
283. 到处飞溅；专用工具接在下面
284. 表面平整，石粒饱满；素水泥浆

285. 全面清理工作；工艺要求
286. 拍打过分；浇水过多
287. 底、中层砂浆；弹线分格
288. 木抹子打磨；顺着剁纹方向清扫一遍；进行养护
289. 试斩；不脱落
290. 墙面湿润；不得蘸水
291. 立纹剁斧和花锤剁斧
292. 垂直方向；垂直纹
293. 锋利；要快、轻重均匀，剁纹深浅；饱满、严密
294. 同一批号、同一细度的原材料
295. 颜料与水泥充分拌匀；一次备好
296. 未划毛；浇水过多、不足或不匀
297. 不恰当、不合理
298. 均匀；一致；一致；漏剁
299. 普通水磨石和彩色水磨石
300. 硅酸盐、普通硅酸
301. 30；28
302. 10；9
303. 品种、规格、颜色
304. 中、小八厘石粒；中、小八厘石子
305. 矿物；样板
306. 附着力；磨出亮光
307. 经久耐用；色泽花纹

第三节 初级抹灰工选择题

一、选择题

1. 施工中对材料质量发生怀疑时应______，合格后方可使用。
A. 全数检查；　B. 分部检查；　C. 抽样检查；　D. 系统检查。
2. 普通抹灰施工环境温度应于______以上。
A. −5℃；　B. 0℃；　C. 5℃；　D. 10℃。
3. 抹灰时站在高凳搭的脚手架板上操作时，人员不得超过______人。
A. 2；　B. 3；　C. 4；　D. 5。
4. 水泥抹制砂浆，应控制在______用完。
A. 初凝前；　B. 初凝后；　C. 终凝前；　D. 终凝后。
5. 室内墙面、门窗洞口护角、应用水泥砂浆，高度不应低于______。
A. 1.5m；　B. 1.8m；　C. 2m；　D. 2.5m。

6. 冬期施工，抹灰时砂浆温度不宜低于______。

A. −5℃；　B. 0℃；　C. 5℃；　D. 10℃。

7. 石灰膏熟化时间一般不少于______。

A. 5d；　B. 10d；　C. 15d；　D. 20d。

8. 外墙贴面砖时，均不得有______非整砖。

A. 一行以上；　B. 两行以上；　C. 三行以上；　D. 一行。

9. 抹楼梯防滑条时，要比楼梯踏步面______。

A. 高 3～4mm；　B. 高 10mm；　C. 低 1～2mm；　D. 低 3～4mm。

10. "▲"______。

A. 表示建筑物标高；　B. 表示绝对标高；

C. 是剖切符号；　D. 只是三角形符号。

11. 开刀是用来______用的。

A. 陶瓷锦砖拨缝；B. 剖板；　C. 砌砖；　D. 切石膏板。

12. 采用石膏抹灰时，石膏灰中不得掺用______。

A. 牛皮胶；　B. 硼砂；　C. 氯盐；　D. 108 胶。

13. 涂抹水泥砂浆每遍厚度为______。

A. 5～7mm；　B. 7～9mm；　C. 9～11mm；　D. 11～13mm。

14. 外墙窗台滴水槽的深度不应小于______。

A. 6mm；　B. 8mm；　C. 10mm；　D. 12mm。

15. 一般民用建筑铝合金门窗与墙之间的缝隙不得用______填塞。

A. 麻刀；　B. 木条；　C. 密封条；　D. 水泥砂浆。

16. 抹灰工程是属于______。

A. 单项工程；　B. 分项工程；　C. 子分部工程；　D. 单位工程。

17. 全面质量管理，PDCA 工作方法，P 是指______。

A. 检查；　B. 实施；　C. 计划；　D. 总结。

18. 砂的质量要求颗粒坚硬洁净，含泥量不超过______。

A. 1%；　B. 2%；　C. 3%；　D. 4%。

19. 菱苦土是______。

A. 一种黏土；　B. 一种砂粒；　C. 一种胶凝材料；D. 一种石粒。

20. 抹灰的阴、阳角方正用 20cm 方尺检查时，普通抹灰允许偏差______。

A. 2mm；　B. 3mm；　C. 4mm；　D. 5mm。

21. 建筑石膏特点具有______。

A. 密度较大；　B. 导热性较低；　C. 耐水性好；　D. 抗冻性好。

22. 全面质量管理的管理范围是______。

A. 管因素；　B. 管开始；　C. 管结果；　D. 管施工。

23. 甲基硅醇钠是一种______。

A. 减水剂；　B. 缓凝剂；　C. 速凝剂；　D. 憎水剂。

24. 高处作业，当有______以上应停止作业。

A. 四级风；　B. 五级风；　C. 六级风；　D. 七级风。

25. 屋面板代号是______。

A. KD；　B. WB；　C. YB；　D. ZB。

26. 用1∶50比例，实际尺寸10m，图纸上尺寸是______。

A. 10cm；　B. 20cm；　C. 30cm；　D. 40cm。

27. 砖墙砌体，构造一般设有混凝土防潮层，它一般设置在室内地面以下______。

A. 1～2cm；　B. 3～4cm；　C. 5～6cm；　D. 7～8cm。

28. 下面属有机胶凝材料是______。

A. 石油沥青；　B. 石膏；　C. 水玻璃；　D. 水泥。

29. 抹灰用的砂子为______混合使用。

A. 粗砂、中砂和粗砂；　B. 细砂、中砂和粗砂；

C. 细砂、细砂和中砂；　D. 中砂、中砂和细砂。

30. 108胶在使用时，其掺量不宜超过水泥重量的______。

A. 20%；　B. 30%；　C. 40%；　D. 50%。

31. 大八厘、中八厘、小八厘石渣的粒径分别约是______。

A. 8、6、4；　B. 10、8、6；　C. 12、8、6；　D. 15、10、5。

32. 当室外气温为20～30℃时，水磨石面层机磨一般要______以后才可以开磨。

A. 1～2d；　B. 2～3d；　C. 3～4d；　D. 4～5d。

33. 窗台抹灰的操作工艺顺序是______。

A. 立面、侧面、平面、底面；　B. 立面、平面、底面、侧面；

C. 侧面、立面、平面、底面；　D. 平面、底面、立面、侧面。

34. 内墙面抹灰，普通抹灰表面平整度允许偏差______。

A. 2mm；　B. 3mm；　C. 4mm；　D. 5mm。

35. 冷作法抹灰施工，砂浆稠度不宜超过______cm。

A. 2～3；　B. 4～5；　C. 7；　D. 10。

36. ______水泥的早期强度高。

A. 矿渣水泥；　B. 粉煤灰水泥；

C. 火山灰水泥；　D. 普通水泥。

37. 阳台、屋面的平面与立面交接处的阳角抹成______。

A. 直角；　B. 锐角；　C. 圆弧形；　D. 三角形。

38. 楼梯踏步防滑条要用______。

A. 1∶1.5水泥金刚砂砂浆；　B. 1∶3水泥砂浆；

C. 重晶石砂浆；　D. 1∶3.5水泥金刚砂砂浆。

39. 国家控制水泥体积安定性，规定水泥熟料中游离氧化镁含量不得超过______。

A. 5%；　B. 7%；　C. 9%；　D. 11%。

40. 水泥的终凝指水泥______时间。

A. 开始凝结；　B. 开始硬化；

C. 开始产生强度；　D. 完全硬化。

41. 对于密实不吸水基层，抹灰砂浆流动性应选择______。

A. 大些；　B. 小些；　C. 稍大些；　D. 稍小些。

42. 材料在绝对密实状态下，单位体积的质量称______。

A. 容重； B. 密实度； C. 密度； D. 孔隙率。

43. 砂浆搅拌机一级保养指已经使用______。

A. 50h； B. 80h； C. 90h； D. 100h。

44. 抹灰层灰饼厚度一般不应低于______。

A. 5mm； B. 7mm； C. 9mm； D. 10mm。

45. 涂抹石灰砂浆每遍厚度宜为______。

A. 5～7mm； B. 7～9mm； C. 9～11mm； D. 11～13mm。

46. 全面质量管理，PDCA 工作方法 A 是指______。

A. 计划； B. 实施； C. 总结； D. 检查。

47. 水刷石表面平整，质量允许偏差为______。

A. 2mm； B. 3mm； C. 4mm； D. 5mm。

48. 六偏磷酸钠是______。

A. 缓凝剂； B. 分散剂； C. 防水剂； D. 速凝剂。

49. 一般抹灰包括______。

A. 水泥砂浆； B. 膨胀珍珠岩水泥砂浆；

C. 聚合物水泥砂浆； D. 以上都是。

50. 抹灰层的平均总厚度，按规范要求，普通抹灰为______。

A. 18mm； B. 20mm； C. 25mm； D. 30mm。

51. 木质素磺酸钙是______。

A. 速凝剂； B. 减水剂； C. 缓凝剂； D. 防水剂。

52. 基层为混凝土时，抹灰前应先刮______一道。

A. 素水泥浆； B. 108 胶水溶液；

C. 108 胶； D. 以上都可以。

53. 水刷石结合层素水泥浆水灰比采用______。

A. 0.30～0.35； B. 0.37～0.40； C. 0.42～0.45； D. 0.47～0.50。

54. 粘贴分格条一般采用______当分格条。

A. 胶布； B. 木料条； C. 水泥砂浆； D. 混合砂浆。

55. 普通抹灰，立面要垂直，质量允许偏差______。

A. 2mm； B. 3mm； C. 4mm； D. 5mm。

56. $1kgf/cm^2$ 等于______。

A. 0.0981MPa； B. 9.81MPa；

C. 10.2MPa； D. 0.102×10MPa。

57. 槽形板的代号是______。

A. ZB； B. YB； C. CB； D. DB。

58. 基础的埋置深度超过______时，称深基础。

A. 4m； B. 5m； C. 6m； D. 7m。

59. 抹灰层灰饼厚度一般不超过______。

A. 20mm； B. 25mm； C. 30mm； D. 35mm。

60. 大理石、釉面砖属于______材料。

A. 脆性；　B. 韧性；　C. 弹性；　D. 以上都不是。

61. 普通水泥保管要注意防水、防潮，堆垛高度一般不超过______。

A. 6～8袋；　B. 10～12袋；　C. 14～16袋；　D. 18～20袋。

62. 石英砂在抹灰工程中经常用于配制______。

A. 防水砂浆；　B. 耐热砂浆；

C. 保温砂浆；　D. 耐腐蚀砂浆。

63. 在干热气候中，抹灰砂浆流动性应选择______。

A. 大些；　B. 小些；　C. 稍大些；　D. 稍小些。

64. 水泥砂浆地面，砂浆稠度不应大于______。

A. 3.5cm；　B. 4.5cm；　C. 5cm；　D. 6cm。

65. 砂浆中放入六偏磷酸钠，一般掺入量为水泥用量的______。

A. 1%；　B. 3%；　C. 5%；　D. 7%。

66. 外墙台滴水槽的深度不小于______。

A. 6mm；　B. 8mm；　C. 10mm；　D. 12mm。

67. 罩面石灰膏，宜控制在______内凝结。

A. 5～10mm；　B. 10～15mm；　C. 15～20mm；　D. 20～25mm。

68. 镶贴釉面砖，为了改善砂浆和易性，可掺入不大于水泥重量______石灰膏。

A. 5%；　B. 10%；　C. 12%；　D. 15%。

69. 一般民用建筑中，属于承重构件是______。

A. 基础；　B. 砖墙；　C. 楼梯；　D. 以上都是。

70. 室内踢脚线厚度，一般要比罩面凸出______。

A. 5mm；　B. 10mm；　C. 12mm；　D. 15mm。

71. 室内抹灰使用的高凳，必须搭设牢固。高凳跳板跨度不准超过______。

A. 0.5m；　B. 1.5m；　C. 2m；　D. 2.5m。

72. 常用构件代号，如空心板的代号为______。

A. KB；　B. WB；　C. CB；　D. MB。

73. 抹灰层的平均总厚度，按规范要求，高级抹灰为______。

A. 18mm；　B. 20mm；　C. 25mm；　D. 30mm。

74. 常用构件代号，如屋面梁的代号为______。

A. WL；　B. DL；　C. QL；　D. GL。

75. 在加气混凝土或粉煤灰砌砖块基层抹石灰砂浆时，应先刷______。

A. 素水泥浆；　B. 乳胶水溶液；

C. 108胶水泥浆；　D. 108胶。

76. 水刷石表面已结硬，可使用______溶液洗刷，然后用清水冲洗。

A. 5%稀盐酸；　B. 10%稀盐酸；　C. 5%稀硫酸；　D. 10%稀硫酸。

77. 刷假石，水泥石屑比例一般采用______。

A. 1∶0.5；　B. 1∶1.25；　C. 1∶3；　D. 1∶5。

78. 高级抹灰，立面要垂直，质量允许偏差______。

A. 2mm；　　B. 3mm；　　C. 4mm；　　D. 5mm。

79. 1MPa 等于______。

A. 1000Pa；　　B. 100000Pa；

C. 1000000Pa；　　D. 1000000000Pa。

80. 连续梁的代号是______。

A. QL；　　B. WL；　　C. GL；　　D. LL。

81. 一栋 50m 长的房屋用 1∶100 比例绘制的，图纸上尺寸是______mm。

A. 50；　　B. 100；　　C. 250；　　D. 500。

82. 孔隙率大的材料，其______。

A. 密度大；　　B. 密度小；　　C. 密实度大；　　D. 密实度小。

83. 水磨石石渣浆采用中小八厘混合，选用配合比是______。

A. 1∶2；　　B. 1∶1.5；　　C. 1∶2.5；　　D. 1∶1.25。

84. 水泥贮存期不宜过长，一般条件下，三个月强度约降低______。

A. 6%～10%；　　B. 10%～20%；

C. 20%～25%；　　D. 25%～30%。

85. 地面做水泥砂浆，水泥强度等级应大于______。

A. 22.5；　　B. 32.5；　　C. 42.5；　　D. 52.5。

86. 全面质量管理，PDCA 工作方法，D 是指______。

A. 实施；　　B. 检查；　　C. 计划；　　D. 总结。

87. 石灰膏用于罩面灰时，熟化时间不应少于______。

A. 15d；　　B. 20d；　　C. 25d；　　D. 30d。

88. 普通抹灰，阴阳角垂直，质量允许偏差______。

A. 2mm；　　B. 3mm；　　C. 4mm；　　D. 5mm。

89. 熟石灰是由生石灰消解而成，其主要成分是______。

A. 氧化镁；　　B. 氧化钙；　　C. 氢氧化钙；　　D. 石灰酸钙。

90. 下面可作为缓凝剂的材料是______。

A. 硼砂；　　B. 亚硝酸盐酒精废渣；

C. 石灰浆；　　D. 以上都可以。

91. 外墙面抹灰，砖混结构全高超过 10m，垂直度允许偏差______。

A. 5mm；　　B. 10mm；　　C. 15mm；　　D. 20mm。

92. 顶棚抹灰产生起泡主要原因是______。

A. 底子灰太干；　　B. 灰浆没有收水；

C. 石灰质量；　　D. 以上都可能。

93. 抹灰线时，接角尺用硬木制成可用来______。

A. 接阴角；　　B. 接阳角；　　C. 整修灰线；　　D. 以上都可以。

94. 距地面______的作业就视为高处作业。

A. 2m 以上；　　B. 3m 以上；　　C. 4m 以上；　　D. 5m 以上。

95. 室外抹灰时，脚手板要满铺，最窄不得超过______。

A. 两块板子；　　B. 三块板子；　　C. 四块板子；　　D. 五块板子。

96. 抹灰层的平均总厚度，按规范要求，外墙为______。

A. 18mm； B. 20mm； C. 25mm； D. 30mm。

97. 抹灰面层用纸筋灰、石膏灰等罩面时，经赶平、压实其厚度一般不大于______。

A. 2mm； B. 3mm； C. 4mm； D. 5mm。

98. 水泥砂浆面层操作，其表面压光不得少于______遍。

A. 1； B. 2； C. 3； D. 4。

99. 水刷石装饰抹灰，为了协调石子颜色和气候条件，可在水泥石渣浆中掺不超过水泥用量______的石膏。

A. 10%； B. 15%； C. 20%； D. 25%。

100. 1Pa 等于______。

A. 1.02×10^{-3}kgf/cm^2； B. 1.02×10^{-4}kgf/cm^2；

C. 1.02×10^{-5}kgf/cm^2； D. 1.02×10^{-6}kgf/cm^2。

101. 基础代号是______。

A. I； B. J； C. W； D. ZH。

102. 室外抹灰分格线应用______勾嵌。

A. 混合砂浆； B. 石灰砂浆；

C. 水泥浆； D. 石灰膏。

103. 砂浆搅拌机使用 700h 以后，要进行______保养。

A. 一级； B. 二级； C. 三级； D. 四级。

104. 地面铺设细石混凝土，宜在找平层的混凝土或水泥砂浆抗压强度达到______以后方可在上做间层。

A. 0.5MPa； B. 0.8MPa； C. 1.2MPa； D. 1.5MPa。

105. 水泥砂浆地面，面层压光工作应在______完成。

A. 初凝前； B. 初凝后； C. 终凝前； D. 终凝后。

106. 建筑石膏的主要成分是______。

A. 全水石膏； B. 二水石膏； C. 无水石膏； D. 半水石膏。

107. 甲基硅醇钠防水剂，使用时要用清水稀释，要求稀释后______内用完。

A. 1～2d； B. 3～4d； C. 5～6d； D. 7～8d。

108. 室外抹灰粘贴分格条前，应______将分格条放在水中浸透。

A. 提前 1d； B. 提前 2d； C. 提前 1h； D. 提前 2h。

109. 外墙面抹灰，砖混结构面不大于 10m，垂直度允许偏差______。

A. 5mm； B. 10mm； C. 15mm； D. 20mm。

110. 当顶棚抹灰高度超过______时，抹灰脚手要由架子工搭设。

A. 3.0m； B. 3.2m； C. 3.4m； D. 3.6m。

111. 用死模抹墙角灰线，在抹罩面灰时，应______。

A. 将模往前推； B. 将模往后推；

C. 将模往前往后结合进行； D. 根据情况不同选择。

112. 在地面抹水泥砂浆前，应进行清理，如楼板表面有油污时，应用______清洗干净，然后用清水冲洗。

A. 草酸； B. 盐酸； C. 硝酸； D. 火碱溶液。

113. 外墙面做水刷石，如基层是混凝土，处理方法是______。

A. 表面凿毛； B. 喷或刷一遍 1∶1 水泥砂浆；

C. 界面剂处理； D. 以上都可。

114. 水刷石表面脏，颜色不一致原因是______。

A. 表面没有抹平压实； B. 原材料未一次配齐；

C. 配合比不准确； D. 以上都是。

115. 出厂砖要有出厂证明，砖块的长、宽允许偏差不得超过______。

A. 0.5mm； B. 1mm； C. 1.5mm； D. 2mm。

116. 冷作抹灰方法有______。

A. 氯盐法； B. 氯化砂浆法；

C. 亚硝酸钠法； D. 以上都是。

117. 在顶棚抹灰时，脚手板的板距，不大于______。

A. 0.2m； B. 0.5m； C. 0.8m； D. 1m。

118. 形体在一个三面投影体系中，V 面叫做______。

A. 正立投影面； B. 正面投影；

C. 正立面图； D. 以上都对。

119. 为了能清晰地表达出物体内部构造；假想用一个剖面将物体切开，并移去剖切前面的部分，然后做出剖切面后面部分的投影图，这种投影图称为______。

A. 剖面图； B. 平面图； C. 详图； D. 立面图。

120. 按房屋的层数分类，高层建筑是指______层及其以上。

A. 8； B. 9； C. 10； D. 15。

121. 水泥砂浆终凝后强度继续增长，称为______。

A. 固化； B. 生化； C. 硬化； D. 硬结。

122. 国产水泥一般初凝时间为______ h。

A. 12～16； B. 2～5； C. 1～2； D. 1～3。

123. 砂平均粒径大于______ mm 者为粗砂。

A. 0.5； B. 0.4； C. 0.3； D. 0.25。

124. 108 胶固体含量为______。

A. 8%～10%； B. 10%～12%；

C. 13%～15%； D. 17%～19%。

125. 麻刀使用时将麻丝剪成 20～30mm；敲打松散，每 100kg 灰膏约掺______ kg 麻刀，加水搅拌均匀，即成麻刀灰。

A. 1.3； B. 1.4； C. 1.5； D. 1.6。

126. 砂浆的强度以______为主要指标。

A. 抗剪强度； B. 抗拉强度；

C. 抗折强度； D. 抗压强度。

127. 用于砖石墙表面（檐口、勒脚、女儿墙以及潮湿房间的墙除外）砂浆配合比（体积比）为______。

A. 1∶2～1∶4；　B. 1∶0.5～1∶3.5；
C. 1.1～1∶1.25；　D. 1∶0.8～1∶1.5。

128. 砂浆采用机械搅拌时，搅拌时间要超过______min。

A. 1；　B. 2；　C. 3；　D. 4。

129. 红地砖吸水率不大于______%。

A. 6；　B. 7；　C. 8；　D. 9。

130. 抹灰手工工具软刮尺，用于抹灰层刮平，长______m，厚10mm。

A. 1.5；　B. 1.4；　C. 1.3；　D. 1.2。

131. 磨石机使用时，磨石装进夹具的深度不能小于______mm。

A. 15；　B. 16；　C. 17；　D. 18。

132. 一般抹灰按质量要求可分为______级。

A. 1；　B. 2；　C. 3；　D. 4。

133. 板条、现浇混凝土、空心砖顶棚抹灰平均总厚度为______mm。

A. 14；　B. 15；　C. 16；　D. 17。

134. 石灰砂浆和水泥混合砂浆抹灰层每遍厚度为______mm。

A. 1～3；　B. 3～5；　C. 5～7；　D. 7～9。

135. 混凝土墙、砖墙等基体表面的凹凸处，要剔平或用______比例的水泥砂浆分层补平。

A. 1∶3；　B. 1∶2；　C. 1∶1.5；　D. 1∶1。

136. 对120mm厚以上砖墙，应在抹灰前一天浇水一遍，渗水深度达到______mm为宜。

A. 6～8；　B. 8～10；　C. 12～14；　D. 0.5～0.8。

137. 门窗洞口做护角，护角应抹______水泥砂浆。

A. 1∶1；　B. 1∶1.5；　C. 1∶2；　D. 1∶2.5。

138. 内墙抹灰，当层高大于______m时，一般是从上往下抹。

A. 2.6；　B. 2.8；　C. 3；　D. 3.2。

139. 抹纸筋石灰或麻刀石灰砂浆面层，一般应在中层砂浆______干时进行。

A. 6～7成；　B. 5～6成；　C. 7～8成；　D. 4～5成。

140. 石灰砂浆面层，一般采用______石灰砂浆，厚度6mm左右。

A. 1∶1.5～1∶2；　B. 1∶2～1∶2.5；
C. 1∶2.5～1∶3；　D. 1∶1～1∶1.5。

141. 混合砂浆面层，一般采用______水泥石灰砂浆，厚度5～8mm。

A. 1∶1.5；　B. 1∶2；　C. 1∶2.5；　D. 1∶3。

142. 水泥砂浆面层，一般采用______水泥砂浆。

A. 1∶1；　B. 1∶1.5；　C. 1∶2；　D. 1∶2.5。

143. 内墙砖墙基体，水泥混合砂浆抹灰，抹底层灰配合比为______，厚度为7～9mm。

A. 1∶1∶6；　B. 1∶1∶5；
C. 1∶0.5∶6；　D. 1∶1.5∶4。

144. 内墙加气混凝土条板基体，石灰砂浆抹灰，面层刮石灰膏厚度为______mm。

A. 0.5；　B. 1；　C. 2；　D. 3。

145. 水泥砂浆抹灰用于砖墙基体（如墙裙踢脚板），抹1∶3水泥砂浆中层，厚度______mm。

A. 1～3；　B. 3～5；　C. 5～7；　D. 7～8。

146. 混凝土基体（石墙基体）用1∶2.5水泥砂浆罩面，厚度为______mm。

A. 2；　B. 3；　C. 4；　D. 5。

147. 加气混凝土基体，用1∶3水泥砂浆用含7%108胶水溶液拌制聚合物水泥砂浆抹面层，厚度为______mm。

A. 8；　B. 9；　C. 10；　D. 12。

148. 砖墙基体用纸筋石灰或麻刀石灰罩面，其麻刀石灰配合比是白灰膏：麻刀＝______（质量比）。

A. 100∶1.6；　B. 100∶1.7；　C. 100∶1.8；　D. 100∶2.0。

149. 内墙抹灰应分层进行，每层抹灰厚度应控制在______mm。

A. 8；　B. 9；　C. 10；　D. 12。

150. 外墙的抹灰层要求有一定的防水性能，用水泥混合砂浆打底和罩面。其配合比例为水泥∶石灰膏∶砂子＝______。

A. 1∶1∶3；　B. 1∶1∶4；　C. 1∶1∶5；　D. 1∶1∶6。

151. 外墙水泥砂浆常用水泥∶砂子＝______水泥砂浆抹底层。

A. 1∶3；　B. 1∶4；　C. 1∶5；　D. 1∶6。

152. 抹灰______在阳台、再篷、窗台等处拉水平和垂直方向接通线找平找正。

A. 中；　B. 前；　C. 后；　D. 以上都可以。

153. 现浇混凝土板顶棚表面油污，用______%的烧碱水将油污刷掉，随之用清水将火碱冲净、晾干。

A. 6；　B. 8；　C. 10；　D. 12。

154. 顶棚抹灰，一般底层砂浆采用配合比为水泥∶石灰膏∶砂子＝______的水泥混合砂浆。

A. 1∶1∶1；　B. 1∶1∶0.5；　C. 1∶0.5∶0.5；　D. 1∶0.5∶1。

155. 顶棚罩面灰的厚度控制在______mm以内。

A. 5；　B. 6；　C. 7；　D. 8。

156. 抹灰线头道灰是粘结层，用______＝水泥∶石灰膏∶砂子的水泥混合砂浆，薄薄抹一层。

A. 1∶1∶0.5；　B. 1∶1∶1；　C. 1∶1∶2；　D. 1∶2∶2。

157. 如果抹石膏灰线，在底层、中层及出线灰抹完并待6～7成干时稍洒水，用______的比例配好石灰石膏浆罩面。

A. 2∶8；　B. 4∶4；　C. 4∶6；　D. 2∶6。

158. 楼地面抹灰，水平基准线，一般可根据情况弹在标高______mm的墙上。

A. 1500；　B. 1200；　C. 800；　D. 1000。

159. 面积较大的房间，应根据水平基准线，在四周墙角处每隔______m用1∶2水泥砂浆抹标志块。

A. 1.5～2.0； B. 1.8～2.5； C. 2.0～2.8； D. 2.8～3.5。

160. 地面标筋用______水泥砂浆，宽度一般为80～100mm。

A. 1∶1； B. 1∶2； C. 1∶3； D. 1∶4。

161. 有地漏的房间，要在地漏四周找出不小于______%的泛水。

A. 3； B. 4； C. 5； D. 6。

162. 楼地面抹灰，面层水泥砂浆的稠度不大于______mm。

A. 28； B. 30； C. 32； D. 35。

163. 楼地面水泥砂浆面层抹好后，一般夏天______h后养护。

A. 24； B. 36； C. 48； D. 12。

164. 地面水泥砂浆面层强度达不到______MPa前，不准在上面行走或进行其他作业，以免碰坏地面。

A. 2； B. 5； C. 8； D. 12。

165. 水泥砂浆地面，禁止表面撒干水泥压光，否则会造成砂浆与水泥______不一致，产生裂纹。

A. 膨胀； B. 硬化； C. 收缩； D. 粘结。

166. 细石混凝土地面浇筑时的混凝土坍落度不得大于______mm。

A. 40； B. 35； C. 25； D. 30。

167. 豆石（细石）混凝土地面养护，一般不少于______d。

A. 7； B. 10； C. 12； D. 28。

168. 楼梯抹灰，抹1∶3水泥砂浆底子灰，厚度为______。

A. 8～12mm； B. 10～15mm；
C. 15～20mm； D. 20～25mm。

169. 踏步设有防滑条，应距踏步口约______mm处设置。

A. 20～30； B. 30～40； C. 40～50； D. 50～60。

170. 踏步防滑条应高出踏步面______mm。

A. 4～5； B. 1～2； C. 2～3； D. 3～4。

171. 设计无规定时，踢脚板一般抹______mm高。

A. 150～200； B. 200～300；
C. 300～350； D. 100～150。

172. 设计无规定时，墙裙应抹______mm高。

A. 600～900； B. 900～1200；
C. 1200～1500； D. 1500～1800。

173. 窗台抹灰，一般要比窗下槛低______皮砖。

A. 三； B. 四； C. 一； D. 二。

174. 外窗台一般应用______水泥砂浆罩面。

A. 1∶0.5； B. 1∶1； C. 1∶1.5； D. 1∶2。

175. 滴水线的做法是将窗台下边口的直角改成锐角，并将这角往下伸约______mm，形成滴水。

A. 10；　　B. 15；　　C. 20；　　D. 25。

176. 纸筋石灰浆罩面拉毛，底、中层抹灰用______水泥石灰砂浆。

A. 1∶0.5∶0.5；　　B. 1∶0.5∶4；

C. 1∶4∶0.5；　　D. 1∶1∶4。

177. 纸筋石灰浆罩面涂抹厚度应以拉毛长度来决定，一般为______mm，涂抹时应保持厚薄一致。

A. 1～5；　　B. 2～10；　　C. 4～20；　　D. 8～30。

178. 水泥石灰砂浆拉毛，待中层砂浆五六成干时，浇水湿润墙面，刮一道水灰比为______的水泥浆，以保证拉毛面层与中层粘结牢固。

A. 0.15～25；　　B. 0.20～0.30；

C. 0.30～0.35；　　D. 0.37～0.40。

179. 水泥石灰加纸筋拉毛的罩面砂浆配合比，是一份水泥按拉毛粗细掺入适量的石灰膏的体积比。拉粗毛时掺石灰膏______%和石灰膏质量的3%的纸筋。

A. 5；　　B. 6；　　C. 7；　　D. 8。

180. 条筋形拉毛罩面用______水泥石灰浆拉毛。

A. 1∶0.5∶0.5；　　B. 1∶0.5∶1；

C. 1∶1∶2；　　D. 1∶0.5∶2。

181. 刷条筋前，先在墙上弹垂直线，线与线的距离以______ mm左右为宜，作为刷筋的依据。

A. 100；　　B. 200；　　C. 400；　　D. 600。

182. 洒毛灰面层通常是用______水泥砂浆洒在带色的中层上，操作时要注意一次成活，不能补洒，在一个平面上不留接槎。

A. 1∶4；　　B. 1∶3；　　C. 1∶2；　　D. 1∶1。

183. 木质素磺酸钙，是一种常用的减水剂，将其掺入聚合物砂浆中，可减少用水量______左右，并可起到分散剂作用。

A. 10%；　　B. 15%；　　C. 20%；　　D. 25%。

184. 在普通砂浆中掺入108胶，抗压强度降低______。

A. 20%～40%；　　B. 30%～50%；

C. 40%～60%；　　D. 50%～70%。

185. 喷涂装饰抹灰采用各种石屑的粒径应为______ mm以下。

A. 1；　　B. 2；　　C. 3；　　D. 4。

186. 用挤压式喷浆泵喷涂时，其工作压力应为______。

A. 0.25～0.35MPa；　　B. 0.2～0.25MPa；

C. 0.15～0.2MPa；　　D. 0.1～0.15MPa。

187. 喷涂层的总厚度约为______ mm左右。

A. 3；　　B. 4；　　C. 5；　　D. 6。

188. 滚涂所用的水泥石灰膏砂浆，再掺入水泥量______%的108胶和适量的各种矿物颜料。

A. 5～10；　　B. 10～20；　　C. 15～25；　　D. 20～30。

189. 砖墙水刷石水泥石粒浆，用1∶1水泥大八厘石粒浆面层，其厚度为______mm。

A. 10；　B. 15；　C. 20；　D. 30。

190. 混凝土墙水刷石，用1∶0.5∶1.3水泥石灰膏石粒浆面层，厚度为______mm。

A. 10；　B. 15；　C. 18；　D. 20。

191. 加气混凝土墙水刷石，用1∶0.5∶2水泥石灰膏石粒浆面层，厚度为______mm。

A. 10；　B. 15；　C. 20；　D. 25。

192. 水刷石外墙窗台、檐口、雨篷滴水槽的宽度和深度均不应小于______mm。

A. 5；　B. 10；　C. 15；　D. 20。

193. 水刷石面层抹灰厚度也要视粒径大小而异，用中八厘石子时约______mm。

A. 5；　B. 10；　C. 15；　D. 20。

194. 水刷石饰面，面层水泥石粒浆的稠度应为______mm。

A. 35～55；　B. 40～60；　C. 45～65；　D. 50～70。

195. 如果水刷石面层过了喷刷时间，开始结硬，可用______%盐酸稀释溶液洗刷，然后再用清水冲净，否则会将面层腐蚀成黄色斑点。

A. 3～5；　B. 5～7；　C. 7～9；　D. 9～11。

196. 手压喷浆机喷射时要均匀，喷头离墙______mm，不仅要把表面的水泥浆冲掉，而且要将石粒间的水泥浆冲出。

A. 50～150；　B. 100～200；　C. 150～250；　D. 200～300。

197. 干粘石是将彩色石粒直接______砂浆层上的饰面做法。

A. 贴在；　B. 靠在；　C. 粘在；　D. 附在。

198. 砖墙干粘石抹水泥∶石膏∶砂子∶108胶＝______聚合物水泥砂浆粘结层。

A. 100∶50∶200∶2；　B. 100∶200∶50∶（5～15）；

C. 100∶50∶150∶3；　D. 100∶50∶200∶（5～15）。

199. 混凝土墙干粘石，用1∶0.5∶3水泥混合砂浆抹底层，厚度为______mm。

A. 3～7；　B. 7～11；　C. 2～6；　D. 11～15。

200. 加气混凝土基体干粘石，用2∶1∶8水泥混合砂浆抹中层，厚度为______mm。

A. 3～5；　B. 5～7；　C. 7～9；　D. 9～11。

201. 按施工设计图样要求弹线分格，其宽度一般不小于______mm，只起线型作用时可以适当窄一些。

A. 10；　B. 15；　C. 20；　D. 25。

202. 干粘石涂抹粘结层砂浆的稠度不大于______mm。

A. 85；　B. 86；　C. 90；　D. 80。

203. 干粘石操作时，在粘结砂浆表面均匀地粘上一层石粒后，用铁抹子或油印橡胶滚轻轻压一下，使石粒嵌入砂浆的深度不少于______粒径，拍压后石粒表面应平整密实。

A. 1/2；　B. 1/3；　C. 1/4；　D. 1/5。

204. 干粘石饰面施工中应严格控制中层砂浆平整度，凹凸偏差不大于______mm。

A. 4；　B. 5；　C. 6；　D. 7。

205. 斩假石饰面施工，做面层用1∶1.25的水泥石粒浆，厚度为______mm。

A. 5～8；　　B. 8～10；　　C. 10～12；　　D. 15～20。

206. 斩假石饰面施工，面层砂浆一般用______mm的白色米粒石。

A. 5；　　B. 4；　　C. 3；　　D. 2。

207. 现制水磨石地面，选用石粒的最大粒径以比水磨石面层小于______mm为宜。

A. 1～2；　　B. 3～4；　　C. 5～6；　　D. 7～8。

208. 水磨石面层厚度为15mm时，石粒最大粒径不能大于______mm。

A. 15；　　B. 14；　　C. 16；　　D. 17。

209. 在组成水磨石中，颜料用量虽不大于水泥用量的______%，但要求颜料具有着色力、遮盖力以及耐光性、耐候性、耐水性和耐酸碱性。

A. 8；　　B. 10；　　C. 12；　　D. 13。

210. 饰面砖镶贴，基体太光滑时，表面应进行凿毛处理，凿毛深度为______mm，间距30mm左右。

A. 1～3；　　B. 3～4；　　C. 4～5；　　D. 5～15。

211. 饰面砖镶贴抹找平层砂浆，对混凝土墙面可用1∶2.5水泥砂浆掺______%水泥重的108胶。

A. 10；　　B. 15；　　C. 20；　　D. 25。

212. 釉面砖和外墙面砖，粘贴前要清扫干净，然后放入清水中浸泡。釉面砖要浸泡到不冒泡为止，且不少于______。

A. 1h；　　B. 2h；　　C. 1.5h；　　D. 45min。

213. 室内镶贴釉面砖如设计无规定时，接缝宽度可在______mm之间调整。

A. 0.5～0.7；　　B. 0.8～0.9；　　C. 1～1.5；　　D. 2～3。

214. 外墙面砖镶贴排缝时，采用离缝接缝法，其接缝宽度应在______mm以上。

A. 1；　　B. 2；　　C. 3；　　D. 4。

215. 釉面砖墙裙一般比抹灰面凸出______mm。

A. 5；　　B. 6；　　C. 7；　　D. 8。

216. 铺贴釉面砖时，应先贴若干块废釉面砖作标志块，横向每隔______m左右做一个标志块。

A. 1；　　B. 1.5；　　C. 2；　　D. 4。

217. 外墙面砖镶贴时，铺贴的砂浆一般为1∶2水泥砂浆或掺入不大于水泥用量______%的石灰膏的水泥混合砂浆，砂浆稠度要一致，避免砂浆上墙后流淌。

A. 20；　　B. 30；　　C. 15；　　D. 35。

218. 门窗碳脸、窗台及腰线底面镶贴面砖时，要先将基体分层刮平，表面划纹，待七八成干时再洒水抹______mm厚水泥浆，随即镶贴面砖。

A. 0.5～0.8；　　B. 0.8～1；　　C. 1～2；　　D. 2～3。

219. 在完成一个层段的墙面并检查合格后，即可进行勾缝。勾缝用______水泥砂浆（砂子要过窗纱筛）或水泥浆分两次进行嵌实。

A. 1∶1；　　B. 1∶2；　　C. 1∶2.5；　　D. 1∶3。

220. 水泥花砖质量要求长宽度允许偏±______mm。

A. 1.5；　　B. 1；　　C. 2；　　D. 3。

221. 混凝土板块外观质量要求表面密实，无麻面、裂纹、脱皮和边角方正，规格尺寸允许偏差为长、宽度±______ mm。

A. 3；　　B. 4.5；　　C. 2.5；　　D. 3.5。

222. 预制水磨石平板外观要求表面光洁明亮、石粒均匀、颜色一致、边角方正，尺寸允许偏差为长、宽、度±______ mm。

A. 3；　　B. 2；　　C. 4；　　D. 1。

223. 板块地面施工，水泥砂浆粘结层厚度应控制在10～15mm，砂浆结合层厚度为______ mm。

A. 20～30；　　B. 30～40；　　C. 50～55；　　D. 55～60。

224. 板块地面施工，如平板间的缝隙设计无规定，大理石、花岗石不大于______ mm。

A. 1.5；　　B. 1；　　C. 2.5；　　D. 2。

225. 大理石、花岗石和预制水磨石平板地面施工时为保证粘结效果，铺砂浆找平层前应刷水灰比为______的水泥浆，并随刷随铺砂浆。

A. 0.2～0.3；　　B. 0.3～0.35；

C. 0.4～0.5；　　D. 0.6～0.7。

226. 大理石、花岗石和预制水磨石板块地面施工，待结合层砂浆强度达到______后，方可打蜡抛光。

A. 30％～40％；　　B. 40％～50％；

C. 50％～60％；　　D. 60％～70％。

227. 板块地面施工时，如平板间的缝隙设计无规定时，水磨石和水泥花砖不大于______ mm。

A. 2；　　B. 3；　　C. 4；　　D. 5。

228. 预制石磨石、大理石和花岗石踢脚板一般高______ mm。

A. 60～80；　　B. 100～200；

C. 250～300；　　D. 300～400。

229. 大理石、花岗石和预制水磨石平板施工，将踢脚板临时固定在安装位置，用石膏将相邻的两块踢脚板以及踢脚板与地面、墙面之间稳牢，然后用稠度为______ mm的1：2的水泥砂浆（体积比）灌缝。

A. 30～50；　　B. 60～80；　　C. 100～150；　　D. 200～300。

230. 冬期施工，当预计连续______ d内的平均气温低于5℃或当日最低气温低于−3℃时，抹灰工程应按冬期施工采取相应的技术措施。

A. 7；　　B. 8；　　C. 9；　　D. 10。

231. 冬期施工的______应包括热源准备、材料及工具准备、保温方法的确定及砂浆的拌制和运输。

A. 准备工作；　　B. 预备工作；　　C. 概算；　　D. 预算。

232. 冬期施工，拌合砂浆的用水，水温不得超过______℃。

A. 85；　　B. 80；　　C. 95；　　D. 90。

233. 冬期热作法施工，当采用带烟囱的火炉进行施工时，一般可控制在______℃

左右。

A. 2；　　B. 5；　　C. 10；　　D. 15。

234. 冬期冷作法施工，砂浆强度等级应不低于 M ______。并在拌制时掺入化学外加剂。

A. 1.5；　　B. 2.0；　　C. 2.3；　　D. 2.5。

235. 外墙面砖镶贴排缝采用密缝法，其接缝宽度在______ mm 内。

A. 1～3；　　B. 2～4；　　C. 3～5；　　D. 4～6。

二、选择题答案

1. C	2. C	3. A	4. A	5. C	6. C	7. C	8. A	9. A
10. D	11. A	12. C	13. A	14. C	15. D	16. C	17. C	18. C
19. C	20. C	21. B	22. A	23. D	24. C	25. B	26. B	27. C
28. A	29. B	30. C	31. A	32. C	33. B	34. C	35. B	36. D
37. C	38. A	39. A	40. C	41. B	42. C	43. D	44. B	45. B
46. C	47. C	48. B	49. D	50. B	51. B	52. A	53. B	54. B
55. C	56. A	57. C	58. B	59. B	60. A	61. B	62. D	63. A
64. A	65. A	66. C	67. C	68. D	69. D	70. A	71. C	72. A
73. C	74. A	75. B	76. A	77. B	78. B	79. C	80. D	81. D
82. D	83. D	84. B	85. B	86. A	87. D	88. C	89. C	90. D
91. D	92. B	93. D	94. A	95. B	96. B	97. A	98. C	99. C
100. C	101. B	102. C	103. B	104. C	105. C	106. D	107. A	108. A
109. B	110. D	111. A	112. D	113. D	114. B	115. B	116. D	117. B
118. D	119. A	120. B	121. C	122. D	123. A	124. B	125. C	126. D
127. A	128. B	129. C	130. D	131. A	132. B	133. B	134. D	135. A
136. B	137. C	138. D	139. A	140. B	141. C	142. D	143. A	144. B
145. C	146. D	147. A	148. B	149. C	150. D	151. A	152. B	153. C
154. D	155. A	156. B	157. C	158. D	159. A	160. B	161. C	162. D
163. A	164. B	165. C	166. D	167. A	168. B	169. C	170. D	171. A
172. B	173. C	174. D	175. A	176. B	177. C	178. D	179. A	180. B
181. C	182. D	183. A	184. B	185. C	186. D	187. A	188. B	189. C
190. D	191. A	192. B	193. C	194. D	195. A	196. B	197. C	198. D
199. A	200. B	201. C	202. D	203. A	204. B	205. C	206. D	207. A
208. B	209. C	210. D	211. A	212. B	213. C	214. D	215. A	216. B
217. C	218. D	219. A	220. B	221. C	222. D	223. A	224. B	225. C
226. D	227. A	228. B	229. C	230. D	231. A	232. B	233. C	234. D
235. A								

第四节　初级抹灰工简答题

一、简答题

1. 三面图的投影关系是什么？
2. 图例中的尺寸国家标准有什么规定？
3. 什么是图例中的比例？
4. 一套施工图，根据其内容与作用的不同，一般分为哪些？
5. 识图的基本知识包括哪些内容？
6. 总平面图包括哪些内容？
7. 简述总平面图的内容和阅读方法？
8. 简述平面图的内容和阅读方法？
9. 什么是建筑立面图，它能表示哪些内容？
10. 立面图的内容及其阅读方法是什么？
11. 什么是建筑详图？
12. 定位轴线有什么作用？
13. 民用建筑有哪些基本分类？
14. 民用房屋的构造有哪些？
15. 墙和柱的作用是什么？
16. 墙体的种类有哪些？
17. 勒脚的作用和做法是什么？
18. 散水的作用和做法是什么？
19. 在抹灰饰面中常用的胶结材料有哪些分类？
20. 砂有哪些分类？
21. 108 胶特点有哪些？
22. 纤维材料在砂浆中起什么作用？
23. 如何使用麻刀？
24. 如何使用纸筋？
25. 砂浆的流动性与哪些因素有关？
26. 如何掌握好砂浆的保水性？
27. 砂浆强度与哪些因素有关？
28. 砂浆的粘结强度与哪些因素有关？
29. 砂浆如何选用？
30. 如何进行砂浆拌制？
31. 陶瓷釉面砖为什么不适合用于室外而适合用于室内？
32. 外墙贴面砖有什么特点？
33. 防潮层有哪几种做法？

34. 怎样做好常用工具的维护和保管?
35. 抹灰工程常用机械有哪些?
36. 建筑饰面分类有哪些?
37. 内墙饰面的作用是什么?
38. 地面饰面的目的作用是什么?
39. 外墙饰面的作用是什么?
40. 抹灰饰面如何分类?
41. 抹灰等级的选定依据是什么?
42. 一般抹灰的等级及工序要求是什么?
43. 抹灰层的组成有哪些?
44. 根据抹灰部位不同如何选用砂浆?
45. 抹灰前应对哪些项目进行检查交接?
46. 抹灰基体的表面如何处理?
47. 怎样浇水润墙?
48. 一般抹灰(普通、高级)的施工操作工序有哪些?
49. 内墙抹灰饰面如何做标志块?
50. 内墙面抹灰饰面如何做标筋?
51. 内墙面抹灰阴阳角如何找方?
52. 门窗洞口如何做护角?
53. 怎样用木杠刮灰?
54. 怎样做好纸筋石灰或麻刀石灰砂浆面层?
55. 怎样做好石灰砂浆面层?
56. 怎样做好混合砂浆面层?
57. 怎样做好水泥砂浆面层?
58. 怎样进行内墙砖墙基体分层石灰砂浆抹灰?
59. 怎样进行内墙加气混凝土条板基体石灰砂浆分层抹灰?
60. 怎样进行内墙砖墙基体水泥混合砂浆分层抹灰?
61. 怎样进行内墙做油漆墙面抹水泥混合砂浆分层抹灰?
62. 内墙抹灰应注意哪些质量问题?
63. 外墙抹灰如何找规矩?
64. 外墙抹灰粘分格条如何进行粘布条法?
65. 外墙抹灰粘分格条如何进行划线法?
66. 外墙如何抹水泥砂浆饰面?
67. 外墙抹灰应注意哪些质量问题?
68. 预制混凝土顶棚和现浇混凝土顶棚抹灰基体如何处理?
69. 顶棚抹灰如何找规矩?
70. 预制混凝土楼板顶棚和现浇混凝土顶棚面层如何抹灰?
71. 顶棚抹灰注意事项有哪些?
72. 现浇混凝土楼板顶棚抹灰分层做法有哪些?

73. 预制混凝土楼板顶棚抹灰分层做法有哪些？
74. 顶棚抹灰应注意哪些质量问题？
75. 灰线种类有哪些？
76. 灰线材料和配合比有什么要求？
77. 抹灰线工具死模含意是什么？
78. 怎样抹方柱出口线角？
79. 怎样抹圆柱出口线角？
80. 地面水泥砂浆面层如何找规矩弹准线？
81. 地面水泥砂浆面层如何做标筋？
82. 地面水泥砂浆面层配合比有哪些要求？
83. 楼地面水泥砂浆面层如何进行分格？
84. 楼地面水泥砂浆面层如何养护和成品保护？
85. 水泥砂浆地面应注意哪些质量问题与防治？
86. 对豆石（细石）混凝土地面质量要求是什么？
87. 豆石（细石）混凝土地面如何进行滚压？
88. 豆石混凝土地面压光时为什么不能撒干水泥或1∶1水泥砂的方法？
89. 豆石混凝土地面面层为什么终凝后不能再继续进行压光工作？
90. 楼梯抹灰如何进行弹线分步？
91. 当踏步设有防滑条时，如何进行施工？
92. 房屋内外墙、厨房、厕所为什么要设置踢脚板、墙裙和外墙勒脚？
93. 踢脚板、墙裙和外墙勒脚所用材料配合比及其具体尺寸要求是多少？
94. 对窗台抹灰有什么技术要求？
95. 滴水槽、滴水线做法是什么？
96. 什么是拉毛灰？适用范围是什么？
97. 纸筋石灰浆罩面拉毛操作方法是什么？
98. 水泥石灰加纸筋拉毛的操作方法是什么？
99. 条筋形拉毛操作方法是什么？
100. 洒毛灰的操作方法是什么？
101. 拉毛洒毛质量通病——花纹不匀的产生原因及防治措施是什么？
102. 拉毛、洒毛质量通病——颜色不匀的产生原因及防治措施？
103. 108胶的优缺点是什么？
104. 聚合物水泥砂浆喷涂所用材料及砂浆的配合比有什么技术要求？
105. 聚合物水泥砂浆喷涂如何进行砂浆的配制？
106. 喷涂颜色不均匀产生原因和防治措施是什么？
107. 用挤压式喷浆泵怎样进行波面喷涂？
108. 什么是滚涂，其特点是什么？
109. 滚涂做法的材料配合比为多少？
110. 滚涂操作如何进行干滚法和湿滚法？
111. 什么是聚合物水泥砂浆弹涂饰面？

112. 喷涂饰面颗粒大小不一产生原因和防治措施是有哪些？
113. 滚涂饰面颜色不匀，产生原因和防治措施是什么？
114. 滚涂饰面花纹不匀，产生原因和防治措施是什么？
115. 弹涂饰面出现流坠，产生原因和防治措施是什么？
116. 弹涂饰面出现拉丝、色点大小不一样现象，其产生原因和防治措施是什么？
117. 砖墙水刷石抹灰分层做法有哪些？
118. 混凝土墙水刷石抹灰分层做法有哪些？
119. 加气混凝土墙水刷石抹灰分层做法有哪些？
120. 水刷石抹面层时，如何抹好阳角？
121. 水刷石面层冲刷时如何做好排水工作？
122. 水刷石面层出现空鼓的原因和防治措施是什么？
123. 水刷石面层饰面不清晰、颜色不一致，其产生原因和防治措施是什么？
124. 砖墙干粘石抹灰、分层做法有哪些？
125. 混凝土墙干粘石抹灰，分层做法有哪些？
126. 加气混凝土墙干粘石抹灰、分层做法有哪些？
127. 干粘石饰面如何粘贴分格条？
128. 干粘石抹粘结层操作方法是什么？
129. 干粘石抹灰如何进行甩粒？
130. 干粘石抹灰如何起分格条和修整？
131. 干粘石抹灰出现空鼓裂缝的原因与防治措施是什么？
132. 干粘石抹灰出现面层滑坠的原因和防治措施是什么？
133. 什么是斩假石？
134. 斩假石抹灰分层做法是什么？
135. 斩假石抹灰表现颜色不匀的原因与防治措施是什么？
136. 斩假石抹灰表面空鼓的原因与防治措施是什么？
137. 斩假石抹灰出现剁纹不匀的原因与防治措施是什么？
138. 斩假石如何进行面层斩剁？
139. 现制水磨石地面对水泥有什么要求？
140. 现制水磨石地面对石粒有什么要求？

二、简答题答案

1. 三面图的投影关系：

1）平面图和正面图长对正；

2）正面图和侧面图高平齐；

3）平面图和侧面图宽相等。

2. 图例中的尺寸。建筑施工图是按比例缩小或放大绘出的，但是标注尺寸还必须是建筑物或构件的实际尺寸，根据国家标准，图样上除了总平面图及标高尺寸以米为单位外，其余均以毫米为单位，因此也可不注单位名称。

3. 图例中的比例。建筑物的实际尺寸一般比较大，只有将其缩小若干倍，才能绘制到图样上。例如在图样上用 10mm 代表 1000mm 长，以这种缩小的尺寸绘出的图的比例为 1∶100。

4. 一套施工图，根据其内容与作用的不同，一般可分为以下几种：

1）建筑施工图（简称建施）：包括首页图、总平面图、平面图、立面图、剖面图和构造详图。

2）结构施工图（简称结施）：包括结构布置平面图和构件的结构详图。

3）设备施工图（简称设施）：包括给水排水、采暖通风、电气照明等设备的布置平面图和详图。

5. 识图的基本知识包括以下内容：

物体的投影原理、房屋的基本构造、轴线坐标的表示方法，水平尺寸、标高、图例和符号的表示方法，门窗型号和构件型号的写法以及图上的各种线条等都属于识图的基本知识。

6. 总平面图主要是表示新建房屋的地点、位置、朝向和与原有建筑物的关系，以及周围道路、绿化和给水排水、供电条件等方面的情况。根据这些情况，才能计划在施工时进入现场的材料和构配件的堆放场地，构件预制的场地以及运输的道路等。

7. 阅读总平面图的方法如下：

1）先看图样比例、图例及有关的文字说明。

2）了解工程性质、用地范围、地形地貌和周围环境等情况。

3）从图中了解室内（底层）地面的标高。总平面图中标高均为绝对标高。

4）明确拟建房屋的位置和朝向。

5）了解该地区的道路和绿化。

8. 阅读平面图的方法如下：

1）从图名可了解该图是属哪一层平面图，以及该图的比例。

2）通过指北针的符号，了解房屋的朝向。

3）从平面图的形状与总长总宽尺寸，可计算出房屋的用地面积。

4）了解房屋内部各房间的配置、用途、数量及其相互间的联系情况。

5）从图中定位轴线的编号及其间距，可了解到各承重构件的位置及房间的大小。

6）图中注有外部和内部尺寸，可了解到各房间的开间、进深、门窗及室内设备的大小和位置。

7）从图中门窗的图例及其编号，可了解到门窗的类型、数量及其位置。

8）从图中还了解其他细部（如楼梯、搁板、墙洞和卫生设备等）的配置和位置情况。

9）图中还表示出室外台阶、散水和雨水管的大小与位置。

10）了解剖面图的剖切位置，以便与剖面图对照查阅。

9. 建筑立面图是在与房屋立面平行的投影上所作的房屋的正投影图，就是建筑立面图，简称立面图。立面图主要表示建筑物的外貌、门窗的位置与形式、外墙各部分的做法等。

10. 立面图的内容及其阅读方法如下：

1）指明朝向和比例。

2）可看到建筑的整个外貌形状，屋面、门窗、雨篷、阳台、台阶及勒脚等的形式和位置。

3）了解房屋的各层及总高度。

4）了解外墙表面装饰的做法。

11. 建筑详图。当物体的某一局部，在图中由于比例过小未能表达清楚，或不便于标注尺寸，则可将该局部构造用大于原图的比例放大画出，这种图形叫做详图，也叫局部放大图或大样图。

12. 建筑施工图中都标有定位轴线，凡是承重墙、柱等主要承重构件位置处，都有轴线来确定其位置，它是设计和施工时的重要依据。

13. 民用建筑基本分类如下：

1）按房屋的用途分类：

①居住类：包括单身宿舍、住宅、招待所和旅馆等。

②公共类：包括文教类、观演类、体育医疗卫生类、交通类、服务性类、公共事业类等。

2）按房屋层数分类：

①多层建筑指8层及其以下。

②高层建筑指9层及其以上。

3）按承重结构材料分类：

①砖木结构。

②砖混结构。

③钢筑混凝土结构。

14. 民用房屋的构造，一般的民用房屋是由基础、墙或柱、楼板、楼地面、楼梯、屋顶、门窗等主要部分组成。

15. 墙和柱的作用。墙和柱是房屋的竖向承重构件，承受楼层和屋顶传给它的荷载，并把这些荷载传给基础。墙不仅是一个承重构件，同时也是房屋的围护结构。外墙阻隔雨水、风雪、寒暑对室内的影响，内墙把室内空间分隔为房间，避免相互干扰。当用柱作为房屋的承重构件时，填充在柱间的墙仅起围护作用。

墙和柱应该满足承载力、刚度和稳定性要求，除此之外还要保温、隔热、隔声和防水，同时具有耐久性。

16. 墙体的种类如下：

1）按布置分为内墙和外墙；

2）按受力情况分有承重墙、非承重墙；

3）按墙体材料分有砖墙、石墙和混凝土大板墙等。

17. 勒脚的作用和做法如下：

勒脚是外墙接近室外地面处的表面部分。它的作用是保护接近地面的墙身避免受潮，同时防止外界力量破坏墙身和建筑物的立面处理效果。

常用的做法是用坚实的材料砌成，或在勒脚部位用水泥砂浆抹灰。勒脚的高度为300～600mm。

18. 散水是外墙四周地面做出向外倾斜的坡道，其作用是将屋面雨水排至远处，防止墙基受雨水侵蚀。散水材料一般用素混凝土浇筑，宽度一般为 600～1000mm。当屋顶有出檐时，较出檐多 200mm，坡度为 5%。

19. 抹灰饰面中常用的胶结材料如下：

1）有机胶结材料，如石油沥青、煤沥青及各种天然和人造树脂。

2）无机胶结材料：

①水硬性胶结材料，如一般水泥，装饰水泥；

②气硬性胶结材料，如石灰，建筑石膏。

20. 砂是各种砂浆中的骨料：

1）分为河砂、海砂和山砂；

2）砂按颗粒大小可分为：

①粗砂：平均粒径大于 0.5mm 者；

②中砂：平均粒径在 0.35～0.5mm 者；

③细砂：平均粒径在 0.25～0.35 者；

④特细砂：平均粒径在 0.25mm 以下者。

抹灰用砂最好是中砂，或粗砂与中砂混合掺用。抹灰用砂要求颗粒坚硬洁净，使用前应过筛，不得含有杂物。

21. 108 胶特性如下：

1）固体含量 10%～12%，密度 1.05g/cm³，pH 值为 6～7，是一种无色水溶性胶结剂。也是抹灰饰面工程中常用的一种经济适用的有机聚合物。

2）在水泥或水泥砂浆中掺入适量的 107 胶，可以将水泥砂浆的粘结性能提高 2～4 倍，增加砂浆的柔韧性与弹性，从而减少砂浆面层开裂，粉酥脱落现象，同时还可提高砂浆粘稠度和保水性，便于操作。

3）107 胶常用于聚合物砂浆喷涂，弹涂饰面，镶贴釉面砖，或用于加气混凝土墙面底层抹灰等。

22. 纤维材料在抹灰砂浆中起拉结和骨架作用，以提高抹灰层的抗拉强度，增强抹灰层的弹性和耐久性，使抹灰层不易裂缝脱落。

23. 麻刀应均匀、坚韧、干燥、不含杂质。使用时将麻丝剪成 20～30mm；敲打松散，每 100kg 灰膏约掺 1.5kg 麻刀，加水搅拌均匀，即成麻刀灰。

24. 纸筋有干、湿两种。

1）干纸筋的用法是将纸筋撕碎，除去尘土，用清水浸透，按 100kg 灰膏掺入 2.75kg 纸筋的比例掺到淋灰池。罩面纸筋宜机碾磨细（避免干燥后，墙面显露纸筋不匀），并用 3mm 孔筛过滤成纸筋灰。纸筋灰储存时间越长越好，一般为 1～2 月。

2）湿纸筋使用时先用清水浸透，每 50kg 灰膏掺 1.45kg 纸筋搅拌均匀，其碾磨和过筛方法同干纸筋。

25. 砂浆的流动性也称稠度，是指砂浆在自重或外力作用下流动的性能。砂浆的流动性与胶结材料的种类、用水量、砂子的级配、颗粒的粗细圆滑程度等因素有关。当胶结材料和砂子一定时，砂浆的流动性主要取决于含水量。

选择砂浆流动性时，应考虑抹灰饰面的基层、施工条件和气温等因素。

26. 砂浆的保水性指砂浆在搅拌后，运输到使用地点时，砂浆中各种材料分离快慢的性质。如水与水泥、石灰膏、砂子分离很快，使用这种砂浆时，水分容易被砖吸收，使砂浆变稠，失去流动性，造成施工困难，影响工效，降低工程质量。

保水性的好与坏，与砂浆组成材料有关。如砂子及水的用量过多或砂子过细，胶结材料、掺合材料较少，不足以包裹砂子，则水分易与砂子及胶结材料分离。要改善砂浆的保水性，除选择适当粒径的砂子外，还可掺入适量的石灰膏、加气剂和塑化剂，而不应采取增加水泥用量的方法。

27. 砂浆的强度以抗压强度为主要指标。一般情况下，抗压强度高的砂浆，其粘结强度也较好。

砂浆强度与配合比、加水量、水泥的活性、塑化剂的用量（尤其是松脂皂的掺量）、砂子的颗粒级配和所含杂质、搅拌的均匀程度等因素有关。

28. 为了保证砂浆与墙体粘结牢固，砂浆应具有良好的粘结强度（粘结力）。影响砂浆粘结力的因素有砂浆成分、水灰比、块体的强度、块体表面的清洁与粗糙程度和养护条件等。一般说，砂浆的粘结力随砂浆的抗压强度增大而提高。

29. 砂浆的选用。按工程类别及部位的设计要求选用。通常水泥砂浆适用于潮湿环境；水泥石灰混合砂浆适用于干燥环境；石灰砂浆可用于一般简易房屋。

30. 砂浆的拌制，应根据各种配合比，可以拌制各种强度等级的砂浆。具体要求如下：

1）各种材料必须过秤，以保证准确的配合比。一般抹灰砂浆，通常以体积比进行配制。

2）拌制砂浆前，砂要过筛，除去大颗粒和杂物。

3）拌制的砂浆，颜色要均匀，流动性应符合要求，没有疙瘩。

4）采用机械搅拌时，搅拌时间要超过 2min。人工拌制时，应将规定量的砂子和水泥先干拌均匀，再将定量的水、石灰膏加入，待砂浆颜色一致、稠度合适即可。

31. 陶瓷釉面砖为多孔的精陶坯体，在长期与空气的接触过程中，特别在潮湿环境中使用，会吸收大量水分而产生吸湿膨胀的现象。由于釉的吸湿膨胀非常小，当坯体湿膨胀的程度增长到使釉面处于拉应力状态，应力超过釉的抗拉强度时，釉面发生开裂。如用于室外，经多次冻融，更易出现剥落掉皮现象。所以釉面砖只能用于室内。

32. 外墙面砖用于建筑物外墙装饰的块状陶瓷建筑材料，制品分有釉、无釉两种。颜色丰富，用于建筑物外墙面装饰，它不仅可以防止建筑表面被大气侵蚀，而且可使立面美观。外墙面砖的坯体质地密实，釉质耐磨，因此具有耐水、抗冻、耐磨性。

33. 防潮层有以下几种做法：

1）油毡防潮层分干铺和粘贴两种。

2）防水砂浆防潮层（2.5cm 厚，掺入防水剂 1∶2 水泥砂浆）。

3）细石混凝土防潮层。

4）防水砂浆砖砌防潮层。

34. 常用工具的维护和保管：

1）抹灰工常用钢制工具，用后要擦洗干净，以防生锈，以便于下次使用。各种工具用后要放好，不要乱仍乱放，防止丢失和损坏。

2）各种刷子及木制工具用后要将粘结的砂浆清理干净并擦干放好。木制工具不要堆放在室外风吹日晒，以防止变形。

3）在下班前，盛装、运输抹灰砂浆用的各种器具的砂浆要用完，并将器具清洗干净，防止灰浆粘底硬化凝固，损坏器具及影响使用。

4）灰槽、灰桶等上下移动要轻拿轻放，不要从跳板上往下仍。

35. 抹灰工程常用机械有砂浆搅拌机、纸筋石灰、麻刀石灰拌合机、地面抹光机、磨石机等。

36. 建筑饰面分类如下：

1）建筑饰面根据用途可分为：保护饰面（防止表面遭受周围介质有害作用的饰面）、声学饰面（一般为吸声）和装饰饰面。

2）建筑饰面根据施工方法的不同，分为：抹、铺、贴、喷、滚、弹涂，以及在结构构件施工的同时形成的饰面。

3）建筑饰面根据其所处部位的不同，分为外墙饰面、内墙饰面和地面饰面等。

37. 内墙饰面的作用，即保证室内的使用要求、装饰要求和保护墙体。

建筑室内饰面是使房屋内部墙面具有平整光滑、清洁美观和改善采光的功能，为人们在室内工作、生活创造舒适的环境。同时还应具有保温、隔热、防潮、隔声的功能，以改善居住和工作条件。

38. 楼地面饰面的目的是为了保护楼板和地坪，保证使用条件和装饰室内。

楼板和地坪必须依靠面层来解决耐磨损、磕碰和防止生产、生活及擦洗用水的渗漏。

因此，楼间和地面应具有足够的承载力，并要求表面平整光洁和便于清洁。而且还要根据不同使用要求，满足吸声、隔声、保温、不透水、抗化学侵蚀等要求。所以，室内楼地面也是室内装饰的重要组成部分。

39. 建筑外墙饰面主要有两个方面的作用，一是保护墙体，二是装饰立面。

外墙是建筑物的重要组成部分，不仅具有一定的耐久性，而且有的还要承担荷载。同时根据生产、生活的需要，还要具有围护结构的功能，以达到挡风遮雨、保温、隔热、隔声、防火等目的。但由于外墙取材不同，必然存在这样或那样的不足，不能全部满足外墙围护功能的要求，因此必须通过饰面来弥补并改善其不足。

40. 抹灰分类：

1）按房屋建筑部位分类：

①室内抹灰：有顶棚、墙面、楼地面、踢脚板、墙裙、楼梯以及厨房、卫生间等。

②室外抹灰：有屋檐、女儿墙、窗台、腰线、阳台、雨篷、勒脚、散水及墙面等。

2）按使用材类及装饰效果不同分类：

①一般抹灰。一般抹灰所使用的材料，分为石灰砂浆、水泥混合砂浆、水泥砂浆、聚合物水泥砂浆、膨胀珍珠岩水泥砂浆和麻刀石灰、纸筋石灰、石膏灰等。

②装饰抹灰。根据使用材料、施工方法和装饰效果不同，分为水刷石、水磨石、斩假石、干粘石、假面砖、拉条灰、拉毛灰、喷涂、弹涂、滚涂、仿石和彩色抹灰等。

③饰面板（块、砖）镶贴安装。天然石板（花岗岩、大理石）、人造板（水磨石、人造大理石）、饰面砖（外墙面砖、耐酸砖、瓷砖、陶瓷锦砖）等。

④特种砂浆抹灰。分为保温砂浆、耐酸砂浆、和防水砂浆。

41. 抹灰等级的选定依据是以设计为准，以质量要求和主要工序作为划分抹灰等级的主要依据。

42. 一般抹灰的等级及工序要求：

1）普通抹灰表面质量应光滑、洁净、接槎平整，分格缝应清晰，三遍成活。

2）施工工艺上达到：阳角找方，设置标筋，分层赶平，修整表面压光。

3）高级抹灰表面质量应光滑、洁净、颜色均匀、无抹纹。分格缝和灰线清晰美观。施工要求多遍成活，施工工艺上达到：阴阳角找方，设置标筋，分层赶平，修整，表面压光。

43. 抹灰层的组成。抹灰饰面为使抹灰层与基体粘结牢固防止起鼓开裂，并使抹灰表面平整，保证工程质量，一般应分层涂抹，即底层、中层和面层（也称罩面层）。底层主要起与基体粘结的作用；中层主要起找平的作用；面层是起装饰作用。

44. 根据抹灰部位不同选用砂浆。抹灰所用的砂浆品种，一般应按设计要求选用。如设计无要求时，则应符合下列规定：

1）外墙门窗洞口、屋檐、勒脚等，用水泥砂浆或水泥混合砂浆。

2）温度较大的房间和工厂车间，用水泥砂浆。

3）混凝土板、墙的底层抹灰，用水泥砂浆。

4）硅酸盐砌块的底层抹灰，用水泥混合砂浆。

5）板条、金属网顶棚和墙的底层和中层抹灰，用麻刀灰砂浆或纸筋石灰砂浆。

6）加气混凝土砌块和板的底层抹灰，用水泥混合砂浆或聚合物水泥砂浆。

45. 抹灰前应对下列项目进行检查交接：

1）主体结构和水电、暖工、煤气设备的预埋件以及消防梯、雨水管管箍、泄水管阳台栏杆、电线绝缘的托架等安装是否齐全和牢固，各种预埋铁件、木砖位置标高是否正确。

2）门窗框及其他木制品是否安装齐全并校正后固定，是否预留抹灰层厚度，门窗口高低是否符合室内水平线标高。

3）板条、苇箔或钢丝网吊顶是否牢固，标高是否正确。

4）水、电管线、配电箱是否安装完毕，有无漏项；水暖管道是否做过压力试验；地漏位置标高是否正确。

46. 抹灰基体的表面应作如下处理：

1）墙上的脚手眼、各种管道洞口、剔槽等应用1∶3水泥砂浆填嵌密实或砌好。

2）门窗框与立墙交接处应用水泥砂浆分层嵌塞密实。

3）基体表面的灰尘、污垢、油渍、碱膜、沥青渍、粘结砂浆等均应清除干净。

4）混凝土墙、砖墙等基体表面的凹凸处，要剔平或用1∶3水泥砂浆分层补平。

5）平整光滑的混凝土表面如设计无要求时，可不抹灰，而用刮腻子处理。否则应进行凿毛，方可抹灰。

47. 浇水润墙　各种基体浇水程度，与施工季节，气候和室内外操作环境有关，应根据实际情况酌情掌握。夏季气温高，水分挥发快，浇水润墙要透些。一般内墙抹灰，在刮风季节，要关闭门窗；对120mm厚以上砖墙，应在抹灰前一天浇水一遍，渗水深度达到8～10mm为宜。

在常温下进行外墙抹灰，墙体一定要浇两遍水，以防止底层灰的水分很快被墙面吸收，影响底层砂浆与墙面的粘结力。

加气混凝土表面孔隙率大，其毛细管为封闭性和半封闭性，阻碍了水分渗透速度，它同砖墙比，吸水速度约慢 3～4 倍。因此，应提前两天进行浇水，每天两遍以上，使渗水深度达到 8～10mm。

混凝土墙体吸水率低，抹灰前浇水可少些。

48. 一般抹灰（普通级和高级）的施工操作工序：以墙面为例，先进行基体处理、挂线、做标志块、标筋及门窗洞口做护角等；然后进行装档、刮杠、搓平；最后做面层（亦称罩面）。

49. 内墙抹灰饰面做标志块，即在 2m 左右高度、离墙两阴角 100～200mm 处，用底层抹灰砂浆各做一个标准标志块，厚度为抹灰层厚度，大小 50mm 左右见方。以这两个标准标志块为依据，再用托线板靠、吊垂直确定墙下部对应的两个标志块厚度，其位置在踢脚板上口，使上下两个标志块在一条垂直线上。标志块做好后，再在标志块附近砖墙缝内钉上钉子，栓上小线挂水平通线，然后按间距 1.2～1.5m 左右，加做若干标志块，凡在窗口、垛角处必须做标志块。

50. 内墙抹灰做标筋，就是在上下两个标志块之间先抹出一长条梯形灰埂，其宽度为 100mm 左右，厚度与标志块相平，作为墙面抹灰填平的标志。

做法是在上下两个标志块中间先抹一层灰带，收水后再抹第二遍凸出成八字形，要比标志块凸出 10mm 左右，然后用木杠紧贴标志块左上右下搓，直至把标筋搓得与标志块搓平为止。同时要将标筋的两边用刮尺修成斜面，使其与抹灰层接槎顺平。标筋用砂浆，应与抹灰底层砂浆相同。

51. 普通抹灰要求阳角找方。对于除门窗口外，还有阳角的房间，则首先要将房间大致规方。方法是先在阳角一侧墙做基线，用方尺将阳角先规方，然后在墙角弹出抹灰准线，并在准线上下两端挂通线做标志块。

高级抹灰要求阴阳角都要找方，阴阳角两边都要弹基线。为了便于作业和保证阴阳角方正垂直，必须在阴阳角两边都要做标志块、标筋。

52. 门窗洞口做护角：抹护角时，以墙面标志块为依据，首先要将阳角用方尺规方，靠门框一边，以门框离墙面的空隙为准，另一边以标志块厚度为据。最好在地面上画好准线，按准线贴好靠尺板，并用托线吊直，方尺找方。然后，在靠尺板的另一边墙角面分层抹 1：2 水泥砂浆，护角线的外角与靠尺板外口平齐；一边抹好后，再把靠尺板移到已抹好护角边，用钢卡子稳住，用线坠吊直靠尺板，把护角的另一边分层抹好。最后在墙面用靠尺板按要求尺寸沿角留出 50mm，将多余砂浆以 45°斜面切掉，墙面和门框等落地灰应清理干净。

53. 待中层砂浆抹后，即用中、短木杠按标筋刮平。使用木杠时，人站成骑马式，双手紧握木杠，均匀用力，由下往上移动，并使木杠前进方向的一边略微翘起，手腕要活。凹陷处补抹砂浆，然后再刮，直至平直为止。

54. 纸筋石灰和麻刀石灰砂浆。一般应在中层砂浆 6～7 成干时进行，如底子灰过于干燥，应洒水湿润。操作时，一般使用钢皮抹子，两遍成活，厚度不大于 2mm。通常由阴角或阳角开始，自左向右进行，两人配合，一人先竖向薄薄抹一层，使纸筋灰与中层紧密结合；另一人横向抹第二层，并要压平溜光。压平后可用排笔蘸水横刷一遍，使表面色泽一致，再用钢皮抹子压实、抹光。

55. 石灰砂浆面层。一般采用1∶2～1∶2.5石灰砂浆，厚度6mm左右，应在中层砂浆5～6成干时进行。如中层较干时，须洒水湿润后再进行。操作时，一般先用铁抹子抹灰，再用刮尺由下向上刮平，然后用木抹子搓平，最后用铁抹子压光成活。

56. 混合砂浆面层一般采用1∶2.5水泥石灰砂浆，厚度5～8mm，先用铁抹子罩面，再用刮尺刮平，找直；稍干后，用木抹子搓平。搓平后，如砂浆太干，可边洒水边搓平，直至表面平整密实。

57. 水泥砂浆面层一般采用1∶2.5水泥砂浆，厚度5～8mm，抹灰方法与石灰砂浆相同，但压光工序要严格掌握时机。压光太早，不易光滑；压光太晚，引起面层空鼓、裂纹。压光时，用力要适当，遍数不易过多，但不得少于两遍。罩面后次日应进行洒水养护。

58. 内墙砖墙基体分层抹灰做法。石灰膏∶砂子∶黏土＝1∶2∶8砂浆抹底、中层，厚度13mm；1∶（2～2.5）石灰砂浆面层压光，厚度6mm。应注意应待前一层7～8成干后，方可涂抹后一层。

59. 内墙加气混凝土条板基体分层抹灰。1∶3石灰砂浆分别抹底层、中层灰，其厚度各为7mm；刮石灰膏面层，厚1mm。墙面应浇水湿润，刮一道108胶∶水＝1∶3～4溶液，再随即抹灰。

60. 内墙砖墙基体水泥混合砂浆分层抹灰。1∶1∶6水泥白灰砂浆分别抹底层、中层灰，其厚度分别各为7～9mm；刮石灰膏或大白腻子面层，厚度1mm。应注意的是，满刮大白腻子应刮两遍，砂纸打磨。同时应待前一层抹灰凝结后，方可涂抹后一层。

61. 内墙做油漆墙面抹水泥混合砂浆分层做法。用1∶0.3∶3的水泥石灰砂浆分别抹底层、中层灰，其厚度分别为7mm；然后用1∶0.3∶3水泥石灰砂浆罩面，厚度为5mm。如为混凝土基体，要先刮水泥浆（水灰比0.37～0.4）或洒水泥砂浆处理，然后再抹灰。

62. 内墙抹灰应注意的质量问题。内墙抹灰容易出现空鼓、裂缝质量问题，主要是由于基体清理不干净，墙面浇水湿润不够，砂浆中的水分被墙体吸收，降低了砂浆的粘结强度。另外基体偏差较大时，应分层补平。抹灰分层每层抹灰厚度应控制在10mm左右。门窗框边缝要塞灰严实，砂浆配制要符合设计质量要求。

63. 外墙抹灰但因外墙面由檐口到地面，抹灰面大，门窗、阳台、柱、腰线等都要横平竖直，而抹灰操作则必须一步架一步架住下抹。因此，外墙抹灰找规矩要在四角先挂好自上而下垂直通线（多层或高层房屋，应用钢丝线垂下），然后根据大致决定的抹灰厚度，每步架大角西侧最好弹上控制线，再拉水平通线，并弹水平线做标志块，竖向每步架做一个标志块，然后做冲筋。

64. 粘布条法。在底层，根据设计尺寸和水平线弹出分格线后，用108胶（也可用素水泥浆）粘贴胶布条（亦可用绝缘塑料胶布），然后做饰面层，等饰面层初凝时，立即把胶布慢慢扯掉，即露出分格缝。然后修理分格缝两边的飞边。

65. 外墙抹灰粘分格条采用划线法。即等做完饰面后，待砂浆初凝时，弹出分格线。沿着分格线按贴靠尺板，用划线工具沿靠尺板边进行划缝，深度4～5mm（或露出底层）。

66. 外墙抹水泥砂浆常用水泥∶砂子＝1∶3水泥砂浆抹底层。抹底层时，必须把砂浆压入灰缝内，刮平压实楼毛。罩面应在第二大底层凝固后进行，先弹分格线，粘分格条。抹时先用1∶2.5水泥砂浆薄薄抹一遍，再抹第二遍与分分格条平齐，用木杠刮平后，再用木抹子搓平，用钢皮抹子揉实压光。抹压遍数不宜太多，避免水泥砂浆过多挤出，刮杠时用力要适当，防止用力过猛，因压力过大而损伤底层。罩面压光后，用刷子蘸水，按同一方向轻刷一遍，以使墙面色泽、纹路均匀一致。

67. 外墙抹灰应注意以下质量问题：

1）抹灰面空鼓、裂缝。主要是基体清理不干净，墙面浇水不透或不均匀，一次抹灰过厚或各层抹灰时间间隔太近。

2）抹灰面有明显接槎。主要是墙面没有分格，留槎位置不对，应将接槎位置留在分格线处或阴阳角和落水管处。砂浆没有统一配料。

3）阳台、雨篷、窗台等抹灰面在水平和垂直方向不一致。在结构施工中，现浇混凝土或构件安装要校正准确，找平找直，减少结构施工偏差。抹灰前在阳台、雨篷、窗台等处拉水平和垂直方向接通线找平找直找正。

4）分格缝不直不平，缺棱错缝。在分格处拉水平和垂直通线并弹上标准线。木制分格条使用前要在水中浸透。水平分格条一般应粘在水平线下边；竖向分格条一般应粘在垂直线左侧。这样便于检查，防止发生错缝不平等现象。

68. 预制混凝土顶棚和现浇混凝土顶棚抹灰基层处理。

1）对于预制混凝土楼板，要用细石混凝土灌注预制板缝，以免板缝产生裂纹，并用钢丝刷清除附着的砂子和砂浆。

2）现浇混凝土板表面的油污，用10%的烧碱水将油污刷掉，随之用清水将火碱冲净、晾干。

3）为防止抹灰层出现空鼓、裂缝等现象，为此在抹灰时，应先清理干净的混凝土表面刷水后刮一遍水灰比为0.37～0.4的水泥浆进行处理，方可抹灰。

69. 顶棚抹灰找规矩。即顶棚抹灰通常不做标志块和冲筋，用目测的方法控制其平整度，以无明显高低不平及接槎痕迹为度。先根据顶棚的水平面，确定抹灰的厚度，然后在墙面的四周与顶棚交接处弹出水平线，作为抹灰的水平标准。

70. 预制混凝土楼板顶棚和现浇混凝土顶棚面层抹灰。待中层抹灰达到6～7成干，即用手按不软、有指印时（但防止过干，如过干应稍洒水），再开始面层抹灰。如使用纸筋石灰或麻刀石灰时，一般分两遍成活。罩面灰的厚度控制在5mm以内，第一遍抹得越薄越好，紧跟抹第二遍。抹第二遍时，抹子要稍平，抹完后等灰浆稍干，再用压子顺着抹纹压实压光。

71. 顶棚抹灰注意以下两点：

1）现浇混凝土楼板顶棚抹头道灰时，必须与模板木纹的方向垂直，并用钢皮抹子用力抹实，越薄越好，底子灰抹完后紧跟抹第二遍找平，待6～7成干时，即应罩面。

2）无论现浇或预制楼板顶棚，如用人工抹灰，都应进行基体处理，即混凝土表面先刮水泥浆或洒水泥砂浆。

72. 现浇混凝土楼板顶棚抹灰分层做法如下：

1）用1∶0.5∶1水泥石灰混合砂浆抹底层，厚度2mm；

2）用1∶3∶9水泥石灰砂浆抹中层，厚度6mm；

3）用纸筋石灰或麻刀石灰抹面层厚度2～3mm。其中纸筋石灰砂浆配合比为：白灰膏：纸筋＝100：1.2（质量比）；麻刀石灰砂浆配合比为：石灰膏：细麻刀＝100：1.7（重量比）。

73. 预制混凝土楼板顶棚抹灰分层做法如下：

用1：0.3：6水泥纸筋灰砂浆抹底层、中层灰，厚度为7mm；用1：0.2：6水泥细纸筋灰罩面压光，厚度5mm。适用于机械喷涂抹灰。

74. 顶棚抹灰应注意以下质量问题：

1）顶棚抹灰易出现抹灰层空鼓和裂纹，抹灰面层起泡，有抹纹等。产生的原因主要是因为基体清理不干净，一次抹灰太厚，没有分层赶平，一般每遍抹灰应控制在5mm内。

2）顶棚在罩面灰抹完后，要等待罩面灰收水后再进行压光。压光时，抹子要稍平，由前往后按顺序压光，就不会出现起泡和抹纹现象。

75. 灰线种类：

1）简单灰线就是抹出1～2条简单线条。

2）多线条灰线，一般指有3条以上凹槽较深、形状不一定相同的灰线。常用于高级装修房间。

76. 抹灰线一般分四道灰：

1）头道灰是粘结层，用1：1：1＝水泥：石灰膏：砂子的水泥混合砂浆，薄薄抹一层；

2）二道灰是垫层灰，用1：1：4＝水泥：石灰膏：砂子的水泥混合砂浆，略掺麻刀，厚度随灰线尺寸而定，要分几遍抹成：

3）二道灰是出线灰，用1：2＝石灰膏：砂子的白灰膏砂浆，要求砂子要过3mm筛孔，灰线基本成型；

4）四道灰是罩面灰，分两遍抹成，用细纸筋灰（或石膏），厚度不超过2mm。

77. 死模是用硬木按照施工图样的设计灰线要求制成，并在模口包镀锌薄钢板。适用于顶棚与墙面交接处设置的灰线，以及较大的灰线抹灰。孔模是利用上下两根固定的靠尺用轨道，推拉出线条。

78. 首先按设计要求的线条形状、厚度和尺寸的大小，在柱边角处和线角出口处，卡上竖向靠尺板和水平靠尺板。一般应先抹柱子的侧面出口线角，将靠尺板临时卡在前后两面；做正面的出口线角时，把靠尺卡在侧面。抹灰时，应分层进行，要做到对称均匀，柱面平整光滑，四边角棱方正顺直，线条清晰，出口线角平直，并与顶棚或梁的接头处理好，看不出接槎。

79. 抹圆柱出口线角，应根据设计要求按圆柱出口线角的形状，厚度和尺寸大小，制作圆形样板。将样板套固在线角的位置上，以样板为圆形标志，用钢皮抹子分层将灰浆抹到圆柱上。当大致抹圆之后，再用圆弧抹子抹圆。出口线角柱面要做到形圆、线条清晰，并与平顶或梁接头处理好，看不出接槎。

80. 水泥砂浆面层施工前必须先找规矩弹准线。即应先在四周墙上弹出一道水平基准线，作为确定水泥砂浆面层标高的依据。水平基线是以地面±0.000及楼层砌墙前的抄点为依据，一般可根据情况弹在标高1000mm的墙上，弹准线时要注意按设计要求的水泥砂浆面层厚度弹线。楼地面抹灰用的水平基准线是地面抹灰的主要依据。

81. 做标筋。根据水平基准线再把楼地面面层上皮的水平辅助基准线弹出，面积不大的房间，可根据水平基准线直接用长木杠抹标筋，施工中进行几次复尺即可。面积较大的房间，应根据水平基准线，在四周墙角处每隔 1.5～2.0m 用 1∶2 水泥砂浆抹标志块，标志块大小一般是 80～100mm 见方。待标志块结硬后，再从标志块的高度做出纵横方向通长的标筋以控制面层的厚度。

地面标筋用 1∶2 水泥砂浆，宽度一般为 80～100mm。做标筋时，要注意控制面层厚度，面层的厚度应与门框的锯口线吻合。

对于厨房、浴室、厕所等房间的地面，必须将流水坡度找好。有地漏的房间，要在地漏四周找出不小于 5%的泛水。并要弹好水平线，避免地面“倒流水”或积水。抄平时要注意各室内与走廊高度的关系。

82. 地面水泥砂浆面层配合比有如下要求：

（1）砂：要用中砂或粗砂，含泥量不得大于 3%。

（2）水泥：要用硅酸盐水泥、普通硅酸盐水泥，强度等级不低于 32.5 级。

（3）面层水泥砂浆的配合比应不低于 1∶2，其稠度不大于 35mm。水泥砂浆必须拌合均匀，颜色一致。

83. 楼地面水泥砂浆面层分格。当地面面积较大时，设计要求分格，应根据地面分格线的位置和尺寸，在墙上或踢脚板上画好分格线位置；在面层砂浆刮抹搓平后，根据墙上或踢脚板上已画好的分格线，先用木抹子搓出一条约一抹子宽的面层，用铁抹子先行抹平，轻轻压光，再用粉线袋弹上分格线，将靠尺放在分格线上，用地面分格器紧贴靠尺顺线画出格缝。分格缝做好后，要及时把脚印、工具印子等刮平、搓平整。待面层砂浆终凝前，再用钢皮抹子压平、压光，把分格缝理直压平。

84. 楼地面水泥砂浆面层养护和成品保护。水泥砂浆面层抹压后，应在常温湿润条件下养护。养护要适时，如浇水过早易起皮，过晚则易产生裂纹或起砂，一般夏季 24h 后养护，春秋季应在 48h 养护。养护一般不少于 7d。最好是铺上锯木屑再浇水养护。

水泥砂浆面层强度达不到 5MPa 前，不准在上面行走或进行其他作业，以免碰坏地面。

85. 水泥砂浆地面质量问题与防治：

1）地面起砂。应严格控制砂浆的水灰比，水泥砂浆的稠度以手捏成团稍稍出浆为宜；原材料质量符合要求，严格控制配合比。压光应在水泥砂浆终凝前完成，连续养护时间在 7d 以上。

2）空鼓裂纹。基体清洗干净，涂刷素水泥浆粘结层与铺设砂浆要同时进行，砂浆搅拌要均匀。禁止表面撒干水泥压光，会造成砂浆与水泥收缩不一致，产生裂纹。

3）地面倒泛水。按设计要求将坡度找准确，在做灰饼冲筋后仔细检查泛水坡度。

86. 豆石（细石）混凝土地面质量要求是级配适当，粒径不大于 15mm 或面层厚度的 2/3，浇筑的混凝土坍落度不得大于 30mm，最好为干硬性，以手捏成团，能出浆为准。

87. 铺设细石混凝土按标志筋厚度刮平拍实后，稍待收水，即用钢皮抹子预压一遍。要求抹子放平压紧，将细石的棱角压平，使地面平整无石子显露现象。待进一步收水，即用铁滚筒来回纵横滚压，直至表面泛浆，泛上的浆水如呈均匀的细花纹状，表明已滚压密实，可以进行压光工作。

88. 豆石混凝土地面压光切忌采用撒干水泥或1∶1水泥砂的方法，以吸收泛出的水泥浆中多余的水分。因为撒干水泥，往往不易撒匀，有厚有薄，硬化后，表面形成一层厚薄不匀的水泥石。其次，由于水泥浆比水泥砂浆的干缩值大，因此，容易造成面层因收缩不匀而出现干缩裂缝或脱皮现象。所以，应从加强施工管理着手，只要严格控制细石混凝土的水灰比，面层的含水程度就会正常。

89. 豆石混凝土地面面层终凝后不能再进行压光工作。因为终凝后，凝胶体逐渐进入结晶硬化阶段。终凝虽然不是水泥水化作用和硬化的终结，但它表示水泥浆从塑态进入固态，开始具有机械强度。因此，如果终凝后再进行抹压工作，则对水泥凝胶体的凝结结构会遭到损伤和破坏，很难再进行闭合。这不仅会影响强度的增长，也容易引起面层起灰、脱皮和裂缝等一些质量缺陷。

90. 楼梯抹灰弹线分步：

楼梯踏步，不管是预制的踏步板，或现浇踏步板。在结构施工阶段的尺寸，必然有些误差，因此要放线纠正。放线方法是，根据平台标高和楼面标高，在楼梯侧面墙上和栏板上先弹一道踏级分步标准线。抹面操作时，要使踏步的阳角落在斜线上，并且距离相等；每个踏步的高（踢脚板）和宽（踏步板）的尺寸一致。对于不靠墙的独立楼梯无法弹线，应左右上下拉小线操作，以保证踏步的尺寸一致。

91. 踏步设有防滑条时，在抹灰过程中，应距踏步口约40～50mm处，用素水泥浆粘上宽20mm、厚7mm似梯形的分格条，分格条须事先泡水浸透，粘贴时小口朝下便于起条，抹面时使罩灰与分格条平。

罩面层压光后即取出分格条，也可在达到强度后取出分格条，然后再在槽内填抹1∶1.5水泥金刚砂砂浆，高出踏步面3～4mm，用圆阳角抹子压实，捋光，再用小刷子将两侧余灰清理干净。

92. 内外墙和厨房、厕所的墙脚等经常潮湿和易碰撞的部位，要求防水、防潮、坚硬。因此，抹灰时往往在室内设踢脚，厕所、厨房设墙裙，外墙底部设勒脚。

93. 踏脚板、墙裙和外墙勒脚，一般常用1∶3水泥砂浆抹底层、中层，用1∶2或1∶2.5水泥砂浆抹面层。

无设计要求时，踢脚板一般抹150～200mm高，墙裙抹900～1200mm高，勒脚一般在底层窗台以下，厚度一般比墙面厚5～6mm。

94. 外窗台要求表面平整光洁，与相邻窗台进出一致，横竖通线，并要排水流畅、不渗水、不湿墙。一般要比窗下槛低一皮砖，并向窗间墙伸入60mm，向外探出600mm，向外做排水坡，下面做滴水槽和滴水线。

95. 滴水槽、滴水线做法：

外窗台抹灰，在底面一般都做滴水槽或滴水线，以阻止雨水沿窗台往墙面上淌。滴水槽的做法通常在底面距边口2cm处粘分格条，成活后取掉即成（滴水槽的宽度及深度均不小于10mm，并要整齐一致）；或用分格器将这部分砂浆挖掉，用抹子修正。窗台的平面应向外呈流水坡度。

滴水线的做法是将窗台下边口的直角改成锐角，并将这角往下伸约10mm，形成滴水。

96. 拉毛灰是在水泥砂浆或水泥混合砂浆抹灰中层上，抹上水泥混合砂浆、纸筋石灰浆或水泥石灰浆等，并利用拉毛工具将砂浆拉起波纹和斑点的毛头，做成装饰面层。多用于有吸声要求的礼堂、影剧院和会议室等室内墙面；也可用在外墙面。

97. 纸筋石灰浆拉毛，其方法是一人先抹纸筋石灰浆，另一人紧跟在后面用硬毛棕刷往墙上垂直拍拉，拉出毛头。操作时要用力均匀，使毛头显露均匀，大小一致。如个别地方不符合样板要求，可补拉1～2次，直至符合要求为止。纸筋石灰浆罩面涂抹厚度应以拉毛长度来决定，一般为4～20mm，涂抹时应保持厚薄一致。

98. 水泥石灰加纸筋拉毛的罩面砂浆配合比，是一份水泥按拉毛粗细掺入适量的石灰膏的体积比。拉粗毛时掺石灰膏5%和石灰膏质量3%的纸筋；中等毛头掺10%～20%的石灰膏和石灰膏质量3%纸筋；拉细毛掺25%～30%石灰膏和适量砂子。

拉粗毛时，在基层抹4～5mm厚的砂浆，用铁抹子轻触表面用力拉回，要做到快慢一致；

拉中等毛头可用铁抹子也可用硬毛棕刷拉起。

拉细毛时，用棕刷粘着砂浆拉成花纹。在一个平面上，应避免中断留槎，以做到色调一致不露底。

99. 条筋形拉毛操作方法，即中层砂浆六七成干时，刮水灰比为0.37～0.4的水泥浆，然后抹水泥石灰砂浆面层，随即用硬毛棕刷拉细毛面，刷条筋。刷条筋前，先在墙上弹直垂直线，线与线的距离以40mm左右为宜，作为刷筋的依据。条筋的宽度约20mm，间距约30mm。刷条筋，宽窄不要太一致，应自然带点毛边，条筋之间的拉毛应保持整洁、清晰。

100. 洒毛灰的操作方法，即洒毛面层通常是用1：1水泥砂浆洒在带色的中层上，操作时要注意要一次成活，不能补洒，在一个平面上不留接槎。洒毛灰时，由上往下进行，要用力均匀，每次蘸的砂浆量、洒向墙面的角度与墙面的距离都要保持一致。如几人同时操作时，应先试洒，看每个人的手势是否一致，在墙面形成的毛面是否调和。如出入较大时，操作人员应互相纠正，直至基本相同，方可大面积施工。也有的在刷色的中层上，人为不均匀地洒上罩面灰浆，并用铁抹子轻轻压平，部分地露出色的底子，形成底色与洒毛灰纵横交错呈云朵状的饰面。

101. 拉毛洒毛质量通病——花纹不匀，其产生原因和防治措施：

1）产生原因：有砂浆稠度的变化，罩面灰浆厚薄不均匀，粘、洒罩面灰浆用力不一致；基层吸水快慢不同，局部失水快；拉、甩浆后呈现浆少浆多的现象，颜色也比其他部分深；未按分格缝或工作段成活，造成接槎。

2）防治措施：砂浆稠度应控制，以粘、洒罩面灰浆不流淌为宜；基层应平整，灰浆厚度应一致，拉毛时用力要均匀、快慢一致；基层洒水湿润，浇匀浇透，保证饰面花纹、颜色均匀；操作时应按分格缝按工作段成活，不得任意甩槎；拉毛后发现花纹不匀，应及时返修，铲除不均匀部分，再粘、洒一层罩面灰浆重新拉毛。

102. 拉毛、洒毛质量通病——颜色不匀的产生原因及防治措施：

1）产生原因：操作不当，有的拉毛移动速度快慢不一致；有的甩毛云朵杂乱无章，云朵和垫层的颜色不协调；未按分格缝成活，随意留槎，造成露底、色泽不一致；基层干湿程度不同，拉毛后罩面灰浆失水过快，造成饰面颜色不一致。

2）防治措施：应熟练掌握操作技术，动作要快慢一致、有规律，花纹分布要均匀；应按工作段或分格缝成活，不得中途停顿，造成不必要的接槎；基层干湿程度应一致，避免拉毛后干的部分吸收水分和色浆多，湿的部分吸收水分和色浆少；表面应平整，避免出现凹陷部分附着的色浆多、颜色深，凸出部分附着的色浆少、颜色浅或充滑部分色浆粘不住、粗糙的部分色浆粘得多的现象。

103. 在普通砂浆中掺入108胶的作用主要是：提高饰面层与基层的粘结强度，减少或防止饰面层开裂、粉化、脱落现象；改善砂浆的和易性，减少砂浆的沉淀、离析现象；砂浆早期受冻时不开裂，而且后期强度仍能增长。此外还能降低砂浆密度、减慢吸水速度。

掺入108胶的缺点，一是抗压强度降低3%～5%，二是由于其缓凝作用析出氢氧化钙，引起颜色不匀的现象比普通水泥砂浆更突出，尤其是低温施工则更易产生严重的析白现象。

104. 聚合物水泥砂浆喷涂所用材料及砂浆的配制的技术要求：

1）基本材料及配合比为白水泥：骨料＝1：2或普通水泥：石灰膏：骨料＝1：1：4。

2）普通水泥的强度等级不应低于32.5级。

3）骨料最好采用浅色石屑或洁净并且有一定色彩的中砂，含泥量不大于3%；石屑可以使用生产大、中、小八厘粒的下脚料，如松香石屑、白云石屑等。各种石屑的粒径应为3mm以下。

4）掺入水泥重10%～20%的108胶，0.3%的木质素磺酸钙。如采用内掺疏水剂时，还应掺入4%～6%的甲基硅醇钠（事先用硫酸铝溶液中和至pH值为8～9）。

5）根据设计要求掺入适量的颜料。颜料应选用耐光耐碱的矿物颜料如氧化铁黄、氧化铁红、氧化铬绿、群青、氧化铁黑。

105. 聚合物水泥砂浆喷涂，砂浆的配制。

1）先将干水泥与颜料按配合比干拌均匀，袋袋备用，整个工程用料应一次配齐。

2）使用前预先配制中和甲基硅醇钠溶液，即把硫酸铝溶于水中配成10%的硫酸铝溶液。然后在10kg硫酸铝溶液中，用甲基硅醇钠中和至pH值为8～9，再加水配成含甲基硅醇钠固体量为3%左右的中和液。

3）拌合砂浆时，先将水泥与骨料干拌均匀，再边搅拌边顺序加入中和甲基硅醇钠溶液、木质素磺酸钙（先溶于少量水中）、108胶和水。如水泥混合砂浆应先将石灰膏用少量水调稀再加入水泥与骨料的拌合物中。拌合砂浆时宜用砂浆搅拌机或手持式搅拌器。

4）应注意避免将中和甲基硅醇钠溶液与108胶直接混合，否则会使108胶凝聚。聚合物砂浆应在半日内使用完。

106. 喷涂颜色不均产生原因是基层吸水率不一样，或气候影响、材料规格、质量不一，以及操作方法不当。

防治措施：施工时尽量使基层材质接近，喷涂前使基层干湿程度一致；大风，雨天不施工；同一工程使用材料品种、规格、产地一致，统一一次配料；操作时，要按气压、喷射条件变化、不同形式的喷涂，采取不同的喷射角度及距离。

107. 用挤压式喷浆泵喷涂时，其工作压力应为0.1～0.15MPa，空压机压力为0.4～

0.6MPa。枪头应垂直墙面，相距300～500mm。波面喷涂必须连续操作喷至全部泛出水泥浆但又不致流淌程度为度。为了避免有接槎痕迹，下班时应使完成面在分格缝处收头。继续喷涂下一块时应遮挡已完成的面，否则溅到已凝面上的新砂浆颗粒会因其出浆程度不同至致干后颜色深浅不均现象。

108. 聚合物水泥砂浆滚涂饰面是将砂浆抹在墙体表面，用滚子滚出花纹。滚涂是手工操作，工效比喷涂低，但操作简便，操作时不污染门窗和墙面，有利于小面积局部应用。

109. 滚涂做法的材料配合比为白水泥：砂＝1：2或普通水泥：石灰膏：砂＝1：1：4，再掺入水泥量10％～20％的108胶和适量的各种矿物颜料。砂浆的稠度一般要求在110～120mm。

110. 滚涂法操作分干滚和湿滚两种：

1）干滚法一般上下一个来回，再往下走一遍表面均匀滚毛，滚涂时不蘸水，滚出的花纹较大，工效较高。滚涂遍数过多易产生翻砂现象。如果出现翻砂，应再薄抹一层砂浆重新滚涂，不得在墙上洒水重滚，否则会局部析白。

2）湿滚法，是滚子反复蘸水，滚出的花纹较小，花纹不均能及时修补，但工效稍低。湿滚法要求随滚随用滚子蘸水上墙，一般不会有翻砂现象，但应注意保持整个表面水量大体一致，否则水多的部位颜色较浅。成活时滚子运行方向必须自上而下使滚出的花纹有一个自然向下的流水坡度，以减少日后积尘污染墙面。横滚的花纹易积尘污染，不宜采用。

111. 聚合物水泥砂浆弹涂饰面是在墙体表面上刷一道聚合物水泥色浆后，用弹涂器分几遍将不同色彩的聚合物水泥浆弹在已涂刷的涂层上，形成3～5mm大小的扁圆形花点，再喷罩甲基硅树脂或聚乙烯醇缩甲醛酒精溶液，共三道工序组成的饰面层。通过不同颜色的组合和浆点所形成的质感，近似干粘石装饰效果。由于表面凹凸起伏不大，接近波面喷涂。

112. 喷涂饰面颗粒大小不一，产生的原因和防治措施如下：

1）饰面颗粒大小不一产生原因是机器故障、胶管不畅等；细骨料颗粒不一致；砂浆稠度不一；操作方法不当。

2）饰面颗粒大小不一，防治措施是施工前要检查机器设备，并试喷达到要求再大面积操作；骨料分别过粗细筛子；严格按照不同形式喷涂，采用相应稠度砂浆；认真研究操作技术，根据机具条件，找出操作规律。

113. 滚涂饰面颜色不匀，产生原因和防治措施如下：

1）颜色不匀产生原因是湿滚法滚子蘸水量不一致；材料规格、质量不一样。

2）颜色不匀防治措施施工时用湿滚法滚子蘸水量应一致；原材料应一次备齐；颜料应事先拌均匀备用；配制砂浆时必须严格掌握材料配合比和砂浆稠度，不得随意加水。

114. 滚涂饰面花纹不匀，产生原因和防治措施如下：

1）花纹不匀产生原因是基层吸水不同，砂浆稠度变化或厚度不同以及施滚时用力大小不一；采用干滚法施工时，基层局部吸水过快或抹灰时间较长，滚涂后出现翻砂现象，颜色也比其他部分深；每一分格块或工作段未一次成活，造成接槎。

2）花纹不匀防治措施是施工时基层应平整，湿润均匀，饰面灰层厚薄应一致；滚子运行要轻缓平稳、直上直下，避免歪扭蛇行；干滚法抹灰后要及时滚涂，以免出现翻砂现象；操作时应按分格缝或工作段成活，避免接槎。

115. 弹涂饰面出现流坠现象，其产生原因和防治措施如下：

1）流坠产生原因色浆过多，配合比不准，或基层过潮。

2）流坠防治措施是施工时，要掌握水灰比，并根据基层干湿度调整水灰比。

116. 弹涂饰面拉丝、色点大小不一样的产生原因和防治措施如下：

1）拉丝、色点大小不一样，产生原因是色浆中胶液过多或气温过高或操作技术不熟练。

2）拉丝、色点大小不一样的防治措施是施工时配合比要准确，操作时，要拌匀；水蒸发快时，要随时加水搅拌；先熟练掌握弹涂器的操作，再进行施工；弹涂器内剩余浆料要一致，控制好与墙面的距离，移动速度要均匀等。

117. 砖墙水刷石抹灰分层做法如下：

1）用1∶3水泥砂浆抹底层，厚5～7mm；

2）用1∶3水泥砂浆抹中层，厚5～7mm；

3）刮水灰比为0.37～0.4水泥浆一遍；

4）水泥石粒浆或水泥石灰膏石粒浆面层，其配合比为1∶1.5水泥小八厘石粒浆（或1∶0.5∶2.0水泥石灰膏石粒浆），厚度10mm。

118. 混凝土墙水刷石抹灰分层做法如下：

1）刮水灰比为0.37～0.4水泥浆或洒水泥砂浆；

2）1∶0.5∶3水泥混合砂浆抹底层，厚0～7mm；

3）1∶3水泥砂浆抹中层，厚5～6mm；

4）刮水灰比为0.37～0.4水泥浆一遍；

5）水泥石粒浆或水泥石灰膏石粒浆面层，其配合比为1∶1.25水泥中八厘石粒浆（或1∶0.5∶1.5水泥石灰膏石粒浆），厚度15mm。

119. 加气混凝土墙水刷石抹灰分层做法如下：

1）涂刷一遍1∶3～1∶4 108胶水溶液；

2）1∶1∶8水泥混合砂浆抹底层，厚度7～9mm；

3）1∶3水泥砂浆抹中层，厚度5～7mm；

4）刮水灰比为0.37～0.4水泥浆一遍；

5）水泥石粒浆或水泥石灰膏石粒浆面层，其配合比为1∶1水泥大八厘石粒浆（或1∶0.5∶1.3水泥石灰膏石粒浆），厚度20mm。

120. 水刷石抹面层抹阳角时，先抹的一侧不宜用八字靠尺，需将石粒浆稍抹过转角，然后再抹另一侧。在抹另一侧时需用八字靠尺将角靠直找齐，这样可以避免因两侧都用八字靠尺而在阳角处出现的明显接槎。

121. 水刷石面层冲刷时要做好排水工作，不要让水直接顺墙面往下淌。一般是将罩面分成几段，每段都抹上阻水的水泥浆挡水，在水泥浆上粘贴油毡或牛皮纸将水外排，使水不直接往下淌。冲洗大面积墙面上，应采取先罩面先冲洗，后罩面后冲洗，罩面时由上往下，这样即保证上部罩面洗刷方便，也避免下部罩面受到损坏。

122. 水刷石面层出现空鼓的原因和防治措施如下：

1）空鼓产生的原因是基体清理不干净，墙面浇水不透或不匀，各层抹灰时间间隔太短。

2）空鼓的防治措施是必须按要求处理好基体，水要浇透浇匀，抹素水泥浆后要立即抹石粒浆。

123. 水刷石饰面不清晰、颜色不一致，其产生原因和防治措施如下：

1）饰面不清晰、颜色不一致，其产生原因是墙面没有抹平压实，冲刷不彻底；原材料没有一次备齐，级配不一致。

2）饰面不清晰，颜色不一致，其防治措施是石粒原材料要一次备齐，并冲洗干净备用，罩面灰抹后要用直尺检查平整度，稍收水后，用铁抹子多次抹压拍平，冲洗从上而下顺序，最后用小水壶将灰浆全部冲净。

124. 砖墙干粘石抹灰分层做法如下：

1）1∶3水泥砂浆分别抹底层、中层，其厚度均为5～7mm；

2）刷水灰比为0.4～0.5水泥浆一遍；

3）抹水泥∶石膏∶砂子∶108胶＝100∶50∶200∶（5～15）聚合物水泥砂浆粘结层，厚度4～5mm。当采用中八厘石粒时，其厚度可为5～6mm。

125. 混凝土墙干粘石抹灰分层做法如下：

1）刮水灰比为0.37～0.40水泥浆或洒水泥砂浆；

2）1∶0.5∶3水泥混合砂浆抹底层，厚度3～7mm；

3）1∶3水泥砂浆抹中层，厚度5～6mm；

4）刷水灰比为0.4～0.5水泥浆一遍；

5）抹水泥∶石灰膏∶砂子∶108胶＝100∶50∶200∶5～15聚合物水泥砂浆粘结层，厚度为4～5mm；

6）小八厘彩色石粒（或中八厘彩色石粒）。若采用中八厘石粒时，厚度可为5～6mm。

126. 加气混凝土墙干粘石抹灰分层做法如下：

1）涂刷一遍1∶3～4（108胶∶水）溶液；

2）1∶1∶8水泥混合砂浆抹底层，厚度7～9mm；

3）1∶1∶8水泥混合砂浆抹中层，厚度5～7mm；

4）刷水灰比为0.4～0.5水泥浆一遍；

5）抹水泥∶石灰膏∶砂子∶108胶＝100∶50∶200∶（5～15）聚合物水泥砂浆粘结层，厚度4～5mm；

6）小八厘彩色石粒（或中八厘彩色石粒），当采用中八厘石粒时，厚度5～6mm。

127. 干粘石装饰抹灰的分格处理，不仅是为了建筑的美观、艺术，而且也是为了保证干粘石的施工质量以及分段分块操作的方便。应按施工设计图样要求弹线分格，其宽度一般不小于20mm，只起线型作用时可以适当窄一些。粘分格条可采用粘布条或木条，也可采用玻璃条作分格条，优点是不起条条，一次成活。

128. 干粘石抹粘结层操作方法。粘结层涂抹前，应根据中层砂浆的干湿程度，洒水润湿，接着刷水泥浆一遍，随即涂抹粘结层砂浆，粘结层砂浆的稠度不大于80mm。粘结层砂浆一定要抹平，不显抹纹。按分格大小，一次抹一块或数块，避免在块中甩槎。

129. 干粘石抹灰甩石粒：

粘结层抹好后，待干湿情况适宜时即可用手甩石粒。甩石粒时一手拿 400mm×350mm×60mm 底部钉有 16 目筛网的木框，内盛洗净晾干的石粒（干粘石一般采用小八厘），一手拿木拍，用拍子铲起石粒，并使石粒均匀分布在拍子上，然后反手往墙上甩。

甩石粒甩射面要大，用力要平稳有劲，使石粒均匀地嵌入粘结层砂浆中。如发现有不匀或过稀现象时，应用抹子和手直接补贴，否则会使墙面出现死坑或裂缝。

在粘结砂浆表面均匀地粘上一层石粒后，用铁抹子或油印橡胶滚轻轻压一下，使石粒嵌入砂浆的深度不少于 1/2 粒径，拍压后石粒表面应平整密实。拍压时用力不宜过大，否则容易翻浆糊面，出现抹子或滚子轴的阴印。阳角外应在角的两侧同时操作，否则当一侧石粒粘上去后，在角的边口的砂浆收水，另一侧的石粒就不易粘上去，出现明显的接槎黑边。

甩石粒时，未粘上墙的石粒到处飞溅，造成浪费。可用专用工具接在下面，随时回收，以节约石粒。

130. 干粘石抹灰起分格条和修整。干粘石墙面达到表面平整，石粒饱满时，即可将分格条取出，注意不要碰掉石粒。如局部不饱满，可立即刷 108 胶水溶液，再甩石粒补齐。分格条取出后，随手用小溜子刮素水泥浆将分格缝修补好，达到顺直清晰。

131. 干粘石抹灰出现空鼓裂缝的原因及防治措施如下：

1）空鼓裂缝的原因是基体处理不当，造成底灰与基体粘结不牢；混凝土墙面光滑或残留的隔离剂没有清理干净；基体浇水不匀导致干缩不均或脱水快而干缩等。

2）空鼓裂缝的防治措施是施工前应做好基体的全面清理工作，严格按照工艺要求施工。

132. 干粘石抹灰面层出现滑坠的原因与防治措施如下：

1）面层滑坠的原因是中层砂浆凹凸不平，相差大于 5mm 时，粘结层易产生滑坠；拍打过分，产生翻浆造成粘结层收缩、裂缝滑坠；中层砂浆浇水过多，粘结层易产生滑坠。

2）面层滑坠的防治措施是施工中严格控制中层砂浆平整度，凹凸不平不大于 5mm；拍压石粒用力不宜过大，达到要求即可；根据不同施工季节，掌握好浇水量。

133. 斩假石又称剁斧石。是在水泥砂浆基层上，涂抹水泥石粒浆，待硬化后，用剁斧、齿斧和各种凿子等工具剁成有规律的石纹，类似天然花岗石一样，即成斩假石。斩假石装饰效果好，一般用于外墙面、勒脚、室外台阶等。

134. 斩假石抹灰分层做法是用 1∶2 水泥砂浆抹底层，用 1∶2 水泥砂浆抹中层，做面层用 1∶1.25 的水泥石粒浆（内掺 30%石屑），厚度为 10～12mm。

135. 斩假石抹灰表面出现颜色不匀的原因与防治措施如下：

1）颜色不匀的原因是石粒浆掺用颜料的细度、批号不同；颜料掺用量不准，拌合不均匀；剁完部位又蘸水洗刷。

2）颜色不匀的防治措施是同一饰面应选同一品种、同一批号、同一细度的原材料，并一次备齐；抹灰时应将颜料与水泥充分拌匀，然后加入石粒等拌合，全部水泥石屑灰用量一次备好；墙面湿润均匀，斩剁时蘸水，但剁完部分的尘屑可用钢丝刷顺剁纹刷净，不得蘸水刷洗，雨天不得施工。

136. 斩假石抹灰表面出现空鼓的原因与防治措施如下：

1）空鼓的原因是基体表面未清理干净，底灰与基体粘结不牢；中层表面未划毛，造成面层粘结不牢；施工时浇水过多，不足或不匀，产生干缩不均或脱水快而干缩空鼓。

2）空鼓的防治措施是施工前基层表面上的粉尘、泥浆等杂物要清理干净，根据基体干湿程度，掌握好浇水量和均匀度，加强粘结力；光滑的表面，要划毛。

137. 斩假石抹灰表面出现剁纹不匀的原因与防治措施如下：

1）剁纹不匀的原因是斩剁前，饰面未弹顺线，斩剁无顺序；剁斧不锋利，用力轻重不均匀，各种剁斧用法不恰当、不合理。

2）剁纹不均匀的防治措施是面层养护好后，先在面上弹顺线，相距100mm左右，然后沿线斩剁，才能避免剁纹跑斜；剁斧应保持锋利，斩剁动作要迅速，用力均匀，移动速度一致，剁斧深浅一致，不得漏剁；因此，要加强技术培训、辅导和抓样板，以样板指导操作施工。

138. 斩假石抹灰面层斩剁：

面层在斩剁时，应先进行试斩，以石粒不脱落为准。斩剁前，应先弹顺线，相距约100mm，按线操作，以免剁纹跑斜。斩剁时必须保持墙面湿润，如墙面过于干燥，应予蘸水，以免石屑爆裂。但斩剁完后，不得蘸水，以免影响外观。

斩假石其质感分立纹剁斧和花锤剁斧，可以根据设计选用。为了便于操作和提高装饰效果，棱角及分格缝周边宜留15～20mm镜边。镜边也可以和天然石材处理方法一样，改为横方向剁纹。

斩假石操作应自上而下进行，先斩转角和四周边缘，后斩中间墙。转角和四周边缘的剁纹应与其边棱呈垂直方向，中间墙面斩成垂直纹。斩斧要保持锋利，斩剁时动作要快、轻重均匀，剁纹深浅要一致，每斩一行随时将分格条取出，并检查分格缝内灰浆是否饱满、严密，如有缝隙和小孔，应及时用素水泥浆修补平整。

斩假石完毕后，用干净的扫帚将墙面清扫干净。

139. 现制水磨石地面对水泥要求是，白色或浅色水磨石，应采用白色硅酸盐水泥；深色的水磨石，采用硅酸盐水泥、普通硅酸盐水泥；水泥强度等级为32.5级以上。

140. 现制水磨石地面对石粒有以下要求：

1）水磨石应采用质地密实，磨面光亮，但硬度不高的大理石、白云石、方解石或硬较高的花岗岩、玄武岩、辉绿岩等。但硬度过高的石英岩、长石、刚玉等不宜采用。

2）石粒的最大粒径以比水磨石面层小于1～2mm为宜，石粒粒径过大，不易磨平，石粒之间也不易挤密实。

3）各种石粒应按不同的品种、规格、颜色分别堆放，切不可互相混杂。水磨石地面，一般将大、中、小八厘石粒按一定比例混合使用；立面水磨石一般将中、小八厘石粒混合使用，或中、小八厘石粒单独使用。使用前将石粒冲洗干净并晾干。

4）现制水磨石地面对颜料的要求是，在组成水磨石中，颜料用量虽不大于水泥用量的12%，但要求颜料具有着色力遮盖力以及耐光性、耐候性、耐水性和耐酸碱性。因此，应优先选用矿物颜料如氧化铁红、氧化铁黄、氧化铁棕、氧化铬绿及群青等。每一单项工程应按样板选用同批号。

第五节　初级抹灰工计算题

一、计算题

1. 外墙墙面采用1∶1∶6水泥混合砂浆抹灰，外墙抹灰面积为3000m^2，门窗洞口面积为100m^2，其产量定额为6.48m^2/工日，采用一班制施工，班组出勤人数为20人。试求：1）完成该抹灰项目工日数（保留整数）；

2）完成该抹灰项目总天数。

2. 已知，某堆黄砂的实际密度为2.6g/cm^3，堆积密度为1560kg/m^3。试求：该堆黄砂的孔隙率是多少？

3. 某工程内墙面抹灰采用1∶3∶9的水泥混合砂浆，现场黄砂含水率为3%，若每拌制一次的水泥用量两袋（一袋50kg）。试求：此时条件下各种材料的用量是多少？

4. 某工程外墙混合浆抹面，工程量为1245m^2，在劳动定额编号3—154中，每10m^2水泥混合砂浆抹面需综合人工1.512，抹灰工0.822，普工0.692。问该项工程需用工的数量各是多少？

5. 楼梯间的内墙面石灰砂浆工程量为250m^2，施工系数为1.25，其时间规定为0.105工日/m^2。抹水泥砂浆明护角线50m，其定额规定为0.016工日/m，采用常日制施工，班组出勤人数为15人。试求：1）计划人工是多少？2）完成该分项工程需要总天数？

6. 按配合比计算，砂浆搅拌机每拌一次需加入黄砂148kg，若现场黄砂的含水率为3%。试问：湿砂用量应是多少（精确至千克）？

7. 水泥砂浆补墙裙（压光不嵌缝）抹灰，并带有出砖线，图示尺寸长500m、高60cm，每工产量为7.19m^2/工日，同时定额规定，外墙裙若有出砖线，每10m应增加抹灰0.2工日，现采用两班制施工，班组出勤人数为11人。试求：1）计划人工是多少？2）完成该项目的总天数？

8. 某工程地面抹灰采用水泥砂浆加颜料，砂浆用量10m^3，实验室配合比每立方米砂浆各材料用料为32.5级水泥507kg，砂浆1630kg，颜料20kg，水0.3m^3。试求：各种材料的用量？

9. 已知抹灰用水泥砂浆体积比为1∶4，求以重量计的水泥和砂子用量（砂空隙为32%，砂表观密度为1550kg/m^3，水泥密度为1220kg/m^3）。

10. 用水泥砂浆铺贴规格15cm×15cm的内墙裙瓷砖其定额为0.444工日/m^2铺贴面积为800m^2，班组出勤人数为12人，采用两班制施工。试求：1）计划人工多少？2）完成该分项工程的总天数。

二、计算题答案

1. 解：

1）总工日数：（3000－100）÷6.48＝449（工日）

2）总工数：449÷20=22（d）

2. 解：

1）单位换算 $2.6g/cm^3=2600kg/m^3$

2）孔隙率 $P=\left(1-\frac{1560}{2600}\right)\times 100\%=40\%$

3. 解：

1）水泥：50×2=100（kg）

2）石灰膏用量：100×3=300（kg）

3）黄砂：100×9（1+3%）=927（kg）

4. 解：

1）1245÷10=124.5

2）综合用工：124.5×1.512=188（工）

3）抹工用工：124.5×0.822=102（工）

4）普工用工：124.5×0.692=86（工）

5. 解：

1）计划人工：1.25×250×0.105+50×0.016=33.61（人）

2）完成该分项工程需要总天数：

33.61÷15=2.24（d）

6. 解：

湿砂用量 148×（1+3%）=152（kg）

7. 解：

1）计划人工：500×0.6÷7.19+500÷10×0.2=51.7（工日）

2）总天数：51.7÷11÷2=2.35（d）

8. 解：

1）水泥：10×507=5070（kg）

2）砂：10×1630=16300（kg）

3）颜料：10×20=200（kg）

4）水：10×0.3=3（m^3）

9. 解：1+4−4×0.32=3.72

1÷3.72=0.27（m^3）

则：

1）砂体积：0.27×4=1.08（m^3）

2）水泥体积：0.27（m^3）

3）砂用量：1.08×1550=1674（kg）

4）水泥用量：0.27×1200=324（kg）

10. 解：

1）计划人工数：800×0.444=355.2（工日）

2）总天数为：355.2÷12÷2=14.8≈15（d）

第六节　初级抹灰工操作技能题

1. 民用建筑外墙贴面砖见表1-1。

考核内容及评分标准　　表1-1

序号	测定项目	分项内容	评分标准	标准分	检测点					得分
					1	2	3	4	5	
1	浸砖选砖	大小、颜色一致	颜色不一致的酌情扣分，大小超过规定1mm每块扣1分	10						
2	排砖	排砖正确，非整砖位置适宜	阴阳角处压向横排有两排及以上非整砖不得分，阴阳非整砖位置不对酌情扣分，角压向不正确每处扣2分	10						
3	接缝表面	表面光滑、平整，分格缝均匀顺直	1. 表面平整超过2mm每处扣2分，有五处以上该项无分； 2. 接缝高低差在1mm以上每处扣2分，有五处以上该项无分； 3. 分格缝在5m内若宽窄有2mm以上偏差每处扣3分，有3条以上该项不得分 4. 若平直度超3mm每处扣2分，有五条以上则无分	20						
4	基层粘结	粘结牢固，无空鼓	两块连在一起的空鼓每块扣2分，5处以上或大面积（10块）不得分	20						
5	工具使用和维修	做好操作前工具的准备，完工后做好工具的维护	施工前、后进行两次检查，酌情扣分	10						
6	安全文明施工	安全生产落手清	有事故不得分，工完场未清不得分	15						
7	工　效	定额时间	低于定额的90%以下不得分，在90%～100%内酌情扣分，超过定额适当加1～3分	15						
	合　计			100						

学员号　　　　姓名　　　　教师签字　　　　年　月　日

2. 墙面抹灰见题表1-2。

考核内容及评分标准　　表1-2

序号	测定项目	分项内容	评分标准	标准分	检测点					得分
					1	2	3	4	5	
1	抹灰层粘结	粘结牢固无空鼓裂缝	空鼓裂缝每一处扣5分，大面积空鼓本项目不得分	20						
2	抹灰层表面	平整光洁	平整允许偏差4mm，大于每处扣2分，表面毛糙接槎印、抹子印每处扣2分	20						

续表

序号	测定项目	分项内容	评分标准	标准分	检测点					得分
					1	2	3	4	5	
3	阴角	垂直顺直	阴角垂直大于4mm每处扣2分，阴角明显不顺直每处扣2分	20						
4	立面	垂直	大于4mm每处扣2分	10						
5	工具使用维修	正确使用维修工具	做好操作前工、用具准备做好工、用具维护	5						
6	安全文明施工	安全生产落手清	有事故不得分，落手清未做无分，不清扣分	10						
7	工效	定额时间	低于定额90%以下的不得分，在90%～100%酌情扣分，超过者适当加1～3分	15						
8	合计			100						

学员号　　姓名　　教师签字　　年　月　日

3. 水泥梁、柱抹灰见表1-3。

考核内容及评分标准

表1-3

序号	测定项目	分项内容	评分标准	标准分	检测点					得分
					1	2	3	4	5	
1	表面	平整光洁	大于4mm每处扣4分，表面毛糙、铁板印、腻灰每处扣2分	15						
2	立面	垂直	大于4mm每处扣2分	10						
3	阴阳角	垂直方正	大于4mm每处扣3分	15						
4	尺寸	正确	±3mm，不符合要求本项无分	10						
5	粘结	牢固	局部起壳每处扣2分，大面积起壳本项目不及格	10						
6	线角	清晰	掉口、缺角、不清晰处每处扣2分	10						
7	工具使用维护	做好操作前工用具准备，完工后做好工用具维护	施工前后两次检查酌情扣分或不扣分	10						
8	安全文明施工	安全生产落手清	有事故无分，工完场不清不得分	5						
9	工效	定额时间	低于定额90%不得分，在90%～100%之间的酌情扣分，超过者加1～3分	15						
10	合计			100						

学员号　　姓名　　教师签字　　年　月　日

4. 水泥踢脚板抹灰见表1-4。

考核内容及评分标准　　表 1-4

序号	测定项目	分项内容	评分标准	标准分	检测点					得分
					1	2	3	4	5	
1	表面	平整光洁	表面平整大 3mm 每处扣 2 分，表面毛糙、有接槎印每处扣 2 分	15						
2	出墙	厚度一致	大于 2mm 每处扣 2 分，局部起壳不大于 40cm 每处扣 2 分	10						
3	粘结	牢固	有裂缝、起仓每处扣 2 分，大面积起壳本项不合格	5						
4	上口	顺直、清晰	大于 4mm 每处扣 5 分，缺楞掉角每处扣 2 分，大于 3mm 长每处扣 2 分，大于 1m 长本项无分	20						
5	立面	无勾、抛脚	有勾、抛脚一处扣 2 分	10						
6	面层修理	平整、无接槎	粗糙、接槎不平每处扣 2 分	10						
7	工具使用维护	做好操作前工用具准备，完工后做好工用具维护	施工前后两次检查酌情扣分或不扣分	10						
8	安全文明施工	安全生产落手清	有事故不得分，工完场不清不得分	5						
9	工效	定额时间	低于定额 90% 不得分，在 90%～100%之间酌情扣分超过者加 1～3 分	15						
10	合计			100						

学员号　　　　姓名　　　　教师签字　　　　年　月　日

第二章　中级抹灰工试题

第一节　中级抹灰工判断题

一、判断题

1. 建筑施工图是建筑工程上用的一种能够十分准确地表达出建筑物的外形轮廓、大小尺寸，结构构造和材料做法的图样，是房屋建筑施工时的依据。（　）

2. 弹涂的立面垂直的检验方法是用 2m 托线板和尺检查。（　）

3. 施工图的作用是：表达意图、提供施工。（　）

4. 底层抹灰主要起找平的作用。（　）

5. 熟石膏储存 3 个月后强度降低 50%左右。（　）

6. 砂分天然砂和人工砂两种。（　）

7. 金刚砂的硬度大但韧性差。（　）

8. 外墙面喷涂厚度 2～3mm。（　）

9. 建筑工程图样中，总平面图的概念十分广泛，这可以理解为一个区域的建筑群体的总体布局，也可以仅仅表示一幢或几幢建筑物的位置及其周围的环境处理。（　）

10. 饰面板的安装一般有“贴”和“镶”两种。（　）

11. 水泥被称为三大建筑材料之一。（　）

12. 总平面是用来作为对新建筑物进行施工放线，布置施工现场（如建筑材料堆放场地、运输道路等等）的依据。（　）

13. 顶棚抹灰时，砖墙基体底层和中层均采用 1∶3 水泥砂浆。（　）

14. 建筑平面图表明建筑物的绝对标高、室外地坪标高。（　）

15. 防水层可分为柔性防水屋面和刚性防水屋面两种。（　）

16. 做水刷石抹灰、砖墙基体底层和中层均采用 1∶3 水泥砂浆。（　）

17. 建筑立面图用等高线表示地形起伏情况。（　）

18. 建筑施工图是表达房屋建造的规模、尺寸、细部构造的图样。（　）

19. 电气设备施工图主要表示新建房屋内部电气设备的构造及线路走向。（　）

20. 投影图“三等”关系即“高平齐、长对正、宽相等”。（　）

21. 水泥是气硬性无机胶凝材料。（　）

22. 各类施工图都是用正投影原理，按照“国际”的有关规定画出的。（　）

23. 看一套施工图的方法应是：先看施工图首页，了解本工程的概况。然后按照由大到小、由粗到细的顺序依次看“建施”、“结施”、“设施”的各张图样。（　）

24. 拿到施工图样，应先把图样目录看一遍，了解是什么建筑、建筑面积的大小、建设单位、设计单位、图样总数等。从而对这份图样说明的建筑类型有个初步了解。（　）

25. 石膏具有凝结快、自重轻、防火性能较好等特点。（　）

26. 色石渣是由天然大理石及其他石粒破碎筛分而成。（　）

27. 一般抹灰施工顺序是先内墙后外墙。（　）

28. 保温砂浆重度轻、导热系数大，有保温和隔热作用。（　）

29. 看建筑平面图，了解房屋的长度、宽度、轴线尺寸、开间大小、一般布局等。然后再看立面图和剖面图，从而对这幢房屋有一个总体的了解，在脑子中形成这幢房屋的立体形象，即它的规模和轮廓。（　）

30. 立面图主要表示建筑物的外貌，门窗的位置与形式、外墙各部分的做法等。（　）

31. 从剖面图上了解到各层楼面的标高、窗台、窗口、顶棚的高度以及室内的净尺寸等。（　）

32. 工程质量是施工企业经营管理的核心是企业管理的综合反映，也是企业的生命力。（　）

33. 材料验收分为材料数量验收和材料质量验收。（　）

34. 立面图可以反映出房屋从层面到地面的内部构造特征，如屋盖的形式、楼板的构造、隔墙的构造、内门的长度等。（　）

35. 剖面图是与平面图、立面图互相配合的不可缺少的重要图样之一。（　）

36. “三好”即设备好、管好、维修好。（　）

37. 水泥凝结时间可分为初凝与终凝，初凝时间越早越好。（　）

38. 在平、立剖面图中，由于比例太小，不能表示清楚的部位，即采用局部构造详图。（　）

39. 沿建筑物短轴方向布置的墙称为横墙。（　）

40. 外墙有防风、雨、雪的侵袭和隔热、保温的作用，故又称外围护墙。（　）

41. 不承受外来荷载，仅承受自身重力的墙称内墙。（　）

42. 普通砖墙厚通常以砖长的倍数来称呼，如一砖半墙，实尺寸为365mm。习惯称呼为37墙。（　）

43. 过梁的高度应根据荷载大小经计算确定，但应为砖厚的倍数（60mm、120mm、240mm）。（　）

44. 底层灰的砂浆沉入度为10～20cm为宜。（　）

45. 石膏堆垛离地20cm，离墙30cm。（　）

46. 粗砂的平均粒径不小于10mm。（　）

47. 为保证结构的安全，砖拱过梁的上部不应有集中荷载（如梁）或振动荷载。（　）

48. 窗台的作用在于将窗上流下的雨水排除，防止污染墙面。（　）

49. 窗台的构造做法通常有砖砌窗台和现浇混凝土窗台两种。（　）

50. 在钢筋混凝土结构的房屋中，防震缝宽度应按房屋高度按比例算出。（　）

51. 砖隔墙有半砖隔墙、空心砖隔墙等。（ ）

52. 楼板层的顶棚按其房间的使用要求不同分为直接抹面顶棚和吊顶顶棚两种。（ ）

53. 楼板层由结构层、顶棚两个基本部分组成。（ ）

54. 对地面的要求：平整、光洁、缝隙少，便于清扫，不宜太滑，尽量减少地面缝隙，免藏灰尘。（ ）

55. 麻刀、纸筋、草秸用在抹灰层中起拉结作用。（ ）

56. 总平面图被列入施工图首页之内。（ ）

57. 墙体按所用材料和构造方式可分为实体墙、空体墙、复合墙三种。（ ）

58. 大理石饰面板有镜面和光面两种。（ ）

59. 缸砖是陶土加矿物颜料烧制而成的，砖块有红棕色和深米黄色两种。（ ）

60. 陶瓷锦砖在工厂内预先按设计的图案拼好，在正面粘贴牛皮纸，成为 300mm×300mm、600mm×600mm 的大张，每小块陶瓷锦砖之间留 2mm 缝隙。（ ）

61. 为了美观及防止缝内积灰，应在面层和顶棚加盖缝板。盖缝板应不妨碍构件之间的自由伸缩和沉降，变形缝内应填纤维棉或草秸等可以压缩变形的材料，并用金属调节片封缝。（ ）

62. 在结构布置时，应特别注意阳台的安全问题。对于悬挑阳台，必须防止结构出现倾覆。考虑阳台后部压重的大小，后部压重越小，抗倾覆的力量就越强。（ ）

63. 楼梯一般包括楼梯段、平台、栏杆（或栏板）及扶手等组成部分。（ ）

64. 楼梯踏步面层做法一般与楼地面相同，所用材料要求耐磨、便于清洁，如用水泥砂浆面层、水泥似米石（豆石）面层、水磨石面层、人造石或缸砖贴面等。（ ）

65. 为了防止雨水自由泄落引起对墙面和地面的冲刷而影响建筑物寿命和美观，一般多层及较重要房屋多采用有组织排水。（ ）

66. 屋面找平层表面不宜抹的太平太光滑，待其完全干硬后，才能铺设防水卷材。（ ）

67. 屋面保护层常用的有豆石保护层、水泥面砖保护层、混凝土保护层。（ ）

68. 平屋顶挑檐，亦称檐口、檐头。其作用是集中屋面雨水并进行组织排除。同时，挑檐的长短、位置、形式对于建筑物的立面处理也有很大的影响。（ ）

69. 屋顶女儿墙是房屋外墙高出屋面的矮墙，可作为上人屋顶的栏杆，又是房屋外形处理的一种措施。（ ）

70. 抗渗性能好、单块面积大、搭接缝隙少的材料如防水卷材、混凝土板材等，可适应于大坡度屋面。（ ）

71. 单块材料面积小、孔隙和搭接缝隙多的材料（如小青瓦、平瓦等），适应于小坡度的屋面。（ ）

72. 在屋顶下设置顶棚的目的是把屋架、檩条等结构构件遮盖起来，形成一个完整的表面，提高室内的装饰效果，并借顶棚面的反射作用增加室内的亮度，也可利用顶棚来防寒隔热，使室内保持良好的温度条件。（ ）

73. 顶棚内的木料及防寒材料应保持干燥，防止霉烂，故应有通风措施。（ ）

74. 门框与墙间的缝隙，需用水泥砂浆填塞密实，以防门框不稳变形。（ ）

75. 窗框外面与墙面固定，为了在墙面抹灰时，将砂浆压入，使接缝严密，常在窗框外侧做槽。（　　）

76. 窗框与墙的连接，一般是在砌筑砖墙时预先埋设木砖，墙砌好后再将窗框塞入洞口，钉在木砖上。（　　）

77. 石灰按加工方法不同可分为钙质石灰和镁质石灰。（　　）

78. 石灰按消化速度不同可分为块状生石灰和磨细生灰与消石灰（亦称水化石灰或熟石灰）。（　　）

79. 石灰按化学成分不同可分为快速石灰、中速石灰和慢速石灰。（　　）

80. 安装饰面板时，基体清理是防止产生空鼓、脱落的关键一环。（　　）

81. 砂的主要用途是作为细骨料与胶凝材料用于配制砂浆或混凝土。（　　）

82. 安装饰面板的基体应具有足够的稳定性和刚度，对于光滑的基体表面，应进行凿毛处理。（　　）

83. 聚合物砂浆应控制在10d之内用完。（　　）

84. 常温下，石灰膏用于罩面时，应不少于15d。（　　）

85. 在各遍喷涂中，如出现局部流淌现象，可刮去重喷或找补一下。（　　）

86. 冬期抹灰施工中，掺有水泥的抹灰砂浆用水，水温不得超过80℃，砂的温度不宜超过40℃。（　　）

87. 阳台在建筑中的位置，可分为挑阳台、凹阳台和半挑阳台。（　　）

88. 白水泥的标号有325号和425号两种。（　　）

89. 白水泥的白度分为一级、二级和三级。（　　）

90. 抹防水砂浆时，底层砂浆用1∶3的水泥砂浆掺入3%～5%的防水剂的防水砂浆。（　　）

91. 防水砂浆层做法的总厚度应控制在15～20mm左右。（　　）

92. 涂抹耐酸胶泥和耐酸砂浆的环境温度应在10℃以上。（　　）

93. 圆柱水刷石一般在柱顶和柱脚有线角。（　　）

94. 做水刷石中磨细粉煤灰其细度应过0.08mm方孔筛子，筛余量不小于5%。（　　）

95. 瓷砖和釉面砖一般按2mm差距分类选出1～4规格。（　　）

96. 脚手架的各杆件离墙面的距离应不小于20～25mm。（　　）

97. 对于边长小于40cm薄型小规格块材，可采用粘贴的方法。（　　）

98. 造成石板块空鼓的主要原因是：灌浆不饱满、不密实所致。（　　）

99. 地面铺贴陶瓷锦砖擦缝待12h后可铺锯末，常温养护3～4d方可。（　　）

100. 地面铺贴陶瓷锦砖有软底层铺贴和硬铺贴两种方法。（　　）

101. 做现制水磨石楼梯磨光的顺序：先抹扶手再抹踏步。（　　）

102. 罩面拉毛一般采用麻刀石灰浆或用水泥砂浆进行拉毛。（　　）

103. 扒拉灰操作时，待中层有六成或七成干时再抹罩面灰。（　　）

104. 扒拉石面层要求使用的细砾石颗粒以5～7mm的砂浆为最好。（　　）

105. 花饰制作的工艺顺序是：制作阴模→浇制阳模→浇制花饰制品。（　　）

106. 冬期施工搅拌砂浆时，一般自投料后算起应搅拌4～6min。（　　）

107. 耐火水泥的配合比为水泥：耐火水泥：细骨料＝1：0.65：3.3（质量比）。
（　）

108. 喷涂层的总厚度应为 5mm 左右。（　）

109. 工地上使用石灰时，常将生石灰加水，使之消解为熟石灰—氢氧化钙，这个过程称为石灰的熟化。（　）

110. 石膏的凝结硬化是一个连续的溶解、水化、胶化、结晶过程。（　）

111. 石膏罩面灰的基层不宜用麻丝石灰砂浆，应用 1：3 或 1：2.5 的水泥砂浆或水泥混合砂浆。
（　）

112. 浇制石膏花饰用石膏，拌制时宜用竹丝帚不停地搅拌，避免成块，使其厚薄均匀一致。石膏浆应随拌随搅随浇。
（　）

113. 建筑石膏适用于室内装饰、隔热保温、吸声和防火等，但不宜用在 85℃以上地方，因为二水石膏在此温度将开始脱水分解。
（　）

114. 菱苦土与木屑拌合，就地浇捣、夯实。菱苦土用于铺制地面，并可调制镁质抹灰砂浆、制造人造大理石及水磨石等，在装饰工程中应用较广。（　）

115. 水玻璃在空气中硬化很慢，为了加速硬化，可将水玻璃加热或加入氯化镁作为促凝剂。
（　）

116. 水泥是一种良好的矿物胶凝材料。就硬化条件而言，水泥浆体不但能在空气中硬化，还能在水中硬化，并长期保持和继续提高其强度，故水泥属于气硬性胶凝材料。
（　）

117. 现行水泥标准中还有 R 型水泥品种（即早强型水泥），其强度等级有 32.5R、42.5R、52.5R 和 62.5R，要求其早期强度（3d）达到较高水平。（　）

118. 在抹灰工程中把水泥和砂、水拌合可以配制抹灰用的水泥砂浆，水泥与色石渣可配制各种假石的面层和水磨石，与豆石、砂可配制豆石混凝土，水泥砂浆和水泥混合砂浆可用作铺贴饰面块板的结合层……用途十分广泛。（　）

119. 标准规定普通水泥初凝一般为 5～8h。（　）

120. 彩色水泥执行白色水泥标准，其品质指标均按白色水泥的相应指标衡量。这种水泥主要可用于配制色浆及彩色砂浆，制造彩色水刷石、水磨石、人造大理石等建筑装饰工程。
（　）

121. 砂的主要用途是作为细骨料与胶凝材料配制成砂浆或混凝土用。抹灰工程主要用砂是天然砂，此外，有时还使用石英砂（多用于配制耐腐蚀砂浆、胶泥及其他耐腐材料和耐火材料等）。
（　）

122. 天然砂按细度模数（M_x）可分有特细砂（M_x＝1.5～0.7）平均粒径小于 0.125mm。
（　）

123. 抹灰工程用的石子应耐光、坚硬，不得含有风化的石粒，不得有过量的黏土等有害杂质，使用前必须冲洗干净，并按规格、品种、颜色分类堆放和加盖堆放，干粘石用的石料应保持干燥。
（　）

124. 膨胀珍珠岩有多种粗细粒径级配，其密度为 80～150kg/m³。（　）

125. 膨胀蛭石其颗粒单片体积能膨胀 5～7 倍。（　）

126. 釉面砖的表面应光洁、色泽一致，不得有暗痕和裂纹，无夹心和缺釉现象，整

齐方正，无缺棱掉角，釉面砖应分规格、分类覆盖保管。（ ）

127. 外墙贴面砖是用作建筑外墙装饰的板状陶瓷建筑材料，有毛面和釉面两种，一般是属于陶质的，也有一些属于石质的。（ ）

128. 铺地砖与外墙贴面砖不宜互用。铺地砖和外墙贴面砖性能不同，铺地砖一般比外墙贴面砖厚（15mm以上），强度较高，耐磨性较好，吸水率较低（一般不高于1%），而外墙贴面砖要求吸水率稍高，背纹（或槽）较深（4～5mm）。（ ）

129. 梯沿砖主要用于楼梯、站台等处的边缘，坚固耐磨，表面有鼓起的条纹，防滑性能好，因而又称防滑条。（ ）

130. 陶瓷锦砖随着砖的用途日渐广泛，除了用于铺做地砖外，还用于外墙贴面及内墙装饰等。（ ）

131. 玻璃锦砖的形状为背面呈凸形，带有棱线条，四周呈斜角面，铺贴的灰缝呈楔形，与基层粘结较好。（ ）

132. 大理石的石质细密，密度一般为3600～3700kg/m^3，它的强度较高。大理石饰面板常用于高级建筑物中的墙面、柱面、地面饰面及纪念碑等贴面之用。（ ）

133. 花岗石中的石英在753℃时，体积发生剧烈膨胀，使花岗石爆裂，甚至松散。所以花岗石怕受火烤，施工和生活过程中应引起注意。（ ）

134. 水磨石板装饰效果近似大理石饰面板，但价格较低，常用于建筑物的表面装饰及地（楼）面、墙裙、勒脚、基座、踏步、踢脚板、窗台板、隔断板等。（ ）

135. 人造大理石是以不饱和聚酯树脂为胶结料，掺以石粉、石粒制成，用盘锯切割成所需规格的板材。（ ）

136. 人造大理石最大尺寸可达950mm×1050mm，厚度有6mm、8mm、10mm、15mm、20mm等。（ ）

137. 有机颜料遮盖力强，密度大，耐热和耐光性好，但颜色不够鲜艳。（ ）

138. 抹灰用颜料必须具有高度的磨细度、着色力、耐碱性、耐光性、耐水泥、耐石灰，并不得含有膏、盐类、酸类、腐殖土及碳质等物质。（ ）

139. 无机颜料颜色鲜明，有良好的透明度和着色力，比有机颜料耐化学腐蚀性好，但耐热性、耐光性和耐熔性较差。（ ）

140. 颜料的选择要根据颜料的价格、砂浆的品种、建筑物的使用部位和设计要求而定。做到耐久而美观，适用又经济。（ ）

141. 一般饰面颜色为黑色、紫色时用白色水泥作胶结料。（ ）

142. 一般饰面颜色为粉色、黄色时，用普通水泥为胶结料。（ ）

143. 配色时应考虑到颜色湿时较浅，干后转深的特征。（ ）

144. 108胶应用塑料、玻璃或陶瓷容器贮运，冬季应注意避免受冻。受冻后再化开还易溶于水，还可再用，但质量则受到影响。（ ）

145. 聚醋酸乙烯乳液系以44%的醋酸乙烯和40%左右的分散剂乙烯醇以及增韧剂、乳化等聚合而成。（ ）

146. 甲基硅酸钠主要用于聚合物砂浆喷涂、弹涂饰面。必须密封存放，防止阳光直射，使用时勿触及皮肤和衣服。（ ）

147. 草酸在抹灰工程中，主要用于水磨石地面的酸洗。（ ）

148. 抹灰工程中用氯化镁，主要用于菱苦土地面面层拌制菱苦土拌合物，要求用工业氯化镁溶液。 （ ）

149. 羧甲基纤维素为白色絮状物，吸湿性强，易溶于水。主要用于墙面刮大白腻子，能起到提高腻子黏度的作用。 （ ）

150. 地板蜡用于光面饰面板块、现制水磨石、菱苦土面层等，装饰层抛光后做保护层。 （ ）

151. 金刚石是用胶粘剂将金刚砂粘结而成。有圆形、三角形、长方形等形状，按砂的粒径分号，主要用于磨光水磨石面层。 （ ）

152. 纸筋，即粗树叶，有干纸筋和湿纸筋（俗称纸浆）两种。 （ ）

153. 地下室、水池、水塔、储液罐等需要做防水层的部位，常采用掺防水剂或防水粉的防水砂浆。 （ ）

154. 防水砂浆一般用32.5级以上的普通硅酸盐水泥，也可用矿渣硅酸盐水泥。有侵蚀介质作用部位应按设计要求选用水泥。 （ ）

155. 在底层抹防水砂浆后，常温下待24h后刷第二道防水素水泥浆，素水泥浆的配合比为1：6.3＝水泥：防水油（质量比），加适量的水拌合成粥状。 （ ）

156. 冬期防水砂浆养护的环境温度不宜低于0℃。 （ ）

157. 防水砂浆五层做法，每层宜连续施工操作，不宜间隔时间太长。各层应紧密结合，不留施工缝。 （ ）

158. 混凝土墙面抹底层防水砂浆时，其稠度为7～8cm。 （ ）

159. 混凝土墙面抹防水砂浆，抹面层灰3d后方可刷素水泥浆一道。其配合比为水泥：水：防水油＝1：1：0.3（质量比）。 （ ）

160. 砖墙面抹防水砂浆，抹灰前3d应用水把墙面浇透，抹灰前再将砖墙洒水湿润。 （ ）

161. 砖墙面抹防水砂浆时，所有墙的阴角都要做半径150mm的圆角，阳角做成半径50mm圆角，地面上的阴角都要做成半径50mm以上圆角，用阴角抹子捋光、压实。 （ ）

162. 常用的耐酸胶泥和耐酸砂浆是以水玻璃为胶粘剂，用氟硅酸钠为固化剂，用耐酸料（石英粉、辉绿岩粉、瓷粉等）为填充料，用耐酸砂（石英砂）为细骨料，按根据设计要求试验确定的配合比配制而成。 （ ）

163. 涂抹耐酸胶泥和耐酸砂浆的环境温度应在0℃以上。 （ ）

164. 面层的耐酸砂浆抹好后，应在干燥的5℃以上的气温下养护20d左右，其间严禁浇水。 （ ）

165. 重晶石砂浆的主要成分是硫酸钡，因此，也叫钡粉砂浆，以硫酸钡为骨料制成的砂浆抹面层，对X光和γ射线（伽马射线）有阻隔作用。 （ ）

166. 为了保证一定的温度和湿度，在抹重晶石砂浆前应将门窗扇安装好。每层抹好后必须仔细地检查质量，看是否有裂缝，如果有，应铲除再重新抹好。 （ ）

167. 砌筑耐热砂浆主要用于烟囱内衬和炉灶内衬。耐热砂浆能长期承受高温辐射，保护结构免受高温辐射热的直接作用。 （ ）

168. 耐热砂浆的材料要求，水泥要求用大于32.5级的矾土水泥或矿渣水泥。（ ）

169. 保温砂浆密度小，导热系数小，故用作房屋墙面抹灰，如室内外温度差较大时，能起到保温隔热作用。（ ）

170. 膨胀珍珠岩砂浆采用机械搅拌时，搅拌的时间不宜过长。如能掺入10%～13%的泡沫剂，更能提高其和易性，而对其物理性能没有多大的影响。（ ）

171. 抹水刷石线角，应根据施工图设计要求，如简单线角可一次抹成，如多条复杂线角应分层多次抹成。（ ）

172. 如果圆柱为两根以上或成排时，要先找出柱子纵、横中心线，并分别弹到柱子上。根据各柱子进出的误差大小及垂直平整误差，来确定抹灰的厚度。（ ）

173. 抹灰刷石线角，待中层水泥砂浆有3～4成干后就可以抹水刷石线角，一般先抹圆柱顶水刷石线角，再抹柱身水刷石，最后抹圆柱脚线角。（ ）

174. 方、圆柱抹带线角的水刷石的质量验收标准，基本项目是表面石粒清晰，分布均匀，紧密平整，色泽一致，无掉粒和接槎痕迹。（ ）

175. 水刷石发生空鼓的主要原因是：基层面没有清理干净或是没有浇水湿润，打底后也没有浇水养护，每层抹灰跟得太紧等。（ ）

176. 防治水刷石面层墙面脏，颜色不一致的措施是：做水刷石时必须一次备齐料，不要在中途追加材料，而且要有专人配料搅拌。在具体操作时必须按操作工艺要点去做。（ ）

177. 如用结构施工的架子时，应按抹灰要求，抹灰工应进行拆改或搭临时架子。（ ）

178. 墙面做水刷豆石，一般采用粗砂，其平均粒径为0.35～0.5mm，颗粒要求坚硬洁净，不得带有黏土、草根、树叶、碱质及其他有机物等有害物质，砂子在使用前要经过5mm孔筛过筛。（ ）

179. 墙面做水刷豆石，采用的石灰膏，要使用充分熟化的在池中贮存3d以上的石灰膏，并且石灰膏内不得含有未熟化的颗粒和其他杂物。（ ）

180. 墙面做水刷豆石作业条件准备，室外做水刷豆石上口以上部位的活应全部完成，做水刷豆石标高以上外脚手架应拆除完毕。（ ）

181. 墙面做水刷豆石吊垂直和套亏找规矩，应根据施工图纸的设计要求标高，弹好抹灰高度水平控制线，然后用靠尺板吊靠墙面的垂直度和平整度，大致确定底层灰的厚度、其最薄处一般不应小于14mm。（ ）

182. 水刷豆石墙面的质量验收标准，基本项目标准规定：①表面石粒清晰，分布均匀，紧密平整，色泽一致，无掉粒和接槎痕迹。②分格缝的宽度和深度均匀一致，条（缝）平整光滑，棱角整齐，横平竖直、通顺。（ ）

183. 水刷豆石墙面出现空鼓和裂缝的主要原因：基层面清理不干净或是处理不当；墙面浇水不透，抹灰后砂浆中的水分很快被基层（或底灰）吸收，影响了粘结力。（ ）

184. 水刷豆石墙面出现分格条横不平，竖不直的主要原因：弹线或吊线不精确；在粘贴时不认真，没有按线进行粘贴；分格条制作有误差或是分格条本身弯曲所致。（ ）

185. 顶棚抹灰线的弹线找规矩，根据墙上150cm的水平准线，按照施工图样上灰线尺寸的要求，用钢皮尺或尺杆从150cm的水平准线向上量出弹线的尺寸，房间四周都要量出，然后用粉线甩在四周的立墙上弹一条水平准线。（ ）

186. 顶棚抹灰线操作要点，待靠尺板的灰饼全部硬化后，就可以分层抹灰线，要防止一次抹得过厚而造成起鼓开裂。（ ）

187. 顶棚抹头道粘结层灰，用1：2：4的水泥混合砂浆薄薄地抹一层，在砂浆中略掺一点麻刀，使砂浆与混凝土顶棚和墙面粘结牢固。（ ）

188. 如果用石膏抹顶棚罩面灰线，底层、中层及出线灰抹完后，待6～7成干时要稍洒水，用石灰膏：石膏=6：4配好的石膏罩面抹灰线，要求控制在7～10min内用完，推抹至棱角光滑整齐。（ ）

189. 顶棚抹灰线时，粘贴上下靠尺应注意：靠尺的两端头要留出进模和出模的空当，否则无法抹灰线。在上下靠尺粘贴好后，将死模放进去，试着对拉一遍，要求死模推拉时以不卡不松为好。（ ）

190. 顶棚灰线接头，要求与四周整个灰线镶接互相贯通，与已经扯制好的灰线棱角、尺寸大小、凹凸形状成为一个整体。（ ）

191. 室内贴面砖，要求面砖的品种、规格、图案、颜色均匀性必须符合设计规定，砖表面应平整方正，厚度一致，不得有缺棱、掉角和断裂等现象。釉面砖的吸水率不得大于28%。（ ）

192. 室内贴面砖大面积施工前应先做样板墙或样板间，并经质量部门检查合格后，才可正式镶贴。（ ）

193. 室内贴面砖前应做好选砖。瓷砖和釉面砖要求选用方正、平整、无裂纹、棱角完好、颜色均匀、表面无凹凸和扭翘等毛病的面砖，不合格的面砖不能用。（ ）

194. 室内贴面砖砖墙面基层的处理方法，首先要将墙面上的孔洞堵严实，检查墙面的凹凸情况，对凸出墙面的砖或混凝土要剔平，并将墙上残存的砂浆、灰尘、污垢、油渍等清理干净，然后浇水湿润。（ ）

195. 室内贴面砖，砖墙面抹底灰，先将砖墙面浇水湿润，然后用1：3水泥砂浆分层抹底层灰，其厚度控制在5mm左右，在刮平压实后，用扫帚扫毛或划纹道，待终凝后浇水养护。（ ）

196. 室内贴面砖，排砖要按镶贴顺序进行排列。一般由阴角开始镶贴，自下而上进行，尽量使不成整块面砖排在阴角处。如有水池、镜框时，必须以水池、镜框为中心往两边分贴。（ ）

197. 室内镶贴面砖镶贴边角时，面砖贴到上口必须平直成一线，上口用一面圆的面砖。阳角大面一侧必须用一面圆的面砖，这一行的最上面一块也必须用一面圆的面砖。（ ）

198. 室内全部面砖镶贴完后，应自检一下是否有空鼓、不平、不直等现象，发现不符合要求时应及时进行补救，然后用清水将面砖洗擦一遍，再用棉丝擦净，最后用长刷子蘸粥状白水泥素浆涂缝，再用麻布将缝子的素浆擦均匀，再把面砖表面擦干净即可。（ ）

199. 冬期在室内贴面砖时，应对所用材料采取保温措施（各材料不得受冻）。镶贴时的砂浆温度不宜低于-5℃。（ ）

200. 室内贴面砖由于砖墙砂浆配合比不准确，稠度控制不好；砂子含泥量过大；在同一施工面上采用几种不同配合比砂浆，因而产生不同的干缩率等都会造成空鼓。（ ）

201. 剔凿面砖时应戴防护镜，使用手持电动机具时，必须有漏电保护装置，操作时戴绝缘手套。（　）

202. 施工前应检查脚手架和作业环境，特别是孔洞口等防护措施是否可靠。（　）

203. 外墙面贴陶瓷锦砖，一般用中砂或细砂。在使用前应过筛。（　）

204. 外墙面贴陶瓷锦砖，在弹线分块数时应注意在同一墙上不得有一排以上的非整砖，并应将其排列在较隐蔽的部位。（　）

205. 外墙面陶瓷锦砖镶贴后要进行拨缝调整工作，但必须要在粘结层砂浆初凝前进行完毕。（　）

206. 贴陶瓷锦砖的质量标准，质量保证项目是：表面平整、洁净、颜色一致，无变色、起碱、污痕和显著光泽受损处，无空鼓现象。（　）

207. 由于弹线排砖不仔细，施工时选砖不细，每张陶瓷锦砖的规格尺寸不一致、操作不当等都会造成分格缝不匀。（　）

208. 外墙面陶瓷锦砖镶贴阴阳角不方正主要原因：在打底抹灰前没有按规定吊直、套方、找规矩造成的。（　）

209. 现制美术水磨石地面，采用水泥一般采用 32.5 级以上的硅酸盐水泥、普通硅酸盐水泥。（　）

210. 现制美术水磨石地面，采用玻璃条一般用平板普通玻璃裁制成。其厚度为 2mm，宽 15mm，长度根据分块尺寸确定。（　）

211. 现制美术水磨石地面，采用颜料，要选用有色光，着色力、遮盖力以及耐光性、耐气候性、耐水性和耐酸碱性强的。因此应优先选用矿物颜料，如氧化铁红、氧化铁黄、氧化铁黑、氧化铁棕、氧化铬绿及群青等。（　）

212. 现制美术水磨石地面，底层灰配合比，地面用 1∶3 塑性水泥砂浆；踢脚板用 1∶3干硬性水泥砂浆。要求配合比准确，拌合均匀。（　）

213. 正确地镶嵌分格条的方法应是：八字角抹 1/2 高，水平方向夹角为 30°左右。这样，在铺设石粒水泥浆时，石粒就能靠近分格条，磨光后在分格条两边的石粒较密集，显露均匀，清晰，装饰效果好，从而保证了施工质量。（　）

214. 现制美术水磨石石粒水泥浆的调配十分重要，计量要求准确。地面石粒水泥浆的配合比为水泥∶石粒＝1∶1～1.5；踢脚板石粒浆的配合比为水泥∶石粒＝1∶2～2.5。（　）

215. 现制水磨石地面质量标准保证项目是：①选用材质、品种、强度（配合比）及颜色应符合设计要求和施工规范规定；②面层与基层的结合必须牢固，无空鼓、裂纹等缺陷。（　）

216. 现制水磨石地面出现空鼓，其主要原因是基层处理及镶分格条时，没有按操作工艺要求做，如在条高 1/2 以上部位有浮灰，扫浆不匀等。（　）

217. 现制水磨石地面最容易在边角处、炉片处、管根处等发生漏磨现象，其主要原因是磨光操作时不仔细或没有按顺序进行研磨。（　）

218. 现制水磨石地面出现倒泛水的主要原因及防治措施：没有找好冲筋坡度；没有按设计要求做坡度。因此，在底层抹灰冲筋时要拉线检查泛水坡度，必须按设计要求和施工规范做。（　）

219. 铺设陶瓷锦砖地面前，地面防水层应做完，并完成蓄水试验。 (　　)

220. 铺设陶瓷锦砖地面装档抹找平层砂浆。即刷素水泥浆结合层后，随即用1：3：3的干硬性水泥混合砂浆进行装档，再用木抹子铺平拍实，然后用长刮杠按冲筋表面进行刮平。要求表面必须平整。

(　　)

221. 铺贴地面陶瓷锦砖抹水泥砂浆结合层，如在“硬底”上铺贴陶瓷锦砖时，应先洒水湿润，然后抹4～4.5mm厚的素水泥浆（宜掺水泥质量的20%的108胶）。 (　　)

222. 铺贴陶瓷锦砖面层污染严重的原因：由于擦缝后没有擦干净，或是不仔细；防治措施：灌缝后要立即擦除余灰，擦到符合要求为止。 (　　)

223. 水磨石楼梯有两种施工方法，即安装预制水磨石楼梯和现制水磨石楼梯。

(　　)

224. 安装预制水磨石楼梯板前，楼梯间抹完灰，顶棚喷浆完成，脚手架已拆除。

(　　)

225. 安装预制水磨石楼梯，做防滑条，首先将预制水磨石踏步板面上的防滑条槽内的木条起出来，然后用清水将槽内装满金刚砂水泥浆条后，再用抿子将小条捋成小圆角。待24h后浇水养护，要养护3～4d方可上人行走。 (　　)

226. 预制水磨石踏步板外棱空鼓主要原因是：靠外棱栏杆一端砂浆没堵头，端头不实，插捣时砂浆往下流，没有堵实所致。 (　　)

227. 对于不靠墙的独立现制水磨石楼梯无法弹线时，应左右上下拉小线来控制楼梯踏步的高、宽尺寸。 (　　)

228. 现制水磨石楼梯。磨光的顺序一般先磨楼梯梁的侧面，再磨扶手，然后磨踏步。磨时，应根据线角大小，面积大小不同，选用不同的磨石。 (　　)

229. 喷涂是用挤压式砂浆泵和喷头将聚合物水泥砂浆喷涂于外墙的装饰抹灰。

(　　)

230. 外墙喷涂聚合物水泥砂浆配制时，应将中和甲基硅酸钠溶液与108胶直接混合，否则108胶将失去作用。聚合物砂浆应控制在当天用完。 (　　)

231. 喷涂时要掌握墙面的干湿度，因喷涂砂浆较稀，如墙面太湿会产生砂浆流淌，不吸水，不易成活；太干粘结力差，影响质量。 (　　)

232. 粒状喷涂时，应根据粒状粗细疏密要求不同而不同，但砂浆稠度、空气压力不应有所区别。 (　　)

233. 滚涂是将聚合物水泥砂浆抹在墙表面，用滚子滚出花纹的装饰抹灰工艺。

(　　)

234. 滚涂主要分为纵向滚涂（用于墙面）和横向滚涂（用于预制壁板）两种操作方法。

(　　)

235. 滚涂配料必须由专人掌握，严格按配合比配料，控制用水量，在使用时应拌匀砂浆。特别是带色的砂浆，应对配合比、基层湿度、砂子粒径、含水率、砂浆稠度、滚拉次数等方面严格掌握。 (　　)

236. 彩色弹涂聚合物水泥砂浆质量配合比，可选用108胶和乳胶两种，同时使用，也可任选用一种即可。 (　　)

237. 外墙弹涂水泥色浆质量配合比，当刷底色浆时，白水泥：颜料：水：108胶＝

（ ）

100：适量：45：20。

238. 弹涂工艺调色浆应由专人负责，严格按配合比过秤，如采用喷浆，则应过筛。刷色浆两度，并打两遍砂纸。（ ）

239. 弹涂工艺进行时，弹涂器内色浆不宜放得过多。色浆过多则弹点太小，易流淌；色浆太少则弹点过大。（ ）

240. 喷涂、滚涂、弹涂装饰抹灰面层的外观质量应颜色一致，花纹色点大小均匀，不显接槎，无漏涂、透底和流坠。（ ）

241. 分格条（缝）的质量标准应是宽度、深度均匀，平整光滑，棱角整齐，横平竖直、通顺。（ ）

242. 拉毛的种类比较多，如拉长毛和短毛、拉粗毛和细毛，此外还有条筋拉毛等。拉毛装饰抹灰的特点是具有吸声的作用，而且给人一种雅致、大方的感觉。（ ）

243. 拉毛砖墙基体，用水泥：石灰膏：砂子＝1：0.5：2 的水泥石灰砂浆抹底层灰和中层灰，其厚度均为 3～4mm 左右。（ ）

244. 水泥石灰砂浆罩面拉毛有水泥石灰砂浆和水泥石灰加纸筋砂浆拉毛两种。前者多用于内墙饰面，后者多用于外墙饰面。（ ）

245. 拉毛工艺中拉中等毛时，可用铁抹子，也可用硬毛鬃刷子进行拉毛；拉细毛时，用鬃刷子粘着砂浆拉成花纹。（ ）

246. 拉毛时，在一个平面上，应避免中断留槎，并做到色调一致不露底。（ ）

247. 用 1：3 水泥砂浆洒在中层灰上进行洒毛。（ ）

248. 洒毛工艺在抹底层灰前，应先满刮一遍水灰比为 0.37～0.4 的水泥浆。（ ）

249. 洒毛操作工艺，加气混凝土基体，在抹底层灰前先用 1：7 的 108 胶水溶液满刮一遍。（ ）

250. 搓毛操作工艺，罩面灰抹平整后就可以搓毛。搓毛时，如果墙面较干，可以边洒水边进行搓毛，不允许干搓，否则会造成颜色不一致。（ ）

251. 扒拉灰操作时，待中层砂浆与面层结合牢固后，可用钢丝刷子竖向将表面刷毛扒拉表面，力求表面扒拉均匀、色泽一致、深浅一致。（ ）

252. 扒拉石面层要求使用的细砾石颗粒以 6～8mm 的砂浆为最好，这样可以节约材料、降低成本。（ ）

253. 垛花通常是直接垛在假结构的所在部位上，经修整后，翻水刷石花饰。（ ）

254. 制作花饰浇制阴模应一次完成，中间不应有接头，要注意浇同一模子的胶水，稠度应均匀一致，并视花饰大小、细密程度及气候确定。（ ）

255. 一般明胶软模浇制阴模 4～6h 以后才能翻模。翻模时，先把胶挡板拆去，按花饰凸凹、曲直的顺序将模翻出来。（ ）

256. 石膏花饰浇灌后的翻模时间，要根据石膏粉的质量、结硬的快慢、花饰的大小及厚度等因素来确定。（ ）

257. 当预计连续 20d 内平均气温低于 5℃或当日的最低气温低于－3℃时，抹灰工程应按冬期施工采取一定的技术措施，确保工程质量。（ ）

258. 冬期施工，抹灰工程的热源准备，应根据工程的大小、施工方法及现场条件而定。一般室内抹灰应采用热作法，有条件的使用正式工程的采暖设施。条件不具备时，可

设带烟囱的火炉。 ( )

259. 冬期施工室内抹灰前，外门窗玻璃应全部安装好，门窗缝隙和脚手架眼等孔洞要全部堵严。 ( )

260. 冬期施工水、砂的温度应经常检查，每小时不少于1次。温度计停留在砂内的时间不应小于8min，停留在水内时间不应少于0.5min。 ( )

261. 冬期施工，抹灰砂浆涂抹时温度一般不低于0℃。砂浆抹灰层硬化初期不得受冻。 ( )

262. 冬期施工砂浆中氯化钠的掺入量是按砂浆的总含水量计算的，其中包括石灰膏和砂子的含水量。在搅拌砂浆时加入水的质量，应从配合比中的用量减去石灰膏和砂子的含水量。 ( )

263. 冬期冷作法水刷石施工时，采用掺水泥质量10%的氯化钙，另加20%108胶。底层厚度抹10～20mm，面层可做得较薄，一般4mm左右。 ( )

264. 企业的生存和发展均赖于班组的建设和管理，班组的建设加强了，可以大大提高劳动者的素质。 ( )

265. 班组是企业计划管理的落脚点，企业月、季、年度计划目标，经过层层分解落实，最后分解为班的月、旬、日分阶段的局部目标。 ( )

266. 施工工程量是根据设计图纸规定的各个分部分项工程的尺寸、数量以及设备明细表等具体计算出来的。 ( )

267. 用深基础做地下架空层加以利用，层高超过3.2m的，按架空层外围的水平面积的一半计算建筑面积。 ( )

268. 室外楼梯作为主要交通通道和用于疏散的均按每层水平投影面积计算建筑面积；室内有楼梯者，室外楼梯仍按其水平投影面积计算建筑面积。 ( )

269. 突出墙面的构件、配件和艺术装饰，如柱垛、勒脚、台阶、无柱雨篷等，按水平投影面积的一半计算建筑面积。 ( )

270. 计算墙面抹灰工程量均应按设计结构尺寸（有保温隔热、防潮层者按其外表面尺寸）计算。镶贴块料面层工程量按实铺面积计算。 ( )

271. 顶棚抹灰面积，从主墙间的净空面积计算，应扣除大于1m^{2}的通风孔、灯槽等的面积。 ( )

272. 内墙裙抹灰面积以长度乘高度计算，应扣除门窗洞口和空圈所占面积，门窗洞口、空圈和侧壁、顶面和垛的侧面抹灰合并在墙裙抹灰工程量内计算。 ( )

273. 钉板条顶棚的内墙抹灰，其高度取楼地面表面至顶棚下皮，另加50mm计算。 ( )

274. 水泥黑板和玻璃黑板按框外围面积计算，黑板边框抹灰、油漆及粉笔灰槽已考虑在定额内，不另计算。 ( )

275. 定额中规定的抹灰厚度，除注明者外，一般不得调整。如设计规定的砂浆种类或配合比与定额不同时，可以换算，但定额人工、机械不变。 ( )

276. 圆柱面抹石灰砂浆、按梁、柱面抹灰相应定额计算，每100m^{2}增加人工费10.45元。 ( )

277. 水磨石不打蜡时，扣除草酸、硬白蜡、煤油用量和人工费10.00元。 ( )

278. 工程量计算方法，即按逆时针方向计算，从平面图左上角开始按逆时针方向依次计算，绕一周后回到左上角为止。（ ）

279. 工程量计算方法，即按“先直后横”计算。在图纸上按“先直后横”，从上而下，从左到右的原则进行。（ ）

280. 工程量计算方法，即按图分项编号顺序计算。在图纸上注明记号，按分项编号顺序计算。有钢筋混凝土柱、主梁、次梁、楼板四种构件，计算时分项逐一编号。主梁位于竖线方向，编号从左而右，先上后下；柱、主梁、楼板位于横线方向，编号从上而下、先左后右。（ ）

281. 工程量计算方法，即按轴线编号计算。根据建筑平面图上的定位轴线编号顺序，从右而左及从上而下进行计算。（ ）

282. 工程量计算应当采取格表形式，在工程量计算中列出计算公式，以便于进行审核。（ ）

283. 工料计算方法为：用工程数量分别乘以施工定额中相应的各种工日、各种材料、机械种类台班需用量，即得到在建筑施工中所需消耗的人工、材料和施工机械的数量限额。它是施工班组经济核算的基础。（ ）

284. 室内抹灰，一般包括屋檐、女儿墙、压顶、窗楣、窗台、腰线、阳台、雨篷、勒脚以及墙面。（ ）

285. 一般抹灰按其质量要求和操作工序的不同有石灰砂浆、水泥砂浆、混合砂浆、麻刀灰、纸筋灰和石膏灰等。（ ）

286. 高级抹灰做法，其主要工序：阳角找方，设置标筋，分层赶平，修整和表面压光。抹灰表面洁净，线角顺直清晰，接槎平整。（ ）

287. 装饰抹灰面层为水刷石、水磨石、斩假石、干粘石、喷涂、滚涂、弹涂、仿层和彩色抹灰等。（ ）

288. 室外墙面、勒脚、屋檐以及室内有防水防潮要求的，面层采用水泥砂浆时，应采用水泥砂浆打底。（ ）

289. 中层抹灰主要起找平作用。使用砂浆沉入度10～12cm，根据工程质量要求可以一次抹成，亦可分层操作，所用材料基本上与底层相同。（ ）

290. 面层抹灰层的平均总厚度按规范要求：顶棚板条现浇混凝土和空心砖顶棚为25mm；预制混凝土顶棚为18mm；金属网为20mm。（ ）

291. 面层每遍抹灰厚度一般做法，抹水泥砂浆每遍厚度为10～15mm。（ ）

292. 水硬性无机胶凝材料既能在空气中硬化，也能更好地在水中硬化并长久地保持或提高其强度，因而它是建筑工程一种最主要的材料。（ ）

293. 水泥与适量的水混合后，经物理、化学变化过程，能由可塑性浆体变成坚硬的石状体，并能将散状材料胶结为整体的混凝土。（ ）

294. 硅酸盐水泥不宜用于大体积混凝土工程，不宜用于受化学浸入水及压力水作用的结构物。（ ）

295. 普通水泥主要特征：早期强度低，后期强度增长较快、水化热较低、耐冻性较好，对硫酸盐类侵蚀抵抗和抗水性较好、抗冻性较差、干缩性较差。（ ）

296. 水泥初凝时间是指从加水拌合至水泥浆完全失去可塑性所需的时间。（ ）

297. 水泥的强度是非常重要的技术指标，也是确定水泥强度等级的依据。（ ）

298. 白色水泥在使用中应注意保持工具的清洁，以免影响白色。在运输保管期间，不同强度等级、不同白度的水泥须分别存运、不得受潮。（ ）

299. 白色及彩色水泥主要用于建筑物的内、外表面装饰、可制作成具有一定艺术效果的各种水磨石、水刷石及人造大理石，用以装饰地面、楼板、楼梯、墙面、柱子等。此外还可制成各色混凝土、彩色砂浆及各种装饰部件。（ ）

300. 不同品种、不同强度等级和不同出厂日期的水泥，应分别堆放，不得堆杂，并要有明显标志。要先到后用。（ ）

301. 贮存期超过1个月的水泥，使用时必须经过试验，并按试验测定的强度等级使用。如发现有少量结块受潮的水泥，应将结块粉碎过筛，降低强度等级，及时使用到次要工程上去。（ ）

302. 受潮水泥的处理及使用。当大部分水泥结成硬块，可粉碎磨细后，不能作为水泥使用，可作为混合材料掺入新鲜水泥中，掺量不超过35%。（ ）

303. 石灰在水中或与水接触的环境中，不但不能硬化而且还会被水溶解流失，因此不宜在与水接触情况下使用。已冻结风化的石灰不得使用。（ ）

304. 建筑石膏可用于室内高级粉刷、油漆打底、建筑装饰零件及石膏板等制品，也可作水泥掺合料和硅酸盐制品的激发剂。但不宜用于潮湿和温度超过90℃的环境中。（ ）

305. 色石渣质量要求：颗粒坚韧、有棱角、洁净，不得含有风化的石粒。使用时应冲洗干净。（ ）

306. 麻刀、纸筋、稻草、玻璃丝等在抹灰中起骨架和拉结作用，可提高抹灰层的抗拉强度，增强抹灰层的弹性和耐久性，保证抹灰罩面层不易发生裂缝和脱落。（ ）

307. 麻刀为白麻丝，以均匀、坚韧、干燥、不含杂质、洁净为好。一般要求长度为4～6mm，随用随打松散，每100kg石灰膏中掺入5kg麻刀，经搅拌均匀，即成为麻刀灰。（ ）

308. 纸筋（草纸）在淋灰时，先将纸撕碎，除去尘土后泡在清水桶内浸透，然后按100kg石灰膏内掺入5.75kg的比例倒入淋灰池内。在使用时用小钢磨搅拌打细，再用3mm孔径筛过滤成纸筋灰。（ ）

309. 抹面砂浆以薄层抹于建筑表面，其作用是：保护墙体不受风、雨、潮气等侵蚀，提高墙体防潮、防风化、防腐蚀的能力，增加墙体的耐火性和整体性；同时使墙面平整、光滑、清洁美观。（ ）

310. 为了便于施工，保证抹灰的质量，要求抹灰砂浆比砌筑砂浆有更好的和易性，同时，还要求能与底面很好的粘结。（ ）

311. 抹面砂浆一般用于粗糙和多孔的底面，其水分易被底面吸收，因此抹面时除将底面基层湿润外，还要求抹面砂浆必须具有良好的保水性，组成材料中的胶凝材料和掺合料要比砌筑砂浆多。（ ）

312. 面层砂浆主要起找平作用，多采用细砂配制的混合砂浆、麻刀石灰浆或纸筋石灰浆。（ ）

313. 为保证抹灰表面平整，避免出现裂缝、脱落，抹面砂浆常分底、中、面三层抹

灰，各层抹灰要求不同。所以用砂浆的成分和稠度也不相同。 ( )

314. 用于砖石墙表面（檐口、勒脚、女儿墙以及潮湿房间的墙除外）的抹面砂浆配合比为石灰：砂＝1：2～1：4。 ( )

315. 用于干燥环境的墙表面抹面砂浆配合比为：石灰：黏土：砂＝1：1：4～1：4：8。 ( )

316. 用于不潮湿房间木质地面基层抹面砂浆配合比为石灰：石膏：砂＝1：4：2～1：2：3。 ( )

317. 木杠分长、中、短三种，长杠长4～4.5m，用于做标筋，中杠、短杠用于刮平地面或墙面的抹灰层。 ( )

318. 分格条（也称米厘条）用于墙面分格及滴水槽，断面呈梯形的木条，断面尺寸及长短视需要而定。 ( )

319. 一般抹灰施工顺序通常是先外墙后内墙。外墙由上而下，先抹阳角线（包括门窗角、墙角）、台口线，后抹窗台和墙面，室内地坪可与外墙抹灰同时进行或交叉进行。 ( )

320. 室内其他抹灰是先顶棚后墙面，而后是走廊和楼梯，最后是外墙裙、明沟或散水坡。 ( )

321. 做灰饼首先做上部灰饼，在距顶棚25～26cm高度和墙的两端距阴阳角25～26cm处，各按已确定的抹灰厚度做一块正方形灰饼，其大小15cm^2为宜。 ( )

322. 普通抹灰要求阴角要找方正、而高级抹灰则要求阴、阳角都要找方正。 ( )

323. 阳角找方的方法是：先在阳角一侧墙面做基线，并在基线上、下两端挂通线做灰饼。 ( )

324. 为使墙面、柱面及门窗洞口的阳角抹灰后线角清晰、挺直，并防止外界碰撞损坏，一般都要做护角线。护角线应先做，抹灰时起冲筋的作用。 ( )

325. 室内墙面底、中层抹灰（装档、刮杠）技术要求：将砂浆抹于墙面两标筋之间，这道工序称为装档，底层要低于标筋，待收水后再进行中层抹灰，其厚度以垫平标筋为准，并使其略高于标筋。 ( )

326. 当建筑层高低于3.2m时，一般是从上往下抹灰。如果后做地面、墙裙和踢脚板时，要按墙裙、踢脚板准线上口10cm处的砂浆切成直槎，墙面清理干净，并及时清理落地灰。 ( )

327. 纸筋石灰或麻刀石灰砌浆面层抹灰，通常由阴角或阳角开始，自左向右进行，两人配合，一人先竖向薄薄抹一层，使纸筋灰与中层紧密结合。另一人横向抹第二层，并要压光溜平，压平后可用排笔蘸水横刷一遍，使表面色泽一致，再用钢皮抹子压实、抹光。 ( )

328. 水泥砂浆面层厚度一般为2～4mm，压光时，要用力适当，遍数不宜过多，不得少于两遍，罩面后次日应进行洒水养护。 ( )

329. 砖砌外墙的抹灰层要有一定的防水性能，常用混合砂浆，其配合比为水泥：石灰：砂子＝1：0.5：6，打底和罩面。 ( )

330. 外墙面抹灰找规矩、做灰饼应在建筑物四大角先挂好由上而下的垂直通线，门窗口角、垛都要求垂直。可用缺口尺、垂直线吊直后，根据确定的抹灰厚度，在每步架大

角两侧弹上控制线，然后拉水平通线。 （ ）

331. 外墙面抹灰粘贴分格条。分格条的背面用抹子抹上素水泥浆后即可粘贴于墙面、粘贴时必须注意垂直方向的条格，要粘在垂直线的左侧，水平方向的分格条要粘在水平线的下口，这样便于观察和操作。 （ ）

332. 外墙面抹罩面灰，抹最后一遍时，要有次序地上下挤压，轻重一致，使墙面平整、纹路一致，罩面压光后，用刷子蘸水，按同方向轻刷一遍，以使墙面色泽、纹路均匀一致。 （ ）

333. 外墙面一般抹灰，为了不显露接槎，防止开裂，要按设计尺寸粘贴分格条。分格条要横平竖直，留施工缝时，一定要将抹灰面留在分格条处，分格缝用水泥砂浆勾嵌。 （ ）

334. 使用热灰浆拌合水砂的目的在于使砂内盐分尽快蒸发，防止墙面产生龟裂，水砂拌合后置于池内进行消化1～2d后方可使用。 （ ）

335. 外墙面一般抹灰为使颜色一致，要用同一品种、规格的水泥、砂子和灰膏，配合比要一致。带色砂浆要设专人配料，严格掌握配合比，基层的干燥程度应基本一致。 （ ）

336. 用石灰∶石膏∶砂＝1∶2∶6或1∶0.6∶6，适用范围可用于不潮湿房间的墙及顶棚。 （ ）

337. 高级装饰的墙面和顶棚抹石膏灰浆。用1∶2或1∶3麻刀灰砂浆打底抹平（分两遍成活）要求表面平整垂直。然后用3∶6∶4（石膏粉∶水∶石灰膏）罩面分两遍成活，在第一遍未收水时即进行第二遍抹灰，随即用铁抹子修补压光两遍，最后用铁抹子溜光至表面密实光滑为止。 （ ）

338. 突出外墙面的线条要横平竖直，操作时横向线条用钢丝或尼龙线拉直，竖向线条用线锤吊直。 （ ）

339. 室外抹灰一般都有防水要求，对挑出墙面的各种细部（檐口、窗台、阳台、雨篷等）的底面要做滴水槽。 （ ）

340. 砖墙、混凝土墙门窗框两边塞灰不严，墙体预埋木砖距离过大或木砖松动，经门窗开关振动后，在门窗框处产生空鼓、裂缝。 （ ）

341. 土坯墙、砖墙、板条墙，石灰黏土抹灰，分层做法：草泥打底，分两遍成活；用3∶1石灰黏土罩面。最好在土坯墙砌好后一月内抹灰。 （ ）

342. 砖墙基层石灰砂浆抹灰，分层做法：用1∶2∶8（石灰膏∶砂∶黏土）砂浆打底，厚度6mm；用1∶2石灰砂浆面层压光，厚度13mm。 （ ）

343. 外墙抹灰面不平、阴阳不垂直、不方正。主要是在抹灰前挂线和灰饼冲筋时不认真，阴阳角两边没有冲筋，影响阴、阳角的垂直。 （ ）

344. 用石灰∶水泥∶砂＝1∶2∶4的配合比混合砂浆，应用范围：可用于檐口、勒脚、女儿墙、外墙以及比较潮湿的地方。 （ ）

345. 顶板勾缝不严，有空鼓裂缝。主要是基层清理不干净，没有浇透水，砂浆配合比不当，底层灰与楼板粘结不牢，加上楼板安装不当，相邻板底高低偏差大、灌缝不密实等所造成。 （ ）

346. 油漆墙面抹混合砂浆，分层做法：1∶3∶0.3水泥石灰砂浆打底，厚度15mm；

用1∶0.3∶3水泥石砂浆罩面，厚度2～3mm。 （ ）

347. 现浇顶板和有蜂窝麻面用1∶1水泥砂浆预先分层抹平，凸出物要顺平整平。 （ ）

348. 预制混凝土楼板顶棚一般采用1∶0.5∶1水泥石灰膏砂浆打底，厚度2～3mm，操作时需用力使砂浆压入到细小空隙中，用软刮尺刮抹平顺，用木抹子搓平搓毛。（ ）

349. 用水泥∶砂＝1∶1配合比的水泥砂浆，可用于浴室、潮湿房间等墙裙、勒脚等或地面基层。 （ ）

350. 湿润较大的砖墙基层、混凝土基层，如墙裙、踢脚线抹水泥砂浆，其分层做法：1∶1水泥砂浆打底厚度5～8mm；用1∶0.5水泥砂浆罩面压光，厚度13mm。应注意的是底子灰分两遍成活，头遍要压实，表面扫光，待5～6成干时抹第二遍。 （ ）

351. 现浇混凝土顶棚抹罩面灰的厚度应控制在8mm左右，分两遍抹成。第一遍越薄越好，接着抹第二遍，抹子要稍平，待罩面灰稍干再用塑料抹子顺纹压实压光。 （ ）

352. 顶棚抹灰发生空鼓或裂缝的主要原因是：基层清理不干净，一次抹灰过厚，配制砂浆或原材料质量不好或使用不当。 （ ）

353. 顶棚抹灰面层起泡的主要原因是：罩面灰抹完后，压光工作跟得太紧，灰浆还没有收水就进行压光，故在压光后起泡。 （ ）

354. 顶棚抹灰面产生抹纹的主要原因是：底子灰太干，而在抹罩面灰时没有先洒水湿润，在抹罩面灰后，水分很快被底子灰吸收，故在压光时容易出现抹纹或漏压。（ ）

355. 钢板网顶棚抹灰，分层做法：用1∶3石灰砂浆（略掺麻刀）打底，灰浆要压入网眼中，厚度3mm；挂麻丁，将小束麻丝每隔30cm左右挂在钢板网网眼上，两端纤维垂下，长25cm；再用1∶3石灰砂浆分两遍成活，每遍将悬挂的麻丁向四周散开1/2，抹入灰浆中；纸筋灰罩面，厚2mm。 （ ）

356. 现浇混凝土楼板顶棚抹灰，分层做法：用1∶3∶9水泥石灰砂浆打底，厚度6～9mm；用1∶0.5∶1水泥石灰砂浆找平，厚度2～3mm；纸筋灰罩面，厚度2mm。抹头道灰时必须与模板木纹的方向垂直用钢皮抹子用力抹实，越薄越好，底层灰抹完后，紧跟抹第二遍找平层，待6～7成干时，即应罩面。 （ ）

357. 顶棚抹灰时室内清理时，不得从窗口处向外扔杂物，以防伤人。 （ ）

358. 在一些标准较高的公共建筑和民用建筑的墙面、顶棚、梁底、檐口、方柱上端、门窗口阳角、门头灯座、舞台口周围等部位适当地设置一些装饰线，可以给人们以舒服和美观的感觉。 （ ）

359. 现浇混凝土楼板顶棚抹灰，分层做法：用1∶2∶4水泥纸筋灰砂浆打底，厚度10mm；用1∶2纸筋灰砂浆找平，厚度2～3mm；最后用纸筋灰罩面，厚度2mm。 （ ）

360. 抹灰线罩面灰，要根据灰线所在部位的不同，所用材料有所不同。如室内常用石灰膏、石膏来抹灰线，室外常用水刷石或斩假石抹灰线。 （ ）

361. 抹灰线使用的活模工具，它是用硬木按灰线的设计要求制成，模口仓镀锌薄钢板。活模适用于做顶棚灯光灰线、梁底以及门窗角的灰线等。 （ ）

362. 砖墙基层石灰砂浆抹灰，分层做法：用1∶1石灰砂浆打底，厚度13mm；在底层还潮湿时刮石灰膏，厚度10mm。 （ ）

363. 用水泥：砂＝1：0.5 的抹面砂浆配合比，可用于地面、顶棚或墙面面层。 （ ）

364. 砖墙基层石灰砂浆抹灰，分层做法：1：1 石灰砂浆打底，厚度 12mm；用 1：3 石灰木屑（或谷壳）抹面，厚度 10mm。施工要点，锯木屑要过 5mm 孔筛，使用前石灰膏与木屑拌合均匀，经钙化 24h，使木屑纤维软化。此做法适用于有吸声要求的房间。 （ ）

365. 抹方柱出口线灰，要求出口灰线抹得对称均匀平直，柱面平整光滑，四角棱方正顺直，棱角线条清晰，并处理好与顶棚或梁的接头，看不出接槎。 （ ）

366. 楼地面抹灰面层施工时应根据四周墙上弹好的地面标高控制线做标志块和标筋。 （ ）

367. 楼地面抹灰，水泥地面面层如需分格，其一部分分格缝位置应与垫层的伸缩缝相对应。为利于面层和垫层共同工作，地面分格应在水泥初凝后进行。 （ ）

368. 水泥地面在面层铺设后，均应在常温下养护，一般不少于 7d，最好是铺上锯末再浇水养护。浇水时应先用喷壶洒水，保持锯末湿润即可。 （ ）

369. 水泥砂浆地面面层应在刷水泥浆结合层后紧接着进行铺抹。如果基层刷水泥浆结合层过早，铺抹面层时，结合层水泥浆已结硬，则会造成地面空鼓。 （ ）

370. 水泥砂浆地面，表面平整度，允许偏差为 8mm，检查方法用 2m 靠尺和塞尺检查。 （ ）

371. 水泥砂浆地面起砂的原因是：水泥过期或强度等级不够，水泥砂浆搅拌不均匀，配合比掌握不准确，压光不适时等。 （ ）

372. 水泥砂浆地面倒泛水的原因是：有垫层的地面，在作垫层时没有将坡度找准，从而产生倒泛水的问题。 （ ）

373. 细石混凝土地面施工时，需要强调的是，必须在水泥初凝前完成抹平工作，终凝前完成压光工作。 （ ）

374. 细石混凝土地面的质量标准，保证项目是：①细豆石混凝土面层的材料质量、强度（配合比）和密实度必须符合设计要求和施工规范定；②基层与面层的结合必须牢固，无空鼓现象。 （ ）

375. 豆石混凝土地面施工，踢脚线上口平直允许偏差 8mm。 （ ）

376. 用白灰膏：麻刀＝100：13（质量比），配合比可用于木板条顶棚面层（或 100kg 灰膏加 3.8kg 纸筋）。 （ ）

377. 水池子、窗台水泥砂浆抹灰，分层做法：用 1：1 水泥砂浆打底，厚度 5mm；用 1：2.5 水泥砂浆罩面，厚度 13mm。水池子抹灰应找出泛水。 （ ）

378. 板条钢板网顶棚抹灰，分层做法：用 1：2：4 水泥石灰砂浆（略掺麻刀）打底，灰浆要挤入网眼中，厚度 6mm。板条之间离缝 30～40mm，端头离缝 5cm，上钉钢板网。 （ ）

379. 细豆石混凝土地面起砂的原因是：水泥强度等级不够或使用过期水泥，或配合比中砂用量过大，抹压遍数不够，养护不好、不及时。 （ ）

二、判断题答案

1.✓ 2.✓ 3.✓ 4.× 5.× 6.✓ 7.× 8.× 9.✓
10.✓ 11.✓ 12.✓ 13.× 14.× 15.✓ 16.✓ 17.× 18.✓
19.✓ 20.✓ 21.× 22.✓ 23.✓ 24.✓ 25.✓ 26.✓ 27.×
28.× 29.✓ 30.✓ 31.✓ 32.✓ 33.✓ 34.× 35.✓ 36.✓
37.× 38.✓ 39.× 40.✓ 41.× 42.✓ 43.✓ 44.✓ 45.×
46.× 47.✓ 48.✓ 49.× 50.× 51.✓ 52.✓ 53.× 54.✓
55.✓ 56.✓ 57.✓ 58.× 59.✓ 60.× 61.× 62.× 63.✓
64.✓ 65.✓ 66.× 67.✓ 68.✓ 69.✓ 70.× 71.× 72.✓
73.✓ 74.× 75.✓ 76.× 77.× 78.× 79.× 80.✓ 81.✓
82.✓ 83.× 84.× 85.× 86.✓ 87.× 88.✓ 89.× 90.✓
91.✓ 92.× 93.✓ 94.✓ 95.× 96.× 97.✓ 98.✓ 99.✓
100.× 101.× 102.× 103.✓ 104.× 105.× 106.× 107.× 108.✓
109.✓ 110.✓ 111.× 112.✓ 113.× 114.✓ 115.× 116.× 117.✓
118.✓ 119.× 120.✓ 121.✓ 122.× 123.✓ 124.× 125.× 126.✓
127.✓ 128.× 129.✓ 130.✓ 131.✓ 132.× 133.× 134.✓ 135.✓
136.× 137.× 138.✓ 139.× 140.✓ 141.× 142.× 143.× 144.×
145.× 146.✓ 147.✓ 148.✓ 149.✓ 150.✓ 151.✓ 152.× 153.✓
154.✓ 155.× 156.× 157.✓ 158.✓ 159.× 160.× 161.× 162.✓
163.× 164.× 165.✓ 166.✓ 167.✓ 168.× 169.✓ 170.× 171.✓
172.✓ 173.× 174.✓ 175.✓ 176.✓ 177.× 178.× 179.× 180.✓
181.× 182.✓ 183.✓ 184.✓ 185.× 186.✓ 187.× 188.× 189.✓
190.✓ 191.× 192.✓ 193.✓ 194.✓ 195.× 196.✓ 197.× 198.✓
199.× 200.✓ 201.✓ 202.✓ 203.× 204.✓ 205.✓ 206.× 207.✓
208.✓ 209.× 210.× 211.✓ 212.× 213.✓ 214.× 215.✓ 216.✓
217.✓ 218.✓ 219.✓ 220.× 221.× 222.✓ 223.✓ 224.✓ 225.×
226.✓ 227.✓ 228.× 229.✓ 230.× 231.✓ 232.× 233.✓ 234.×
235.✓ 236.× 237.× 238.✓ 239.× 240.✓ 241.✓ 242.✓ 243.×
244.× 245.✓ 246.✓ 247.× 248.✓ 249.× 250.✓ 251.✓ 252.×
253.✓ 254.✓ 255.× 256.✓ 257.× 258.✓ 259.✓ 260.× 261.×
262.✓ 263.× 264.✓ 265.✓ 266.✓ 267.× 268.× 269.× 270.✓
271.× 272.✓ 273.× 274.✓ 275.✓ 276.✓ 277.✓ 278.× 279.×
280.✓ 281.× 282.✓ 283.✓ 284.× 285.× 286.× 287.✓ 288.✓
289.× 290.× 291.× 292.✓ 293.✓ 294.✓ 295.× 296.× 297.✓
298.✓ 299.✓ 300.× 301.× 302.× 303.✓ 304.× 305.✓ 306.✓
307.× 308.× 309.✓ 310.✓ 311.✓ 312.× 313.✓ 314.✓ 315.×
316.× 317.× 318.✓ 319.✓ 320.✓ 321.× 322.× 323.✓ 324.✓

325.√ 326.× 327.√ 328.× 329.× 330.√ 331.√ 332.√ 333.√
334.× 335.√ 336.× 337.× 338.√ 339.√ 340.√ 341.× 342.×
343.√ 344.× 345.√ 346.× 347.× 348.× 349.× 350.× 351.×
352.√ 353.√ 354.√ 355.× 356.× 357.√ 358.√ 359.× 360.√
361.√ 362.× 363.× 364.× 365.√ 366.√ 367.√ 368.× 369.√
370.× 371.√ 372.√ 373.√ 374.√ 375.× 376.× 377.× 378.×
379.√

第二节 中级抹灰工填空题

一、填空题试题（将正确答案填在横线空白处）

1. 在表示总体布局的总平面图中，不仅限于建筑物________的确定，还应包括该区域的道路位置、建筑物的处理及________等一系列管道、干线的设置等。

2. 总平面图表明新建区的总体布局，如用地________，各建筑物和构筑物的________布置等。

3. 总平面图根据工程需要，有时还有水、暖、电等管线总平面图、各种管线________、________及庭院绿化布置图等。

4. 结构施工图主要表示一栋房屋的骨架结构的________要求和构件的________。

5. 建筑施工图包括________、________、________、________、________。

6. 总平面图是用来作为对________进行施工放线以及________的依据。

7. 各种施工图都是用________原理，按照________的有关规定画出的。

8. 电气设备施工图主要表示新建________内部电气设备的________及________等。

9. 看剖面图中的尺寸主要注意________尺寸。

10. 建筑物按照它们的使用性质，通常可以分______和______、______、________。

11. 砖墙可分为________、________、________三种。

12. 基础的类型按构造形状分有________。

13. 建筑剖面图可分为________和________。

14. 砖墙材料包括________和________两部分。

15. 抹带有线角的方柱有两种工艺方法，即________和________。

16. 建筑物按用途可分为________。

17. 底层灰主要起________和初步找平的作用。

18. 菱苦土的主要成分为________，在使用时用________进行拌合。

19. 灰浆搅拌机是将________均匀地搅拌成灰浆的一种机械，它的搅拌是________的。

20. 做现制水磨石楼梯的磨光顺序一般是：先________，再________，然后________。

21. 浇制的花饰制品有________等品种。

22. 滚涂操作，面层厚度为________，因此要求底层________，以保证面层取得应有的效果。使用时，发现砂浆沉淀，要________，否则会产生“花脸”现象。

23. 磨石机由________和________两种组成。

24. 耐火等级标准主要根据房屋的主要构件的________和它的________来确定。

25. 石膏罩面灰的配制方法是先将石灰膏________，再根据所用石膏的________，确定加入石膏粉的数量，并随加随拌合。稠度为________即可使用。

26. 颜料分为________和________两种。

27. 喷涂是用________砂浆泵________将聚合物砂浆水泥喷涂于外墙的装饰抹灰。

28. 饰面板安装有天然石材的________、________、________、还有人造石材________等。

29. 水泥水化热的大小与放热的________有关，除了决定于水泥的成分外，还与水泥的________有关。

30. 大理石饰面板安装，用石膏临时封固后，要及时用________检查板面是否平直，保证板与板之交接处四角平直。

31. 对于安全生产的制度，国家制定了具体的________。

32. 工程质量是施工企业经营管理的________，是企业各项管理工作的________，也是企业的________。

33. 金刚砂有________和________，是一种非常细微的砂子，________特别大，________强。

34. 建筑工程上常用的胶凝材料分________和________。

35. 活门卸料灰浆搅拌机是由________和________四部分组成。

36. 水泥安定性不良的原因，一般是由于熟料中所含________或________或________造成的。

37. 定位轴线用来确定________主要结构或________，也可作为________的基线。

38. 尺寸由________和________组成。

39. 砂子是岩石风化后形成的。按产地可分为________；按平均粒径可分________和________。

40. 用玻璃条作分格条，其优点是分格呈________，无毛边，________一次成活。

41. 干粘石是将________直接粘在砂浆层上做饰面，其装饰效果比水刷石更为明显。

42. 一般条件下，存放3个月后的水泥强度约降低________左右。

43. 看一整套施工图的方法应该是：先看________，了解本工程的概况，然后再看所需有关工种的那些图样。

44. 阳角找方的方法是，先在阳角一侧墙面做________，并在准线上下两端挂通线做灰饼。

45. 传统的外墙饰面工艺都有________、工期长、________以及劳动强度大等缺点。

46. 做水刷石的水泥宜采用不低于________的矿渣水泥或普通水泥，应采用________的同批号水泥。

47. 一般抹灰施工顺序通常是先________，后________。

48. 生石灰易________，所以贮运时要注意________。

49. 饰面板安装的冬期施工，在采取措施的情况下，每块板的灌浆次数可改为________，缩短灌注时间，及时裹挂________，保温养护________。

50. 物体的投影可分为________。

51. 喷涂一般可分为________及________、________三种。

52. 滚涂方法分________和________两种。

53. 冬期施工主要采用________和________两种做法。

54. 看建筑施工图按图样目录检查一下各类图样是否________，图样编号与图名是否________，标准图是哪一类的，由何处设计，把图样准备齐全了就可以按________看图了。

55. 看建筑施工图先要看________，了解建筑概况、技术要求等等，然后________。

56. 看基础图，从基础的类型、挖土的深度、尺寸的构造、轴线位置等，都要仔细地阅读。按照________这个施工顺序看图。

57. 假想用一个水平剖切平面，从略高于窗台处把________，移去剖切平面以上部分，然后用水平投影面投影，就得出的剖面图，就是建筑________。

58. 屋顶平面图是说明屋顶上建筑构造的________情况的图。

59. 在看平面图时，应根据________，抓住主要部位，如应先记住房屋的总长度、总宽度、有几道________、轴线间的尺寸、墙厚、门窗尺寸和________。

60. 看图时要先抓住________、抓住________，一步步看才能把图全记住。

61. 立面图表明各层建筑标高、层数、房屋的总长度或突出部分最高点的________。有的立面图在侧边采用________，标注出窗口的高度、层高尺寸等。

62. 建筑立面图反映了一幢房屋的________，因此，看立面图，首先要掌握________的标高尺寸和门窗位置，其次是________的材料及做法。

63. 剖面图是与平面图、立面图________的不可缺少的重要图样之一。

64. 看剖面图中的尺寸主要注意________尺寸。

65. 看剖面图通常在外墙处注三道尺寸：第一道是________尺寸；第二道是________；第三道是________。

66. 要看平面图上的剖切________和剖切________，然后找出相同________的剖面图。

67. 内墙主要起________的作用；外墙有________的作用。

68. 钢筋混凝土过梁：洞口________，上部________较大时，用钢筋混凝土过梁。梁端伸入墙内的长度不应小于________mm。

69. 过梁的高度应根据________经计算确定，但应为砖厚的倍数（________）以便于与砖的匹数配合。

70. 为了增强房屋建筑的整体________，提高建筑物的________变化的能力，防止由于地基的________对房屋的不利影响，常在基础顶面、楼板和檐口部位设置圈梁。

71. 外墙的墙脚通常称为________。它不但受到________的侵袭，而且________和外界机械作用力也对它产生危害作用，所以除了要求设置墙身________外，还应特别加强勒脚的坚固耐久性。

72. 散水应向外设5%左右的________。散水做法通常有砖铺散水________等。

73. 由于温度变化________和地震等因素的影响，房屋结构内部会产生附加的________，故通常采取在建筑物中设________的办法来减少这些不利因素的影响。

74. 在排列组合砌块时，必须使砌块________，尽量减小________，多用主要砌块，使其中一、二种大规格的主砌块占砌块总数的________%以上。

75. 非承重墙中的内墙称为隔墙，仅作________建筑物内部空间之用，不承受任何外来________，且本身________还由楼板或小梁来支撑。

76. 楼板层和地面是________建筑空间的水平承重构件。它们把________传给墙、柱及地基、基础，由于所处的位置不同，受力状况不同，因而对其________有不同要求。

77. 楼板当不能满足使用和构造要求时，可增设相应的构造层如________、________、________、________等。

78. 当楼板底部________（如肋梁楼板）而房间又要求________或在楼板底部需隐藏________等三种情况下，应设吊顶。

79. 地面通常是指位于建筑物底层的________，地面的基本组成为________，为了适应不同的使用要求，还应设置各种构造层，如________等。

80. 不同的房间对面层有不同的要求，面层应________、________、________、________、________。

81. 在潮湿的房间，如浴室、________、________、________等，地面应耐湿和不透水。其他对不同用途的房间地面还有________等要求。

82. 整体地面分层做法虽然增加了________，却能保证________，减小由于水泥砂浆干缩时产生的________。

83. 水磨石地面具有很好的________、________、________、________，通常用于居住建筑的________、________的地面。

84. 塑料地面装饰效果好，________，________，维修保养方便，有一定弹性，步行时噪声小，但它也有________，日久会________和受压后产生凹陷等缺点。

85. 楼地面变形缝时沥青类材料的整体________和铺在砂、沥青玛瑞脂结合层上的________，可只在混凝土垫层或楼板中设置________。

86. 阳台按其与________分为挑阳台、凹阳台和半挑阳台；按其在________可分为中间阳台和转角阳台。阳台由________组成。

87. 当雨篷悬挑长度较大时，则可由________来做成挑梁式结构，但常为________结构，也可以________形成门廊。

88. 钢筋混凝土楼梯是目前最常见的楼梯，它具有________等优点。按施工方式，钢筋混凝土楼梯可分为________两类。

89. 楼梯踏步面层做法一般与接地面________，所用材料要求________，如用水泥砂浆面层、水泥浆米石（豆石）面层、________等。

90. 平屋顶一般是用________的钢筋混凝土板作为承重结构，屋面上做________，平屋顶的坡度较小，约________%以上。

91. 屋面有组织排水就是在屋面做出________，把屋面上的雨雪水有组织地排到________，通过雨水管排泄到地面。有组织排水又可分为________两种。

92. 灰板条顶棚是常见的一种顶棚，它的做法是在________用吊筋把吊顶搁栅吊起，

________再钉平顶筋，________再钉板条，表面________即成。

93. 用于调制抹灰砂浆时，需将生石灰熟化成________。即将生石灰在灰池中加水熟化，通过网化孔流入储灰池内，石灰浆在储灰池中沉淀并除去上层水分后称为________。

94. 在抹灰工程中，若使用未经充分熟化的________，就要发生上述的鼓泡、爆花、墙面出现麻点的现象，严重影响抹灰工程质量。因此在施工中不能片面________，必须严格控制石灰的熟化________，以确保抹灰工程的质量。

95. 在沉淀池中的石灰膏应________，灰池中石灰浆的表面应有________，隔绝空气与石灰的接触，以免表面石灰碳化，并应防止冻结和污染。冻结而风化、干硬的石灰膏不得使用。

96. 石灰砂浆在较长时间内经常处于________，不能达到一定的强度和硬度。为了弥补这个缺陷，可适当加入________，例如加入水泥即可大大加快砂浆的________。

97. 因磨细生石灰粉抹灰时，由于将石灰________的两个分离步骤，合并在一个统一而连续的过程中，这样就大大增加了________速度，缩短了石灰砂浆抹灰的________时间。

98. 用石灰膏拌制的砂浆一般都具有较好的________。其广泛地应用于抹灰工程中，但不宜在________使用。石灰膏可配制成________、________、________等。

99. 块灰如要长期________，可将其在化灰池内熟化成________，在灰膏面上保持一层________，避免石灰与空气接触。此法可长期________。

100. 建筑石膏与水混合，最初成为________，但很快就失去塑性，这个过程称为________；以后迅速产生强度，并发展成为坚硬的固体，这个过程就是________。

101. 配制石膏罩面灰亦可采用其他________，如硼砂按石膏质量的________加入，牛皮胶水溶液按1kg牛皮胶加1.4kg水加热熬制溶解后，再加________拌匀即可使用。石膏罩面灰应随用随拌随抹，抹灰要________，不得留接槎。

102. 建筑石膏罩面灰的基层不宜用________，应用1∶3或1∶2.5的麻丝石灰砂浆；亦不得掺用________，以防返潮使面层脱落。

103. 菱苦土的化学成分氧化镁所占比例应大于________%。

104. 菱苦土的凝结时间初凝不早于________min。

105. 建筑工程中常用的液体水玻璃模数为________，密度为________。水玻璃是一种矿物胶，与有机胶比较，既不燃烧也不腐朽，因为能________，稀稠和密度可根据需要随意调节，使用方便。

106. 水硬性胶结材料主要是指________。水泥呈粉末状物，与水混合后经________能由可塑性浆体变成坚硬的石状体，并能将散状材料________，所以水泥是一种良好的矿物胶凝材料。

107. 水泥是重要的建筑材料，被称为________之一。在抹灰工程中最常用的是________和________。

108. 现行水泥标准中还有________品种（即早强水泥），其强度等级有________，要求其________达到较高水平。

109. 普通水泥、硅酸盐水泥，其特性是凝结硬化快，早期强度较高，________，________，但________，________。

110. 矿渣水泥不适用于早期强度要求较高的工程及________中施工而无________的工程。

111. 火山灰水泥不适用于________环境的工程，早期强度要求________、________以及有________的工程。

112. 粉煤灰水泥，其特性是________较小，________较好，抗碳化能力差，早期强度较低；适用于地上、地下、水中的工程、大体积混凝土工程以及有抗腐蚀要求的一般工程；不适用于有________的工程。

113. 细度是指水泥颗粒粗细的程度。同样成分的水泥其________，则凝结、硬化越快，早期强度也越高。水泥的细度用________测定，以筛余物占总质量的百分数表示。标准规定：0.080mm 方孔筛余不得超过________%。

114. 水泥标准稠度用水量：指水泥净浆达到________，所需拌合水量，以占________表示。

115. 水泥凝结时间：指水泥加水拌合成净浆后，逐渐失去________，自加水拌合至水泥浆开始凝结（失去塑性时）所需的时间称为________；水泥从加水到凝结完了（开始具有强度时）所需的时间为________。

116. 安定性是水泥的________之一，在建筑工程中出现的混凝土构件开裂，抹灰层________等质量问题，从材料角度讲，大都与水泥的这一性质有关。

117. 水泥强度：是指试块单位面积能承受力的________，是确定水泥强度等级的________，也是选用水泥的重要________。水泥硬化后抗压强度高，抗拉强度低，抗拉强度约为拉压强度的________。

118. 水泥水化热：水泥与水的作用为________，随着水化过程的不断进行，不断放热，这种放出的热量称________。水泥水化热的大小与________有关，除了决定水泥的成分外，还与水泥的________有关，细度大的水泥，早期放热较多。

119. 凡以氧化铁含量低的石灰石、白泥、硅石为主要原料，经烧结得到以________组成的熟料，再经冷淬处理，加入适量________，在用石质衬板和石质研磨体的磨机内共同磨细而成的水硬性胶凝材料，称为________。

120. 凡以白色硅酸盐水泥熟料和________在粉磨过程中掺入________共同粉磨而成的一种水硬性彩色胶凝材料，称为________。

121. 砂按细度模数（M_x）可分为：粗砂（$M_x=3.7\sim3.1$），平均粒径不小于________mm；中砂（$M_x=3.0\sim2.3$），平均粒径不小于________mm；细砂（$M_x=2.2\sim1.6$），平均粒径不小于________mm；特细砂（$M_x=1.5\sim0.7$），平均粒径小于________mm；当 M_x 小于 0.6 时则为粉砂。

122. 为了保证抹灰工程的质量，一般选用________，砂的颗粒要求坚硬洁净；砂的含泥量应为________；砂中有害物质含量、氯盐含量不得超过________，砂在使用前应________。

123. 对特细砂含泥量________会影响其充分利用，因此它的________可以根据实际情况适当放宽。

124. 色石渣是天然________破碎加工而成，有各种色泽，可做人造________、________、________、________、________之用。

125. 人工彩色砂、石粒是以各种不同目度（颗料）的________或________焙烧后经化学处理而制得各种色彩骨料，其外观晶莹光洁，色泽鲜艳夺目，颜色________。

126. 膨胀珍珠岩在抹灰装饰面中主要用来配制________，用于混凝土大板表面和混凝土顶棚抹灰，不仅________，便于操作，而且________，保暖和隔声。

127. 膨胀的蛭石，形成许多由薄片组成的层状碎片（也可颗粒），在碎片内部具有________，其中充满空气，因此密度较小（________），导热系数很小，且耐火，防腐，是一种理想的无机________材料。

128. 釉面砖又称内墙面砖。如用于室外，经多次冻融，更易出现________现象。所以釉面砖只能用于________。

129. 釉面砖有________等多种品种。表面光滑易于清洗，色泽多样美观耐用，形状有________配件砖。

130. 白色釉面砖的技术性能要求白度指标应大于________。

131. 外墙贴面砖质量应________，________，无凸凹不平、裂缝夹心、夹砂、欠火和缺釉现象，________，________现象，外墙贴面砖应分规格分类覆盖保管。

132. 铺地砖，又称________，是不上釉的。用作铺砌地面的板状陶瓷建筑材料，易于________，________，适用于交通频率高的地面、楼梯、室外地面，也可用于工作台面。

133. 陶瓷锦砖旧称________、________、________，是用于建筑物上组成各种________的片状小瓷砖。

134. 玻璃锦砖又叫________，是以玻璃烧制成的小块贴于纸上的饰面材料，有带有金属透明的或乳白色、________等多种颜色。

135. 天然大理石饰面板仅有少数几种质纯的品种（如________）可用于室外，其他一般只能适用于室内________的装饰工程，并要求表面________，使石材表面的光泽能持续保存。

136. 目前国际上采用天然薄板大理石，其厚度为________mm，使大理石有效铺贴面积增加了________倍，有利于石材________，降低了建筑成本，且施工方便、工效提高。

137. 花岗石板材常呈灰白色或________。这种石材抗压、强度高，________，并具抗腐耐磨等性能，主要用于________、立柱、勒脚、基座、踏步、地（楼）面、檐口、腰线及纪念碑等，常给人以________之感。

138. 水磨石板采用水泥________拌合，经成型、养护研磨、抛光后制成，________较多。

139. 人造大理石是以________为胶结料，掺以石粉、石粒制成，用________所需规格的板材。最大尺寸可达________，厚度有6mm、8mm、10mm、15mm、________mm等。

140. 玉石合成饰面板是取名贵的各种天然玉石、________合成，采用科学的配方及先进的生产工艺生产。

141. 为了增加房屋建筑物装饰抹灰的________，通常在装饰砂浆中掺配________。

142. 建筑设计人员结合建筑物的________，依据各种色彩所具有的________，考虑选用建筑装饰所需的________。

143. 我国目前配色则主要凭________，先按需要的________是由哪几种单色组成，以及各单色大约的________，然后进行试配。

144. 要进行调色，首先需要对颜色有一定的了解。在调色时，两种原色拼成一________，而与其对应的另一个色则为________，补色加入复色中会使颜色变暗发土，甚至变成________。

145. 原色和复色用白色冲淡，可得________的颜色。

146. 配色时要按照________（应考虑修补用料等）一次配好，以免出现不同的________。

147. 配色时要以________为主，即在配色中________的颜色，再以着色力________为辅，徐徐地掺入，并不断地搅匀，随时________，逐渐由浅入深。

148. 配色时应考虑到颜色湿时________，干后________的特征。

149. 草酸为无色透明晶体，有块状或粉末状。通常成二水物，密度为________，熔点________。溶于________。草酸是________化工原料，不能接触食物，对皮肤有一定腐蚀性，应注意妥善保管。

150. 金刚砂是一种非常细微的砂子，________特别大，韧性强。规格比较多，金刚砂在抹灰装饰工程中主要用做________等。

151. 麻刀、纸筋、草秸用在抹灰层中起________作用，提高抹灰层的________，增加抹灰层的________，使抹灰层不易________。

152. 采用一般水泥砂浆________也可以防水，其做法是先抹________，要求抹均匀、密实，再刷________，如此交替施工，从而构成整体防水层。

153. 采用一般水泥砂浆抹五层做法也可以防水，因为各层出现的________都互不贯通，从而阻塞了渗漏水的通路，这种防水层具有较高的________，并具有良好的防水效果。

154. 在地下室防水施工期间应做好________措施应按施工方案执行。

155. 地面抹防水砂浆，清理基层。应将垫层上的________等清理干净，凸出的鼓泡要剔凿平整，特别是嵌在混凝土中的________等要处理干净，然后________。

156. 地面抹防水砂浆，抹底层防水砂浆时，用________的水泥砂浆，掺入质量的________的防水粉；或用水泥：砂子：防水剂＝________（质量比）的防水砂浆。

157. 防水砂浆的养护工作非常重要，这是保证防水层________，使水泥砂浆________，增加强度，提高________的主要措施之一。

158. 防水砂浆养护时间应掌握在水泥砂浆________，在表面呈灰白色时，就可以进行养护。洒水养护时，一开始________，最后用喷壶慢慢地洒水，使水能被砂浆所吸收。待砂浆达到一定强度后________。

159. 混凝土墙面抹防水砂浆，首先刷素水泥浆，素水泥浆的配合比为水泥：水：防水油＝________，其拌制方法是：先将水泥和水拌合均匀，然后________拌合均匀。将拌好的素水泥浆用________均匀地涂刷在基层表面，随即抹防水砂浆。

160. 将防水砂浆搅拌均匀后就可抹混凝土墙面底层防水砂浆，其厚度控制在________，在抹灰未凝固之前应用________。要求防水砂浆要________，拌合及使用砂浆不得超过________ min，严禁使用隔夜砂浆。

161. 砖墙面抹防水砂浆，抹灰前一天用水把砖墙面________，第二天抹灰时再将砖墙________。

162. 砖墙面抹防水砂浆，在刷完素水泥浆后抹面层防水砂浆，其配合比与底层的相同，先用木抹子搓平，后用铁抹子________，抹灰厚度控制在________之间。

163. 砖墙面抹防水砂浆，抹灰程序一般情况________，槎子不得甩在________，各层抹灰的留槎不得留在________，接槎时要先刷________。

164. 砖墙面抹防水砂浆时，阳角要做成半径为________圆角，地面上的阴角都要做成半径________以上的圆角，用阴角抹子捋光、压实。

165. 水泥砂浆防水层的质量标准，保证项目要求：防水砂浆的原材料、外加剂、配合比及其分层做法必须符合________和________规定；水泥砂浆防水层各层之间必须________。

166. 水泥砂浆防水层的质量标准，基本项目要求：表面平整、密实，无________等缺陷，阴阳角呈________，尺寸符合要求；留槎________，按层次顺序操作，层层搭接紧密。

167. 耐酸砂浆配制时按规定的配合比先将________拌合均匀，然后再徐徐加入________，要在________，搅拌均匀后便制成耐酸砂浆。每次的拌合量要求在________使用完。

168. 耐酸胶泥干燥后，就可以分层抹耐酸砂浆，其厚度每层控制在________左右，一直抹到符合设计要求为止。抹每层耐酸砂浆要间隔________以上。抹时要掌握好操作要领，要用力将砂浆压紧，应按同________，不允许来回涂抹。

169. 在抹耐酸砂浆前，一定要将基层处理好，要控制其________，严格按________进行操作。养护期间内要保持________洒水。

170. 重晶石砂浆所用的________要严格按设计要求试验来确定，每次配制量必须在________用完。

171. 整个重晶石砂浆抹完后，应将门窗________左右，再在地面上浇水，使室内保持一定的湿度，再用喷雾器喷水养护，不得________。不得________，以免破坏重晶石砂浆的墙面。

172. 耐热砂浆细骨料采用________等，颗粒级配应符合普通水泥砂浆的中砂要求，要________。耐火水泥的配合比为水泥：耐火泥：细骨料＝________。

173. 耐热砂浆在搅拌前，应将细骨料________，否则搅拌砂浆时，干燥的细骨料持续、大量吸水会影响砂浆的________。

174. 耐热砂浆配合比必须按设计要求________。各种成分秤量________，搅拌时间要比普通砂浆________。

175. 导热系数小的材料可________。膨胀珍珠岩砂浆的导热系数是60.0～90.0W/m·K,所以它能起到________的作用。

176. 膨胀珍珠岩砂浆是以膨胀珍珠岩为________，水泥或石灰膏为________，按一定比例混合搅拌而成。它具有________等特点，可以使用于保温、隔热要求较高的内墙抹灰，还可减轻建筑物自重。

177. 膨胀珍珠岩砂浆________，其本身又有良好的________；故在基层清理干净后应酌情洒水或按实际情况少洒水，________。

178. 膨胀珍珠岩砂浆抹灰或刮杠、搓平操作时，用力________，否则珍珠岩经压实________，影响保温层的作用。

179. 抹水刷石线角时，一般用________。先用抹子按线角要求________基体成型，然后用活模扯线角。操作时，将活模一头________，双手握住活模捋出线条来。

180. 扯灰线时握活模不稳会产生________，因此，要求操作时用力________，手势和脚步________。将灰线扯好后，应及时检查一遍，有掉石粒或石粒不满之处，或线角不平整之处，应用________进行修补，使之符合要求。

181. 洗水刷石的操作要求和方法与洗一般________相同，但要注意应先________后________，否则会造成线角不清晰、颜色不一致的________问题。

182. 圆柱水刷石一般在________有线角。因此，其操作工艺顺序是：先做________水刷石线角，再做________水刷石，最后做________水刷石线角。

183. 在圆柱上贴灰饼和冲筋：可根据地面上放好的线，在柱四周中心线处，先在下面________（即留出抹水刷石的厚度），然后用缺口板挂线锤贴柱子上部________，再将上下灰饼挂线，中间每隔________贴一灰饼，根据灰饼冲筋。

184. 圆柱抹带线角的水刷石、抹中层水泥砂浆，根据冲筋抹________，并用木杠________，要随时用圆柱抹灰套板校核，并随时修整，抹好后再进行________。

185. 冲洗圆柱抹带线角的水刷石，应注意喷刷冲洗的顺序，应由________进行，即先喷刷冲洗________水刷石线角，再洗________，最后洗________线角。

186. 外墙面水刷石立面垂直，用2m托线板检查，允许偏差不应大于________。

187. 防治水刷石表面坠裂或裂缝措施是：在抹面层时要注意，厚度较大处要________，并按要求遍数________，使面层密实________。

188. 防治水刷石烂根的措施是：在做水刷石时遇到________要特别注意，必须把________，而且要用________。

189. 砖墙面做水刷豆石，基层应将墙面上存有的________等清除干净，然后________浇水湿润。

190. 墙面做水刷豆石，贴灰饼可用________水泥砂浆，或用________的混合砂浆，也可用水泥∶白灰膏∶粉煤灰∶砂＝________做成5cm见方的灰饼。

191. 墙面做水刷豆石，抹底层灰当基层为砖墙时应根据灰饼厚度，先用________水泥砂浆________抹一遍，使其与基层砖墙面，底层灰厚度为________左右，待________浇水养护。

192. 混凝土墙面做水刷豆石，抹底层灰时，应在毛化处理的墙面上，先刷掺水重10%的________素水水泥浆一道，紧跟着用________水泥砂浆薄薄抹一遍，接着抹第二遍底层灰，与灰饼齐平，其厚度为________左右，待________进行养护。

193. 墙面做水刷豆石，抹面层豆石浆。罩面抹灰前，应先将墙面浇水湿润，然后薄刮一道掺水重________素水泥浆，其水灰比为________，以便使面层与底层结合牢固。紧跟着抹________水泥豆石浆（所用豆石石粒应洁净，统一配料，拌合均匀）。

194. 用水喷刷豆石面层，豆石面层压好后，待用手指按上去，表面能________时，就可以进行喷刷。一人在前面用________刷掉表面的水泥浆，一人紧跟用喷雾器，由________表面的水泥浆，直至露出石子。

195. 水刷豆石墙面，表面平整度，用 2m 靠尺板和楔尺检查，允许偏差不应大于________。

196. 水刷豆石墙面石子不均匀或有脱落，饰面浑浊不清晰，其主要原因和防治措施是：豆石在使用前没有认真过筛。要求豆石要过两遍筛子，其粒径应控制在________，在使用前必须________、晾干并用________备用。

197. 水刷豆石墙面，阴角不清晰的主要原因：喷刷阴角时没有掌握好喷头的角度和喷水时间，如喷头的________，喷出的水顺阴角流量比较大，产生________作用，就容易把阴角旁边的石子冲洗掉，如喷刷的时间短，就可能________，使阴角不清晰。

198. 抹灰线贴灰饼、粘贴下靠尺。立墙面上水平线弹好后，用________或用石膏粘贴下靠尺，也可以________砖缝里。将下靠尺稳固好后，要四周检查一遍，有不合适处要进行调整，要求靠尺粘贴得________粘贴牢固。

199. 抹灰线抹第二道垫层灰时，用________的混合砂浆并略掺一些麻刀涂抹，其厚度要根据灰线的________。抹灰时要随时推拉死模，在灰线成型时要把________，以使抹第三道出线灰、第四道罩面灰时不卡模子。

200. 抹灰线抹第三道出线灰。在第二道垫层灰抹好后应隔一夜，于第二天抹第三道出线灰。用________的石灰膏砂浆，也可稍掺水泥，要求________抹一层，形成灰线，________要基本整齐。

201. 灰线接头要求与________镶接互相贯通，与已经扯制好的________成为一个整体。

202. 灰线接头接阴角，先用抹子抹阴角处各层灰，当抹上________后，用灰线接角尺，一边刮接阴角部位的灰，使之成型，一边完成后再做________。

203. 灰线接头接阴角，镶接时，两手________，手腕用力要均匀。待________后，再用小铁皮进行修理勾画成型，使它不显________，然后用排笔蘸水刷一遍使其光滑。

204. 阴阳灰线接头操作时，首先将两边阴角与柱、垛结合齐，并严格控制，不要越出________，再接阳角柱、垛。抹灰时要与成型灰线相同，大小一致。抹完后应仔细检查________，并要成一直线。

205. 抹顶棚灯头圆形灰线，如板条、板条钢板网顶棚，其底层灰和中层灰应用________砂浆。与顶棚抹灰一样，应将底层灰压入________。使其结合牢固，然后使用活模________移动，从而使灰线形成。

206. 抹半圆形灰线如在半圆的________固定一根横档，找出中心点，再将活模钉在________上，将活模________扯动，从而扯制成灰线。

207. 室内贴面砖选用水泥，一般用________级普通水泥或矿渣水泥，以及________号白水泥。

208. 室内贴面砖选用石灰膏，在使用前________将生石灰焖淋，应过________，淋成石灰膏。使用前石灰膏内不得含有________颗粒和杂质。

209. 室内贴面砖，选用粉煤灰，应过________方孔筛，筛余量不大于________。

210. 室内贴面砖前应安好门窗框，并用________水泥砂浆将缝隙________，铝合金门窗框边缝所用嵌塞材料要________，将缝隙嵌填塞实后________。

211. 室内饰面砖作业条件准备：脸盆架、镜钩、管卡、背水箱等处应埋设好

________，要求埋设________。

212. 瓷砖和釉面砖一般按 1mm 差距分类选出________，选好后应根据房间大小计划好用料，一面墙或一间房间内尽量用________。

213. 室内贴面砖基层为加气混凝土墙或板的处理方法：先用扫帚将墙面和板面上的____________________等清除干净，再用水将墙或板________（使水浸入加气混凝土内深达________为宜）。

214. 室内贴面砖基层为加气混凝土墙或板的处理方法：检查墙面的凹凸情况，有________接缝处高差________，可用掺水量 20%108 胶的________进行修补，应分层抹平，每遍厚度控制在________左右，待砂浆终凝后浇水养护。

215. 室内贴面砖，待底层灰有 6～7 成干时，就可以按________排砖，用一房间应镶贴________的面砖。如不能满足要求，应将数量较多、规格较大的面砖________，以便上部的面砖通过________来调整找齐。

216. 墙裙、浴盆、水池等上口和阴角、阳角处镶贴的面砖，应使用________。切割面砖用________，根据所需要尺寸划痕折断后，应在砂轮上________。

217. 室内贴面砖标准点是用废面砖粘贴在________，贴时将面砖的棱角翘起，________作为镶贴面砖表面平整的标准。做标准点用________=1：0.1：3 的混凝土砂浆粘贴。

218. 室内贴面砖垫底尺。根据计算好的最下________，垫放好尺板作为________。底尺上皮一般比地面低________，以使地面压住墙面砖。底尺安放必须平稳，底尺的垫点间距应在________以内。要保证垫板牢固。

219. 室内镶贴面砖，首先将规格一致的面砖________，放入净水中浸泡________，再取出晾干，然后用水泥：石灰膏：砂=________的混合砂浆，________进行镶贴。

220. 室内镶贴面砖，在门口或阳角以及长墙每隔 2m 左右应先________，作为墙面垂直、平整和砖层的标准，然后按此标准向________。贴面砖时要注意与相邻面砖的平整，以及________。

221. 用冻结法砌筑的墙体，应待完全________，而且室内温度达到________方可进行室内贴面砖工作。不得在________镶贴面砖。

222. 冬期施工要注意室内________应设专人负责定时开闭门窗和________，要严格控制温度，不得________。

223. 室内贴面砖接缝高低差，用钢板短尺和楔尺检查允许偏差不应大于________mm。

224. 外墙面贴陶瓷锦砖应选用________、每张长宽规格为 30cm×48cm。要求________，每张尺寸准确，边角整齐，要________进场备齐。

225. 外墙面贴陶瓷锦砖，根据________要求，按工程量事先挑选出________的陶瓷锦砖，分别堆放并保管好。

226. 在贴陶瓷锦砖的部位，事先搭设好________，根据具体条件选用双排脚手架，吊篮架或桥式脚手架，但脚手架离墙面的距离不得小于________，以便于操作。

227. 如果墙面需________粘贴陶瓷锦砖，必须先做________，待检查符合________，方可正式进行施工。

228. 外墙面贴陶瓷锦砖应根据墙面________情况，找出贴陶瓷锦砖的________，如果建筑物的外墙面________，而且又是高层时，应在建筑物的________用经纬仪打垂直线找直。

229. 外墙贴陶瓷锦砖，在贴灰饼、冲筋后，就可以________，抹底层灰一般分________。抹灰前，先刷一道掺水重________素水泥浆，紧跟着抹头遍掺水重________水泥砂浆，薄薄地抹一层，抹时要用力压实，使水泥砂浆与基层面粘结牢固。

230. 外墙贴陶瓷锦砖前最好先放出________，根据实际高度弹出________，在弹水水平线时，应计算好陶瓷锦砖的块数，使两线之间________。

231. 贴陶瓷锦砖前，应将底层灰________，在第一组弹好水平线的________，支上垫尺，要求________。贴陶瓷锦砖时最好以________进行配合操作。

232. 贴陶瓷锦砖时要注意每一大张之间的________，基本控制在小块陶瓷锦砖的________，以免造成明显的一大张一大张的________，影响质量和美观。

233. 陶瓷锦砖贴于墙面后，一手拿拍板，靠在贴在贴好的墙面，一手拿锤子________，应将所有的陶瓷锦砖满敲一遍，要求________，然后将陶瓷锦砖上的护面纸用刷子________等护面纸吸水泡开后，即可揭纸。

234. 陶瓷锦砖贴于墙面，揭纸后要及时检查________，对不符合要求的________要拨正调整。调整缝的工作，必须要在粘结层砂浆________进行完毕。

235. 陶瓷锦贴于墙面擦缝时，先用抹子把________摊放在需擦缝的陶瓷锦砖上，然后用刮板将水泥浆________。刮好后再用麻丝和擦布将表面擦净。遗留在缝里的浮砂可用________轻轻带出来，如需要清洗饰面，应待________方可进行。

236. 粘贴陶瓷锦砖，墙裙上口平直，拉 5m 小线检查，允许偏差不应大于________ mm。

237. 天然大理石是石灰岩经过地壳内高温高压作用形成的变质岩，通常呈________，有________，是一种富有装饰性的天然石料。

238. 大理石饰面板的规格尺寸分为________两类。

239. 大理石外观要求，贯穿厚度的裂纹长度，范围在贴面产品贯穿的裂纹长度，不得超过其顺延长度的________，且距板边________范围内，不得有大致平行板边的裂纹。

240. 大理石色调与花纹，定型产品要求以________为一批，色调花纹应________，不得与标准样板的颜色________。

241. 美术水磨石地面采用的各种石粒应按不同的________分别堆放，切不可互相混杂，使用是按________的。使用前应将石粒中的________等物清理干净。

242. 现制美术水磨石地面，对于单色水磨石（如纯白、纯黑等），还应挑出其他________。

243. 现制美术水磨石地面，作业条件准备，地面部位结构验收完，并做好屋面________，墙面上弹好________水平线。

244. 现制美术水磨石地面。按地面的标高，根据墙上的＋50cm 的标高线，________，应注意要留出水磨石________，然后沿墙边拉线做灰饼，灰饼做好后，用________水泥砂浆进行冲筋，冲筋的距离一般为________左右。

245. 踢脚板冲筋，根据墙面厚度，在阴阳角处________确定踢脚板的厚度，按底层灰的厚度进行冲筋，冲筋的间距为________左右。

246. 现制美术水磨石地面，必须重视________，在底层灰抹好后隔天就可以________，要视气温情况来确定养护________，一般在常温下要充分浇水养护 2d。

247. 现制美术水磨石地面分格条________，应在排好分格尺寸后，在镶条处________水泥砂浆带，然后再弹线镶贴玻璃条。

248. 美术水磨石地面，分格条镶好后，应拉________通线进行检查，其允许偏差________，发现不符合要求处应________。

249. 美术水磨石地面施工，分格条镶好后，待 12h 以上时就可以进行________。常温下至少要养护________，在这段时间内要严加保护，应视为________。如碰坏后再镶贴将会影响施工工期，同时也会影响操作工艺顺序。

250. 镶贴分格条时应注意避免出现以下的错误：把八字角的素水泥浆________；或者把分格条全部镶贴在________。

251. 美术水磨石色料、颜料均以水泥________，应预先根据设计要求和工程量，计算出水泥用量后，将水泥和所需要的颜料________，成为灰色再装袋备用。一般要求________，再加水湿拌均匀。

252. 美术水磨石地面装石粒浆时，先把地面底层灰的养护清扫干净，然后撒________，要随涂刷随装石粒浆。要注意不得________，因为用刮杠或刮尺刮平，容易将面层高凸部分的石粒刮出来，而留下水泥浆，影响面层质量。

253. 如果美术水磨石地面有几种颜色时，在同一面上应________，必须待前一种色浆凝固后，再抹________。两种颜色的色浆________，以免串色、界线不清，影响美术水磨石的质量。

254. 美术水磨石地面施工，面层装石粒浆时，要注意操作人员不要穿________________进行操作，因为穿上述鞋操作容易踩出较深的脚印来，就会出现________，从而造成不可弥补的质量问题。

255. 美术水磨石地面面层装石粒浆后，经抹压、压实，就可以先后________进行压实，第一遍用大滚筒，________，待 2h 左右再用小滚筒进行第二遍压实，直将________为止。

256. 美术水磨石面层开磨时间与________有关。应以水泥石粒浆有________，开磨后石粒不会松动，水泥浆面与石粒面________为准。

257. 水磨石地面面层开磨时间。大气平均温度 20～30℃时人工磨需________时间。

258. 为了清除水磨石地面残留的________，一般采取补浆的方法，即磨光并用清水冲洗干净后，用________水泥浆进行擦浆，将洞眼孔隙________，待凝结硬化后再进行磨光。

259. 水磨石踢脚板在抹完罩面石粒浆后，在常温下待________后就可人工进行磨面。头遍用粗砂轮石，________，应将石粒磨平，阴阳角磨圆。擦头遍素浆，养护________d，用 2 号砂轮石磨第二遍。

260. 水磨石面层抛光、打蜡是做水磨石地面的________。抛光过程不同于________，主要是化学作用和物理作用的混合，即________________。

二、填空题答案

1. 位置；给水、排水、供热、供电、供气
2. 范围和红线；位置、道路、管网
3. 综合布置图、道路纵横剖面图
4. 类型、尺寸、使用材料；详细构造的图样
5. 建筑平面图、建筑施工图、结构施工图、暖工施工图、电气设备施工图等
6. 新建筑物；布置施工现场
7. 正投影；国标
8. 房屋；构造；线路走向
9. 高度方向
10. 生产性建筑；工业建筑、农业建筑、非生产性建筑
11. 实体墙、空体墙、复合墙
12. 条形基础、单独基础、梁式基础
13. 横向剖面图；纵向剖面图
14. 砖；砂浆
15. 传统工艺；活模工艺
16. 民用建筑、工业建筑、农业建筑
17. 与基层粘结
18. 氯化镁；氯化镁溶液
19. 砂、水、胶合材料；强制式
20. 磨踏步；磨扶手；磨楼梯梁的侧面
21. 石膏花饰、水刷石花饰、斩假石花饰、塑料花饰
22. 2～3mm；顺直平整；拌匀再用
23. 单盘；双盘
24. 燃烧性能；耐火极限
25. 加水拌匀；硬结时间；10～12cm
26. 有机颜料；无机颜料
27. 挤压式；喷斗
28. 大理石、花岗石、青石板；水磨、合成石饰面板
29. 快慢；细度
30. 靠尺板、水平尺
31. 三大规程、五项规定
32. 核心；综合反映；生命力
33. 电炉金刚砂；天然金刚砂；硬度；韧性
34. 气硬性胶凝材料；水硬性胶凝材料
35. 装料、水箱、搅拌；卸料
36. 游离氧化钙；游离氧化镁；掺入石膏量过多

37. 房屋；构件；标志尺寸
38. 数字；单位
39. 河砂、海砂、山砂；粗砂、中砂、细砂；特细砂
40. 线形；不起条
41. 彩色石粒
42. 10%～20%
43. 施工图首页
44. 基线
45. 造价高；工效低
46. 32.5；颜色一致
47. 外墙；内墙
48. 受潮垫化成粉；防水防潮
49. 二次；保温层；5～9d
50. 中心投影、斜投影、正投影
51. 粒状喷涂、波形喷涂；花点喷涂
52. 干滚法；湿滚法
53. 冷作法；热作法
54. 齐全；相符；顺序
55. 说明；阅读
56. 基础→结构→建筑（包括详图等）
57. 整个房屋切开；平面图
58. 平面布置和雨水泛水坡度
59. 施工顺序；轴线；编号
60. 总体；关键
61. 标高尺寸；竖向尺寸
62. 立体形象；外形；装修
63. 互相配合
64. 高度方向
65. 窗（或门）、窗上墙及窗下墙；各层的房高；总高度
66. 位置；编号；编号
67. 分隔房间；防风、雨、雪的侵袭和隔热、保温
68. 较宽（大于1.5m）；荷载；240
69. 荷载大小；（60mm、120mm、180mm、240mm）
70. 稳定性；抗风、抗振和抗温度；不均匀沉降
71. 勒脚；地基土壤水汽；飞溅的雨水、地基积雪；防潮层
72. 排水坡度；块石散水、三合土散水、混凝土散水
73. 地基不均匀沉降；变形和应力；变形缝
74. 整齐有规律性；通缝；70
75. 分隔；荷载；重量

76. 分隔；自重和使用荷载；结构层
77. 找平层；防水层；保温层；隔声层
78. 不平；平整；管道以及房间隔声要求较高
79. 地坪；面层、垫层、基层；结合层、找平层、防潮层、保温隔热层
80. 坚固耐磨；表面平整；光洁；易清洁；不起尘
81. 厕所；盥洗室；厨房；耐火、耐腐蚀
82. 工序；质量；细小裂缝
83. 耐磨性；耐火性；耐碱性；防火防水性；卫生间；厨房和各种公共建筑
84. 色彩鲜艳；施工简单；易老化；失去光泽
85. 面层；面层；变形缝
86. 外墙面的关系；建筑中的位置；承重结构和栏杆扶手
87. 柱或墙上挑出梁；现浇整体式；加柱
88. 防火性能好，坚固耐久，节约木材；现浇与预制装配式
89. 相同；耐磨，便于清洁；水磨石面层、人造石或缸砖贴面
90. 现浇或预制；防水、保温或隔热处理；3
91. 排水坡度；天沟或雨水口；外排水与内排水
92. 木檩条下；吊顶搁栅下面；平顶筋下；抹灰喷白
93. 石灰浆；石灰膏
94. 过火石灰；赶进度；时间（即陈伏）
95. 加以保护；一层水
96. 湿润状态；水硬性材料；硬化过程
97. 消解和凝固；凝结及硬化的；凝结与硬化
98. 和易性；潮湿的环境下；石灰砂浆、水泥混合砂浆、麻刀灰和纸筋灰
99. 贮藏；石灰膏；水或用砂子铺盖；贮存石灰而不变质
100. 可塑的浆体；凝结过程；硬化过程
101. 缓凝剂；1%～2%；70kg 水；一次成活
102. 水泥砂浆或水泥混合砂浆；氯盐
103. 75
104. 20
105. 2.6～2.8；1.36～1.5kg/cm^3 溶于水
106. 各种水泥；物理化学变化过程；胶结成整体
107. 一般水泥；装饰水泥
108. R 型水泥；32.5R、42.5R、52.5R 和 62.5R；早期强度（3d）
109. 耐磨性较强；抗冻性好及水化热较高；耐水性较差；耐腐蚀性较差
110. 低温环境；保温措施
111. 气候干热；高海拔的工程；受冻工程；耐磨性要求
112. 干缩性；抗裂性；抗碳化要求
113. 细度越小；筛析法；10
114. 标准稠度时；水泥质量的百分数

115. 塑性的时间；初凝；终凝

116. 重要性质；起泡、空鼓、裂纹、饰面板块的脱落

117. 最大数值；指标；依据；1/19～1/10

118. 放热反应；水化热；放热快慢；细度

119. 硅酸钙为主要矿物；石膏；白水泥

120. 优质白色石膏；颜料、外加剂；彩色水泥

121. 0.5；0.35；0.25；0.25

122. 中砂；3%～5%；有关规定；过筛除去杂物

123. 控制过严；含泥量

124. 大理石及其他天然石材；大理石；水刷石；水磨石；斩假石；干粘石及其他饰面抹灰骨料

125. 石英砂；白云石加颜料；多种多样

126. 膨胀珍珠岩砂浆；易涂性好；吸湿性小

127. 无数细小的薄层空隙；80～200kg/m³；保温隔热、吸声

128. 剥落掉皮；室内，不能用于室外

129. 白色、彩色、印花、图案；正方形、长方形以及阴阳角条、压顶条和各种阴阳角

130. 78

131. 颜色均匀；规格一致；整齐方正；无缺掉角

132. 防潮砖或缸砖；清洗，耐磨

133. 陶瓷锦砖；铺地瓷砖；纸皮砖；装饰图案

134. 玻璃马赛克、玻璃纸皮砖；灰色、蓝色、紫色、桔黄

135. 汉白玉、艾叶青；干燥环境；上蜡擦亮

136. 7～10；2～3；资源的利用

137. 肉红色；孔隙率和吸水率小；高级建筑物的外墙面；庄严、稳重

138. 和彩色石粒或石屑；花色品种

139. 不饱和聚酯树脂；盘锯切割成；1800mm×900mm；20

140. 不饱和树脂

141. 美观；颜料

142. 用途；要素特征；色彩

143. 实际经验；色彩样板识别；比例是多少

144. 复色；补色；灰色或黑色

145. 深浅不同

146. 样板和实际需要量，颜色

147. 主色；用量最大，着色力小；较强的颜色；观察颜色的变化

148. 较深；转浅

149. 1.653g/cm³；101～102℃；水、乙醇和乙醚；有毒

150. 硬度；楼梯防滑条

151. 拉结；抗拉强度；弹性和耐久性；裂缝脱落

152. 抹五层做法；水泥砂浆；素水泥浆；

153. 干缩裂缝和残留的毛细孔；抗渗能力
154. 排水、降水
155. 松散混凝土、砂浆渣；木条、碎片；浇水湿润
156. 1∶3；3%～5%；1∶2.5∶0.03
157. 不出现裂缝；充分水化；不透水性
158. 终凝后；水势要小；方可浇水养护
159. 1∶0.8∶0.025（质量比）；加入防水油；软毛刷子
160. 5～10mm；扫帚扫毛；随拌随用；60
161. 浇透；洒水湿润
162. 压实、压光；6～8mm
163. 先抹立墙后抹地面；阴角处；一条线上；素水泥浆
164. 10mm；50mm
165. 设计要求；施工规范；粘结牢固，无空鼓
166. 裂纹、起砂、麻面；圆弧形或钝角；位置正确
167. 氟硅酸钠、耐酸粉、耐酸砂；水玻璃；5min内不断进行搅拌；30min
168. 3mm；12h；一方向用一抹子成活
169. 湿度；操作工艺要点；干燥，不得在表面上
170. 材料和配合比以及稠度；1h内
171. 关闭一周；用皮管子浇水养护；在墙面上钻眼打洞
172. 耐火砖屑；洁净干燥；1∶0.65∶3.3（质量比）
173. 充分浇水湿润；施工和易性
174. 经验定后确定；要准确；长一些
175. 减慢热的传导速度；保温与隔热
176. 骨料；胶结材料；质量小、导热系数小、保温效果好
177. 质轻润滑、稠度较大；保水性；甚至不洒水
178. 不要过大；孔隙变小会使导热系数值增大
179. 活模扯成；厚度分层抹到；紧贴在靠尺板上
180. 竹节形或凹凸不平；要均匀；要平稳；压子或铁皮抹子
181. 水刷石基本；洗凸面线角；洗凹面线角；外观质量
182. 柱顶和柱角；柱顶；柱身；柱脚
183. 贴四个灰饼；四个灰饼；1.2m左右
184. 中层灰；随抹随找圆；划毛
185. 上而下；圆柱顶；圆柱身；圆柱脚
186. 5mm
187. 分层抹平；揉平压实；结合牢固
188. 墙与地面及腰线处；杂物清理干净；水冲洗干净
189. 砂浆渣、灰尘、污垢、油渍；提前一天
190. 1∶3；1∶0.5∶4；1∶0.3∶0.2∶4
191. 1∶3；薄薄；结合牢固；12mm；终凝后

192. 108 胶；1∶3；10mm；终凝后
193. 10％的 108 胶；0.37～0.4；1∶1.25
194. 挺得住且留有指纹；刷子蘸水；上往下均匀喷水刷掉
195. 3mm
196. 5～8mm；冲洗干净；苫布盖好
197. 角度不对；相互折射；喷洗不干净
198. 1∶1 的水泥纸筋混合灰粘贴；用钉子把靠尺钉在；上下平直一致
199. 1∶1∶4；尺寸来确定；死模倒拉一次
200. 1∶2；薄薄地；棱角、线条
201. 四周整个灰线；灰线棱角、尺寸大小、凹凸形状
202. 出线灰和罩面灰；另一边
203. 要端平接角尺；灰线接头基本成型；接槎
204. 上下的划线；阴阳角方正
205. 纸筋灰或麻刀石灰；板条缝内形成角；绕中心来回
206. 半径上；中心点；来回绕半径
207. 32.5；32.5
208. 一个月；3mm 孔径的筛子；未熟化的
209. 0.8mm；5％
210. 1∶3；堵塞严实；符合设计要求；粘贴保护膜
211. 防腐、防水砖；位置准确
212. 1～3 个规格；同一规格的面砖
213. 废余砂浆、灰尘、污垢、油渍；湿透；10mm
214. 缺棱掉角的墙板或板面；较大的；1∶3∶9 混合砂浆；7～9mm
215. 施工图纸设计要求；尺寸一致；贴在下部；缝子宽窄
216. 配件砖；合金钢錾子；磨边对缝
217. 底层砂浆上；以棱角；水泥∶石灰膏∶砂
218. 一皮砖的下口标高；第一皮砖下口的标准；1cm 左右；40cm
219. 清理干净；1h 以上；1∶0.1∶2.5；由下而上
220. 竖向贴一排砖；两侧挂线镶贴；竖直方向的垂直和水平方向的平整
221. 解冻；5℃以上；负温度和冻结的墙面上
222. 通风（排除湿气）；进行测温；受冻
223. 0.5
224. 一级品；表面平整，颜色一致；一次
225. 施工图纸的设计；颜色一致、同规格
226. 脚手架；15～20cm
227. 大面积；样板；要求后
228. 结构的平整度；规矩；全部贴陶瓷锦砖；外墙面四周大角和门窗口边
229. 抹底层灰；两次抹成；10％的 108 胶；20％108 胶的 1∶2.5 或 1∶3
230. 施工大样；若干条水平线；保持砖数

231. 浇水湿润；下口上；垫平、垫实、垫稳；三人为一小组

232. 距离；缝的尺寸上，不宜过大或过小；接槎缝

233. 敲击拍板；敲实、敲平；刷水湿润

234. 缝的大小和顺直；歪斜不正的缝子；初凝前

235. 类似陶瓷锦砖颜色的擦缝水泥；往缝子里刮满、刮实、刮严；湿润干净的软毛刷；勾缝材料硬化后

236. 2

237. 层状结构；显著的结晶，纹理有斑，条纹清晰

238. 定型与非定型

239. 20%；60mm

240. $50m^2$；基本调和；特征有明显差异

241. 品种、规格、颜色；比例配合；泥土、杂草

242. 杂色石粒

243. 防水层；+50cm 标高

244. 向下反尺量至地面标高；面层厚度；1∶3 干硬性；1～1.5m

245. 进行套方、量尺、拉线；1～1.5m

246. 底层灰的平整；浇水养护；时间和浇水程度

247. 采用玻璃时；先抹一条 50mm 宽的同彩色面层的

248. 5m 长；不得超过 1mm；及时进行修整

249. 浇水养护；2d 以上；禁区以免碰坏

250. 抹得太高；素水泥浆内

251. 质量的百分比计算；一次调配过筛；干拌 2～3 遍

252. 一层薄水泥浆并涂刷均匀；刮杠刮平

253. 先做深色，后做浅色，先做大面，后做镶边；后一种色浆；不能同时铺设

254. 高跟或底棱凹凸较明显的鞋；脚印部分的一块一块水泥浆斑痕

255. 用大、小钢滚筒或混凝土滚筒；纵横各滚压一遍；水泥浆全部压出来

256. 水泥强度和气温高低；足够强度；基本平齐

257. 2d

258. 洞眼孔隙；较稠的、同样色彩的；擦严、擦密实

259. 24h；先竖向磨，然后再横磨；1～2

260. 最后一道工序；细磨过程；腐蚀作用和填补作用

第三节　中级抹灰工选择题

一、选择题（下列每道题后的选择项中，只有一个是正确的，请将其代号填入横线空白处）

1. 总平面图所用比例较小，按所要求的详细程度可以为______。

A. 1∶500～1∶1000；　　B. 1∶600～1∶1200；

C. 1∶800～1∶1500；　　D. 1∶1000～1∶2000。

2. 建筑配件图图例：表示的是______。

A. 地面检查孔；　　B. 顶棚检查孔；

C. 烟道；　　D. 通风道。

3. 冬期施工时，为了提高砂浆的温度，一般可加热水，热水的温度不得超过______℃。

A. 60；　　B. 70；　　C. 80；　　D. 90。

4. 顶棚抹灰的顺序为：基层处理→______→抹底层灰→抹中层灰→抹罩面灰。

A. 湿润；　　B. 弹线；　　C. 湿润弹线；　　D. 弹线→湿润。

5. 石灰是用石灰岩经______℃高温燃烧分解后制成的。

A. 1000～1200；　　B. 1600～1800；　　C. 2000～2200；　　D. 2400～2600。

6. 水泥存放时，堆垛高度一般要求不超过______袋。

A. 8；　　B. 10；　　C. 12；　　D. 14。

7. 抹面层时，砂浆沉入度宜为______ cm。

A. 3～4；　　B. 5～6；　　C. 7～8；　　D. 9～10。

8. 普通抹灰内墙厚度应小于______ mm。

A. 14；　　B. 16；　　C. 18；　　D. 20。

9. 图例 表示______。

A. 素土夯实；　　B. 木材；　　C. 石材；　　D. 金属网。

10. 能反映物体的真实形状和大小的投影是______。

A. 中心投影；　　B. 正投影；　　C. 斜投影；　　D. 侧投影。

11. 不用阳角找方正的抹灰是______。

A. 高级抹灰；　　B. 特殊抹灰；　　C. 普通抹灰；　　D. 中级抹灰。

12. 抹灰砂浆中砂子的含泥量不得超过______%。

A. 6；　　B. 5；　　C. 4；　　D. 3。

13. 平均粒径为0.35～0.5mm的砂子为______砂。

A. 中；　　B. 粗；　　C. 细；　　D. 特细。

14. 磨石机有______两种。

A. 单转和双转；　　B. 单盘和双盘；　　C. 单磨和双磨；　　D. 单轮和双轮。

15. 墙厚名称-砖墙，习惯称呼24墙，实际尺寸为______ mm。

A. 115；　　B. 178；　　C. 240；　　D. 365。

16. 梁端伸入墙内的长度不应小于______ mm。

A. 180；　　B. 200；　　C. 220；　　D. 240。

17. 窗台表面宜用______水泥砂浆抹面。

A. 1∶3；　　B. 1∶2.5　　C. 1∶2；　　D. 1∶1.5。

18. 散水宽度一般为______ m左右。

A. 0.5；　　B. 1；　　C. 1.5；　　D. 2。

19. 散水应向外设______%左右的排水坡度。

A. 3；　　B. 4；　　C. 5；　　D. 6。

20. 为排除屋面雨水，可在建筑物外墙四周或散水外缘设置明沟。明沟断面根据所用材料的不同做成矩形、梯形或半圆形。明沟底面应有不小于______%的纵向排水坡度，便于雨水顺畅地流至窨井。

A. 0.5；　　B. 0.7；　　C. 0.8；　　D. 1。

21. 对于一般地基，沉降缝宽度可取______mm 左右。

A. 50；　　B. 60；　　C. 70；　　D. 80。

22. 楼地面的面层直接承受物理、机械和______作用（例如：承受摩擦、撞击、浸湿、高温、酸碱侵蚀等）的使用表面作用。

A. 生化；　　B. 化学；　　C. 生物；　　D. 物化。

23. 对楼地面的要求在______下，不应变形或破坏，在人们经常的活动中不易被磨损。

A. 作用；　　B. 冲击；　　C. 荷载；　　D. 腐蚀。

24. 水泥砂浆地面有单层和双层两种。单层做法只抹一层______mm 厚 1∶2 或 1∶2.5 水泥砂浆。

A. 6～12；　　B. 8～15；　　C. 10～20；　　D. 15～25。

25. 缸砖用______mm 厚的 1∶3 水泥砂浆铺砌在结构层上，铺时须平整，保持纵横齐直，并以水泥砂浆嵌缝。

A. 15～20；　　B. 16～21；　　C. 17～22；　　D. 18～23。

26. 楼地面变形缝应贯通地面各层，其宽度在面层不小于______mm，在混凝土垫层内不小于 20mm（楼板的变形缝宽度应按计算确定）。

A. 8；　　B. 10；　　C. 12；　　D. 15。

27. 为了防止雨水泛入室内，要求阳台地面低于室内地面______mm 以上，并在阳台一侧或两侧地面标高处设排水孔，地面抹出排水坡，坡向排水孔。

A. 20；　　B. 25；　　C. 30；　　D. 35。

28. 雨篷板顶面应做______mm 厚掺防水剂的 1∶2 水泥砂浆抹面，并翻向墙面至少 250mm。

A. 15；　　B. 16；　　C. 18；　　D. 20。

29. 平屋顶一般是用现浇或预制的钢筋混凝土板作为承重结构，屋面上做防水、保温或隔热处理，平屋顶的坡度较小，约______%。

A. 3；　　B. 4；　　C. 5；　　D. 6。

30. 坡屋顶的坡度较陡，一般在______%以上，用屋架作为承重结构，上放檩条及各种屋面面层。

A. 8；　　B. 10；　　C. 12；　　D. 15。

31. 所有的灰饼的厚度应控制在______，如果超出这个范围，则应基层进行处理。

A. 5～30mm；　　B. 7～25mm；　　C. 9～20mm；　　D. 10～15mm。

32. 石膏的凝结速度很快，掺水几分钟后就开始凝结，终凝时间不要超过______min.

A. 20；　　B. 25；　　C. 30；　　D. 40。

33. 冲筋的厚度最好要比灰饼高出______cm。

A. 2.5；　　B. 3；　　C. 2；　　D. 1。

34. 普通抹灰表面平整允许偏差值为______mm。

A. 4；　　B. 5；　　C. 6；　　D. 7。

35. 做水泥地面面层时，应首先做好______。

A. 基层清理工作；　　B. 防水层或防雨措施；

C. 浇水湿润；　　D. 初步找平。

36. 粒径为4mm的石子被称为______。

A. 大八厘；　　B. 特细砂；　　C. 小八厘；　　D. 中八厘。

37. 现浇水磨石的颜料中不得含有______物质。

A. 粉煤灰；　　B. 石灰；　　C. 火山灰；　　D. 硅酸盐。

38. 地面面层施工前应根据墙面______水平线进行找平找方工作。

A. ＋50cm；　　B. ＋60cm；　　C. ＋70cm；　　D. ＋80cm。

39. 平屋顶要在承重层上设置隔汽层，可抹______mm厚的M10水泥砂浆或10～25mm厚的沥青砂浆做隔汽层。

A. 15；　　B. 20；　　C. 25；　　D. 30。

40. 平屋顶找平层的一般做法是用厚约______mm的1：3干硬性水泥砂浆找平、压实。

A. 10；　　B. 15；　　C. 20；　　D. 30。

41. 石灰的熟化为放热反应，熟化时体积增大______倍。煅烧良好、氧化钙含量高的石灰熟化比较快，放热量和体积增大也较多。

A. 1；　　B. 1～1.5；　　C. 1～2；　　D. 1～2.5。

42. 1kg生石灰可化成______L石灰膏。

A. 1.5～3；　　B. 2～3.5；　　C. 2.5～4；　　D. 3～4.5。

43. 规范上规定抹灰工程的石灰膏“熟化时间，常温（即在气温15℃左右的条件）下一般不少于15d，用于罩面时，不应少于______d。使用时石膏内不得含有未熟化颗粒和其他杂质”。

A. 20；　　B. 30；　　C. 40；　　D. 50。

44. 磨细生石灰粉具有快干、强度大（比用熟石灰拌成的砂浆强度提高______倍）、适于冬期施工、不膨胀等优点，但制造时能源消耗大、成本高。

A. 1～1.5；　　B. 1.2～1.8；　　C. 1.5～2；　　D. 1.8～2.2。

45. 一等建筑石膏凝结时间初凝不早于______min。

A. 2；　　B. 3；　　C. 4；　　D. 5。

46. 由于石膏凝结快，所以通常在石膏罩面灰中均匀掺入适量的石膏灰作缓凝剂，其数量应以石膏灰在______min内凝固为宜。

A. 15～20；　　B. 20～25；　　C. 25～30；　　D. 30～35。

47. 石膏罩面灰的配制方法是先将石灰膏加水搅拌均匀，再根据所用石膏的结硬时间，确定加入石膏粉的数量，并随加拌合。稠度为______cm即可使用。

A. 8～10；　　B. 10～12；　　C. 13～15；　　D. 16～18。

48. 各种熟石膏都易受潮变质，但是变质速度不一样，其中建筑石膏变质速度较快，所以特别需要防止受潮和避免长期存放，一般储存3个月后，强度降低______%左右。

A. 20； B. 25； C. 30； D. 40。

49. 菱苦土密度为2.9～3.2g/cm³，约为800～______ kg/m³。

A. 850； B. 870； C. 880； D. 900。

50. 菱苦土与松木屑按3∶1调制的混合物，在空气中养护28d后的抗压强度能达到______ MPa以上。

A. 40； B. 50； C. 60； D. 70。

51. 符号$\frac{5}{1}$（圆圈内）中的5所表示的意思是______。

A. 详图所在全张图纸上； B. 详图编号；

C. 标准图册的编号； D. 本图纸编号。

52. 下列不属于石膏的特点是______。

A. 凝结快； B. 自重轻；

C. 易用于潮湿环境； D. 不宜久存。

53. 玻璃丝的优点是______。

A. 耐冷耐寒； B. 耐日晒； C. 抗水性好； D. 耐热耐磨蚀。

54. 正投影与侧投影等即所谓的______。

A. 长对正； B. 宽相等； C. 三相等； D. 高平齐。

55. 硅酸盐水泥主要成分是______。

A. 硅酸钙； B. 硅酸盐； C. 硅酸锰； D. 硅酸钾。

56. 冬期施工时，普通抹灰室内温度应不低于______。

A. 5℃； B. 0℃； C. －5℃； D. 10℃。

57. 冬期冷作法施工，即向砂浆或水泥混合砂浆中掺加定量的______。

A. 氧化铁； B. 氯化镁； C. 氯化钠； D. 氯化铁。

58. 检查抹灰表面平整度所用工具是______。

A. 方尺； B. 楔形尺； C. 2m托线板； D. 2m靠尺。

59. 斩假石中层抹灰用______水泥砂浆。

A. 1∶2； B. 1∶3； C. 1∶4； D. 1∶1。

60. 长毛刷又称为______。

A. 猪鬃刷子； B. 软刷子； C. 软毛刷子； D. 钢丝刷子。

61. 水泥以______ d的强度划分水泥强度等级。

A. 14； B. 28； C. 7； D. 3。

62. 白水泥有325、______两个标号和一、二、三、四4个白度等级。

A. 725； B. 625； C. 425； D. 525。

63. 天然砂的密度：干燥状态为1500～1600kg/m³；堆和振动下紧密状态为______ kg/m³。

A. 1800～1900； B. 1700～1800； C. 1500～1600； D. 1600～1700。

64. 豆石是自然风化的石子，粒径______ mm，主要用于抹豆石混凝土地面。

A. 5～12； B. 6～13； C. 7～14； D. 8～15。

65. 彩色砂、石粒、高温______℃，低温－20℃不变色，且具有防酸、耐碱性能，是外墙抹灰装饰的理想材料，可做干粘石和水刷石（砂）等。

A. 70； B. 80； C. 90； D. 100。

66. 釉面砖吸水率不大于______%。

A. 6； B. 8； C. 10； D. 12。

67. 陶瓷锦砖脱纸时间不得超过______ min。

A. 25； B. 30； C. 35； D. 40。

68. 人造大理石最大尺寸可达 1800×900mm 厚度有 6mm、8mm、10mm、15mm、______ mm。

A. 20； B. 25； C. 30； D. 35。

69. 108 胶的含固量为______%。

A. 8～10； B. 10～12； C. 12～15； D. 15～20。

70. 在水泥或水泥砂浆中掺入适量 108 胶可提高水泥（砂）浆的粘结性能______倍。增加砂浆的柔韧性与弹性。

A. 0.5～1.5； B. 1～2； C. 2～4； D. 4～6。

71. 石灰在浆池中的存放时间一般不少于______ d。

A. 28； B. 14； C. 7； D. 21。

72. 喷涂装饰抹灰时，表面平整度允许偏差为______。

A. 1； B. 2； C. 3； D. 4。

73. 在物体三个投影面中正对着我们的是______。

A. 正投影面； B. 水平投影面； C. 侧投影面； D. 斜投影面。

74. 做干粘石，用手甩石粒时，应先甩______。

A. 中间； B. 边缘； C. 高处； D. 低凹处。

75. 当建筑层高大于______ m 时，一般从上向下抹灰。

A. 5.2； B. 4.2； C. 3.2； D. 2.2。

76. 分格条一般应在使用提前______ d 在水池中泡透。

A. 4； B. 3； C. 2； D. 1。

77. 抹面层豆石浆时，其抹灰顺序是______。

A. 由上而下； B. 由下而上； C. 由左向右； D. 由右向左。

78. 现浇水磨石嵌分格条后______ h 应浇水养护。

A. 10； B. 12； C. 14； D. 21。

79. 在给大理石钻孔时均不少于______孔。

A. 1 个； B. 4 个； C. 2 个； D. 3 个。

80. 安装大理石弹线时，每块间缝隙应间隔______。

A. 4mm； B. 3mm； C. 2mm； D. 1mm。

81. 使用地坪抹光机时，应首先检查______。

A. 电机旋转方向是否正确； B. 地坪是否过高；

C. 是否有人代替； D. 有多的配件。

82. 分格条贴在砂浆面上的宽度不宜过小，以______为宜。

A. 5～10mm； B. 10～15mm； C. 15～20mm； D. 20～25mm。

83. 喷罩甲基硅酸钠能提高饰面层的______。

A. 防水性；　B. 防潮性；　C. 耐久性；　D. 抗酸碱性。

84. 采用喷涂做法时，用材以______为主。

A. 硅酸盐水泥；　B. 粉白灰水泥；　C. 火山灰水泥；　D. 白水泥。

85. 掺入碳酸钾的水泥从搅拌运输一直到用完为止，时间不得超过______min。

A. 30；　B. 25；　C. 20；　D. 15。

86. 干粘石成活不宜淋水，应待______h后用水喷壶浇水养护。

A. 12；　B. 24；　C. 48；　D. 8。

87. 定位轴线的编号写端部的圆圈内，其直径为______。

A. 7～9mm；　B. 10～12mm；　C. 8～10mm；　D. 12～14mm。

88. 抹灰施工应分层操作，其中中层灰主要是______作用。

A. 装饰；　B. 粘结；　C. 压光；　D. 找平。

89. 聚醋酸乙烯乳液为白色水溶液胶体。乳液有效期为______个月。

A. 3～6；　B. 4～7；　C. 5～8；　D. 6～9。

90. 甲基硅酸钠是一种______剂，具有防水、防风化和防污染的能力，能提高饰面的耐久性。

A. 乳化；　B. 分散；　C. 增韧；　D. 增白。

91. 地板蜡可自配蜡液使用，但要注意防水，蜡液的配方为川蜡：煤油：松香水：鱼油＝1：(4～5)：0.6：______。

A. 0.5；　B. 0.3；　C. 0.1；　D. 0.2。

92. 麻刀即细碎麻丝，要求坚韧、干燥、不含杂质，其长度要求不大于______mm。

A. 60；　B. 50；　C. 40；　D. 30。

93. 草秸，一般将稻草、麦秸撕成长度不大于______mm碎段，并要经过石灰水浸泡处理半个月后方能使用。

A. 30；　B. 40；　C. 50；　D. 60。

94. 混凝土墙表面有油污应用掺有______%的火碱水溶液刷洗干净，所有混凝土表面应凿毛。

A. 9；　B. 10；　C. 15；　D. 20。

95. 地面抹防水砂浆在预埋件、预埋管道露出基层时，必须在其周围剔成______mm宽、50～60mm深的沟槽，再用1：2的干硬性水泥砂浆压实。

A. 50～60；　B. 30～40；　C. 20～30；　D. 25～35。

96. 地面抹底层防水砂浆，其厚度控制在______mm。

A. 2；　B. 3；　C. 4；　D. 5。

97. 在地面底层防水砂浆抹好后，常温下______h后，可进行下道工序。

A. 24；　B. 36；　C. 48；　D. 12。

98. 地面防水砂浆施工时，当采用防水粉时，其掺入量为水重的______%，防水砂浆要随用随拌，时间不得超过45mm。

A. 1～2；　B. 3～5；　C. 6～7；　D. 8～9。

99. 地面防水砂浆抹好后，养护时间视气温条件确定，但一般应不少于7d，如用矿渣水泥，应不少于______d。

A. 18； B. 20； C. 14； D. 28。

100. 混凝土墙面抹面层防水砂浆，抹灰厚度控制在______mm左右。

A. 2～7； B. 3～8； C. 4～9； D. 5～10。

101. 国家标准规定，水泥的初凝不早于______min。

A. 45； B. 40； C. 35； D. 30。

102. 108胶的正规名称是______。

A. 聚乙烯甲醛醇缩； B. 聚乙烯醇缩甲醛；

C. 聚乙烯甲醛； D. 聚乙烯醇缩。

103. 室内贴面砖的操作工艺顺序中，施工准备后应先______。

A. 弹线； B. 基层处理； C. 选砖； D. 吊垂直。

104. 菱苦土不用水而用______溶液拌合。

A. 氯化钠； B. 氯化钙； C. 氯化铁； D. 氯化镁。

105. 抹耐热砂浆，堆细骨料时，应注意防止混入泥土、杂质，尤其防止混入石灰岩类；否则会降低其______。

A. 耐热性； B. 耐碱性； C. 耐酸性； D. 耐水性。

106. ______是企业的基本生产单位。

A. 工人； B. 班组； C. 工程队； D. 施工队。

107. 抹灰工程量均应按______计算。

A. 实际面积； B. 建筑面积； C. 设计结构尺寸； D. 图纸预算。

108. 镶贴饰面砖前应进行______。

A. 基层处理； B. 试拼； C. 弹线； D. 选砖。

109. 由于我国的气候特点是______性大陆气候，所以应注意冬期施工。

A. 季风； B. 季节； C. 多变； D. 稳定。

110. 镶贴面砖前，面砖应放入净水中浸泡，浸泡时间最少要在______h以上。

A. 0.5； B. 1； C. 2； D. 3。

111. 混凝土墙面抹防水砂浆，抹面层灰______d后刷素水泥浆一道。

A. 4； B. 3； C. 1； D. 2。

112. 砖墙面抹防水砂浆，各层抹灰的留槎不得留在一条线上，底层与面层抹灰搭槎在______cm之间，接槎时要先刷素水泥浆。

A. 4～8； B. 6～10； C. 8～12； D. 10～15。

113. 砖墙面抹防水砂浆施工时，所有墙的阴角都要做半径______mm的圆角。

A. 50； B. 40； C. 30； D. 20。

114. 耐酸胶泥的配制。配制时应先按配合比规定将耐酸粉和氟硅酸钠拌合均匀，再徐徐加入水玻璃，要求在______min内不断地搅拌均匀，便制成耐酸胶泥。

A. 4； B. 5； C. 6； D. 7。

115. 耐酸砂浆的配合比一般为耐酸粉：耐酸砂：氟硅酸钠：水玻璃＝100：250：11：______（质量比）。

A. 65； B. 70； C. 74； D. 78。

116. 涂抹耐酸胶泥和耐酸砂浆的环境温度应在______℃以上。

A. −5；　　B. 0；　　C. 5；　　D. 10。

117. 涂抹耐酸胶泥和耐酸砂浆，要求基层的湿度不大于______%。

A. 5；　　B. 6；　　C. 7；　　D. 8。

118. 抹耐酸胶泥和耐酸砂浆，面层的耐酸砂浆抹好后，应在干燥的15℃以上的气温下养护______d左右，其间严禁浇水。

A. 10；　　B. 20；　　C. 30；　　D. 40。

119. 耐酸胶泥和耐酸砂浆养护完毕后，应进行酸洗处理。其方法是：用浓度30%～60%的硫酸刷洗表面，每一次刷洗的时间应间隔______h，酸洗后表面会出现白色的结晶物，应在下一次刷洗前将其擦去，要直至表面不析出结晶物为止。

A. 8；　　B. 12；　　C. 24；　　D. 36。

120. 抹重晶石砂浆在基层处理好后，就可进行按设计要求分层抹灰，要求每层要分两次抹（先竖抹、后横抹），每层的厚度应控制在______mm左右，每层抹灰要连续进行，不得留施工缝。

A. 1；　　B. 2；　　C. 3；　　D. 4。

121. 在重晶石砂浆面层抹好后，待第2天就可以用喷雾器喷水养护，要求在温度15℃以上至少养护______d。

A. 14；　　B. 12；　　C. 10；　　D. 7。

122. 抹耐热砂浆，采用水泥要求用大于______级的矾土水泥或矿渣水泥。

A. 22.5；　　B. 32.5；　　C. 42.5；　　D. 62.5。

123. 耐热砂浆所用的耐水泥，即采用耐火砖或粘土砖碾碎磨细的粉末，其细度要求通过______孔/cm^2 筛子，筛余量不超过15%左右。

A. 3500；　　B. 4000；　　C. 4900；　　D. 5000。

124. 膨胀珍珠岩砂浆，要求具有良好的施工和易性及强度，能满足抹灰要求。其稠度控制在______cm。

A. 4～6；　　B. 6～8；　　C. 5～9；　　D. 8～10。

125. 为了避免膨胀珍珠岩砂浆干缩裂缝，抹灰应分层操作，中层灰厚度要控制在______mm。待中层稍干时，应用木杠子搓平。

A. 5～8；　　B. 9～13；　　C. 14～18；　　D. 19～25。

126. 方柱子四角距地坪和顶棚各______cm左右处应贴灰饼。

A. 10；　　B. 15；　　C. 20；　　D. 25。

127. 方柱抹带线角的水刷石施工，待柱子四面灰饼贴好后，用______水泥砂浆抹中层灰。

A. 1∶1；　　B. 1∶1.5；　　C. 1∶3；　　D. 1∶4。

128. 抹水刷石线角，使用石粒浆应符合设计要求，如小八厘石粒浆其配合比一般为1∶1∶______＝水泥∶砂∶小八厘石粒。

A. 2；　　B. 3；　　C. 4；　　D. 5。

129. 圆柱抹带线角的水刷石施工，对直径较小的圆柱，可做半圆套板；对直径大的圆柱，应做______圆套板，在套板里皮可包上铁皮。

A. 1/4；　　B. 1/5；　　C. 1/3；　　D. 1/6。

130. 抹水刷石线角，在表面略发黑且用手指按上去无指痕，用______石粒不掉时，就可进行喷刷冲洗。

A. 木抹子搓；　　B. 刷子刷；　　C. 铁抹子铲；　　D. 凿子凿。

131. 外墙面水刷石，阴阳角方正允许偏差______mm，检验方法用 20cm 方尺和楔尺检查。

A. 1；　　B. 2；　　C. 3；　　D. 4。

132. 墙面做水刷豆石采用磨细粉煤灰，若在砂浆中取代白灰膏时，其最大掺量不宜超过水泥的______%。

A. 35；　　B. 40；　　C. 45；　　D. 50。

133. 墙面做水刷豆石，小豆石含泥量不得大于______%，在使用前应过两遍筛子，再用水洗干净备用。

A. 1；　　B. 2；　　C. 3；　　D. 4。

134. 墙面做水刷豆石，底层灰的厚度，其最薄处一般不应小于______mm。

A. 6；　　B. 7；　　C. 8；　　D. 9。

135. 墙面做水刷豆石，贴灰饰用于砖墙面厚度控制在______mm。

A. 8；　　B. 10；　　C. 12；　　D. 14。

136. 墙面做水刷豆石，用水喷刷豆石面层，其喷头距离墙面约______cm，直至露出石子，随后用小水壶从上往下轻浇水，冲洗干净。

A. 5～10；　　B. 30～45；　　C. 20～40；　　D. 10～20。

137. 水刷豆石墙面，立面垂直允许偏差，普通抹灰质量标准要求为______mm。

A. 5；　　B. 6；　　C. 7；　　D. 3。

138. 水刷豆石墙面，要求分格弹线要准确，粘贴时要______分格条，禁用不符合要求的分格条，粘贴分格条时要认真，要按线粘贴。

A. 验收；　　B. 挑选；　　C. 合格；　　D. 检查。

139. 顶棚抹灰线施工，当抹罩面灰时，其厚度应控制在______mm 左右，要分两遍抹，第一遍用普通纸筋灰抹，第二遍用过窗纱筛子的细纸筋灰抹。

A. 4；　　B. 5；　　C. 2；　　D. 3。

140. 顶棚抹灰线，如果用石膏罩面灰线，底层、中层及出线灰抹完后，待 6～7 成干时要稍洒水，用石灰膏∶石膏＝4∶6 配好的石膏罩面，抹灰线，要求控制在______min 内用完，推抹至棱角光滑整齐。

A. 21～25；　　B. 16～20；　　C. 12～15；　　D. 7～10。

141. 室内贴面砖所采用的釉面砖的吸水率不得大于______%。

A. 18；　　B. 19；　　C. 20；　　D. 21。

142. 如室内高、墙面大应搭设双排脚手架，脚手架的杆件应距离墙面不小于______cm，以便于操作。

A. 10～15；　　B. 15～20；　　C. 5～10；　　D. 25～30。

143. 室内贴面砖，灰饼之间的间距一般为______m 左右。

A. 2.5～3；　　B. 2～2.5；　　C. 1.2～1.5；　　D. 1.6～2。

144. 室内贴面砖、混凝土基体抹底灰，先用掺水重______%的108胶的素水泥浆薄薄地刷一道，然后紧跟抹底层灰。

A. 7； B. 8； C. 9； D. 10。

145. 室内贴面砖加气混凝土基体抹底层灰前，先刷一道掺水重______%的108胶水溶液，紧跟分层抹底。

A. 20； B. 25； C. 30； D. 35。

146. 室内贴面砖砖墙面抹底灰，其厚度控制在______mm左右。

A. 10； B. 12； C. 15； D. 20。

147. 室内贴面砖待砖排好后，应在底层砂浆上弹垂直与水平控制线，一般竖线间距为______m左右。

A. 2； B. 3； C. 1； D. 4。

148. 室内镶贴面砖的环境温度不应低于______℃。因此，应提前做好室内保温和防寒工作。

A. －10； B. －6； C. 0； D. 5。

149. 室内贴面砖立面垂直质量要求允许偏差，当采用釉面砖时不得大于______mm。

A. 2； B. 3； C. 4； D. 5。

150. 室内贴面砖，防治墙面脏可用棉丝蘸稀盐酸加______%水刷洗，然后再用清水冲洗干净，同时应加强其他工种施工的成品保护工作。

A. 15； B. 20； C. 30； D. 35。

151. 在夜间或阴暗处作业，应用______V以下低压照明设备。

A. 12； B. 24； C. 36； D. 72。

152. 外墙面贴陶瓷锦砖在吊垂直、套方、找规矩时要特别注意找好挑檐、腰线、窗台、雨篷等，饰面必须用整砖，而且要有流水坡度和滴水线（槽），其宽、深度不小于______mm，并整齐一致。

A. 7； B. 8； C. 9； D. 10。

153. 陶瓷锦砖贴于墙面后，要注意控制好揭纸的时间，一般控制在______min。

A. 20～30； B. 35～40； C. 45～55； D. 10～15。

154. 粘贴室外陶瓷锦砖，立面垂直度允许偏差不大于______mm。

A. 4； B. 3； C. 5； D. 2。

155. 大理石饰面板的外观要求；磨光面上的缺陷，在整个磨光面不允许有直径超过______mm的明显沙眼和明显划痕。

A. 3； B. 4； C. 1； D. 2。

156. 美术水磨石地面面层所用的石粒，应用坚硬可磨的岩石加工而成，其粒径除特殊要求外，一般为______mm。

A. 13～15； B. 1～2； C. 2～3； D. 4～12。

157. 现制美术水磨石地面面层所用分格采铜条，一般用1～2mm厚铜板，裁成______mm宽，长度根据分块尺寸确定，经调平后使用。

A. 10； B. 15； C. 20； D. 25。

158. 现制美术水磨石地面所采用的颜料性能因出厂不同，批号不同，色光难以完全一致，因此，在使用时，每个单项工程应按______选用同批号颜料，以保证色光和着色力一致。

A. 模样； B. 样板； C. 设计； D. 样品。

159. 现制美术水磨石地面，做完地面垫层，按标高留出水磨石层厚度至少______ cm。

A. 0.5； B. 1； C. 3； D. 2。

160. 现制美术水磨石地面，对有地漏的地面，应按排水方向找______的泛水坡度。

A. 0.1%～0.2%； B. 0.2%～0.3%； C. 0.3%～0.4%； D. 0.5%～1%。

161. 现制美术水磨石地面，一般分格条的间距为______ m 左右，如有镶边的应留出镶边的位置尺寸。

A. 1； B. 2； C. 3； D. 4。

162. 分格条十字交叉处正确的镶嵌方法应是：在分格条十字交叉处的四周抹八字角时，应留出______ mm 的空隙不抹素水泥浆。这样，在铺设石粒水泥浆时，石粒就能靠近分格条交叉处，待磨光后，外形美观，而且保证了施工质量。

A. 5～10； B. 15～20； C. 10～15； D. 30～40。

163. 美术水磨石地面踢脚板石粉浆的配合比为水泥：石粒＝1：______。

A. 2～2.5； B. 3～4； C. 1～1.5； D. 0.5～1。

164. 美术水磨石地面面层铺设的石粒浆必须比分格条高______ mm，如果铺设面层厚度不够，在用滚筒滚压时，容易将分格条铜条和玻璃条压弯或压碎，且难以修补。

A. 5～6； B. 4～5； C. 3～4； D. 1～2。

165. 美术水磨石地面抹平滚压后，再用抹子压一次，待次日就可以进行养护。一般在常温下需要养护______ d。

A. 5～7； B. 3～4； C. 2～3； D. 1～2。

166. 水磨石地面开磨时间：平均气温 20～30℃时，机磨需要______ d。

A. 1～2； B. 3～4； C. 5～7； D. 7～8。

167. 美术水磨石地面抛光擦草酸，擦草酸可使用______%浓度的草酸溶液。

A. 2； B. 5； C. 10； D. 15。

168. 高级现制水磨石地面直缝格平整允许偏差不应大于______ mm。拉 5m 线或通线尺量检查。

A. 6； B. 5； C. 4； D. 2。

169. 陶瓷锦砖（马赛克）地面踢脚线上口平直允许偏差不应大于______ mm。拉 5m 线，不足 5m 拉通线和尺量检查。

A. 3； B. 2； C. 4； D. 5。

170. 厕浴间地面发生渗漏的主要原因是：施工时没有保护好______；穿楼板的管洞没有堵严实。

A. 保护层； B. 防水层； C. 找平层； D. 粘结层。

171. 安装预制水磨石踏步板，里口应比外棱高______ mm，铺设好后的各级踏步，外棱必须在同一斜面上。

A. 5～6； B. 4～5； C. 1～2； D. 3～4。

172. 安装楼梯休息平台预制水磨石踢脚板，踢脚板出墙厚以______mm 为宜。

A. 25； B. 20； C. 15； D. 10。

173. 安装预制水磨石楼梯板板缝间隙宽度不大于允许偏差不应大于______mm。用尺量检查。

A. 2； B. 4； C. 5； D. 6。

174. 当楼梯踏步设有勾脚（踏步外侧边缘的凸出部分也称挑口）时，一般勾脚应凸出______mm 左右。

A. 5； B. 15； C. 20； D. 30。

175. 喷涂所使用的石屑可使用于生产大、中、小 8 厘石粒的下脚料，如松香石屑、白云石屑等，各种石屑的粒径应在______mm 以下。

A. 6； B. 5； C. 3； D. 4。

176. 外墙喷涂砂浆波面饰面做法，砂浆稠度应控制在______cm 内。

A. 7～8； B. 9～10； C. 11～12； D. 13～14。

177. 外墙喷涂砂浆粒状饰面做法，砂浆稠度应控制在______cm 以内。

A. 10～11； B. 12～13； C. 14～15； D. 16～17。

178. 喷涂材料使用聚合物水泥砂浆，配制时先配制中和甲基硅酸钠溶液，中和时甲基硅酸钠需计量，中和后的加水量为甲基硅酸钠量的______倍。

A. 5； B. 10； C. 20； D. 30。

179. 喷涂装饰砂浆时，枪斗应垂直墙面，相距______cm 为宜。

A. 10～20； B. 20～30； C. 30～50； D. 50～60。

180. 喷涂装饰抹灰粒状喷涂层的总厚度应为______mm 左右。

A. 6； B. 5； C. 4； D. 3。

181. 滚涂砂浆的稠度一般控制在______cm 以内。

A. 11～12； B. 13～14； C. 15～16； D. 17～18。

182. 滚涂聚合物水泥砂浆面层厚度为______mm。

A. 1～2； B. 2～3； C. 3～4； D. 4～5。

183. 弹涂是在墙体表面刷一道聚合物水泥色浆后，用弹涂器将不同色彩的聚合物水泥浆弹在已涂刷的水泥浆涂层上形成______cm 的扁圆形花点，再喷罩甲基硅树脂或聚乙烯醇缩丁醛酒精溶液，使面层具质感和干粘石装饰效果。

A. 1～2； B. 2～3； C. 3～5； D. 6～10。

184. 喷涂、滚涂、弹涂装饰抹灰，分格条（缝）平直允许偏差不应大于______mm。拉 5m 线，不足 5m 拉通线和尺量检查。

A. 7； B. 6； C. 5； D. 3。

185. 喷涂、滚涂、弹涂装饰抹灰，阴阳角垂直，允许偏差不应大于______mm。用 2m 托线板检查。

A. 4； B. 5； C. 6； D. 7。

186. 在中层灰抹平压实后，再用木抹子搓平，待中层灰有______成干时，可根据墙面干湿程度，洒水湿润墙面，然后抹罩面砂浆拉毛。

A. 4～5； B. 6～7； C. 7～8； D. 8～9。

187. 采用水泥石灰另加纸筋拉毛操作时，罩面砂浆配合比是一份水泥按拉毛粗细掺入适量的石灰膏的体积比；拉粗毛时应掺入石灰膏5%的石灰膏质量______%纸筋。

A. 1；　　B. 2；　　C. 3；　　D. 4。

188. 扒拉石压实压平后，按设计要求四边留出______mm不扒拉，作为框的形式，也有在格的四个角套好样板做成剪子股弧形，以增加扒拉石外饰面的观感效果。

A. 13～15；　　B. 9～12；　　C. 7～8；　　D. 4～6。

189. 浇制石膏花饰所采用的石膏浆，其配合比要根据石膏粉性质来定，一般的用100kg石膏粉加______kg水，再加10%的水胶，然后用竹丝帚不停地搅拌，拌至桶内无块粒，厚薄均匀一致为止。

A. 60～80；　　B. 80～90；　　C. 90～100；　　D. 100～120。

190. 石膏花饰浇灌后的翻模时间，要根据石膏粉的质量、结硬的快慢、花饰的大小及厚度等因素来确定。一般应控制在浇灌______min左右。

A. 2～4；　　B. 5～15；　　C. 16～20；　　D. 21～30。

191. 水刷石花饰所用的水泥石粒浆的稠度要大一些，一般以标准稠度______cm为宜。

A. 9～10；　　B. 7～8；　　C. 5～6；　　D. 3～4。

192. 浇制水刷石花饰，抹石粒浆的厚度控制在______mm左右，但不宜少于8mm。

A. 3～4；　　B. 5～6；　　C. 6～7；　　D. 10～12。

193. 花饰的安装首先在基层上刮一道水泥浆，其厚度为______mm左右。

A. 2～3；　　B. 4～6；　　C. 8～12；　　D. 15～20。

194. 当预计连续10d内平均气温低于______℃或当日的最低气温低于－3℃时，抹灰工程应按冬期施工采取一定的技术措施，确保工程质量。

A. 0；　　B. 5；　　C. 10；　　D. 15。

195. 冬期施工搅拌砂浆的时间应适当延长，一般应自投料完算起，搅拌______min。

A. 8～9；　　B. 1～2；　　C. 2～3；　　D. 4～6。

196. 冬期砂浆搅拌应在采暖的房间或保温棚内进行，环境温度不可低于______℃。砂浆要随拌随运，不可储存和二次倒运。

A. －10；　　B. －5；　　C. 0；　　D. 5。

197. 冬期施工，抹灰砂浆涂抹时温度一般不低于______℃。砂浆抹灰层硬化初期不得受冻。

A. 5；　　B. 0；　　C. －5；　　D. －10。

198. 一般在建筑物封闭之后，室内开始采暖，如普通抹灰环境温度不应低于______℃。

A. －5；　　B. 0；　　C. －10；　　D. －15。

199. 冬期抹灰施工，如为高级抹灰或饰面安装则不应低于______℃，并且需要保持到抹灰层干燥为止。

A. －10；　　B. 0；　　C. 5；　　D. －5。

200. 冬期抹灰施工，当采用带烟囱的火炉进行施工时，室内温度不宜过高，一般可控制在______℃左右。

A. −5；　　　　　B. 0；　　　　　C. 5；　　　　　D. 10。

201. 墙面抹水泥砂浆，室外大气温度为 0～3℃时，氯化钠掺量按砂浆总含水量的______%计（质量比）。

A. 2；　　　　　B. 6；　　　　　C. 4；　　　　　D. 3。

202. 挑檐、阳台、雨篷抹水泥砂浆，当室外大气温度为−6～−4℃时，氯化钠掺量按砂浆总含水量的______%计。

A. 8；　　　　　B. 6；　　　　　C. 4；　　　　　D. 3。

203. 当大气温度在______之间，可采用氯化砂浆进行施工。

A. −5～0℃；　　　　　B. −10～−5℃；

C. −25～−10℃；　　　　　D. −30～−25℃。

204. 氯化砂浆搅拌时，是先将水和溶液拌合。如用混合砂浆时，石灰用量不得超过水泥质量的______。氯化砂浆应随拌随用，不可停放。

A. 1/5；　　　　　B. 1/4；　　　　　C. 1/3；　　　　　D. 1/2。

205. 冬期冷作法喷涂施工，喷涂时操作环境温度不宜低于______℃。

A. −5；　　　　　B. −10；　　　　　C. −15；　　　　　D. −20。

206. 班组是企业的基本生产单位，企业生产任务的完成，企业达标升级______的实现，最终都要落实到班组。

A. 计划；　　　　　B. 规划；　　　　　C. 目标；　　　　　D. 目的。

207. 班组建设的管理内容，即根据企业的目标、方针和施工______，有效地组织生产活动，保证全面均衡地完成任务。

A. 方案；　　　　　B. 任务；　　　　　C. 计划；　　　　　D. 方法。

208. 班组建设的管理内容，即广泛开展技术______、技术练兵和合理化建议活动，努力培养“多面手”和能工巧匠。

A. 比武；　　　　　B. 研究；　　　　　C. 学习；　　　　　D. 革新。

209. 班组质量管理的主要内容，就是要严格按图施工，认真执行国家、行业和地方、企业的技术______、规范和操作规程，做到边施工，边自检互检，边改正，确保工程质量符合设计与标准要求。

A. 标准；　　　　　B. 要求；　　　　　C. 措施；　　　　　D. 规定。

210. 班组要严格执行上下工序交接检查验收制度。做到本______质量不合格不交工，上工序不符合要求不进行下工序的施工，保证每道工序达到标准。

A. 方案；　　　　　B. 工序；　　　　　C. 程序；　　　　　D. 方法。

211. 班组经济核算的______是根据班组的特点和生产实际的需要来确定。一般来说，班组在施工生产活动中凡是能够看得见，摸得着、管得了的方面都应该作为核算内容进行核算和反映。

A. 方法；　　　　　B. 目标；　　　　　C. 对象；　　　　　D. 措施。

212. 班组机械设备管理所要求的四会：即会______、会检查、会维修、会排除故障。

A. 技术；　　　　　B. 施工；　　　　　C. 干活；　　　　　D. 操作。

213. 工程量是编制______的基本数据，计算的精确程度不仅直接影响到工程造价，而且影响到与之相关联的一系列数据。

A. 预算；　B. 施工方案；　C. 概算；　D. 施工措施。

214. 工程量计算要严格按照______规定和工程量计算规则，结合图纸尺寸为依据进行计算，不能随意地加大或缩小各部位的尺寸。

A. 国家；　B. 定额；　C. 预算；　D. 造价。

215. 坡地建筑物利用吊脚做架空层加以利用且层高超过______ m，按围护结构外围水平面积计算建筑面积。

A. 4. 2；　B. 1. 2；　C. 2. 2；　D. 3. 2。

216. 有柱的车棚、货棚、站台等按柱外围水平计算建筑面积；单排柱、独立柱的车棚、货棚、站台等按顶盖的水平投影面积的______计算建筑面积。

A. 1/5；　B. 1/4；　C. 1/3；　D. 1/2。

217. 建筑物内的技术层，层高超过______ m时，应计算建筑面积。

A. 2. 2；　B. 3. 2；　C. 4. 2；　D. 1. 2。

218. 两个建筑物间有顶盖的架空通廊，按通廊的投影面积计算建筑面积，无盖顶的架空通廊按其投影面积的______计算建筑面积。

A. 1/5；　B. 1/2；　C. 1/4；　D. 1/3。

219. 建筑物墙外有顶盖和柱的走廊、檐廊按柱的外边线水平面积计算建筑面积。无柱的走廊、檐廊按其投影面积的______计算建筑面积。

A. 1/5；　B. 1/4；　C. 1/2；　D. 1/3。

220. 不计算建筑面积的范围，如层高在______ m以内的技术层。

A. 2. 8；　B. 2. 6；　C. 2. 5；　D. 2. 2。

221. 不计算建筑面积的范围，如层高小于______ m的深基础地下架空层、坡地建筑吊脚架空层。

A. 2. 2；　B. 2. 4；　C. 2. 6；　D. 2. 8。

222. 楼梯面的抹灰工程量（包括楼梯阳台）按水平投影面积计算；有斜平顶的乘以系数______。

A. 1. 3；　B. 1. 1；　C. 1. 4；　D. 1. 2。

223. 内墙面抹灰面积，应扣除窗框外围面积和空圈所占的面积，不扣除踢脚、挂镜线______ m^2 以内的孔洞墙与梁接头交接处的面积，但门窗洞口、空圈侧壁和顶面也不增加。

A. 0. 5；　B. 0. 6；　C. 0. 3；　D. 0. 4。

224. 钉板条顶棚的内墙抹灰，其高度至楼地面表面至顶棚下皮，另加______ cm计算。

A. 10；　B. 12；　C. 15；　D. 20。

225. 外墙抹灰面积，应扣除门窗洞口、空圈和______ m^2 以上的孔洞所占面积。

A. 0. 3；　B. 0. 4；　C. 0. 5；　D. 0. 6。

226. 单独的外窗台抹灰长度，如设计图纸无规定时，可按窗外围宽度两边共加______ cm计算。

A. 15；　B. 20；　C. 25；　D. 30。

227. 圆柱抹水泥砂浆或混合砂浆、按梁、柱面抹灰相应定额计算，每 $100m^2$ 增加人工费______元。

A. 15.40；　B. 16.40；　C. 17.40；　D. 18.40。

228. 工程量按轴线编号计算方法是：根据建筑______上的定位轴线编号顺序，从左而右及从下而上进行计算。

A. 详图；　B. 剖面图；　C. 平面图；　D. 立面图。

229. 工料计算方法为：用工程数量分别______施工定额中相应的各种工日、各种材料、机械种类台班需用量，即得到在建筑施工中所需消耗的人工、材料和施工机械的数量限额。它是施工班组经济核算的基础。

A. 加以；　B. 除以；　C. 减以；　D. 乘以。

230. 抹灰工程，中层主要起找平作用。使用砂浆沉入度______ cm，根据工程质量要求可以一次抹成，亦可分层操作，所用材料基本上与底层相同。

A. 10～12；　B. 7～8；　C. 5～6；　D. 3～4。

231. 抹灰工程，面层主要起装饰作用。使用砂浆沉入度______ cm，要求大面平整，无裂痕，颜色均匀。

A. 4；　B. 8；　C. 10；　D. 15。

232. 板条现浇混凝土和空心砖顶棚抹灰层的总平均厚度按规范要求应小于______ mm。

A. 25；　B. 20；　C. 18；　D. 15。

233. 预制混凝土顶棚抹灰层的平均总厚度按规范要求应小于______ mm。

A. 18；　B. 19；　C. 20；　D. 25。

234. 金属网顶棚抹灰层的平均总厚度按规范要求应小于______ mm。

A. 22；　B. 20；　C. 24；　D. 26。

235. 内墙普通抹灰抹灰层的平均总厚度按规范要求应小于______ mm。

A. 20；　B. 21；　C. 18；　D. 19。

236. 内墙中级抹灰抹灰层的平均总厚度按规范要求应小于______ mm。

A. 23；　B. 22；　C. 21；　D. 20。

237. 内墙高级抹灰抹灰层的平均总厚度按规范要求应小于______ mm。

A. 25；　B. 26；　C. 27；　D. 28。

238. 外墙抹灰层的平均总厚度按规范要求应为______ mm。

A. 21；　B. 20；　C. 22；　D. 23。

239. 外墙勒角及突出墙面部分抹灰层的平均总厚度按规范要求应为______ mm。

A. 15；　B. 20；　C. 25；　D. 30。

240. 抹水泥砂浆每遍厚度控制为______ mm。

A. 8～10；　B. 12～15；　C. 3～5；　D. 5～7。

241. 抹石灰砂浆或混合砂浆，每遍厚度控制为______ mm。

A. 7～9；　B. 10～15；　C. 15～20；　D. 20～25。

242. 为了适应多种要求，可在硅酸盐熟料中，按一定比例掺入不同混合材料，制成不同特性的水泥。以粒状高炉渣为混合材料，其掺量为水泥成品质量的______%时，叫矿渣硅酸水泥，即矿渣水泥。

A. 10～20；　　B. 20～70；　　C. 70～80；　　D. 80～90。

243. 国家标准中规定：水泥初凝不早于45min，终凝不迟于______h。

A. 16；　　B. 18；　　C. 12；　　D. 14。

244. 白色水泥与普通硅酸盐水泥的主要区别在于，氧化铁的含量比较少，在______以下。

A. 1.0%～1.3%；　　B. 0.65%～0.9%；

C. 0.45%～0.55%；　　D. 0.35%～0.4%。

245. 贮存水泥的仓库，应保持干燥，屋顶和外墙不得漏水，地面垫板离地约______cm。

A. 30；　　B. 25；　　C. 20；　　D. 15。

246. 水泥存放期不宜过长，在一般条件下，存放3个月后的水泥强度约降低______%，时间越长，强度降低越多。

A. 5～15；　　B. 10～20；　　C. 20～30；　　D. 30～40。

247. 受潮水泥大部分结成硬块，经粉碎磨细，不能作为水泥使用，可作为混合材料掺入新鲜水泥中，掺量不应超过______%。

A. 35；　　B. 40；　　C. 25；　　D. 30。

248. 石灰在淋灰时需将稀浆经不大于______mm筛孔的筛子过滤，将颗粒渣子滤。

A. 50；　　B. 45；　　C. 40；　　D. 30。

二、选择题答案

1. A	2. B	3. C	4. D	5. A	6. B	7. C	8. D	9. A
10. B	11. C	12. D	13. A	14. B	15. C	16. D	17. A	18. B
19. C	20. D	21. A	22. B	23. C	24. D	25. A	26. B	27. C
28. D	29. A	30. B	31. B	32. C	33. D	34. A	35. B	36. C
37. D	38. A	39. B	40. C	41. D	42. A	43. B	44. C	45. D
46. A	47. B	48. C	49. D	50. A	51. B	52. C	53. D	54. D
55. A	56. B	57. C	58. D	59. A	60. B	61. B	62. C	63. D
64. A	65. B	66. C	67. D	68. A	69. B	70. C	71. B	72. D
73. A	74. B	75. C	76. D	77. A	78. B	79. C	80. D	81. A
82. B	83. C	84. D	85. A	86. B	87. C	88. D	89. A	90. B
91. C	92. D	93. A	94. B	95. C	96. D	97. A	98. B	99. C
100. D	101. A	102. B	103. C	104. D	105. A	106. B	107. C	108. D
109. A	110. B	111. C	112. D	113. A	114. B	115. C	116. D	117. A
118. B	119. C	120. D	121. A	122. B	123. C	124. D	125. A	126. B
127. C	128. D	129. A	130. B	131. C	132. D	133. A	134. B	135. C
136. D	137. A	138. B	139. C	140. D	141. A	142. B	143. C	144. D
145. A	146. B	147. C	148. D	149. A	150. B	151. C	152. D	153. A

154. B 155. C 156. D 157. A 158. B 159. C 160. D 161. A 162. B
163. C 164. D 165. A 166. B 167. C 168. D 169. A 170. B 171. C
172. D 173. A 174. B 175. C 176. D 177. A 178. B 179. C 180. D
181. A 182. B 183. C 184. D 185. A 186. B 187. C 188. D 189. A
190. B 191. C 192. D 193. A 194. B 195. C 196. D 197. A 198. B
199. C 200. D 201. A 202. B 203. C 204. D 205. A 206. B 207. C
208. D 209. A 210. B 211. C 212. D 213. A 214. B 215. C 216. D
217. A 218. B 219. C 220. D 221. A 222. B 223. C 224. D 225. A
226. B 227. C 228. D 229. D 230. B 231. C 232. D 233. A 234. B
235. C 236. D 237. A 238. B 239. C 240. D 241. A 242. B 243. C
244. D 245. A 246. B 247. C 248. D

第四节　中级抹灰工简答题

一、简答题

1. 雨期抹灰施工应做好哪些准备工作？
2. 冬期抹灰施工应做好哪些工作？
3. 水磨石饰面施工时安全技术措施是什么？
4. 室外抹灰饰面安全技术措施是什么？
5. 冬期抹灰如何采用冷作碳酸钾法施工？
6. 冬期抹灰施工环境温度是怎样规定的？
7. 饰面板板面有污痕产生的主要原因和防治措施是什么？
8. 陶瓷锦砖如何进行挑选？
9. 陶瓷锦砖施工准备如何进行弹线？
10. 如何镶贴陶瓷锦砖？
11. 釉面砖的铺砖工艺流程是什么？
12. 釉面砖镶贴如何弹线分格排砖？
13. 釉面砖镶贴如何做标志块？
14. 小块大理石粘贴方法是什么？
15. 大理石及预制水磨石饰面板安装工艺流程有哪些？
16. 装饰抹灰工程质量检验标准保证项目内容和检查方法是什么？
17. 装饰抹灰工程基本项目喷涂、滚涂、弹涂质量验收标准是什么？
18. 装饰抹灰水刷石阴阳角垂直度允许偏差是多少？检查方法是什么？
19. 装饰抹灰种类有哪些？
20. 一般抹灰种类有哪些？
21. 一般抹灰工程基本项目护角门窗框与墙体间缝隙的填塞质量应符哪些规定？
22. 饰面工程外观质量要求有哪些？

23. 喷、滚、弹涂的质量标准基本项目要求是什么？
24. 喷涂、滚涂、弹涂底灰抹得不平或抹纹明显的原因和防治措施是什么？
25. 喷涂、滚涂、弹涂颜色不均匀的原因和防治措施是什么？
26. 聚合物水泥浆弹涂饰面施工程序是什么？
27. 弹涂施工如何弹点？
28. 弹涂弹花点水泥浆质量配合比是多少？
29. 聚合物砂浆滚涂饰面如何喷有机硅憎水剂罩面？
30. 聚合物砂浆滚涂饰面的砂浆配合比是多少？材料如何拌制？
31. 聚合物砂浆喷涂饰面如何拌合砂浆？
32. 聚合物砂浆喷涂饰面粒状砂浆面配合比例是多少？
33. 聚合物砂浆喷涂饰面，砂浆中掺108胶的作用是什么？
34. 水磨石的主要特点是什么？
35. 现浇水磨石施工如何铺找平层？
36. 现浇水磨石施工工艺流程有哪些？
37. 现浇水磨石施工如何抹水泥石粒浆面层？
38. 现浇水磨石面层空鼓的原因和防治措施是什么？
39. 干粘石施工时应注意哪些安全事项？
40. 防治干粘石面层滑坠的措施是什么？
41. 干粘石棱角不通顺，表面不平整的原因是什么？
42. 干粘石施工如何起分格条？
43. 砖墙干粘石分层做法配合比有哪些？
44. 混凝土墙干粘石分层做法配合比有哪些？
45. 干粘石施工工艺流程有哪些？
46. 水刷石施工工艺流程有哪些？
47. 水刷石装饰抹灰如何选用石碴？
48. 砖墙水刷石分层做法配合比有哪些？
49. 混凝土墙水刷石分层做法配合比有哪些？
50. 防治阳角水刷石污染、不清晰的措施是什么？
51. 水刷石冬期施工有什么要求？
52. 楼梯踏步抹灰如何进行弹线分步？
53. 细石混凝土地面抹灰应注意哪些事项？
54. 细石混凝土地面起砂的原因和防治措施是什么？
55. 细石混凝土地面基本项目的质量标准是什么？
56. 细石混凝土地面的操作程序有哪些？
57. 水泥砂浆地面质量标准保证项目内容是什么？
58. 水泥砂浆地面质量检验标准，基本项目内容是什么？
59. 水泥砂浆地面操作程序有哪些？
60. 水泥砂浆地面表面平整度检查方法和允许偏差是多少？
61. 混凝土顶棚抹灰的工艺流程有哪些？

62. 混凝土顶棚抹灰前应做好哪些准备工作？
63. 板条、苇箔顶棚抹灰分层做法是什么？
64. 板条钢板网顶棚抹灰分层做法是什么？
65. 顶棚抹灰的质量验收标准，保证项目的内容是什么？
66. 顶棚抹灰表面出现灰块胀裂的原因是什么？
67. 抹灰线分层做法是什么？
68. 一般抹灰的施工操作工序有哪些？
69. 一般内、外墙抹灰如何做灰饼？
70. 一般内、外墙抹灰如何进行冲筋？
71. 室内墙面如何抹纸筋石灰或麻刀石灰砂浆面层？
72. 砖墙、混凝土基层抹灰空鼓、裂缝的主要原因是什么？
73. 加气混凝土基层，纸筋灰（或麻刀灰玻璃丝灰）抹灰，分层做法是什么？
74. 磨石机的安全操作规程是什么？
75. 灰浆搅拌机使用要点是什么？
76. 抹灰工程中常用水泥有哪些？
77. 水泥的凝结时间是怎样规定的？
78. 建筑石膏的特点是什么？
79. 抹灰工程砂子的分类、作用要求是什么？
80. 抹灰工程中掺入 108 胶有什么优点？
81. 抹面砂浆的作用是什么？
82. 抹面砂浆有哪些层次，其作用及各用什么成分砂浆？
83. 普通抹灰适用范围和抹灰做法要求是什么？
84. 按房屋建筑部位分哪两种抹灰？
85. 抹灰层的平均总厚度按规范要求应小于哪些数值？
86. 工料计算方法是什么？
87. 工程量一般计算方法有哪些？
88. 工程量按施工顺序计算方法是什么？
89. 圆柱抹灰时按哪些规定增加工料？
90. 内墙面抹灰的长度，以主墙间的图示净长尺寸计算，其高度如何确定？
91. 内墙面抹灰面积如何计算？
92. 不计算建筑面积的范围有哪些？
93. 冬期抹灰施工如何做好热源准备？
94. 冬期抹灰施工保温方法有哪些？
95. 冬期抹灰热作法施工应注意哪些事项？
96. 水刷石冷作法如何施工？
97. 在炎热的夏季如何施工才能保证抹灰工程质量？
98. 雨期如何施工方能保证抹灰工程质量？
99. 班组在企业中的地位是什么？
100. 班组经济核算的主要指标有哪些？

101. 班组的劳动管理内容有哪些？

102. 材料验收应做好哪两方面的工作？

103. 抹灰工程花饰的品种有哪些？

二、简答题答案

1. 雨期抹灰施工应做好以下工作：

1）雨期施工应随时做好防雨、防汛、防雷、防电及防暑降温工作；

2）要搭设防雨棚，一切机械设备应设置在防潮、地势较高的地方，接地必须良好；

3）雨期施工的脚手架应经常检查，如沉陷、变形现象，必须加固修理；

4）雨期施工在进行地下工程抹灰时，应提前准备好排水沟、池水槽或排水机具；

5）高层建筑物抹灰施工，脚手架应设临时避雷针。

2. 冬期抹灰施工应做好以下工作：

1）冬期抹灰施工应做好“五防”（即防火、防寒、防煤气中毒、防滑和防爆）；

2）施工现场应设采暖休息室，冬期施工搭设脚手架应加设防滑设施；

3）大雪后必须将架子上的积雪清扫干净，并检查马道平台，如有松动下沉现象，必须及时处理；

4）施工时接触气源，热水要防止烫伤，如用氯化钙作为抗冻剂，要防止腐蚀皮肤；

5）现场如有火源，要加强防火工作，如使用天然气，要防止爆炸，使用焦炭炉和煤炭时应防止煤气中毒。

3. 水磨石饰面施工安全技术措施如下：

1）人工磨石时，磨面上应安设手柄，磨制狭窄或拐角处，如不能使用带手柄的磨石，而须直接持磨石操作时，要防止碰手或灰浆烧手；

2）机械磨制水磨石时，必须使用四蕊胶皮绝缘绞线。磨小石机的把柄应由绝缘材料制成，开关不得设于稳动线路上，并应用密闭型开关，机械转动部分应设防护罩；

3）操作机械人员应戴胶手套和穿绝缘胶鞋，并应经常检查电源线路，防止潮湿串电，间息或工作完毕应及时切断电源、加锁。

4. 室外抹灰饰面安全技术措施如下：

1）室外抹灰时脚手架的跳板应铺满，最窄不得小于3块板；

2）外部抹灰使用金属挂架时，挂架间距不得超过2.5m，每跨最多不越过两人同时操作；

3）抹灰工自行翻跳板时，应带好挂牢安全带，小横杆要插牢，严禁有探头板；

4）存放砂浆和水的灰槽（桶）小桶要放稳，八字靠尺等不要一头立在脚手架上，一头靠在墙上，要平放在脚手板上。

5. 冬期抹灰采用冷作碳酸钾法施工做法如下：

1）砂浆中掺入碳酸钾后能有效地降低砂浆冻结温度，掺碳酸钾的冷作法，抹灰砂浆不会产生盐析现象；

2）碳酸钾溶液配制方法：碳酸钾为白色粉末状物质，溶液呈红褐色，配制配合比为碳酸钾：水＝1：2（质量比），可制作一个2.21L的水勺，一水勺溶液中含有纯碳酸钾

1kg、水 2kg；

3）操作要点：砂浆从搅拌、运输一直到用完的时间不得多于 30min。因为掺碳酸钾的砂浆凝固较快，超过 30min，却进入初凝阶段。

6. 冬期抹灰施工环境温度规定如下：

1）当预计连续 10d 内的平均气温低于 5℃时，或当日最低气温低于－3℃时，抹灰工程应按冬期施工的规定进行。

2）室内外装饰工程施工的环境温度（指施工现场最低温度）应符合下列要求：高级抹灰工程，饰面工程不低于 5℃；普通级抹灰工程不低于 0℃。

7. 饰面板板面有污痕的主要原因和防治措施如下：

1）产生的主要原因是：材料在运输、保管中不当，操作中未及时清理脏物，成品保护不好等。

2）主要防治措施是：不宜采用易褪色的材料包装饰面板，操作中即时将板面灰浆等脏物擦净，认真做好成品保护等。

8. 陶瓷锦砖挑选：对进场后的陶瓷锦砖拆箱鉴别，将每张颜色、尺寸和质量相近的成品分开码放，以便选择使用。品种、规格、形状等不符合设计要求的成品不能使用。

9. 陶瓷锦砖施工弹线要求如下：

1）粘贴陶瓷锦砖前，应根据陶瓷锦砖的规格及墙面高度弹水平线及垂直线。

2）水平线按每张陶瓷锦砖尺寸弹一道，垂直线按 1～2 张陶瓷锦砖的尺寸弹一道。

3）水平线要和楼层水平线保持一致，垂直线要与角垛的中心线保持平行。

4）高层处墙四大角和门窗口边用经纬仪打垂直线找直，如多层建筑物可以从顶层开始用大线锤绷铁丝找垂直。

5）如有分格缝，则应按墙高均分，根据设计要求与陶瓷锦砖的规格定出缝宽，再加工出分格条。

10. 陶瓷锦砖镶贴时，先根据弹好的水平线垫好靠尺，然后在湿润的中层灰面上抹一道水泥素浆（也可掺水泥重 5%～10%的 108 胶）作粘结层，厚约 1～2mm 同时将陶瓷锦砖放在木板上，底面朝上，用湿布将底层面擦净，再用白水泥浆（如嵌缝要求有颜色时，则应用带色水泥浆）刮满陶瓷锦砖的缝隙（砖面不留浆）后，即可将陶瓷锦砖沿线粘贴在墙上。

11. 釉面砖的铺贴工艺流程见图 2-1。

12. 釉面砖镶贴弹线、分格排砖。镶贴前在中层水泥砂浆（1∶3）面层上弹线找方，按贴砖面积计算好纵横贴瓷砖皮数，弹出釉面砖的水平和垂直控制线。在台尺寸、定皮数时，应计划好同一墙面上横竖方向不得出现一排以上的非整砖，非整砖应排在次要部位或墙阴角处。

13. 釉面砖镶贴做标志块，瓷砖墙裙应比已抹完灰的墙面突出 5mm，按此用废瓷砖抹上混合砂浆做标志块（厚约 8mm，间距 1.5m 左右，用托线板、靠尺等挂直、校正平整度。在门口或阴角处的灰饼除正面外，靠阳角的侧面也要直，

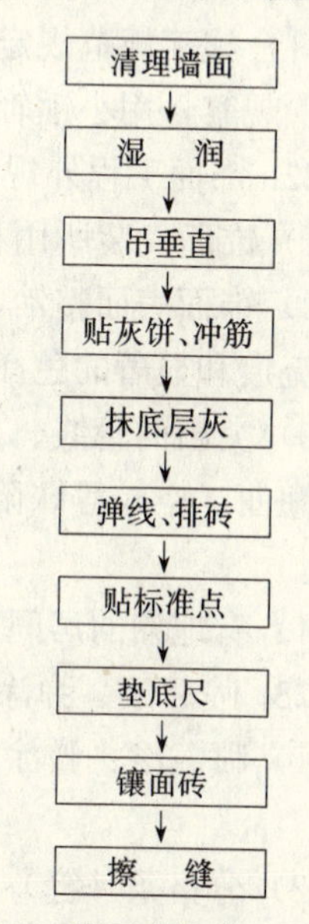

图 2-1　釉面砖铺贴工艺流程

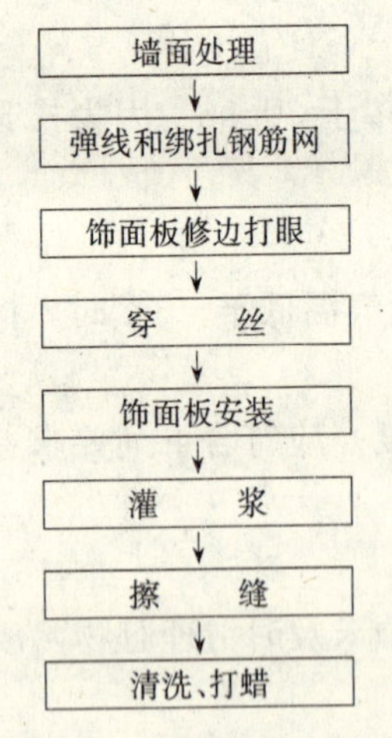

图 2-2　大理石及预制水磨石饰面板安装工艺流程

称为两面挂直。

14. 小块大理石粘贴方法：先用 1∶3 水泥砂浆打底、找规矩，厚约 12mm，用刮尺刮平，划毛，然后将大理石板背面用水湿润，再均匀地抹上厚 2～3mm 的素水泥浆，随即将板贴于墙面，用木锤轻敲，使其与基层较好地粘结，再用靠尺、水平尺找平，使砖缝平齐并将边口和挤出拼缝的水泥擦净，最后用水泥浆擦缝。

15. 大理石及预制水磨石饰面板安装工艺流程见图 2-2。

16. 装饰抹灰工程质量检验标准保证项目内容和检查方法是：各抹灰层之间及抹灰层与基体之间必须粘结牢固，无脱层、空鼓和裂缝等缺陷。检查方法用小锤轻击和观察检查。空鼓而不裂的面积不小于 $200cm^2$ 者可不计。

17. 装饰抹灰工程基本项目喷涂、滚涂、弹涂的质量验收标准是：合格品为颜色、花纹、色点大小均匀，无漏涂；优良品为：颜色一致，花纹、色点大小均匀，不显接槎，无漏涂、透底和流坠。

18. 装饰抹灰水刷石阴阳角垂直度允许偏差不应大于 4mm。其检查方法用 2m 托线板检查。

19. 装饰抹灰种类有水刷石、水磨石、斩假石、干粘石、假面砖、拉毛灰、洒毛灰、拉条灰、喷涂、喷砂、滚涂、弹涂、仿石和彩色抹灰。

20. 一般抹灰种类有石灰砂浆、水泥混合砂浆、水泥砂浆、聚合物水泥砂浆、膨胀珍珠岩水泥砂浆和麻刀灰、石膏灰等，抹灰等级应符合标准设计要求。

21. 护角门窗框与墙体间缝隙的填塞质量应符合以下规定：

合格：护角材料、高度符合施工规范规定，门窗框与墙体间隙填塞基体密实；优良：护角符合施工规范规定，表面光滑平整，门窗框与墙体间缝隙填塞密实、表面平整。检查方法：观察，用小锤轻击或尺量检查。

22. 饰面工程外观质量要求如下：

1）饰面安装所用材料的品种、规格、颜色、图案以及镶贴方法应符合设计要求。

2）饰面表面整治，颜色一致，不得有翘曲、起碱、污点、破损、裂纹、缺棱掉角、砂浆流痕和显著的色泽受损现象。

3）突出的管线、支承物等部位镶贴的饰面板、应套割吻合，饰面板和饰面砖不得有歪斜翘曲、空鼓等缺陷；镶贴墙裙，门窗贴脸的饰面板、饰面砖，其突出墙面的厚度应一致。

4）有地漏的房间，不得有泛水。

23. 喷、滚、弹涂的质量标准基本项目要求如下：

1）喷、滚、弹涂表面颜色一致，花纹、色点大小均匀，不显接槎，无漏涂、透底和流坠。

2）分格条（缝）的宽度、深度均匀一致，条（缝）平整、光滑、棱角整齐，横平竖直通顺。

24. 喷涂、滚涂、弹涂底灰抹得不平或抹纹明显的原因和防治措施如下：

1）主要原因：喷涂、滚涂、弹涂涂层较薄，底灰上的弊病要通过面层来掩盖是掩盖不住的。

2）防治措施：要求底层灰抹好后，应按水泥砂浆抹面的标准来检查，否则会影响面层的质感。

25. 喷涂、滚涂、弹涂颜色不均匀，上二次修补接槎明显和颜色不均的原因和防治措施如下：

1）主要原因：配合比掌握不准，加料不匀，喷、滚、弹涂的手法不一，或涂层厚度不一；采用单排外脚手架施工随拆架子，随脚手架堵眼随抹灰，随喷、滚、弹涂，因底层二次修补与原抹灰层含水率不一，面层二次修补层的接槎明显。

2）防治措施：要设专人掌握配合比，合理配料，计量要准确；喷、滚、弹涂操作时，要指定专人操作，操作手法要基本一致，面层的厚度掌握一致，并在喷、滚、弹涂施工时禁止用单排脚手架，如用双排脚手架时也要防止标杆压在墙体上。

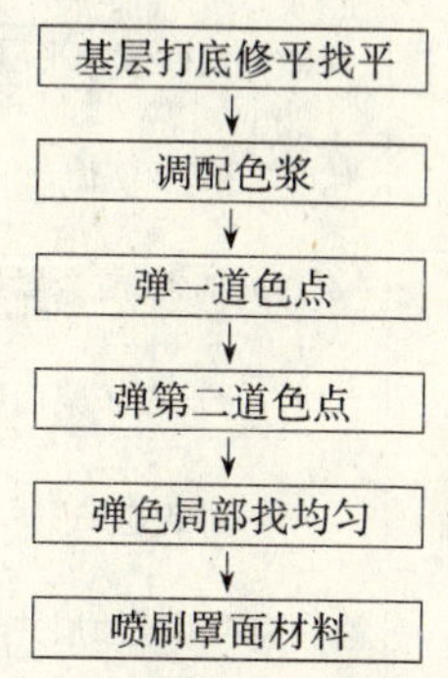

图 2-3　聚合物水泥浆弹涂饰面施工程序

26. 聚合物水泥浆弹涂饰面施工程序见图 2-3。

27. 弹涂施工弹点，按配合比调好弹色点浆后，将色浆倒入弹涂器内，开动弹涂器（或转动手柄），将色点甩到底色浆上。弹色点浆时，应将色点浆分别装入各个弹涂器中，每人操作一种，进行流水作业，即第一人弹第一道色点，一般为60%～80%，分三次弹匀。第二人弹另二道色点为20%～40%，分两次弹匀。色点要弹得均匀而且近似圆形，直径2～4mm。弹涂器内色浆装得过多则弹点大，易流淌；色浆装得太少则弹点过小，弹涂中色浆的加量和稠度的控制，通过实践进行调整。

28. 弹涂弹花点水泥浆的质量配合比为：白水泥：颜料：水：聚乙烯醇缩甲醛胶（108胶）＝100：适量：45：10。

29. 聚合物砂浆滚涂饰面喷有机硅憎水剂罩面。常温下一般滚涂2h后，就可喷有机硅憎水剂，其重量配合比为有机硅：水＝500：450拌合均匀。喷量以表面均匀湿润为准，喷后24h内，如果遭受雨淋，有机硅表层被冲掉，则必须重喷一遍。

30. 聚合物砂浆滚涂饰面的配合比及材料拌制。滚涂砂浆的配合比，白色的砂浆为白水泥：石英砂：108胶：水＝100：100：20：33，根据设计要求可加入适量的各种矿物颜料。

材料拌制，先将砂子过纱绷带并与水泥按1：1的比例干拌均匀后，再加入水泥量的20%的108胶水溶液拌合，要边加边拌，稠度在11～12cm为宜，将拌合好的聚合物水泥砂浆过振动筛后再使用。

31. 聚合物砂浆喷涂饰面的拌合砂浆。先将水泥与石屑（或砂子）按1：2（体积比）干拌均匀，然后加入水泥质量10%的108胶与水，一起拌合均匀，使其稠度达到11cm，再在砂浆内掺入水泥质量4%～6%的甲基硅酸钠（事先用硫酸铝溶液中和值为8～9）。应注意避免将甲醛硅酸钠溶液与108胶直接混合，否则会使108胶凝聚。聚合物砂浆在半天内用完。

32. 聚合物砂浆喷涂饰面粒状砂浆面质量配合比为：水泥：颜料：细骨料：甲基硅酸钠：108 胶：石灰膏：木质磺酸钙＝100：适量：400：（4～6）：20：100：0.3。

33. 聚合物砂浆喷涂饰面砂浆中掺 108 胶的作用是：提高饰面层与基层的粘结强度；防止饰面开裂、粉化；改善砂浆的和易性，减轻砂浆的沉淀、离析现象；砂浆早期受冻不开裂，而且后期强度仍有增长。

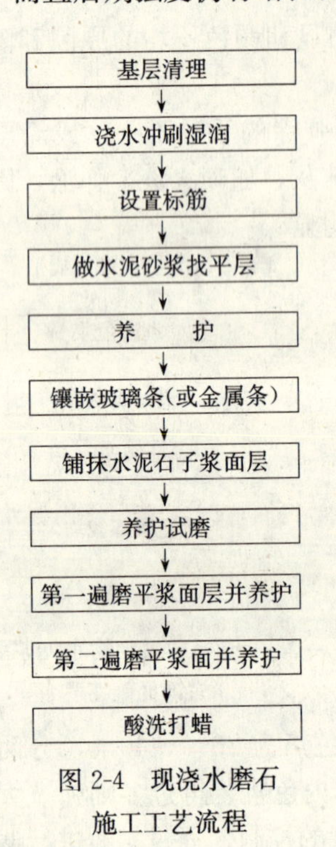

图 2-4　现浇水磨石施工工艺流程

34. 水磨石的主要特点是：平整、光滑、质地坚硬、经久耐用、使用寿命长、色泽丰富、朴素大方、装饰效果好。但工序多，周期长，使用中出现裂缝。

35. 现浇水磨石施工，铺找平层时，应按墙面四周已弹好的水准线（50cm）找好规矩，弹出水磨石的标高线。注意，有地漏的地面必须按排水方向找好 0.5%～1%的坡度泛水。然后按标高线做灰饼，灰饼大小一般为 6～8cm^2。再按灰饼高度 20mm 左右，做好纵横向冲筋，其间距为 1～1.5m 左右。然后铺 1：3 水泥砂浆刮平。找平层宜用长刮尺通长刮平。待砂浆稍收水后，用木抹子在表面打平搓毛。做好找平层以后的次日浇水养护，并用直尺和楔形塞尺检查，表面平整度偏差在 2mm 以内合格。

36. 现浇水磨石施工工艺流程见图 2-4。

37. 现浇水磨石施工抹水泥石粒浆面层。待嵌分格条的素水泥浆硬化后，应将分格条内的积水和浮砂清理干净，在找平层表面刷一遍与面层颜色相同的水灰比为 0.4～0.5的水泥浆做结合层，随刷随铺水泥石子浆（石粒浆配合比是 1：1～1.5＝水泥：石粒），水泥石粒浆的厚度要高出分格条 1～2mm，要铺平整，用滚筒滚压密实，待表面出浆后，再用抹子抹平，在滚压过程中如发现表面石子少，可在上面均匀地撒一层干石子，拍平，使表面石子紧密，然后再用滚筒来回滚压，至表面露浆为止。滚压后用铁抹子拍一遍，次日开始养护，常温下养护 3～7d。

38. 现浇水磨石面层空鼓的原因和防治措施如下：

1）空鼓的主要原因：

①基层处理不净，没有刷水泥素浆结合层使地面与基层面结合不牢固。

②分格条粘贴方法不对，十字交叉处没有空隙，八字角素水泥浆抹得太高，使水泥渣灰挤不到分格条处。

③面层抹好后养护不好或没有养护，人员与手推车过早在上行走（尤其在门口处）。

④边角、墙根边滚压不到或是没有认真压实压平。

⑤开磨时间过早。

2）预防措施：施工时严格按照操作工艺要点和要求去做，要重视对基层的处理，在分格条十字交叉处必须留出空隙，不抹水泥浆，并且八字角的素水泥浆不能超过分格条的 1/2，同时要认真养护和滚压，尤其是边角处要压实。

39. 干粘石施工应注意以下安全事项：

1）在外檐做干粘石，每天上脚手架前应先检查脚手架有无事故隐患，发现问题要及时排除。

2）如果利用结构脚手架，应按抹灰要进行拆改，禁止抹灰工自翻脚手板或临时搭设架子。

3）外檐操作时，必须戴好安全帽和安全带，工具要平放在脚手板上并放稳，大杠、靠尺板等不得斜靠墙上，防止滑落伤人。

4）6级以上大风不得在高层施工。

40. 防治干粘石面层滑坠的措施如下：

1）操作时首先注意底层砂浆必须抹平，高低差不得大于5mm。发现不平或超出5mm时应分层补平再做面层。

2）其次要掌握好浇水的湿度，浇水必须根据季节、气候和基层材料的不同，掌握浇水量，如砖墙面吸水多，混凝土墙面吸水少，而加气混凝土墙多封闭孔不易浇透等。

41. 干粘石棱角不通顺，表面不平整的原因是：在抹灰前对楼房大角或通直线条缺乏整体考虑，特别是墙面全部做干粘石时，没有从上到下统一吊线垂直、找平、找直、找方、做灰饼冲筋。而是在施工时，一步架一步找，这样就会造成楼角不直不顺，互不交圈，其次分格条两侧的水分吸收快，石粒粘上去，会造成无石渣毛边，起分格条时也会将两侧石粒碰掉或棱角不齐。

42. 干粘石施工起分格条时，用抹子柄敲击木条，用小鸭嘴抹子扎入木条，上下活动，轻轻起出，找平，用刷子刷光理直缝角，用灰浆将格缝修补平直，颜色要一致，起分格条后应用抹子将面层粘石轻轻按下，防止起条时将面层灰与底灰拉开，造成部分空鼓现象，起条后再勾缝。

43. 砖墙干粘石分层做法配合比为：

1）1∶3水泥砂浆抹底层，厚度5～7mm；

2）1∶3水泥砂浆抹中层，厚度5～7mm；

3）刷水灰比为0.40～0.50水泥浆一遍；

4）抹水泥∶石膏∶砂子∶108胶＝100∶50∶200∶5～15聚合物水泥砂浆粘结层，厚度4～5mm；

5）4～6mm彩色石粒。

44. 混凝土墙干粘石分层做法配合比如下：

1）刮水灰比为0.37～0.40水泥浆或洒水泥浆；

2）1∶0.5∶3水泥混合砂浆抹底层，厚度0～7mm；

3）1∶3水泥砂浆抹中层，厚度5～6mm；

4）刷水灰比为0.4～0.5水泥浆一遍；

5）抹水泥∶石灰膏∶砂子∶108胶＝100∶50∶200∶5～15聚合物水泥砂浆粘结层，厚度4～5mm；

6）4～6mm彩色石粒。

45. 干粘石施工工艺流程见图2-5。

46. 水刷石施工工艺流程见图2-6。

清理基层
湿润墙体
设置标筋
抹底层砂浆
抹中层砂浆
弹线和贴分格条
抹面层砂浆
撒石子
修整拍平
起分格条
修　整
养　护

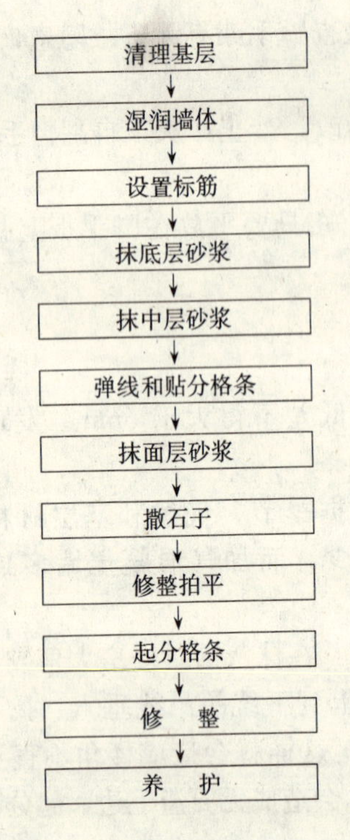

图 2-5　干粘石施工工艺流程

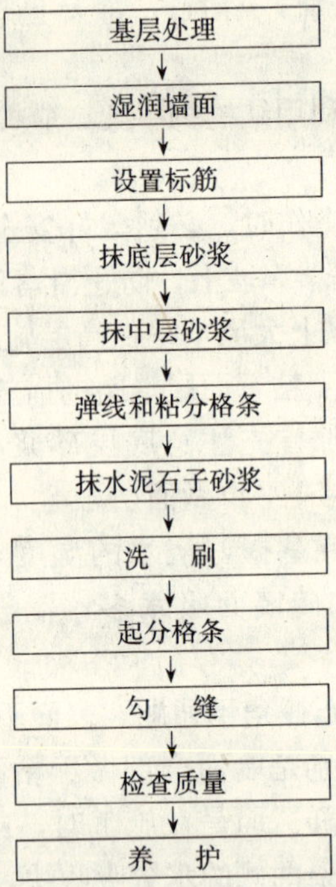

基层处理
湿润墙面
设置标筋
抹底层砂浆
抹中层砂浆
弹线和粘分格条
抹水泥石子砂浆
洗　刷
起分格条
勾　缝
检查质量
养　护

图 2-6　水刷石施工工艺流程

47. 水磨石装饰抹灰选用石碴要求颗粒均匀、坚硬、色泽一致，不含针片和其他有害物质，使用前用清水洗净晾干。可采用粒径 8mm（大八厘）、粒径 6mm（中八厘）、粒径 4mm（小八厘）的石碴（或粒径为 5～8mm 的小豆石）。

48. 砖墙水刷石分层做法配合比如下：

1）1∶3 水泥砂浆抹底层，厚度 5～7mm；

2）1∶3 水泥砂浆抹中层，厚度 5～7mm；

3）刮一遍水灰比 0.37～0.40 水泥浆；

4）1∶2.25 水泥 6mm 石粒浆（或 1∶0.5∶2 水泥石灰石粒浆）或 1∶1.5 水泥 4mm 石粒浆（或 1∶2.5∶2.25 水泥石灰膏石粒浆）厚度 10mm。

49. 混凝土墙水刷石分层做法配合比如下：

1）刮水灰比为 0.37～0.40 水泥浆或洒水泥浆；

2）1∶0.5∶3 水泥混合砂浆抹底层，厚度 0～7mm；

3）1∶3 水泥砂浆抹中层，厚度 5～6mm；

4）刮一遍水灰比 0.37～0.40 水泥浆；

5）1∶1.25 水泥 6mm 石粒浆厚度 15mm（1∶0.5∶2 水泥石灰膏石粒浆）或 1∶1.5 水泥 4mm 石粒浆（或 1∶0.5∶2.25 水泥石灰膏石粒浆），厚度 10mm。

50. 防治阳角水刷石污染、不清晰的措施是：阳角交接处的水刷石面最好分两次抹成，先做一个面，然后做另一个面。在靠近阳角处，按照罩面水泥石粒的厚度，在底层上弹出垂直线，作为抹另一面的依据。这样分两次操作，可以解决阳角不直和不清晰的问题，也可以防止阳角产生石子脱落、稀疏现象，但是在刷洗最后一面墙时要注意保护前一面墙，特别要注意喷头的角度和喷水时间，否则容易造成污染。

51. 水刷石冬期施工应有以下要求：

1）为防止受冻，砂浆最好不掺白灰膏，可采用固体积粉煤灰代替，比如抹底子灰可改为1∶0.5∶4＝水泥∶粉煤灰∶砂子或1∶3水泥砂浆。水泥石粒浆可改为1∶2的水泥石粒浆。

2）冬期施工时，水泥砂浆应使用热水拌合并采用保温措施。在涂抹时，砂浆温度不应低于5℃。

3）抹水泥砂浆时，要采取措施保证水泥砂浆抹好后，在初凝时间不受冻。

4）采用冻结法砌筑的墙，室外抹灰应待其完全解冻后才能进行。不得用热水冲刷冻结的墙面和消除墙上的冰霜。

5）进入冬期后，按早上7时30分的大气温度高低调整外抹砂浆的掺盐量。其掺量由试验室决定。

6）严冬阶段不得施工。

52. 楼梯踏步抹灰弹线分步。楼梯踏步在结构施工阶段的尺寸必然有些误差，为保证楼梯踏步的尺寸正确，必须在抹灰前放线纠正。方法是根据平台标高和楼梯标高，在楼梯侧面墙上和栏板上先弹一道踏级分步标准斜线。抹面操作时，要使踏步的阳角落在标准斜线上，也要注意每个踏级的级高（踢脚板）和宽度（踏步板）的尺寸一致。对于不靠墙的独立楼梯，无法弹线时，应左右上下拉小线操作，以保证踏步板、踢脚板的尺寸一致。

53. 细石混凝土地面抹灰应注意以下事项：

1）小推车运料时，不得碰撞门框及墙面以及地面上铺设的包线管，暖卫立管。

2）地漏、出水口等部位安放的临时堵头要保护好，以防灌入杂物，造成堵塞。

3）不准在已做好的地面上拌合砂浆，更不准将剩余的混凝土或砂浆倒在其他房间内。

4）地面在养护期间不准上人，其他工种也不准进入操作。

54. 细石混凝土地面起砂的原因和防治措施如下：

1）主要原因是水泥强度等级太低或使用过期水泥，或配合比中砂用料过多，抹压遍数不够，并养护不好、不及时。

2）防治措施是：在施工时要用合格材料，严格按照设计要求和操作工艺进行操作，并应加以保护。

55. 细石混凝土地面基本项目质量标准如下：

1）细石混凝土表面密实光洁，无裂纹、脱皮、麻面和起砂现象。

2）一次抹面砂浆面层表面洁净，无裂纹、脱皮、麻面和起砂等现象。

3）有地漏和坡度的面层，坡度应符合设计要求；不倒泛水，无渗漏、无积水；地漏与管道口结合处严密平顺。

4）踢脚线的高度要求一致，出墙厚度均匀，与墙结合牢固，局部空鼓的长度应小于200mm，但在一个检查

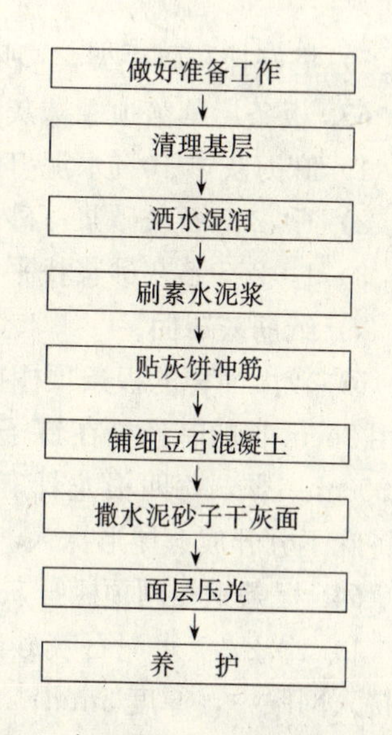

图2-7　细石混凝土地面的操作程序

范围内不多于两处。

56. 细石混凝土地面操作程序见图 2-7。

57. 水泥砂浆地面质量标准保证项目内容如下：

1）水泥、砂的材质必须符合设计要求和施工及验收规范的规定。

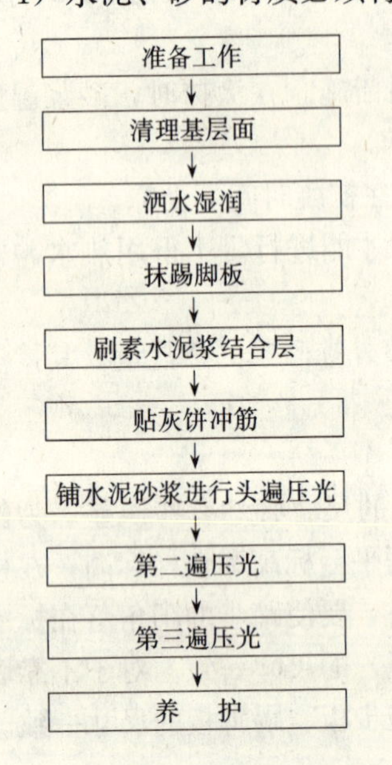

图 2-8 水泥砂浆地面操作程序

2）砂浆配合比要准确。

3）地面面层与基层的结合必须牢固，无空鼓。

58. 水泥砂浆地面质量验收标准基本项目内容如下：

1）表面洁净，无裂纹、脱皮、麻面和起砂等现象。

2）有地漏和坡度的地面，坡度应符合设计要求，不倒泛水、无渗漏、积水；抹面与地漏（管道）结合要严密平顺。

3）踢脚板高度要一致，出墙厚度均匀，与墙面结合牢固，局部有空鼓，长度不大于 200mm，但在一个检查范围内不多于两处。

59. 水泥砂浆地面操作程序见图 2-8。

60. 水泥砂浆地面表面平整度检查方法是用 2m 靠尺和塞尺检查，允许偏差不大于 4mm。

61. 混凝土顶棚抹灰的工艺流程见图 2-9。

62. 混凝土顶棚抹灰前应做好以下准备工作。

1）抹灰前按照图样或技术文件要求准备好水泥、砂子、石灰膏、108 胶，纸筋、麻刀等材料，以及各种工具和机具。

2）顶棚抹灰前应做完上层地面及本层地面。

3）现浇顶棚和有蜂窝麻面用 1∶3 水泥砂浆预先分层抹平，凸出物要剔凿整平。

4）水、暖立管通过楼板洞口处，应用 1∶3 水泥砂浆或豆石混凝土堵严，电灯盒内用纸堵严。

5）搭好抹灰脚手架，高度约 1.8m 左右。

63. 板条，苇箔顶棚抹灰分层做法如下：

1）麻刀灰掺 10%水泥打底（不包括挤入缝隙内厚度）厚度 3mm；

2）1∶2.5 石灰砂浆（砂子过 3mm 筛）紧跟压入底灰中（本身无厚度）厚度 6mm；

3）1∶2.5 石灰砂浆找平层，厚度 2mm；

4）纸筋灰罩面。

5）较大面积的板条顶棚抹灰时要加麻丁，即在抹灰前用 25cm 长的麻丝拴在钉子上，钉在吊顶的小龙骨上，每 30cm 一颗，每两根龙骨麻丁错开 15cm，在抹底子灰时将麻丁分开成燕尾形抹入。

64. 板条钢板网顶棚抹灰分层做法如下：

1）1∶2∶1 水泥石灰砂浆（略掺麻刀）打底，灰浆要挤入网眼中，厚度 3mm；

2）1∶0.5∶4 水泥石灰砂浆紧跟压入第一道灰中；

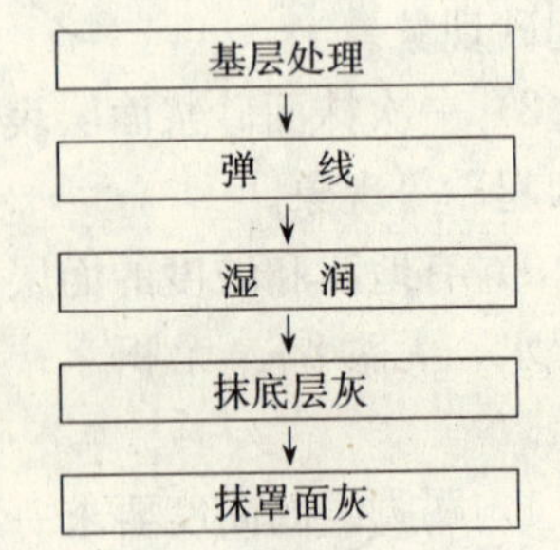

图 2-9 混凝土顶棚抹灰工艺流程

3）1：3：9 水泥石灰砂浆找平，厚度 6mm；

4）纸筋灰罩面，厚度 2mm；

5）板条之间应离缝 30～40mm，端头离缝 5cm 上钉钢板网；找平层 6～7 成干时即进行罩面。

65. 顶棚抹灰的质量验收标准，保证项目的内容如下：

1）顶棚抹灰所用材料的品种、质量必须符合设计要求和现行材料的标准规定。

2）各抹灰层之间及抹灰层与基层之间必须粘结牢固，无脱层、空鼓、面层无爆灰和裂缝等缺陷，顶板与墙面相交的阴角应成直线。

66. 顶棚抹灰表面出现灰块胀裂的主要原因是：淋灰时，石灰膏熟化时间过短，慢性灰或过火灰颗粒及杂质没有过滤彻底，使石灰膏在抹灰后遇水或潮湿空气继续熟化。体积膨胀，而造成抹灰表面炸裂，出现开花现象。

67. 抹灰线分层做法如下：

1）结合层灰，用 1：1：1＝水泥：石灰膏：砂的混合砂浆，薄薄地抹一层。

2）垫层灰，为 1：1：4＝水泥：石灰膏：砂子的混合砂浆，稍掺一些麻刀。抹灰厚度应根据灰线的尺寸确定。

3）出线灰为 1：2＝石灰膏：砂子的白灰膏砂浆，要求砂子过 3mm 筛孔。

4）罩面灰分两遍抹成，其厚度在 2mm 左右，第一遍用普通纸筋灰，第二遍用过窗纱筛子的细纸筋灰。

根据灰线所在部位的不同，所用材料有所不同。如室内常用石灰膏、石膏来抹灰线；室外常用水刷石或斩假石抹灰线。

68. 一般抹灰的施工操作工序是：以墙面为例，先进行基层处理、挂线、做标志块、标筋及门窗洞口做护角等，然后进行装档、刮杠、搓平，最后做面层。

69. 一般内、外墙抹灰做灰饼：

1）先用托线板对墙面的平整度和垂直度进行检查，并结合不同抹灰类型构造厚度的规定，决定墙面抹灰厚度。

2）首先做上部灰饼，在距顶棚 15～20cm 高度和墙的两端距阴阳角 15～20cm 处，各按已确定的抹灰厚度做一块正方形灰饼，其大小 $5cm^2$ 为宜，并以这两块灰饼为基准拉好准线，在两灰饼间每隔 150cm 左右再做一块灰饼。

3）然后再以上部灰饼为基准，用缺口板条和线锤在同一条垂直线上做下部相对应的灰饼。下面灰饼高度应在踢脚板上口，距地面 20cm 左右，上、下垂直方向两灰饼之间，一般每隔 150～200cm，用同样方法加做灰饼。

4）所有灰饼的厚度应控制在 7～25mm，如果超出这个范围，就应对抹灰基层进行处理。

70. 一般内外墙抹灰进行冲筋。灰饼砂浆收水后，在上、下两个灰饼之间抹出一条宽度为 8cm 左右的梯形灰带，厚度与灰饼相同，作为墙面抹底子灰的厚度标准。

其做法是：在上、下两灰饼中间先抹一层灰带，收水后再抹第二遍做成梯形断面，并要比灰饼高出 1cm 左右，然后用刮尺紧贴灰饼左上右下地搓刮，直到把灰带与灰饼搓平为止，同时把灰带两边修成斜面，以便与抹灰层结合牢固。

71. 纸筋石灰或麻刀石灰砂浆面层抹灰。一般应在中层砂浆七成干时进行（手按不散，但在指印），如底子灰过于干燥，应先洒水湿润，操作时，一般使用钢皮抹子，两遍成活，厚度不大于2cm。通常由阴角或阳角开始，自左向右进行，两人配合，一人先竖向薄薄抹一层，使纸筋灰与中层灰紧密结合。另一人横向抹第二层，并要压充溜平，压平后可用排笔蘸水横刷一遍，使表面色泽一致，再用钢皮抹子压实、抹光。

72. 砖墙、混凝土墙抹灰空鼓、开裂的原因如下：

1）配制砂浆和原材料质量不好，使用不当。

2）基层清理不干净或处理不当，墙面浇水不透，抹灰后砂浆中的水分很快被基层（或底灰）吸收，粘结力不牢固。

3）基层偏差较大，一次抹灰层过厚，干缩率较大。

4）门窗框两边塞灰不严，墙体预埋木砖距离过大或木砖松动，经门窗开关振动后，在门窗框处产生空鼓、裂缝。

73. 加气混凝土基层纸筋灰（或麻刀灰玻璃丝灰）抹灰分层做法如下：

1）1：3：9水泥石灰砂浆找平，厚度3～5mm；

2）1：5（108胶：水）溶液涂刷表面；

3）纸筋灰罩面，厚度2mm；

4）施工要点：

①用水泥石灰砂浆补好缺棱掉角及不平处；

②将墙面湿润；

③涂刷108胶水，亦可采用将108胶与纸筋灰拌合（掺量为10%）进行打底；

④罩面灰宜分两遍成活，第一遍薄薄刮一遍，第二遍找平压光。

74. 磨石机的安全操作规程如下：

1）在磨石机工作前，应仔细检查其机件的情况。

2）导线、开关等应绝缘良好，熔断丝规格适当。

3）导线应用绳子悬空吊起，不应放在地上，以免拖拉磨损，造成触电事故。

4）在工作前，应进行试运转，待运转正常后，才能开始正式工作。

5）操作人员工作时必须穿脱鞋，戴手套。

6）检查或修理时必须停机，电器的检查与修理由电工进行。

7）磨石机使用完毕，应清理干净，放置在干燥处，用方木垫平放稳，并用油布等遮盖物加以覆盖。

8）磨石机应有专人负责操作，其他人不准开动机器。

75. 灰浆搅拌机使用要点有以下几点：

1）安装机械的地点应平整夯实，安装应平稳牢固。

2）行走轮要离地面，机座应高出地面一定距离，便于出料。

3）开机前应对各种转动活动部位加注润滑剂，检查机械部件是否正常。

4）开机前应检查电气设备绝缘和接地是否良好。皮带轮的齿轮必须有防护罩。

5）开机后，先空载运转，待机械运转正常，再边加料边加水进行搅拌，所用砂子必须过筛。

6）加料时工具不能碰撞拌叶，更不能在运转时把工具伸进斗里扒浆。

7）工作后必须用水将机器清洗干净。

76. 抹灰工程中常用水泥有硅酸盐水泥、普通硅酸盐水泥、矿渣水泥、火山灰水泥、粉煤灰水泥。另外有特种水泥如白水泥、彩色硅酸盐水泥。

77. 水泥凝结时间作如下规定：

1）水泥初凝时间是指从水泥加水拌合起至水泥浆开始失去可塑性所需的时间，水泥初凝时间不早于45min，以便于施工时有足够的时间来完成混凝土或砂浆的搅拌、运输、浇捣和砌筑等操作。

2）水泥终凝时间是指从加水拌合至水泥浆完全失去塑性到凝结完了（开始有强度）所需的时间。水泥终凝时间最迟不迟于12h。可使混凝土能尽快地硬化，达到一定强度，以利于下道工序的进行。

78. 建筑石膏的特点有如下几点：

1）建筑石膏凝结快（掺水后几分钟即凝结）；

2）因硬化时体积约膨胀1%，能充满模内的各部位，使制品尺寸准确、表面光滑、洁白，能塑成各种精致的花饰；

3）自重轻、导热性能低（隔热性好）、防火性较好；

4）但不宜用于潮湿和温度超过70℃的环境中；

5）可用于室内高级粉刷、油漆打底、建筑装饰零件及石膏板等制品，也可作水泥掺合料和硅酸盐制品的激发剂。

79. 抹灰工程砂子的分类、作用要求如下：

1）砂子是岩石风化后形成的。按产地可分为河砂、海砂和山砂。

2）砂子按平均粒径可分为：

①粗砂：平均粒径不小于0.5mm；

②中砂：平均粒径为0.35～0.5mm；

③细砂：平均粒径为0.25～0.35mm；

④特细砂：平均粒径为0.25mm。

3）砂的作用和要求：抹灰用砂一般是中砂，或是粗砂和中砂的混合砂。在抹灰砂浆中砂子起骨料作用。天然砂子中含有一定数量的黏土、泥块、灰尘和杂物，当其用量过大时，会影响砂浆的质量。因此，要求砂子中的含泥量不得超过3%。含泥量较高的砂子在使用前必须用清水冲洗干净，砂子在使用前需过筛。

80. 抹灰工程中掺入108胶有以下优点：

1）是抹灰工程中常用的较经济适用的有机聚合物。

2）能提高砂浆面层的强度，不粉酥掉面。

3）增强涂层的柔韧性，减少开裂现象。

4）加强涂层与基层之间的粘结能力，不易产生爆皮或脱落。

81. 抹面砂浆的作用是：以薄层抹于建筑表面可保护墙体不受风、雨、潮气等侵蚀，提高墙体防潮、防风化、防腐蚀的能力，增加墙体的耐火性和整体性，同时使墙面平整、光滑、清洁、美观。

82. 抹面砂浆的层次及其作用和各层多用哪些成分砂浆。

1）底层砂浆主要起与基层的粘结作用。用于砖墙底层抹灰，多用石灰砂浆，有防水、防潮要求时用水泥砂浆；用于板条或板条顶棚的底层抹灰，多用混合砂浆或石灰砂浆；混凝土墙、梁、柱、顶板等底层抹灰，多用混合砂浆。

2）中层砂浆主要起找平作用，用于中层抹灰，多用混合砂浆或石灰砂浆。

3）面层砂浆主要起装饰作用，多采用细砂配制的混合砂浆、麻刀石灰浆或纸筋石灰浆。

83. 普通抹灰适用范围：一般居住、公用和工业房屋（如住宅、宿舍、教学楼、办公楼）以及高级建筑物中的附属用房，和非居住的房屋，以及建筑物中的地下室、储藏室。

普通抹灰做法要求做一层底层，一层中层和一层面层（或一层底层、一层面层）。其主要工序是阳角找方，设置标筋，分层赶平，修整和表面压光。抹灰表面洁净，线角顺直清晰，接槎平整。

84. 按房屋建筑部位分以下两种抹灰：

1）室内抹灰。一般包括顶棚、墙面、楼地面、踢脚板、墙裙、楼梯等。

2）室外抹灰。一般包括屋檐、女儿墙、压顶、窗楣、窗台、腰线、阳台、雨篷、勒脚以及墙面。

85. 抹灰层的平均总厚度按规范要求应小于下列数值：

1）顶棚：板条现浇混凝土和空心砖顶棚为15mm；预制混凝土顶棚为18mm；金属网为20mm。

2）内墙：普通抹灰为18mm；中级抹灰为20mm；高级抹灰为25mm。

3）外墙为20mm；勒脚及突出墙面部分为25mm。

4）每遍抹灰厚度一般作如下控制：抹水泥砂浆每遍厚度为5～7mm；抹石灰砂浆或混合砂浆每遍厚度为7～9mm；抹灰面层为麻刀灰、纸筋灰、石膏灰等罩面时，经赶平压实后其厚度为：麻刀灰不得大于3mm，纸筋灰、石膏灰不得大于2mm。

86. 工料计算方法。如果工程量已经计算核对无误，项目不漏重，则可套用施工实额编制工料分析汇总表和计算施工预算人工、材料、机械台班用量。计算方法：用工程数量分别乘以施工定额中相应的各种工日、各种材料、机械种类台班需用量，即得到在建筑施工中所需消耗的人工、材料和施工机械的数量限额。

87. 工程量计算方法一般有：按施工顺序计算、按定额程序计算、按顺时针方向计算、按先横后直计算、按图分项编号顺序计算、按轴线编号计算等方法。

88. 工程量按施工顺序计算方法是：按施工顺序先后计算工程量，即按挖地槽、基础垫层、砖石基地、砖墙、门窗、钢筋混凝土楼板、屋架、檩条、木基层、瓦屋面、外墙抹灰、内墙抹灰、地面、油漆等项目进行计算。

89. 圆柱抹灰时，按下列规定增加工料：

1）圆柱面抹石灰砂浆，按梁、柱面抹灰相应定额计算，每100m^{2}增加人工费10.45元。

2）圆柱抹水泥砂浆或混合砂浆，按梁、柱面抹灰相应定额计算，每100m^{2}增加人工费17.40元。

3）圆柱面斩假石，按方柱斩假石定额计算，每100m^{2}增加人工费15.12元。

4）圆柱面水磨石，按方柱水磨石定额计算，每100m^{2}增加人工费25.35元。

90. 内墙面抹灰的长度，以主墙间的图示净长尺寸计算，其高度确定如下：

1）无墙裙的，其高度以室内地平面至顶棚（或板）底面计算。

2）有墙裙的，其高度以墙裙顶点至顶棚（或板）底面计算。

91. 内墙面抹灰面积应扣除窗框外围面积和空圈所占的面积，不扣除踢脚、挂镜线 $0.3m^2$ 以内的孔洞墙与梁接头交接处的面积，但门窗洞口、空圈侧壁和顶面也不增加。垛的侧面抹灰合并在内墙面抹灰工程量内计算。

92. 不计算建筑面积的范围如下：

1）突出墙面的构件、配件和艺术装饰，如：柱、垛、勒脚、台阶、无柱雨篷等。

2）检修、消防等用的室内外楼梯。

3）层高在 2.2m 以内的技术层。

4）构筑物，如独立烟囱、烟道、油罐、水塔、储仓、圆库、支线等。

5）建筑物内外的操作平台、上料平台及利用建筑物的空间安置箱罐的平台。

6）单层建筑内分隔的操作间、控制室、仪表间等单层房间。

7）没有围护结构的屋顶水箱、舞台及后台悬挂幕布、布景的天桥、挑台。

8）层高小于 2.2m 的深基础地下架空层，坡地建筑吊脚架空层。

93. 冬期施工应做好以下热源准备。

1）抹灰工程的热源准备，应根据工程的大小、施工方法及现场条件而定。一般室内抹灰应采用热作法，有条件的使用正式工程的采暖设施。条件不具备时，可设带烟囱的火炉。

2）抹灰量较大的工程，可用立式锅炉烧蒸浇或热水，用蒸汽加热砂子，用热水搅拌砂浆。抹灰量小的工程，可砌筑临时炉灶烧热水，砌筑火烧加热砂子或用铁板炒砂子。

3）砂浆搅拌机和纸筋灰搅拌机应设在采暖保温的棚内。

94. 冬期抹灰施工应采取如下保温方法：

1）室内抹灰以前，外门窗玻璃应全部安装好（双层门窗可先安装一层），门窗缝隙和脚手架眼等孔洞要全部堵严。

2）进入室内的过道门口，垂直运输门式架、井架上料洞口要挂上草帘、麻袋等制成的厚实的防风门帘，并应设置风挡。

3）现场供水管应埋设在冰冻线以下，立管露出地面的要采取防冻保温措施。

4）淋灰池、纸筋灰池要搭设暖棚，向阳面留出入口并挂保温门帘。砂子应尽量堆高并加以覆盖。

95. 冬期抹灰热作法施工应注意以下事项：

1）用冻结砌筑的墙体，室内抹灰应待抹灰的一面解冻深度不小于墙厚的一半时，方可施工。不得用热水冲刷冻结的墙面或用热水滴涂墙面的冰霜。

2）用掺盐砂浆法砌筑的墙体，亦应提前采暖预热，使墙面保持在 5℃以上，以便湿润墙面时不致结冰，使砂浆与墙面粘结牢固。

3）应设专人进行测温，室内环境温度，以地面上 50cm 处为准。

96. 水刷石冷作法施工时，一种方法是掺氯化钙，另一种方法是掺水泥质量 2%的氯化钙，另加 20% 108 胶，底层厚度 10～20mm，面层可做得薄一些，一般 4mm 左右。

操作时，基本先刮 1∶1 氯化钠水泥稀浆，再抹底层砂浆。面层石粒浆抹灰后应比正常温度下施工多压一遍，注意石子大面朝外，稍干后再以热盐水喷雾器冲刷干净。

97. 在炎热的夏季如何施工才能保证抹灰工程质量，其措施如下：

1）要调整抹灰砂浆级配，提高砂浆的保水性、和易性，必要时可适当掺入外加剂；

2）砂浆要随拌随用，不要一次拌得太多；

3）控制好多层砂浆涂抹的间隔时间，若发现前一层过于干燥，则应提前洒水湿润方可涂抹后一层；

4）按要求将渗入湿润，并及时进行抹灰或饰面作业；

5）夏季进行室外抹灰及饰面工程时，应采取措施遮阳，防止暴晒，并及时对成品进行养护。

98. 雨期如何施工才能保证抹灰工程质量应采取如下措施：

1）合理安排施工计划，应根据工程特点，考虑雨季室内施工的工程量，如晴天进行外部抹灰、饰面工程，雨天可进行室内抹灰、饰面工程。

2）适当降低水灰比，提高砂浆的稠度，这样才不致因基体（层）水分太多，造成砂浆流淌。

3）防雨遮盖，当抹灰面积较小时，可搭设临时施工棚或用油布、芦席临时遮盖进行操作。

4）对脚手板、工作线、运输线应采取适当的防滑措施，确保安全生产。

99. 班组在企业中的地位是很重要的。班组是企业的基本生产单位，企业生产任务的完成，企业达标升级规划的实现，最终都要落实到班组。从另一种意义来说，班组是企业的细胞。企业的生存和发展均赖于班组的建设和管理，班组的建设加强了，可以大大提高劳动者的素质。班组实行目标化管理，基础工作才扎实，企业才更有活力，更具竞争力。

100. 班组经济核算的主要指标有以下六点：

1）劳动效率，确定人工费的耗用及效率；

2）物资消耗，确定工程用料、施工用料耗用值的高低；

3）工程进度的保证率，确定保证总体进度的完成情况；

4）质量优良率，确定是否质量第一，创出信誉；

5）安全事故频率，确定安全生产的情况；

6）机械费，确定机械使用情况。

101. 班组的劳动管理内容：搞好班组的组织建设；科学地组织劳动；充分调动班组成员的积极性；提高班组素质，加强班组建设，发扬开拓精神改变班组面貌，全面提高班组整体素质，创造文件班组、优秀承包班组；加强班组劳动纪律性。

102. 材料验收应做好以下两方面的工作：

1）材料数量验收。对供应的材料进行全数检验或抽样检验，同时要核对所给材料的各种凭证，如发货明细表、装箱单、磅码单等。

2）材料质量检验。检验材料的规格、外观、材质，核对材料的合格证书，这是把好材料质量关，避免返工浪费的重要环节。

103. 抹灰工程花饰的品种即浇制的花饰制品有：石膏花饰、水刷石花饰、斩假石花饰和塑料花饰等品种。

第五节　中级抹灰工计算题

一、计算题

1. 已知抹灰用水泥砂浆体积比为 1∶4，砂的空隙率为 32%（砂 $1500kg/m^3$，水泥 $1200kg/m^3$），试求重量比。

2. 某建筑物外墙面铺贴陶瓷锦砖，外墙总面积为 $3000m^2$，门窗面积为 $1000m^2$，定额为 0.5562 工日/m^2。因工期紧采用两班制连续施工，每班出勤人数共计 46 人。试求：①计划人工数；②完成该项工程总天数。

3. 某工程内墙面抹灰，采用 1∶1∶4 混合砂浆。实验室配合比，每立方米所用材料分别为 32.5 级水泥 281kg，石灰膏 $0.23m^3$，中砂 1403kg，水 $0.6m^3$，如果搅拌机容量为 $0.2m^3$，砂的含水率为 2%，求拌合一次各种材料的用量各为多少？

4. 某工程内墙抹灰，质量检测情况如下：

（1）保证项目符合标准评定。

（2）基本项目：

1）抹灰表面按中级标准规定：3 点优良，17 点合格；

2）门窗框缝隙填塞：17 点优良，3 点合格；

3）分格线：15 点优良，4 点合格；

4）滴水槽：12 点优良，2 点合格；

5）护角线：10 点优良，20 点合格。

（3）允许偏差项目：93%测点符合标准规定，其余点也基本达到标准的规定。

求根据质量验收标准评定该分项工程："优良"、"合格"各多少？

5. 某工程外墙面采用 1∶1∶6 混合砂浆抹灰，砂浆用量为 $30m^3$，实验室配合比每立方米砂浆所用材料分别为 32.5 级水泥 202kg，石灰膏 $0.17m^3$，中砂 1515kg，施工现场黄砂的含水率为 2%、水为 $0.6m^3$。

试计算：完成该抹灰项目各种组成材料的用量。

6. 用 500g 干砂做筛分试验，其累计筛余百分率为：$A_1=5.5\%$，$A_2=13.9\%$，$A_3=23.3\%$，$A_4=61.6\%$，$A_5=82.1\%$，$A_6=98.5\%$。

试计算：细度模数是多少？是粗砂还是细砂？

7. 水泥砂浆抹雨篷 3 只，共计 $15m^2$，抹灰的时间定额为 0.436 工日/m^2，雨篷带有 6 只牛腿，脚手架可利用原来的外脚手架。

定额规定：（1）带脚手的雨篷，每 10 只牛腿增加抹灰工 0.7 工日；（2）若不搭挂简单脚手架时，其时间定额，应乘以 0.87 系数，一班制施工，班长指定由 3 人来完成此项任务。

试求：（1）计划人工数；（2）完成该项任务天数。

8. 某建筑工地有一堆黄砂，堆放体积为 $10m^3$，现测得其堆积密度为 $1560kg/m^3$，含水率为 2%。

试问：此堆砂实际有多少千克干黄砂？

9. 某教室做现浇水磨石地面，纵墙中到中为8100mm，横墙中到中为6000mm，墙厚均为240mm纵墙内侧各有2只附墙砖垛尺寸为120mm×240mm

试根据以上条件求水磨石地面面层的工程量。

10. 某工程做防水砂浆抹灰，防水砂浆配合比为1∶2.5（重量比），再掺水泥重量3%的防水粉，经计算此防水砂浆总用量为2550kg。

试计算：各材料用量。

二、计算题答案

1. 解：(1) 扣除砂子空隙以后体积

$$(1+4)-4\times 0.32=3.72\text{m}^3$$

(2) 一个比例分数体积 $1\div 3.72\approx 0.26\text{m}^3$（水泥体积）

(3) 砂子体积：$0.26\times 4=1.04\text{m}^3$

(4) 砂子用量：$1.04\times 1550=1612\text{kg}$

水泥用量：$0.26\times 1200=312\text{kg}$

(5) 重比为312∶1612　即1∶5.17。

2. 解：(1) 计划人工数：$(3000-1000)\times 0.556=1112$ 工日

(2) 总天数：$1112\div 46\div 2=12\text{d}$

3. 解：

(1) 32.5级水泥 $0.2\times 281=56\text{kg}$

(2) 石灰膏：$0.2\times 0.23=0.05\text{kg}$

(3) 中砂：$0.2\times 1403\times(1+2\%)=286\text{kg}$

(4) 水：$0.2\times 0.6-0.286\times 2\%=0.12\text{m}^3$

4. 解：保证项目达到标准。

基本项目：5项>50%，优良三项。

>50评为优良：1）合格；2）优良；3）优良；4）优良；5）合格。该项评定优良。

允许偏差项目：>90%（符合标准）。

其余点基本达到标准规定，该项评定优良。

该分项工程内抹灰应评为优良。

5. 解：(1) 32.5级水泥 $=30\times 202=6060\text{kg}$

(2) 石灰膏 $=30\times 0.17=5.1\text{m}^3$

(3) 中砂 $=30\times 1515\times(1+2\%)=46359\text{kg}$

(4) 水 $=30\times 0.6-46359\times 2\%=17.07\text{m}^3$

6. 解：$$M_x=\frac{A_2+A_3+A_4+A_5+A_6-5A_1}{100-A}$$

$$=\frac{(3.9+2.33+61.6+82.1+98.5)-5\times 5.5}{100-5.5}$$

$$=2.67$$

答：该砂的细度模数为2.67，属中砂。

7. 解：(1) 计划人工：$0.87\times5\times0.436+0.7\times6=6.09$ 工日

(2) 总天数：$6.09\div3=2$d

8. 解：设干黄砂为 x 公斤

$$2\%=\frac{1560\times10-x}{x}\times100\%$$
$$0.02x=15600-x$$
$$x=15294\text{kg}$$

答：实际有 15294kg 干黄砂。

9. 解：$S=(8.1-0.24)\times(6-0.24)-0.12\times0.24\times4$

$=45.27-0.12=45.15\text{m}^2$

答：水磨石工程量是 45.15m^2。

10. 解：(1) 水泥用量 $=2550\times\frac{1}{1+2.5}=728.6$kg

(2) 砂用量 $=2550\times\frac{2.5}{1+2.5}=1821.4$kg

(3) 防水粉用量 $=728.6\times3\%=21.9$kg

第六节　中级抹灰工操作技能题

一、内墙面底、中层抹灰

1. 材料：石灰膏、砂子。

2. 工具：铁抹子、木抹子、托灰板、刮尺、茅柴帚、托线板、线锤、小圆桶、灰槽、铁锹、手推车、钢卷尺。

3. 操作内容：每人 4～5m² 的内墙底层、中层抹灰。

4. 时间定额：3h。

5. 考核内容及评分标准（表 2-1）。

内墙底、中层抹灰　　**表 2-1**

序号	测定项目	分项内容	满分	评 分 标 准	得分
1	表　面	平　整	30	允许偏差 4mm，大 1mm 扣 5 分	
2	立　面	垂　直	30	允许偏差 5mm，大 1mm 扣 5 分	
3	抹灰层	空鼓裂缝	20	大面积空鼓裂缝本项目不合格，局部空鼓裂缝递减得分	
4	工　艺	符合操作规范	10	错误无分，局部错递减得分	
5	安全文明生产	安全生产、落手清	4	重大事故无分，本次考核不合格，一般事故不得分，事故苗头扣 2 分，落手清未做无分，不清扣 2 分	
6	工　效	定额时间：3h	6	超过 1h 扣 3 分	
7	合　计		100		

学号　　姓名　　　　教师签字　　　　　　　　年　月　日

二、内墙面层抹灰

1. 材料：石灰膏、纸筋或麻刀。
2. 工具：钢皮抹子、托灰板、毛刷、托线板、线锤、小圆桶、灰槽、铁锹、手推车。
3. 操作内容：每人 4～5m^2 的纸筋石灰或麻刀石灰面层抹灰。
4. 时间定额：1h。
5. 考核内容及评分标准（表 2-2）。

内墙面层抹灰　　表 2-2

序号	测定项目	分项内容	满分	评分标准	得分
1	表面	平整	20	允许偏差 4mm，大 1mm 扣 5 分	
2	立面	垂直	20	允许偏差 5mm，大 1mm 扣 5 分	
3	抹灰层	空鼓裂缝	20	大面积空鼓裂缝本项目不合格，局部空鼓裂缝递减得分	
4	表面	光洁	20	表面粗糙每处扣 4 分，接槎印每处扣 5 分，抹子印每处扣 2 分	
5	工艺	符合操作工艺	10	错误无法，局部错递减得分	
6	安全文明生产	安全生产、落手清	4	出现重大事故，本次考核不合格，一般事故无分，事故苗头扣 2 分	
7	工效	定额时间：1h	6	超过 1h 扣 2 分	
8	合计		100		

学号　　姓名　　教师签字　　年　月　日

三、顶棚面层抹灰

1. 材料：石灰膏、纸筋（麻刀）、砂子。
2. 工具：钢皮抹子、托灰板、压子、圆阴角抹子、刮尺、毛刷、小圆桶、灰槽、铁锹、手推车。
3. 操作内容：每人 4～5m^2 顶棚上做面层抹灰。
4. 时间定额：1.5h。
5. 考核内容及评分标准（表 2-3）。

顶棚面层抹灰　　表 2-3

序号	测定项目	分项内容	满分	评分标准	得分
1	表面	顺平、光洁	40	表面不顺平、掉灰每处扣 5 分，10cm^2 以上扣 8 分；表面毛糙每处扣 5 分，接槎明显每处扣 8 分，抹子印每条扣 2 分	
2	抹灰层	空鼓裂缝	20	大面积空鼓裂缝本项目不合格，局部空鼓裂缝递减得分	
3	线角	清晰顺直	20	线角不顺直，本项目无分，局部不清晰、顺直递减得分	

续表

序号	测定项目	分项内容	满分	评分标准	得分
4	工艺	符合操作规范	10	错误无分，局部错误递减得分	
5	安全文明生产	安全生产、落手清	4	重大事故，本次考核不及格，一般事故本项无分，事故苗头扣2分，落手清未做无分，不清扣2分	
6	工效	时间定额：1.5h	6	超过1h扣2分	
7	合计		100		

学号　　姓名　　教师签字　　年　月　日

四、踢脚板或墙裙抹灰

1. 材料：水泥、砂子

2. 工具：钢皮抹子、木抹子、托线板、刮尺、方尺、八字靠尺、茅柴帚、线锤、粉线袋、水平尺、钢卷尺、墙裙踢脚板上口捋角尺、小圆桶、铁锹、灰槽、手推车。

3. 操作内容：每人在4～5m长踢脚板或墙裙上做抹灰操作。

4. 时间定额：3h。

5. 考核内容及评分标准（表2-4）。

踢脚板、墙裙抹灰　　**表2-4**

序号	测定项目	分项内容	满分	评分标准	得分
1	表面	平整	20	允许偏差3mm，大1mm扣4分	
2	立面	垂直	15	墙裙允许偏4mm，踢脚板允许偏差3mm，各大1mm均扣3分	
3	上口	平直	15	允许偏差4mm，大1mm扣3分	
4	抹灰层	空鼓裂缝	10	局部空鼓≤40cm² 扣5分，裂缝、起泡每处扣3分，大面积空鼓、裂缝本项考核无分	
5	表面	光洁	10	表面毛糙每处扣2分，接槎印每处扣3分，抹子印每处扣1分	
6	抹灰层	出墙一致	10	允许偏差2mm，大1mm扣2分	
7	工艺	符合操作规范	10	错误无分，局部错误递减得分	
8	安全文明施工	安全生产、落手清	4	重大事故，本次考核不合格，一般事故无分，事故苗头扣2分；落手清未做无分，不清扣2分	
9	工效	时间定额：3h	6	超过1h扣2分	
10	合计		100		

学号　　姓名　　教师签字　　年　月　日

五、护角线抹灰

1. 材料：水泥、砂子、麻刀。

2. 工具：钢皮抹子、木抹子、托灰板、铁皮、阳角抹子、方尺、钢筋卡子、八字靠尺、茅柴帚、托线板、线锤、钢卷尺、小圆桶、铁锹、灰槽、手推车。

3. 操作内容：每人在一个门或窗或一根附墙柱的护角上做抹灰。

4. 时间定额：2.5h。

5. 考核内容及评分标准（表 2-5）。

护角抹灰　　表 2-5

序号	测定项目	分项内容	满分	评分标准	得分
1	表面	平整	10	允许偏差 4mm，大 1mm 扣 2 分	
2	阳角	方正	15	允许偏差 4mm，大 1mm 扣 3 分	
3	阳角	垂直	20	允许偏差 4mm，大 1mm 扣 4 分	
4	抹灰层	空鼓裂缝	15	大面积裂缝、空鼓本次考核不合格，局部空鼓、裂缝递减得分	
5	线角	清晰顺直	20	掉口缺角每处扣 4 分，线角不顺直扣 5 分	
6	工艺	符合操作规范	10	错误无分，局部错误递减扣分	
7	安全文明施工	安全生产、落手清	4	重大事故，考核不合格，一般事故无分，事故苗头扣 2 分，落手清未做无分，不清扣 2 分	
8	工效	时间定额：2.5h	6	超过 1h 扣 2 分	
9	合计		100		

学号　姓名　教师签字　年　月　日

六、楼梯踏步抹灰

1. 材料：水泥、砂子、金刚砂。

2. 工具：钢皮抹子、铁抹子、木抹子、托线板、铁皮、阳角抹子、阴角抹子、圆阳角抹子、刮尺、八字靠尺、分格条、茅柴帚、毛刷、粉线袋、水平尺、钢卷尺、小圆桶、铁锹、手推车。

3. 操作内容：每人在一段楼梯上做设防滑条的抹灰。

4. 时间定额：2h。

5. 考核内容及评分标准（表 2-6）。

楼梯踏步抹灰

表 2-6

序号	测定目标	分项内容	满分	评分标准	得分
1	表面	平整	15	允许偏差 3mm，大于 1mm 扣 2 分	
2	踏步	高宽一致	15	允许偏差 2mm，大 1mm 扣 2 分	
3	踏步口	平直	15	允许偏差 2mm，大 1mm 扣 2 分	
4	防滑条	顺直	15	允许偏差 2mm，离踏步口距离允许偏差 3mm，各大 1mm 均扣 2 分	
5	抹灰层	空鼓裂缝	10	大面积空鼓、裂缝，本次考核不合格，局部空鼓裂缝递减得 2 分	
6	表面	光洁	10	表面毛糙每处扣 2 分，接槎印每处扣 3 分，抹子印每处扣 1 分	
7	工艺	符合操作规范	10	错误无分，局部错误酌情扣分	
8	安全文明施工	安全生产、落手清	4	重大事故，本次考核不及格，一般事故无分，事故苗头扣 2 分，落手清未做无分，不清扣 2 分	
9	工效	时间定额：2h	6	超过 1h 扣 2 分	
10	合计		100		

学号　　姓名　　　　教师签字　　　　年　月　日

七、内窗台抹灰

1. 材料：水泥、砂子。

2. 工具：铁抹子、钢皮抹子、木抹子、托线板、阳角抹子、钢筋卡子、八字靠尺、茅柴帚、线锤、钢卷尺、水平尺、小圆桶、铁锹、灰槽、手推车。

3. 操作内容：每人在一个内窗台上做抹灰。

4. 时间定额：1.5h。

5. 考核内容及评分标准（表 2-7）。

内窗台抹灰

表 2-7

序号	测定项目	分项内容	满分	评分标准	得分
1	表面	平整	15	允许偏差 2mm，大于 1mm 扣 3 分	
2	立面	垂直	15	允许偏差 2mm，大于 1mm 扣 3 分	
3	出墙	一致	15	允许偏差 2mm，大于 1mm 扣 3 分	
4	高度	一致	15	允许偏差 2mm，大于 1mm 扣 3 分	
5	抹灰层	空鼓裂缝	10	大面积空鼓、裂缝本次考核不合格；局部完鼓、裂缝酌情扣分	
6	表面	光洁	10	表面毛糙每处扣 2 分，接槎印每处扣 3 分，抹子印每处扣 1 分	

续表

序号	测定项目	分项内容	满分	评分标准	得分
7	工艺	符合操作规范	10	错误无分，局部错误酌情扣分	
8	安全文明生产	安全生产、落手清	4	重大事故，本次考核不合格，一般事故无分，事故苗头扣2分，落手清未做无分，不清扣2分	
9	工效	时间定额：1.5h	6	超过1h扣2分	
	合计		100		

学号　　姓名　　　　教师签字　　　　　　　　　　　　年　月　日

八、方柱抹灰

1. 材料：水泥、石灰膏、砂子、纸筋。

2. 工具：铁抹子、钢皮抹子、木抹子、托线板、阳角抹子、方尺、钢筋卡子、八字靠尺、短刮尺、茅柴帚、托灰板、线锤、粉线袋、钢卷尺、小圆桶、灰槽、铁锹、手推车。

3. 操作内容：每人一根方柱上操作抹灰。

4. 时间定额：4h。

5. 考核内容及评分标准（表2-8）。

方柱抹灰　　**表2-8**

序号	测定项目	分项内容	满分	评分标准	得分
1	表面	平整	15	允许偏差4mm，大于1mm扣3分	
2	立面	垂直	15	允许偏差4mm，大于1mm扣3分	
3	阳角	方正	10	允许偏差2mm，大于1mm扣2分	
4	阴角	垂直	10	允许偏差4mm，大于1mm扣2分	
5	线角	顺直清晰	10	不顺直扣5分，掉口缺角每处扣2分	
6	抹灰层	空鼓裂缝	10	大面积空鼓、裂缝本次考核不合格，局部空鼓、裂缝酌情扣分	
7	表面	光洁	10	表面毛糙每处扣2分，接槎印每处扣3分，抹子印每处扣1分	
8	工艺	符合操作规范	10	错误无分，局部错误酌情扣分	
9	安全文明施工	安全生产、落手清	4	重大事故本次考核不及格，一般事故无分，事故苗头扣2分，落手清未做无分，不清扣2分	
10	工效	时间定额：4h	6	超过1h扣2分	
	合计		100		

学号　　姓名　　　　教师签字　　　　　　　　　　　　年　月　日

九、圆柱抹灰

1. 材料：水泥、石灰膏、砂子、纸筋。

2. 工具：铁抹子、木抹子、托灰板、刮尺、茅柴帚、托线板、线锤、粉线袋、钢卷尺、小圆桶、灰槽、铁锹、手推车、圆形抹灰套板。

3. 操作内容：①圆柱抹灰；②数量直径 150～250mm，高 1.5m 左右圆柱一根。

4. 时间定额：4.5h（操作时间累计）。

5. 考核内容及评分标准（表 2-9）。

圆柱抹灰 **表 2-9**

序号	测定项目	分项内容	满分	评分标准	得分
1	立面	垂直	30	允许偏差 4mm，大于 1mm 扣 5 分	
2	弧度	一致	30	允许偏差 3mm，大于 1mm 扣 5 分	
3	抹灰层	空鼓裂缝	10	大面积空鼓裂缝本次考核不合格，局部空鼓、裂缝酌情扣分	
4	表面	光洁	10	表面毛糙每处扣 2 分，接槎印每处扣 3 分，抹子印每处扣 1 分	
5	工艺	操作符合规范	10	错误无分，局部错误酌情扣分	
6	安全文明施工	安全生产、落手清	4	重大事故，本次考核不合格，一般事故无分，事故苗头扣 2 分，落手清未做无分，不清扣 2 分	
7	工效	时间定额：4.5h	6	超过 1h 扣 2 分	
8	合计		100		

学号　　姓名　　　　教师签字　　　　年　月　日

十、楼地面抹灰

1. 材料：水泥、砂子、小石子（粒径 0.5～1.2cm）。

2. 工具：铁抹子、钢皮抹子、木抹子、刮尺、八字靠尺、茅柴帚、滚筒、粉线袋、水平尺、分格器、钢卷尺、小圆桶、铁锹、手推车。

3. 操作内容

（1）内容：一间房间的水泥砂浆地面。

（2）数量：$4m^2$。

4. 时间定额：2h。

5. 考核内容及评分标准（表 2-10）。

楼地面抹灰　　表 2-10

序号	测定项目	分项内容	满分	评分标准	得分
1	表面	平整	30	允许偏差 4mm，大于 1mm 扣 5 分	
2	缝格	平直	15	允许偏差 3mm，大于 1mm 扣 2 分	
3	表面	光洁	20	表面毛糙每处扣 3 分，接槎印每处扣 4 分，抹子印每处扣 1 分	
4	抹灰层	空鼓裂缝	15	大面积空鼓、裂缝本次考核不合格，局部空鼓、裂缝酌情扣分	
5	工艺	符合操作规范	10	错误无分，局部错误酌情扣分	
6	安全文明施工	安全生产、落手清	4	重大事故，本次考核不合格，一般事故无分 事故苗头扣 2 分，落手清未做无分，不清扣 2 分	
7	工效	时间定额：2h	6	超过 1h 扣 2 分	
8	合计		100		

学号　　姓名　　教师签字　　年　月　日

十一、外墙抹灰

1. 材料：水泥、砂子。

2. 工具：铁抹子、钢皮抹子、木抹子、托灰板、铁皮、刮尺、方尺、钢筋卡子、八字靠尺、分格条、毛刷、茅柴帚、托线板、线锤、粉线袋、小圆桶、灰槽、铁锹、手推车、钢卷尺。

3. 操作内容：每人在 4～6m^2 外墙上做抹灰。

4. 时间定额：4h。

5. 考核内容及评分标准（表 2-11）。

外墙抹灰　　表 2-11

序号	测定项目	分项内容	满分	评分标准	得分
1	表面	平整	20	允许偏差 4mm，大于 1mm 扣 3 分	
2	立面	垂直	20	允许偏差 4mm，大于 1mm 扣 3 分	
3	分格缝	平直	5	允许偏差 3mm，大于 1mm 扣 1 分	
4	抹灰层	空鼓裂缝	15	大面积空鼓、裂缝本项目不合格，局部空鼓、裂缝酌情扣分	
5	表面	光洁	15	表面毛糙每处扣 3 分，接槎印每处扣 4 分，抹子印每处扣 1 分	
6	分格条	平整	5	分格条宽度、深度不均匀、缺角每处扣 2 分，条缝不光滑每处扣 1 分	
7	工艺	符合操作规范	10	错误无分，局部错误酌情扣分	

续表

序号	测定项目	分项内容	满分	评分标准	得分
8	安全文明施工	安全生产、落手清	4	重大事故，本次考核不合格，一般事故无分，事故苗头扣2分，落手清未做无分，不清扣2分	
9	工 效	时间定额：4h	6	超过1h扣2分	
10	合 计		100		

学号　　姓名　　教师签字　　年　月　日

十二、墙面滚涂

1. 材料：水泥、细砂、108胶。
2. 工具：辊子、铁抹子、托灰板等常用工具。
3. 操作内容及数量
(1) 操作内容：墙面滚涂。
(2) 操作数量：每人$2m^2$一面墙面，在长度方向设一条分格缝。
4. 时间定额：1h。
5. 考核内容及评分标准（表2-12）。

墙面喷涂、滚涂、弹涂　　**表2-12**

序号	测定项目	分项内容	满分	评分标准	得分
1	颜 色	均匀程度	15	参照样板，全部不符无分，局部不符酌情扣分	
2	花纹色点	均匀程度	25	参照样板，全部不符无分，局部不符酌情扣分	
3	涂 层	漏涂程度	15	每处漏涂扣3分	
4	表 面	接槎痕	10	每处接槎痕扣5分	
5	面 层	透底程度	5	每处透底扣2.5分，严重透底序号2一项无分	
6	涂 料	流坠程度	5	每处流坠扣2.5分，严重流坠无分	
7	工 具	使用方法	5	错误无分，局部错误酌情扣分	
8	工 艺	符合操作规范	10	错误无分，部分错误酌情扣分	
9	安全文明施工	安全生产、落手清	4	重大事故，考核不合格，一般事故扣4分，事故苗头扣2分，落手清未做无分，不清扣2分	
10	工 效	时间定额：1h	6	超过1h扣3分	
11	合 计		100		

学号　　姓名　　教师签字　　年　月　日

十三、墙面弹涂

1. 材料：白水泥、108胶、颜料。
2. 工具：手动弹涂器、长木柄毛刷等常用工具。
3. 操作内容及数量
(1) 操作内容：墙面弹涂。
(2) 操作数量：每人 $2m^2$ 一面墙面，在其长度方向设一条分格缝。
4. 时间定额：1h。
5. 考核内容及评分标准（表2-12）。

十四、墙面洒毛

1. 材料：水泥、石灰膏、砂。
2. 工具：铁抹子、木抹子、托灰板、茅柴帚等。
3. 操作内容及数量
(1) 操作内容：墙面混合砂浆中层抹灰及根据样板进行洒毛。
(2) 操作数量：每人 $2m^2$。
4. 时间定额：2h。
5. 考核内容及评分标准（表2-13）。

墙面洒毛　　表2-13

序号	测定项目	分项内容	满分	评分标准	得分
1	表面	光滑清晰	20	表面毛糙每处扣4分，颜色不匀每处扣4分	
2	云朵	纵横基本相同	20	云朵大小不一致每处扣4分	
3	线角	平直、出墙一致	20	大于5mm每点扣4分，不一致每处扣4分	
4	接楼	和顺	20	不和顺有楼痕每处扣4分	
5	颜色	一致	10	不一致一处扣3分	
6	安全文明施工	安全生产、落手清	4	重大事故，本次考核不合格，一般事故无分，事故苗头扣2分，落手清未做无分，不清扣2分	
7	工效	时间定额：2h	6	超过1h扣2分	
8	合计		100		

学号　　姓名　　教师签字　　年　月　日

十五、抹简单灰线

1. 材料：水泥、砂子、石灰膏和纸筋灰等。

2. 工具：一般常用工具、弧形抹子、一面圆弧的刮尺、靠尺等。

3. 操作内容及数量

(1) 操作内容：扯顶棚和墙面交接处简单灰线（带阴角）。

(2) 数量：2m左右。

4. 时间定额：3h。

5. 考核内容及评分标准（表2-14）。

抹简单灰线 表2-14

序号	测定项目	分项内容	满分	评分标准	得分
1	表面	光滑清晰	20	表面毛糙每处扣4分，接槎印、颜色不匀每处扣4分	
2	圆档	和顺、尺寸一致	20	圆档大小不一致每处扣4分	
3	线角	平直、出墙一致	20	大于5mm每点扣4分，不一致每处扣4分	
4	接角	和顺清洁	20	不和顺、弯曲每处扣4分	
5	工艺	符合操作工艺	10	错误无法，局部错误酌情扣分	
6	安全文明施工	安全生产、落手清	4	重大事故，本次考核不合格，一般事故无分，事故苗头扣2分，落手清未做无分，不清扣2分	
7	工效	时间定额：3h	6	超过1h扣2分	
	合计		100		

十六、干粘石操作

1. 材料：石子（大八厘、中八厘、小八厘）、水泥、白水泥、色粉、石灰膏、砂等。

2. 工具：常用工具、托盘（400mm×350mm×60mm木制托盘）、薄尺（宽度150mm，沿长度方向刨成45°斜边，厚度10mm左右）、喷石机、木拍铲、短尺等。

3. 操作内容：墙面干粘石3～4m²。窗台干粘石一个。

4. 时间定额：2h。

5. 考核内容及评分标准（表2-15）。

墙面干粘石 表2-15

序号	测定项目	分项内容	满分	评分标准	得分
1	表面	平整	12	平面不应有凹凸，允许偏差5mm，每处大于1mm扣1分	
2	立面	垂直	12	上下垂直一致，允许偏差5mm，每处大于1mm扣1分	
3	阴阳角	垂直	10	阴阳角与窗头角垂直，允许偏差4mm，每处大于1mm扣1分	

续表

序号	测定项目	分项内容	满分	评分标准	得分
4	阴阳角	方正	8	按90°要求兜方，允许偏差4mm，每处大于1mm扣0.5分	
5	棱角	顺直	5	线条顺直、清晰、无缺角、否则酌情扣分	
6	石子分布	均匀	10	以$1m^2$为检查单位，石粒分布均匀密实，无脱粒和空洞，无接缝痕迹，否则酌情扣分	
7	分格条	平直	8	深浅宽窄一致，横平竖直，全长偏差允许3mm，大于1mm扣0.5分	
8	石粒粘接	不掉粒	8	粘结牢固，手摸不掉粒，以$1m^2$为检测单位根据掉粒情况酌情扣分	
9	分层粘接度	牢固	7	粘结牢固，无起壳、裂缝，以$1m^2$为检测单位，根据空鼓起壳情况酌情扣分	
10	工艺	符合操作规范	10	错误无分，部分错误酌情扣分	
11	安全文明施工	安全生产、落手清	4	重大事故，本次考核不合格，一般事故扣4分，事故苗头扣2分，落手清未做无分，不清扣2分	
12	工效	时间定额：2h	6	超过1h扣2分	
13	合计		100		

学号　　姓名　　　　　　教师签字　　　　　　　　　　年　月　日

十七、水磨石操作

1. 材料：水泥宜采用不低于32.5级水泥；石粒有大八厘、中八厘、小八厘三种；颜料掺入量不得大于水泥质量的12%；镶条为铜条或铅条、塑料条、玻璃条；草酸浓度5%～10%；氧化铝；地板蜡或石蜡（0.5kg煤油加热后使用）；松香水；鱼油。

2. 工具：一般常用工具、灰匙、水平尺、尼龙线、滚筒、磨石机、磨石、钢丝钳、靠尺、板、毛刷等。

3. 操作内容及数量：

（1）水磨石踢脚线10m。

（2）普通水磨石地面3～$4m^2$。

4. 时间定额：3h。

5. 考核内容及评分标准（表2-16）。

普通水磨石地面　　**表2-16**

序号	测定项目	分项内容	满分	评分标准	得分
1	基层处理	清理基层	8	清理、湿润及扫浆符合要求有遗漏处酌情扣分	
2	分格条	平直清晰	10	深浅宽窄一致，横平竖直，全长允许偏差0.5mm，大于1mm扣1分	

续表

序号	测定项目	分项内容	满分	评分标准	得分
3	石粒浆配合比及稠度	配合比稠度	10	掌握不同石粒浆的配合比及适宜的稠度，目测，不符合要求酌情扣分	
4	石粒分布	均匀	14	石粒分布均匀、显露清晰，无明显接槎，有明显缺陷酌情扣分	
5	粘接牢固	牢固	13	各抹灰层粘接牢固，无起壳、裂缝，以 $2m^2$ 为检测单位，明显缺陷酌情扣分	
6	表面	平整	13	允许偏差 2mm，大于 1mm 扣 2 分	
7	石粒表面	光滑	12	地面光滑，不得有细孔、砂眼、缺粒等现象，目测以 $1m^2$ 为检测单位，有缺陷每处扣 1 分	
8	工艺	符合操作规范	10	错误无分，部分错误酌情扣分	
9	安全文明施工	安全生产、落手清	4	重大事故，本次考核不合格，一般事故扣 4 分，事故苗头扣 2 分，落手清未做无分，不清扣 2 分	
10	工效	时间定额：8h	6	超过 1h 扣 2 分	
11	合计		100		

学号　　姓名　　　　教师签字　　　　年　月　日

十八、镶贴瓷砖

1. 材料：水泥、石膏、砂子、石灰浆、107 胶水、瓷砖等。

2. 工具：一般常用工具、托线板、线锤、直靠尺、水平尺或水平管、小铁铲、划针或瓷砖切割器、钢丝钳、砂轮片、粉线袋、排笔刷、方尺、钢卷尺等。

3. 操作内容及数量

(1) 操作内容：墙面镶贴瓷砖。

(2) 数量：$2m^2$ 左右。

4. 时间定额：4h。

5. 考核内容及评分标准（表 2-17）。

墙面瓷砖　　　　**表 2-17**

序号	测定项目	分项内容	满分	评分标准	得分
1	表面	平整	10	允许偏差 2mm，大于 1mm 扣 2 分	
2	表面	整洁	20	污染每块扣 2 分，抹缝不洁每处扣 2 分	
3	立面阳角	垂直	10	允许偏差 2mm，大于 1mm 扣 2 分	

续表

序号	测定项目	分项内容	满分	评分标准	得分
4	横竖缝	平直	20	大于2mm，每超1mm扣2分	
5	粘接	牢固	10	起壳每块扣2分	
6	相邻高低	一致	10	大于0.5mm，每处扣2分	
7	工艺	符合操作规范	10	错误无分，部分错误酌情扣分	
8	安全文明施工	安全事故落手清	4	重大事故，本次考核不合格，一般事故扣4分，事故苗头扣2分，落手清未做无分，不清扣2分	
9	工效	时间定额：4h	6	每超过1h扣2分	
10	合计		100		

学号　　　姓名　　　　　　教师签字　　　　　　　　　　　　年　月　日

第三章　高级抹灰工试题

第一节　高级抹灰工判断题

一、**判断题**（下列判断正确的请打“√”，错误的打“×”）

1. 正投影法得到的投影图能真实表达空间物体的形状和大小。（　）
2. 水平投影图能反映物体水平面形状及物体长度方面的位置关系。（　）
3. 正立面图与侧立面图等高。（　）
4. 点在任何投影面上的投影仍是点。（　）
5. 空间点同时在三个投影图上时，它的投影不存在。（　）
6. 正平线平行于 H 面。（　）
7. 正垂线垂直于 V 面。（　）
8. 直线垂直于投影面时，其投影积聚成一点。（　）
9. 平面平行于投影面时，其投影反映实形。（　）
10. 棱柱体是由侧表面、顶面所围而成。（　）
11. 棱锥体是由侧表面和底面所围成。（　）
12. 水平剖视是剖切平面垂直于水平面。（　）
13. 局部剖视适用于表达对称物体。（　）
14. 截面图和断面图没有区别。（　）
15. 建筑物主要有住宅、商店、烟囱。（　）
16. 一个物体只用一个投影图不能完整地反映出物体的全部形状。（　）
17. 两个形状不同的物体，它们在某个投影方向上的投影图可能完全相同。（　）
18. 正投影法是由前面垂直向后投影，由上面垂直向下投影，由左面垂直向右投影。（　）
19. 三个相互垂直的投影面组成三个相同方向的投影图。（　）
20. 正立投影图能反映出物体的正立面形状及物体高度和宽度方面的位置关系。（　）
21. 水平投影图能反映出物体的水平面形状及物体长度和高度方面的位置关系。（　）
22. 侧投影图能反映出物体的侧立面形状及物体高度和长度方面的位置关系。（　）
23. 正立投影图与水平投影图等长——长对正。（　）
24. 水平投影图与侧投影图等宽——宽相等。（　）

25. 点的正面投影和水平投影必在同一垂直连线上。 ( )

26. 点的正面投影和侧面投影必在同一水平连线上。 ( )

27. 在投影面上的点的三面投影必然有一个投影位于轴上。 ( )

28. 平面垂直于投影面上的投影积聚成为一直线。 ( )

29. 剖面图进行剖视时，一般都采用与投影面垂直的面作为剖切平面。 ( )

30. 如果用一个剖切平面将物体全部剖开，这种剖视称为全剖视。 ( )

31. 一个剖切平面若不能将物体上需要表达的内部构造一同剖开时，则可将剖切平面转折成两个相互平行的平面，并将物体沿着需要表达的地方剖开进行投影称为阶梯剖视。 ( )

32. 剖面图的图名是以剖面的编号来命名的，一般用数字或字母来表示。如1-1剖面图、*A-A*剖面图等。一般注写在剖面图的下方。 ( )

33. 图样索引包括图样目录及详图索引两部分内容。 ( )

34. 按照建筑物主要承重结构分类，可分为低层建筑、多层建筑和高层建筑。 ( )

35. 我国颁布的《建筑统一模数制》中规定的基本模数 M_0＝100mm，同时根据基本模数的整倍数和分倍数延伸为扩大模数（$M_0/10$、$M_0/5$、$M_0/2$）、分模数（$3M_0$、$6M_0$）。 ( )

36. $15M_0$、$30M_0$、$60M_0$ 一般用于表示构配件和门窗洞口的尺寸、房间的进深、开间及竖向的高度尺寸。 ( )

37. M_0、$3M_0$、$6M_0$ 一般用于表示房屋开间进深、层高、构配件尺寸和建筑物的总尺寸。 ( )

38. $M_0/10$、$M_0/5$、$M_0/2$，主要用于表示缝隙、构造节点、构配件断面尺寸等。 ( )

39. 墙体按其位置可分为纵墙和横墙。 ( )

40. 墙体按其方向可分为外墙和内墙。 ( )

41. 墙体按其作用可分为承重墙和非承重墙。 ( )

42. 墙体采用防水砂浆砌二皮砖作为防潮层。 ( )

43. 散水的外缘应高出室外地面20～50mm，其宽度一般可根据建筑物的高度控制在400～1200mm之间，其斜度一般为1∶20。 ( )

44. 设外窗台的目的是为了排除雨水，保护外墙面，一般用砖平砌或侧砌而成，外窗台应凸出墙面，上面设有向外的排水坡度。 ( )

45. 砌筑钢筋砖过梁的砂浆强度等级比墙体砂浆高二级，并不低于M5。 ( )

46. 钢筋砖过梁，钢筋的两端伸入侧墙身0.5～1砖长，钢筋砖过梁的高度不得少于2皮砖。 ( )

47. 平拱砖过梁，将砖侧砌，灰缝做成上宽下窄，但最宽不得大于40mm。 ( )

48. 平拱砖过梁，将砖侧砌，灰缝做成上宽下窄，但最窄不得小于3mm。 ( )

49. 平拱砖过梁，中间起拱约为跨度的1/20。 ( )

50. 圈梁是为了增强建筑物的整体刚度和稳定性，提高建筑物的抗风、抗震和抗温度变化的能力，防止地基不均匀沉降对建筑物的不利影响，沿建筑物的内、外墙在水平方向周围设置的封闭式钢筋混凝土梁。 ( )

51. 灰板条抹灰隔墙由上槛、槛、立筋、斜撑及灰板条等构件组成骨架，在上面抹灰而成。 （ ）

52. 钢丝网隔墙一般采用拉空钢板网钉在板条隔墙立筋上，然后在钢板网上抹水泥砂浆而成。 （ ）

53. 砖隔墙一般采用普通砖，顺砌为半砖墙，侧砖为1/4砖墙。 （ ）

54. 砖隔墙一般不宜超过2m高。 （ ）

55. 如果砖隔墙高超过3m，长度超过15m时，就要对墙身的稳定性进行加固，即每隔20～30皮砖埋入ϕ2mm钢筋1根。 （ ）

56. 墙面的装饰，一方面是为了保护墙身，另一方面是体现建筑物的整体美观；同时还可以改善建筑物的热工、声学、光学等物理性能。 （ ）

57. 墙面的装饰按墙面装饰的位置分，可分为外墙装饰和内墙装饰两种。 （ ）

58. 外墙抹灰可分为一般抹灰和装饰抹灰两大类。 （ ）

59. 外墙抹灰层一般由底层、中层和面层三部分组成。 （ ）

60. 外墙抹灰层底层起找平作用，砖墙面、混凝土墙面抹灰一般用混合砂浆或水泥砂浆打底。 （ ）

61. 外墙抹灰，面层灰主要起粘结作用，保证面层和中层粘结牢固防止空鼓，同时直接抵御风雨雪、酸碱等自然侵蚀。 （ ）

62. 抹灰必须分层进行，防止由于一次成活造成抹灰厚度过厚，而出现收缩开裂和抹灰层与基层分离的现象。 （ ）

63. 内墙面抹灰可按建筑物的标准、操作工序和质量要求分为普通抹灰、中级抹灰和高级抹灰。 （ ）

64. 楼层及楼地面是建筑物主要的水平承重构件，它把自重和使用荷载传递到墙、柱和基础上，同时对墙身起着水平支撑作用，增强建筑的刚度和整体性，把建筑物按高度分隔成若干层，发挥了隔声、隔热、防火等物理效能。 （ ）

65. 楼层的种类若按构造和材料可分为五大类，即土接层、木楼层、钢筋混凝土楼层、钢楼层和砖楼层。 （ ）

66. 板式楼层多用于较小跨度的房间，例如：厨房、卫生间。一般为钢筋混凝土单向简支板，跨度一般在5～6m之间，板厚约为60mm。板内配置主力钢筋和分布钢筋。 （ ）

67. 水磨石楼地面，一般在楼面的结构层上或地面的垫层上抹5mm厚1∶3水泥砂浆找平，然后在找平层上镶嵌金属或玻璃条，再抹5mm厚1∶1.5～2.5的水泥石子面层，最后用水磨机加水磨成。 （ ）

68. 块材铺贴楼地面，一般在楼面垫层上或楼面的结构层上采用地砖、大理石、花岗石等块材，用水泥砂浆铺贴而成。 （ ）

69. 陶瓷锦砖楼地面，一般在楼地面垫层上或楼面的结构层上用水泥砂浆铺贴上陶瓷锦砖而成。它只适用于卫生间、盥洗室、浴室等处的地面。 （ ）

70. 坡屋顶是坡度大于20%的屋面，亦称斜屋面。其屋面的形式有：单坡屋顶、双坡屋顶、四坡屋顶、歇山屋顶等。 （ ）

71. 顶棚亦称天棚、平顶或吊顶，它可以使坡屋顶内顶部平整美观。顶棚是由顶棚搁

栅、吊筋、面层等组成。（ ）

72. 砌块墙与隔墙连接应采用加钢筋网片或钢筋加固拉接。（ ）

73. 大板建筑是由预制大型的内外墙板、楼板、屋面板等构件组合装配的建筑。（ ）

74. 框架轻板的节点构造。一般梁的连接取在距柱子轴线1/2处的反弯点处，横梁搁置在柱的牛腿上，梁与柱的钢筋在节点处采用搭接，然后用高强度等级混凝土浇成整体。（ ）

75. 在建筑工程中，能将砂、石子、砖、石块等散粒或块状材料粘结成为整体的材料统称为胶凝材料。（ ）

76. 无机胶凝材料中可分为气硬性胶凝材料和水硬性胶凝材料。（ ）

77. 气硬性胶凝材料的特点是：它只能在水中硬化，不能在空气中硬化。（ ）

78. 水硬性胶凝材料的特点是：它只能在空气中硬化，不能在水中硬化，并能保持强度。（ ）

79. 石膏是天然石膏矿中的天然二水石膏经过加热脱水磨细而成的。（ ）

80. 石膏浆体硬化过程中，体积略有膨胀，其膨胀量在10%左右。石膏这一特性能够使石膏制品外形精美，表面光滑。（ ）

81. 建筑石膏的密度为3.6～3.75g/cm^3。（ ）

82. 建筑石膏的堆积密度为400～500kg/m^3。（ ）

83. 建筑石膏当遇到火灾时，二水石膏中的结晶水蒸发，吸收热量的同时，表面生成的无水物是良好的热绝缘体。（ ）

84. 生石灰粉是由块状生石灰磨细而成的，细度一般为4900孔/cm^{2}筛，其筛余量不大于5%。（ ）

85. 石灰消解熟化速度在3min以上称慢熟石灰。（ ）

86. 生石灰与水作用后生成熟石灰的反应，称为石灰的熟化或称消解、水化。（ ）

87. 石灰完全熟化后，仍需要两个星期以上的时间陈放，在工地上称这个时间为"闷灰"。（ ）

88. 硅酸盐水泥泛指以硅酸盐水泥熟料，加入适量石膏，磨细制成的水硬性胶凝材料。（ ）

89. 在硅酸盐水泥熟料中掺入16%～25%混合材料和适量石膏磨细制成的水硬性胶凝材料称为普通硅酸盐水泥，简称普通水泥。（ ）

90. 火山灰质硅酸盐水泥中火山灰混合材料掺加量按质量百分比为10%～20%。（ ）

91. 国家标准规定：水泥细度用0.8mm方孔筛筛余量不得超过20%。（ ）

92. 国产水泥的初凝时间一般为3～5h。（ ）

93. 国产水泥的终凝时间一般为10～12h。（ ）

94. 水泥质量优等品产品标准必须达到国际先进水平，且水泥实物质量与国外同类产品相比达到近两年的水平。（ ）

95. 水泥质量一等品，产品标准必须达到国际一般水平，且水泥实物质量达到国外同类产品的一般水平。（ ）

96. 纤维、聚合物增强胶凝材料，是为了克服水泥、石灰、石膏等胶凝材料抗拉强度低、抗裂性差、脆性大等缺点。（　　）

97. 聚乙烯纤维砂浆是由水泥砂浆掺入体积为 4%～5%的切短的聚乙烯膜裂纤维制成的。（　　）

98. 掺聚合物的胶凝材料，可提高流动性、降低水灰比，提高硬化体的密实度和抗渗性、强度高、粘结力强、抗冲击性好。（　　）

99. 掺水溶性聚合物的胶凝材料，使砂浆的抗拉强度提高 5～6 倍。（　　）

100. 装饰饰面材料是指用于建筑外墙、内墙、地面、顶棚饰面的材料，其品种繁多、功能各异。（　　）

101. 水泥石灰类装饰面材料主要有：水泥、白水泥、石灰、纸筋、麻刀、砂等。（　　）

102. 集石类饰面，常见的有水刷石、干粘石、斩假石等。集石类饰面材料主要有水泥和色石子。（　　）

103. 贴面类饰面是将块料面层镶贴在基层上的一种装饰方法。贴面材料的种类很多，常用的有：饰面板、天然饰面板、人造石饰面板等。（　　）

104. 裱糊塑料壁纸的胶粘剂，可用聚醋酸乳液和 108 胶：羧甲基纤维素：水的比例为 100：50：30。（　　）

105. 涂料是一种黏稠液体，涂刷在物体的表面，经挥发和氧化作用后，结成紧贴物体表面的坚硬薄膜。它既可增加物体的色彩和美观，又可保护物体防止腐蚀，延长使用寿命，是一种重要的装饰材料。（　　）

106. 密肋梁、井字梁顶棚抹灰，肋内或井内面积超过 $12m^2$ 时，梁和顶棚分别执行相应定额计算。（　　）

107. 顶棚装饰线其线数以阳角为准，按平方米计算工程量。（　　）

108. 预制混凝土板顶棚勾缝，并入顶棚工程量内计算。（　　）

109. 有钢筋混凝土梁的顶棚侧面及底面，按延长米计算工程量。（　　）

110. 抹灰工程是建筑工程的重要组成部分，在工程造价中占有相当的比重。（　　）

111. 内墙面抹灰的长度以立墙间的图示净长计算。无墙裙的，其高度自室内地坪算至顶棚底，如果有边梁的算至梁底。梁面抹灰另算。（　　）

112. 内墙裙抹灰以长度乘以高计算，不扣除门窗洞口和空圈所占面积，但门窗洞口及空圈侧壁亦不增加，垛的侧面墙抹灰并入墙裙抹灰工程内计算。（　　）

113. 外墙面抹灰高度计算方法，由室外设计地坪算起，有挑檐天沟者，就算至挑檐天沟上皮。（　　）

114. 水泥踢脚线工程量计算方法，按净空周长以延长米计算，并应扣除门洞口所占长度，但门侧及垛侧边也不增加。（　　）

115. 现制及预制水磨石、大理石等踢脚线工程量，按实际长度以延长米计算。（　　）

116. 楼梯各种面层按水平投影面积以平方米计算。超过 15.0cm 者应扣除其面积。（　　）

117. 地面平面防潮层，与墙面连接处高度超过 25cm 时，其立面部分的全部工程量均

套立面相应定额计算。（ ）

118. 伸缩缝、沉降缝、抗震缝的工程量计算方法，是均按图示尺寸和不同用料以平方米计算。（ ）

119. 散水工程量计算方法，根据图示尺寸按实铺面积以延长米计算。（ ）

120. 有挑檐的屋面找平层工程量计算方法，按挑檐外皮尺寸的水平投影面积以平方米计算。（ ）

121. 内装饰的部位较多，一般包括：顶棚装饰、内墙面装饰、窗台装饰、接地面装饰、楼梯装饰、踢脚线装饰、墙裙装饰、门窗口装饰、厨房及卫生间内的装饰等。（ ）

122. 外装饰的部位主要有：檐口平顶、窗套、窗台、腰线、阳台、雨篷、明沟、勒脚及墙面等。（ ）

123. 抹灰施工前对门窗框与立墙交接处，应用石膏或灰浆进行分层嵌实、塞实。（ ）

124. 抹灰前对于混凝土、混凝土梁头、砖墙或加气混凝土墙等基体表面不平处，应剔平或用灰浆补平。（ ）

125. 浇水润墙的目的是确保抹灰砂浆与基体表面粘结牢固，防止抹灰层空鼓、裂缝、脱落等质量通病。（ ）

126. 对于各种不同抹灰基体，浇水润湿程度还应根据施工季节的气候温度和室内外操作环境酌情掌握。（ ）

127. 抹灰施工中常用膏状形态的石灰，需在工地淋灰池中将生灰进行消解、熟化。（ ）

128. 抹灰施工中，要求水泥具有良好的粘结性和安定性。应尽量少用高强度等级水泥，因为高强度等级水泥收缩性大，能引起开裂。（ ）

129. 抹灰用砂最好为中砂或细中砂混合使用，避免用粗砂，以免面层抹不光。（ ）

130. 装饰抹灰砂浆是直接涂抹于建筑物内外表面，通过各种骨料及特殊加工处理达到装饰效果的砂浆。（ ）

131. 饰面安装用砂浆一般有水泥砂浆、水泥混合砂浆和聚合物水泥砂浆等。（ ）

132. 砂浆的流动性和许多因素有关，胶凝材料的用量、用水量、胶凝材料的特性，骨料的粗细、形状、级配及砂浆搅拌时间等都可以影响砂浆的流动性。（ ）

133. 机械进行面层抹灰时，砂浆流动性一般为5～6cm。（ ）

134. 若砂浆的保水性不好，在施工过程中，砂浆容易产生泌水、分离、离析或由于水分的流失而使砂浆的流动性变差，不易铺抹均匀，同时也影响胶凝材料的水化、硬化，降低砂浆的强度和粘结力。（ ）

135. 在抹灰中要求砂浆与基层有牢固的粘结能力，故要求砂浆具备足够的强度和粘结力。砂浆的强度越高，粘结力越大。（ ）

136. 在拌合水泥砂浆时，当用水量超过砂浆的保水能力时，部分水分上升到新拌砂浆表面或滞留于骨料下面，经蒸发后形成孔隙，导致砂浆分层，强度降低，粘结能力变差。（ ）

137. 钢皮抹子主要用于抹底灰或水刷石、水磨石面层。（ ）

138. 压子主要用于抹底层灰、中层灰和面层灰等。（ ）

139. 纤维材料在抹灰饰面中起拉结和骨架作用，以提高抹灰层的抗拉强度，增强抹灰层的弹性和耐久性，使抹灰层不易裂缝脱落。 （ ）

140. 捋角器主要用于压光阴阳角，做护角线。 （ ）

141. 托灰板主要用于靠吊垂直之用。 （ ）

142. 托线板主要用于承托砂浆之用。 （ ）

143. 要求同一墙面所用的砂浆必须统一配料，以求色调和色泽一致。应在施工前将有关材料按配合比一次拌均匀，装袋放好。 （ ）

144. 墙面抹灰做标志块。先用托板检查墙面垂直、平整程度，决定墙面抹灰厚度，规范要求抹灰厚度应控制在7～12mm范围内。用与抹灰底层材料相同的砂浆做成厚度为抹灰层厚度、大小为50cm见方的灰饼，即标志块。 （ ）

145. 高级抹灰要求阴阳角都要找方，阴阳角两边都要弹基线，在阴阳角两边做标志块和冲筋。 （ ）

146. 门窗洞口做护角，可以使室内墙面、柱面的阳角和洞口阳角的抹灰线条清晰挺直，并防止碰撞而损坏。护角线分明、暗两种。 （ ）

147. 灰线是在一些标准较高的公共建筑和民用建筑的墙面、檐口、梁底、顶棚、门窗口角等部位，适当设置一些装饰线，给人以舒适和美观的感觉。 （ ）

148. 做灰线的工具，一般是根据灰线的尺寸形状制成木模，木模分阴模、阳模两种。 （ ）

149. 所谓活模是根据施工时工具的固定方式将模子卡在上下两根固定的靠尺上推拉出线条，适用于顶棚四周灰线和较大的灰线。 （ ）

150. 所谓死模是把它靠在一根靠尺上或靠在左右靠尺上用双手拿模捋出灰线来，适用于梁底及门窗角等处的灰线。 （ ）

151. 一般的灰线用四道灰做成，底子灰粘结层也称头道灰，其作用是与基层粘贴牢固。 （ ）

152. 一般的灰线用四道灰做成，罩面灰也称四道灰，一般采用纸筋灰分两次抹成。 （ ）

153. 灰线的施工先抹墙面底子灰，留出灰线尺寸不抹，以便粘贴抹灰线的靠尺板。 （ ）

154. 灰线接头，要求与四周整个灰线镶接相互贯通，与已做好的灰线棱角尺寸、大小、凹凸形状成为一个整体。 （ ）

155. 美术水磨石一般宜用不低于32.5级以上的普通硅酸盐水泥或白水泥、彩色水泥。 （ ）

156. 美术水磨石一般采用细砂，要求含泥量不得大于3%。 （ ）

157. 美术水磨石采用石子要用坚硬可磨的岩石（白云石、大理石）加工的石子，其粒径一般为4～6mm。 （ ）

158. 美术水磨石施工前应做好作业条件准备。应做好门框塞缝与地面各种设备的预埋件安装铺设，做完地面垫层，按标高留出水磨石厚度。 （ ）

159. 美术水磨石施工镶分格条过12h进行浇水养护，常温下养护时间不少于7d。 （ ）

160. 美术水磨石抹石子面层完后，次日浇水养护，在常温下要养护2d，然后试磨。（ ）

161. 美术水磨石磨光酸洗，按操作要求磨好第一遍，要求达到石子磨平、无花纹痕迹、分格条与石粒全部露出。（ ）

162. 仿石抹灰也称仿假石，即在基体上抹面层砂浆后，分成若干大小不等、横平竖直的矩形格块，再用竹丝扫帚扫出毛纹或斑点，使其有石面质感的抹灰。（ ）

163. 在仿石抹灰前对墙体浇水润墙，其中砖墙应提前5d浇水，每天两遍，使渗水深度达到20mm以上。（ ）

164. 假面砖是用与外墙面砖颜色相似的彩色砂浆，抹成相当于外墙面砖分块形式与质感的装饰饰面。（ ）

165. 斩假石是在高级抹灰的基础上，用水泥和石屑按比例抹成的砂浆做面层，在面层上用剁斧做出有规律的槽纹，墙面的外观像石料砌成的一样。彩色斩假石是在水泥中掺加矿物颜料，以增强斩假石的色彩效果。（ ）

166. 外墙弹涂水泥浆质量配合比，当选弹涂为弹花点时，白水泥：颜料：水：108胶＝100：适量：65：5。（ ）

167. 彩色弹涂饰面面层质量配合比，当刷底色浆时，普通硅酸盐水泥：颜料：水：108胶＝100：10：90：20。（ ）

168. 在喷涂聚合物水泥砂浆前，先将门窗及不喷涂的部位进行遮盖，按设计要弹分格线、粘胶条。（ ）

169. 滚涂操作时应注意辊子运行不要太快，手势力度均匀一致，由上而下顺直滚拉，一次滚成，每日应分格分段施工，不留施工缝。（ ）

170. 根据施工图样要求，计算分项工程量及各种饰面块材的数量、规格，制定块材进场计划。（ ）

171. 饰面块材的接缝处应用与饰面块材颜色不相同的水泥浆来填抹。（ ）

172. 楼梯栏板、斜梁和墙裙的饰面块材应在踏步和地面施工后进行。（ ）

173. 室内的饰面块材施工应在抹灰工程完工后进行。（ ）

174. 室外勒脚的饰面应待上层饰面基层完成后进行。（ ）

175. 釉面瓷砖的镶贴，基层表面应具有足够的强度。对光滑的基层进行凿毛处理，对于表面凹凸明显的部位应剔平填平，不同基层相接处应铺钉金属网。（ ）

176. 釉面瓷砖镶贴，对于加气混凝土外墙，应在基层清净后，先刷108胶水溶液一遍，满钉钢丝网，然后抹上1：4：8水泥石灰砂浆作为粘结层，再用1：3水泥砂浆找平。（ ）

177. 釉面砖在贴前应进行预排，把非整砖排在次要部位或阴角处。其排列方法有：无缝镶贴、划块留缝镶贴、单块留缝镶贴。（ ）

178. 镶贴釉面砖宜从阳角开始，由下而上进行。铺贴完后进行质量检查，用清水将釉面砖表面擦洗干净，用白水泥镶缝，最后用棉丝擦干净。（ ）

179. 陶瓷壁画能巧妙地运用绘画艺术和陶瓷装饰技术，可以拼成人物、风景、花卉、动物等图案，用于公共活动场所，达到巧夺天工的艺术效果。（ ）

180. 陶瓷壁画一幅画面的勾缝应分层完成，按由下往上的顺序进行，要根据画面的

色调配制成相应的色浆，保证壁画的整体效果。（　）

181. 大理石饰面板分为镜面板、光面板、细琢面板三种。（　）

182. 大理石饰面板的铺贴与安装前，先预拼排号。为了使大理石安装时能上下左右颜色花纹一致、纹理通顺、接缝严密吻合，故在安装前必须按大样图预拼排号，在地上试拼，校正尺寸及四角套方，使其合乎要求。（　）

183. 大理石板材的安装顺序一般由上而下，每层由阴角向中间展铺，先将板材按基体上的弹线就位，绑扎不锈钢丝，用靠尺板找垂直、用水平尺找平整、用方尺找好阴阳角。（　）

184. 花岗石饰面板安装，一般通过镀锌钢锚固件与基体连接锚固。（　）

185. 花岗石饰面板采用镀锌钢锚固件，将饰面板与基体锚固后，在缝中分层灌注1∶3∶9水泥石灰砂浆。（　）

186. 花岗石安装完毕后，清除石膏和余浆痕迹，调制与花岗石板材颜色相同的水泥色浆嵌缝，最后上蜡抛光。（　）

187. 花饰的制作，假结构的制作要求与真结构的形状、尺寸和标高完全相同，其长短、大小、尺寸可按花饰的尺寸灵活确定，一般以能衬托出花饰所具有的背景为准。（　）

188. 花饰安装条形花饰的水平和垂直，拉线、尺量和托线板检查室外每米允许偏差不应大于4mm。（　）

189. 塑制实样是花饰预制的关键，故应仔细审核图样，领会花饰图案的设计意图。预制好的花饰实样要求在花饰安装后不存水，不易断裂，没有倒角。（　）

190. 安装花饰采用木螺钉固定法。在安装花饰前，在基层上预埋木砖，安装时将花饰上的预留孔洞对准基层上的预埋木砖，用木螺钉进行固定，然后用1∶3水泥砂浆堵塞预留孔洞。（　）

191. 花饰安装，条形花饰的水平和垂直，用拉线、尺量和托线板检查，全长室内允许偏差不应大于6mm。（　）

192. 古建筑装饰多用于楼阁亭台、宫殿、庙宇等结构的各个部位，为我国古代建筑增添了无限光彩。（　）

193. 古建筑装饰是以画、雕、塑为主。其做法多用楼阁亭台、花卉、树木、飞禽走兽的画面，衬托各种历史人物和神话传说。（　）

194. 堆塑是古建筑中在屋脊、檐口、飞檐和戗角等处，用纸筋灰浆等材料制作的人物及飞禽走兽等造型的艺术，用以显示建筑的雄伟。（　）

195. 水泥砂浆堆塑是由水泥、石子和砂按一定配合比加水拌合而成，实际上也是一个钢筋混凝土结构，其有实心和空心两种。（　）

196. 纸筋灰堆塑是用纸筋灰经过扎骨架、刮草坯、堆塑细坯、磨光等工序制成。（　）

197. 对于水泥石子浆实心堆塑，在钢筋配置上要考虑承受水平风载荷和表面稳定。钢筋水泥石子浆堆塑，所用材料配合比采用1∶5水泥石子浆。（　）

198. 水泥石子浆堆塑一般采用剁斧石的表面加工方法。对于一些大型堆塑（如假山、群雕），也可采用砌石配以合理的钢筋堆塑而成。（　）

199. 砖雕施工前首先进行翻样。按设计图样计算好用砖块数并铺平，将砖缝对齐，四周固定挤紧，然后铺上复写纸、盖上图样，用圆珠笔照图样画出来。（ ）

200. 砖雕刻：雕刻前，检查砖的干湿程度，潮湿的砖必须晒干后，方可进行雕刻。雕刻的要点：先刻后凿，先斜后直，再铲、剐、刮平。（ ）

201. 对于琉璃花饰的修复，可以采用水泥砂浆堆塑，打点后进行油饰。（ ）

202. 对于有抹灰层的旧墙体修缮，首先将墙内脱落的旧灰皮铲除干净，墙面用水淋湿，然后按原方法、原厚度分层抹制、压实。（ ）

203. 墙面用混合砂浆打底，其一般抹灰砂浆体积配合比为水泥：石灰：砂＝1：3：0.3～1：4：6。（ ）

204. 混凝土顶棚抹混合砂浆打底，其一般抹灰砂浆体积配合比为水泥：石灰：砂＝1：1：0.5或1：4：1。（ ）

205. 建筑施工组织是研究建筑施工的统筹安排和系统管理的客观规律，是根据建筑施工的技术和经济特点，提供各阶段的施工准备工作内容。（ ）

206. 抹灰工程的施工准备是为组织好施工创造条件，是保证连续施工和提高工程质量的关键。（ ）

207. 抹灰工程人力组织准备，是根据抹灰工程和施工方案所需要的进度、工期等因素，进行工作班制的选择，确定持续工作天数和每天人力需要量，也可以根据统筹施工的网络计划进行人力的组织安排。（ ）

208. 板条天棚一般抹灰砂浆的体积配合比为：水泥：石灰：砂＝1：4：0.5或1：9：3。（ ）

209. 用于不潮湿房间的线脚及其他装饰工程，一般抹灰砂浆体积配合比为：石灰：石膏：砂＝1：0.5：4或1：3：9。（ ）

210. 抹灰工程所用砂浆的准备主要有砂浆种类的选用、砂浆的技术性质、砂浆的配合比等项内容。（ ）

211. 砂浆的技术性质包括砂浆的稠度、保水性、强度和粘结力。（ ）

212. 影响砂浆的因素有：胶凝材料的品种及用量、骨粒的粗细程度和级配、拌合时间等。（ ）

213. 砂浆的保水性，可用分层度筒进行测试。用分层度表示其保水性的优劣，以毫米数表示。分层度接近于零的砂浆易产生裂缝，不宜作抹灰砂浆。（ ）

214. 砂浆的强度等级是以标准试验方法，在标准温度及一定湿度下养护14d的平均抗压极限强度确定的。（ ）

215. 砂浆的粘结力除了与砂浆的强度有关外，还与基体是否处理清洁、其表面是否粗糙、抹灰前是否湿润、成活后是否养护等因素有关。（ ）

216. 大理石、花岗石要按设计图样和配料单进场，验收合格后，分别堆放。有时需要二次加工，并根据使用部位进行试排、对比，使色调协调，纹理通顺，并按顺序分别编号，堆放整齐。（ ）

217. 抹灰工程的技术准备包括：审阅图样、学习有关技术文件和制订施工方案。（ ）

218. 抹灰工艺一般采取先内后外、先下后上的顺序进行。同时，为了缩短高层建筑

施工工期，也可以采用平行流水、立体交叉作业。（ ）

219. 单位工程施工时，大型机械选择的依据是：一般要根据施工对象的特点来选择，主要根据建筑物的总高度、平面形状、构件质量、分段施工要求以及现场施工条件等进行。（ ）

220. 建筑工程全面质量管理工作主要包括：工程质量检验和评定、质量监督、质量通病与防治、工程质量事故及处理等。（ ）

221. 工程质量检验主要指“自检”、“互检”、“交接检”、“预检”和“隐检”。（ ）

222. 施工验收规范规定了一般抹灰的抹灰层平均厚度，如金属网抹灰，其厚度不得大于15mm。（ ）

223. 用于细部、墙、地面装饰抹灰，制作水磨石、水刷石面层水泥石渣浆，其材料体积配合比为：水泥∶石粒＝1∶3。（ ）

224. 工程质量评定是按分项工程、分部工程和单位工程划分的，其工程质量等级均划分为“合格”和“优良”两级，应严格按国家有关部门颁布的标准执行。评定程序是先单位工程，再分项工程，最后是分部工程。（ ）

225. 工程质量监督是由建立在建设单位、施工单位和设计单位之外的独立法定组织机构，即工程质量监督公司来统一监督和仲裁工程产品生产中的各种质量问题。（ ）

226. 建筑工程的质量特性和特征概括起来可分为可靠性、适用性、经济性、美观性四个方面。（ ）

227. 建筑企业的工作质量包括各级工程技术人员、管理人员和全体员工在内的整体素质，即从原材料、设计、施工、检验、设备、计划、服务到职工教育和培训等各项工作的优劣。（ ）

228. 全面质量管理PDCA循环法，是建筑工程质量保证体系中，计划、实施、检查、处理四个阶段。（ ）

229. 室内墙顶的底、中层一般抹石灰砂浆，其体积配合比例为：石灰膏∶黄砂＝1∶1。（ ）

230. 用于室外或室内潮湿易损部位，即嵌缝、底、中层、面层，一般抹水泥砂浆，其材料体积配合比例为：水泥∶细砂＝1∶0.5。（ ）

231. 在抹灰装饰工程质量控制中，影响抹灰工程质量的五大因素是：人、环境、机具、材料、操作方法。（ ）

232. 工作环境包括施工的温度、湿度、天气、环境污染及工序衔接对抹灰工程质量有重大影响。（ ）

233. 把安全生产和安全意识贯穿到每个具体环节中去，确保在安全的前提下进行施工生产。（ ）

234. 施工验收规范规定了一般抹灰的抹灰层平均厚度，如内墙面普通抹灰为12mm。（ ）

235. 施工验收规范规定了一般抹灰的抹灰层的平均厚度，如石墙为25mm。（ ）

236. 用于顶棚混凝土基层打底，俗称三合细，其一般抹灰混合砂浆，材料体积配合比为：水泥∶纸筋灰∶黄砂＝1∶3∶9。（ ）

237. 在现场的施工人员要严格遵守现场安全生产管理制度。任何人进入施工区域必

须戴好安全帽，高处作业要挂好安全带，不准穿拖鞋、高跟鞋或赤脚进入施工现场作业。（　）

238. 在临近街巷、民房施工时，要搭设防护棚，严禁从高处向下抛物或掉物，确保行人和居民的安全。（　）

239. 在雨期施工时，应经常注意各种露天使用的电气设备，对于电闸箱应有防雨盖，并将其放在干燥、较高处，对电焊机等电气设备应加防雨罩。（　）

240. 地基是建筑物的重要组成部分。（　）

241. 空斗墙的优点是既承重又节约砖。（　）

242. 明沟主要用于屋面部位的排水。（　）

243. 雨期施工时，要经常检查现场电气设备的接零、接地保护措施是否符合要求，检查漏电保护装置是否灵敏。（　）

244. 冬期施工现场的办公室、宿舍采用煤炉或燃柴取暖时，要特别注意防火，防止一氧化碳煤气中毒、窒息伤亡事故的发生。（　）

245. 在抹灰施工中，树立安全第一的思想，认真学习和掌握本工种的安全操作规程及有关安全知识，自觉遵守安全生产的各项制度，做到不违章冒险作业。（　）

246. 正确使用防护用品和安全设施，严格遵守岗位责任制和安全操作规程，无证不得进行特殊作业。（　）

247. 在室外抹灰时，脚手板必须铺满，但最窄不得少于两块脚手板。当使用金属挂架时，挂架的间距不得大于3.5m，每跨挂架上不得超过两人同时操作。（　）

248. 室内脚手架严禁将脚手板支搭在散热器或管道上，不准搭设探头板。（　）

249. 加工各种饰面板时，不得面对面操作，必须要有隔离挡板防护，以免碎块飞溅伤人。（　）

250. 施工现场内一般不架设裸导线，现场架空线与地面距离不小于2m，架空线距起重机大臂钢丝绳和吊物应保持安全距离。（　）

251. 人工磨水磨石时，应戴胶手套进行操作，防止手指碰伤或被灰浆烧伤。（　）

252. 一般抹灰用于檐口、勒脚、女儿墙外墙以及比较潮湿处，其体积配合比为：石灰：水泥：砂＝1：0.2：5或1：0.5：9。（　）

253. 一般抹灰用于浴室、潮湿车间等墙裙、勒脚或地面基层，其体积配合比为：水泥：砂＝1：5或1：6。（　）

254. 一般抹灰，用于地面、顶棚或墙面面层时，其体积配合比为：水泥：砂＝1：2.5或1：3。（　）

255. 施工现场应划分用火作业区、材料区和生活区，按规定保持防火间距。另外，还要注意在防火间距内不准堆放易燃物。（　）

256. 现场临时设施、仓库、易燃料场和用火处要有足够的灭火工具和设备，对防火器材要有专人管理，并定期检查。（　）

257. 现场生石灰应单独存放，不准与易燃、可燃材料放在一起，并应注意防火。（　）

258. 抹灰工程是将各种砂浆及其他拌合物涂抹或将饰面块材贴铺在建筑物的墙面、顶棚、地面等表面上的一种装饰工程。（　）

259. 装饰抹灰即采用石灰砂浆、水泥砂浆、水泥混合砂浆、配合物水泥砂浆、麻刀石灰、纸筋石灰进行施工的抹灰。（ ）

260. 一般抹灰，根据使用材料、施工方法和抹灰效果的不同可分为水刷石、水磨石、斩假石、干粘石、假面砖、拉条灰、拉毛灰、洒毛灰、喷砂、喷涂、弹涂、滚涂、仿石等。（ ）

261. 特种砂浆抹灰是采用耐酸砂浆、防水砂浆、重晶石砂浆、耐碱砂浆、保温砂浆等。（ ）

262. 普通抹灰其方法为两遍成活（底层、面层）、分层赶平、修整、压光。主要用于简易仓库和临时建筑。（ ）

263. 高级抹灰其方法为三遍成活、阴阳角找方、对角线设标筋、分层赶平、修整压光。一般用于大型公共建筑物、纪念性建筑物、高级住宅、宾馆以及有特殊要求的建筑物。（ ）

264. 抹灰工程底层主要起与基层的基本材料粘结的作用，同时还起着初步找平的作用。（ ）

265. 根据墙面的平整度、墙体的材料性质、所用抹灰砂浆的种类及抹灰等级，施工验收规范规定了一般抹灰的抹灰层平均厚度，内墙面高级抹灰不得大于 20mm。（ ）

266. 施工验收规范规定了一般抹灰的抹灰层平均厚度，外墙面一般不得大于18mm。（ ）

267. 抹灰工程面层主要起装饰作用，要求大面平整、无裂痕、颜色均匀。（ ）

268. 室内墙面和顶棚一般采用石灰砂浆、纸筋灰浆、麻刀灰浆或石膏灰浆，对有防水要求的及特殊要求的部位采用水泥砂浆。（ ）

269. 外墙一般采用水泥砂浆和水泥混合砂浆，有较高要求的部位常采用装饰抹灰材料、饰面板材等。（ ）

270. 抹灰砂浆是建筑工程中不可缺少且用量很大的建筑材料。它是由有机胶凝材料、细骨料和水，有时也掺入某些外掺材料，按一定比例配合调制而成。（ ）

271. 特种用途抹灰砂浆，常用的特种砂浆有：耐酸砂浆、保温砂浆、防水砂浆等。其配制方法通常采用体积比。（ ）

272. 抹灰工程中对砂的质量要求是：煤屑、云母等不超过砂质量的 15%。（ ）

273. 抹灰工程中对砂的质量要求：三氧化硫的含量不超过砂质量的 10%。（ ）

274. 抹灰工程中要求砂中的黏土、泥灰、粉末含量不超过砂质量的 5%。（ ）

275. 纸筋即粗草纸。使用前将纸筋撕碎，除去尘土，用清水浸透，捣烂，按 100：27.5 的质量比在储灰槽内掺入石灰膏和纸筋，用磨碎机搅拌磨细，并用 5mm 孔经筛子过筛后即可使用。（ ）

276. 麻刀即白麻丝，使用时将麻刀丝剪成 20～30cm 长，并敲打松散。每 100kg 石灰膏可掺麻刀 5～10kg，搅拌均匀，即成麻刀灰浆。（ ）

277. 抹灰砂浆的配合比是指构成砂浆各组成材料含量的比例关系。目前，工地上常用质量比或体积比两种方法。（ ）

278. 影响砂浆配合比的主要因素有：水灰比、用水量、胶砂比。水灰比失调、用水量过多、砂的含量太大，砂浆的强度就低。（ ）

279. 抹灰砂浆一般不承受载荷，不需要很高的强度等级。（ ）

280. 抹灰砂浆多用于干燥环境，大部分面积暴露在空气中，内抹灰适合使用气硬性胶凝材料。（ ）

281. 水泥砂浆宜用于潮湿环境或要求强度较高的部位，如踢脚线、墙裙、地面、窗台、室外墙面等。（ ）

282. 混合砂浆多用于室内混凝土、梁、柱、墙、顶棚的底层和中层及砖砌体的室外抹灰等。（ ）

283. 一般抹灰用于室外或室内潮湿易损部位的嵌缝、面层，底、中层的水泥砂浆，其材料体积配合比例为：水泥∶黄砂＝1∶0.5。（ ）

284. 一般墙面拉毛抹灰用混合砂浆，其材料体积配合比例为：水泥∶石灰膏∶黄砂＝1∶1∶1。（ ）

285. 装饰抹灰砂浆涂抹加工成活后，具有特殊的表面形式或呈各种彩色图案。由于它施工方便、工效高，而且只要改变原料、色彩或施工方法，就可以获得新颖多样的效果，故得到广泛应用。（ ）

286. 装饰抹灰砂浆所选用的色浆与石子间的比例大小主要取决于石子级配的好坏和色彩与石子间的关系恰当与否，可通过加水搅拌进行观察调整。（ ）

287. 水磨石面层砂浆色粉与石子的参考比例。当石子的空隙率小于40%时，色粉∶石子（质量比）＝1∶3或1∶4。（ ）

288. 水磨石面层砂浆色粉与石子的参考比例。当石子的空隙率大于50%时，色粉∶石子（质量比）＝1∶3或1∶5。（ ）

289. 装饰抹灰砂浆用水量控制。用水量没有严格的控制，但要适量，如水磨石，若面层砂浆用水量过多，则会降低水磨石的强度和耐磨性。（ ）

290. 装饰抹灰砂浆按质量比配料，有利于计划用料、避免浪费，可以保证饰面颜色一致。如按体积比配料，则在装料时不容易控制标准，误差较大。（ ）

291. 搅拌装饰抹灰的聚合物水泥砂浆时，要在干拌彩色水泥粉和骨料的同时，按先后顺序加入化学掺加剂、水和108胶，要避免化学掺加剂与108胶直接混合，以防失效。（ ）

292. 外墙面及细部的斩假石面层，常用装饰抹灰水泥石屑浆，其材料体积配合比例为：水泥∶石屑＝1∶1。（ ）

293. 用于细部抹灰以及用于墙面、地面制水磨石、水刷石面层，常用装饰抹灰水泥石渣浆，其材料体积配合比例为：水泥∶石粒＝1∶3。（ ）

294. 饰面安装用砂浆，配制方法与一般抹灰相同。拌制镶贴釉面砖、陶瓷锦砖用聚合物水泥砂浆时，其配合比可由试验确定，也可按图样设计技术交底要求来定。（ ）

295. 外墙一般抹灰施工的顺序。应由檐口开始自上而下进行施工。按规范要求需要做泛水、滴水线、滴水槽的檐口、窗台、阳台、雨罩等部位时，要按设计要求做好。（ ）

296. 外抹灰面层如设计有分格要求时，分格条的宽窄、厚度应一致。抹灰前，按设计要求弹出分格线，然后粘贴分格条。（ ）

297. 抹灰在同一墙面上尽量不要留接槎，必须留接槎时，应留在分格条处和墙面的

阴角处。水落管背后或独立装饰组成部分的边缘处，不得随意留槎、接槎。（ ）

298. 灰饼的大小以10cm长、5cm宽为宜，若过宽，灰饼的边缘往往会高于拉线点。（ ）

299. 一般内墙抹灰，在距顶棚5～10cm处和在墙的尽端距阴阳角5～10cm处分别按已确定的抹灰厚度抹上部的灰饼。（ ）

300. 一般抹灰垂直方向的灰饼一般每隔3～4m做一个。（ ）

301. 一般抹灰所有灰饼的厚度，最薄不得少于5mm。（ ）

302. 待灰饼的砂浆收水后，即可抹冲筋。在抹冲筋时，应注意以垂直方向的灰饼为依据，抹出一条宽约3～4cm的梯形灰带，并略高于灰饼，然后以灰饼的厚度与宽度为准，用刮尺将灰带刮至灰饼面一平即成冲筋。（ ）

303. 做灰饼的砂浆与冲筋的砂浆、抹底子灰的砂浆要相同。（ ）

304. 在阳角处或门窗口的两边近处均应抹冲筋（做护角线需要），以此为依据刮中层，这样避免损坏护角线。（ ）

305. 冲筋和装档抹灰要紧接进行，冲筋不能隔夜，否则在冲筋砂浆收缩后，装档灰以收缩后的冲筋刮平，待装档砂浆收缩后冲筋就显露出来，产生一道道明显的冲筋痕迹，影响墙面的平整度和美观。（ ）

306. 中层抹灰砂浆要与底层砂浆紧密衔接。砂浆抹完后，注意不用抹子来回刮压，要学会用目测观察的方法来控制抹灰的厚度和墙面整度的关系。（ ）

307. 抹底层灰时，铁抹子要紧贴墙面，用力要均匀，使砂浆深入砖墙灰缝及毛面，并与基层粘结牢固。（ ）

308. 暗护角线是用1∶1的水泥砂浆抹成八字形。靠门、窗框一边的厚度以门窗框离墙面的空隙为准，另一边以墙面的抹灰厚度为准。（ ）

309. 当用纸筋灰、麻刀灰罩面时，应在底子灰干至七、八成时进行。（ ）

310. 一般抹灰质量验收标准，保证项目质量的要求：各抹灰层之间及抹灰层与基层之间必须粘结牢固，无脱层、空鼓现象，面层无爆灰和裂缝等缺陷。检查方法：用小锤轻击和观察检查。（ ）

311. 一般抹灰质量验收标准，基本项目普通抹灰质量标准：合格为大面光滑，接槎平顺；优良为表面光滑、洁净，接槎平整。（ ）

312. 一般抹灰表面平整度，用2m靠尺和塞尺检查，高级抹灰允许偏差不应大于4mm。（ ）

313. 一般抹灰阴阳角垂直，用2m托线板检查，高级抹灰允许偏差不应大于4mm。（ ）

314. 一般抹灰质量验收标准，基本项目高级抹灰质量要求：合格为表面光滑、洁净、颜色均匀，线角和灰线平直方正；优良为表面光滑、洁净，颜色均匀，无抹纹，线角和灰线平直方正、清晰美观。（ ）

315. 一般抹灰质量验收标准，基本项目滴水线和滴水槽的质量，合格要求达到滴水线顺直，滴水槽深度、宽度不少于5mm。（ ）

316. 一般抹灰质量验收标准，基本项目孔洞、槽、盆和管道后面的抹灰要求，合格应尺寸正确，边缘整齐，管道后面平顺；优良应尺寸正确，边缘整齐、光滑，管道后面

平整。（ ）

317. 一般抹灰质量验收标准，基本项目滴水线和滴水槽的质量要求，优良应达到流水坡向正确，滴水线顺直，滴水槽深度、宽度均不少于5mm，整齐一致。（ ）

318. 水泥砂浆室内小面积抹灰主要是指：踢脚线、墙裙、内窗台护角、梁、柱等的抹灰。（ ）

319. 踢脚线、墙裙抹灰的底层和中层用1∶1水泥砂浆，面层用1∶0.5水泥砂浆。（ ）

320. 水泥砂浆室内抹灰，中层灰抹完后用刮尺杆依据墙面的平整度刮平中层灰，要求大面平整、粗糙与墙面垂直，在靠近地面部分要注意横向刮平，给人以舒适感。（ ）

321. 水泥砂浆室内抹灰，抹面层砂浆时要均匀地抹在中层上，厚度大体一致。抹好后，待砂浆稍有硬度时用刮尺刮实、刮平。（ ）

322. 踢脚线、墙裙罩面灰压光时，用力要均匀，不宜过大，也不要溜压次数过多，以避免水泥浆过多地压向表面，导致内部因缺乏胶凝体而使粘结强度下降，而且还能扰动面层与中层的粘结面，引起面层砂浆起壳。（ ）

323. 对于内窗台的抹灰要求平整光洁、棱角清晰、上表面水平无泛水。（ ）

324. 内窗台抹灰，立面应凸出墙面10～15mm。（ ）

325. 内窗台抹灰完成后，立面的长度比窗口的每边长10～15mm。（ ）

326. 混凝土梁抹灰前，应把梁表面的隔离剂用1%的火碱水溶液清除干净。（ ）

327. 柱抹灰，在柱四角距地面和顶棚各30～40mm处做标志块。（ ）

328. 方柱子抹灰要随时检查，柱面应上下垂直平整，边角方正，外形一致、整齐，柱子的踢脚线、柱裙高度及出墙厚度一致。（ ）

329. 独立圆柱找规矩应先在柱上弹纵、横两个方向四根中心线，并在地面分别弹四个点的切线，形成圆柱的外切正四边形，其边长即为圆柱的实际直径，并以此为准，制作圆柱抹灰套板。（ ）

330. 直径较小的圆柱可制作半圆套板，直径较大的圆柱可制作1/8圆套板，套板里口可包上铁皮。（ ）

331. 抹灰面层开花是由于石灰膏中夹有未熟化的石灰颗粒或水泥浆中夹有未吸水的微粒，在抹灰层干燥后其继续熟化或水化，导致体积膨胀。（ ）

332. 门窗周围出现空鼓的主要原因是门窗框周围边塞灰不实、固定不牢，在开关门窗时，抹灰层受振而松动。（ ）

333. 内抹灰出现空鼓现象的主要原因：用钢模板浇筑成的混凝土表面比较光滑，没有凿毛处理；抹灰前，没有认真清除粘在混凝土表面的隔离剂。（ ）

334. 当墙体偏差较大、局部抹灰层较厚时，抹灰要分层进行，每次抹灰厚度掌握在10～13mm之间。（ ）

335. 抹灰面层产生的抹纹、起泡现象，是由于表面压光干湿度和压光次数掌握不好即操作不当引起的。（ ）

336. 灰线抹灰的式样较多，线条有简有繁，形状有大有小，各种灰线所使用的材料也根据设计要求和灰线所在部位的不同而有所区别。（ ）

二、判断题答案

1. ✓　2. ×　3. ✓　4. ✓　5. ×　6. ×　7. ✓　8. ✓　9. ✓
10. ×　11. ✓　12. ×　13. ×　14. ×　15. ×　16. ✓　17. ✓　18. ✓
19. ×　20. ×　21. ×　22. ×　23. ✓　24. ✓　25. ✓　26. ✓　27. ×
28. ✓　29. ×　30. ✓　31. ✓　32. ✓　33. ✓　34. ×　35. ×　36. ×
37. ×　38. ✓　39. ×　40. ×　41. ✓　42. ×　43. ×　44. ✓　45. ×
46. ×　47. ×　48. ✓　49. ×　50. ✓　51. ✓　52. ✓　53. ✓　54. ×
55. ×　56. ✓　57. ✓　58. ✓　59. ✓　60. ×　61. ×　62. ✓　63. ✓
64. ✓　65. ×　66. ×　67. ×　68. ✓　69. ✓　70. ×　71. ✓　72. ✓
73. ✓　74. ×　75. ✓　76. ✓　77. ×　78. ×　79. ✓　80. ×　81. ×
82. ×　83. ✓　84. ×　85. ×　86. ✓　87. ✓　88. ✓　89. ×　90. ×
91. ×　92. ×　93. ×　94. ×　95. ✓　96. ✓　97. ×　98. ✓　99. ×
100. ✓　101. ✓　102. ✓　103. ✓　104. ×　105. ✓　106. ×　107. ×　108. ×
109. ×　110. ✓　111. ✓　112. ✓　113. ×　114. ×　115. ✓　116. ×　117. ×
118. ×　119. ×　120. ✓　121. ✓　122. ✓　123. ×　124. ×　125. ✓　126. ✓
127. ✓　128. ✓　129. ×　130. ✓　131. ✓　132. ✓　133. ×　134. ✓　135. ✓
136. ✓　137. ×　138. ×　139. ✓　140. ×　141. ×　142. ×　143. ✓　144. ×
145. ✓　146. ✓　147. ✓　148. ×　149. ×　150. ×　151. ✓　152. ✓　153. ✓
154. ✓　155. ×　156. ×　157. ×　158. ✓　159. ×　160. ×　161. ✓　162. ✓
163. ×　164. ✓　165. ✓　166. ×　167. ×　168. ✓　169. ✓　170. ✓　171. ×
172. ×　173. ✓　174. ×　175. ✓　176. ×　177. ✓　178. ✓　179. ✓　180. ×
181. ✓　182. ✓　183. ×　184. ✓　185. ×　186. ✓　187. ✓　188. ×　189. ✓
190. ×　191. ×　192. ✓　193. ✓　194. ✓　195. ×　196. ✓　197. ×　198. ✓
199. ✓　200. ×　201. ✓　202. ✓　203. ×　204. ×　205. ✓　206. ✓　207. ✓
208. ×　209. ×　210. ✓　211. ✓　212. ✓　213. ×　214. ×　215. ✓　216. ✓
217. ✓　218. ×　219. ✓　220. ✓　221. ✓　222. ×　223. ×　224. ×　225. ✓
226. ✓　227. ✓　228. ✓　229. ×　230. ×　231. ✓　232. ✓　233. ✓　234. ×
235. ×　236. ×　237. ✓　238. ✓　239. ✓　240. ×　241. ×　242. ×　243. ✓
244. ✓　245. ✓　246. ✓　247. ×　248. ✓　249. ✓　250. ×　251. ✓　252. ×
253. ×　254. ×　255. ✓　256. ✓　257. ✓　258. ✓　259. ×　260. ×　261. ✓
262. ✓　263. ✓　264. ✓　265. ×　266. ×　267. ✓　268. ✓　269. ✓　270. ×
271. ✓　272. ×　273. ×　274. ×　275. ×　276. ×　277. ✓　278. ✓　279. ✓
280. ✓　281. ✓　282. ✓　283. ×　284. ×　285. ✓　286. ✓　287. ×　288. ×
289. ✓　290. ✓　291. ✓　292. ×　293. ×　294. ✓　295. ✓　296. ✓　297. ✓
298. ×　299. ×　300. ×　301. ×　302. ×　303. ✓　304. ✓　305. ✓　306. ✓
307. ✓　308. ×　309. ×　310. ✓　311. ✓　312. ×　313. ×　314. ✓　315. ×
316. ✓　317. ×　318. ✓　319. ×　320. ✓　321. ✓　322. ✓　323. ✓　324. ×

325. × 326. × 327. × 328. ✓ 329. ✓ 330. × 331. ✓ 332. ✓ 333. ✓
334. × 335. ✓ 336. ✓

第二节 高级抹灰工填空题

一、填空题（将正确答案填在横线空白处。）

1. 一切建筑工程的建设必须按照______进行施工。

2. 设计图样是按一定规则和方法绘制的，它能准确地表示出______及其______，为施工单位制定______提供依据。

3. 抹灰工应能看懂图样，特别是高级工，应能看懂______等的图样，以便进行内外墙的抹灰装饰施工。

4. 投影法按光源、物体和投影面______可分为多种投影法，工程上常用的有______和______。

5. 正投影法得到的投影图能真实表达______，能准确地反映物体的______，而且作图简便，故一般工程图样绘制均采用正投影法。

6. 在三个投影图中，呈水平面位置的投影面称为______，或称 H 面，在 H 面上产生的投影叫______；呈正立面位置的投影面称为______，或称 V 面，在 V 面上产生的投影叫______；呈侧立面位置的投影面称为______或称 W 面，在 W 面上产生的投影叫______。

7. 一般物体用______个正投影图结合起来就能反映它的全部______。

8. 平行线：直线平行于投影面的投影反映实长，直线在另外两个投影面上的投影分别平行于直线所平行的投影面的两个投影轴，其投影长度______。

9. 垂直线：直线在其所垂直的投影面上的投影______，在另外两个投影面的投影分别垂直于垂直线所垂直的投影面的两个投影轴，且都反映______。

10. 倾斜线：直线的各个投影仍为直线，但长度______，直线的各个投影______各投影面。

11. 平面的投影规律：平面平行于投影面时，其投影反映______；平面垂直于投影面时，其投影______；平面倾斜于投影面时，其投影不反映实形而反映______。

12. 几何体的表面都是由一定______所组成。基本平面体的投影在建筑工程中的基本类型主要有______。

13. 作棱柱体表面上点的投影，可运用平面上点的______。由于棱柱体的底面、顶面及侧表面在三面正投影图中都为投影面的______或投影面的______，因此，作棱柱表面上点的投影可运用平面投影的______。

14. 剖视图按其表明的内容，又可分为______两种。

15. 当剖切平面平行于水平投影面时，这种剖视称为______。

16. 剖视记号是用一组跨图形的粗实线表示剖切平面的______，并在记号的两端用另一组垂直于剖切线的粗实线表示______。

17. 在建筑工程的图样中，有时只需画出形体被剖切后的______，不需画出剖切断面后的形体______，即形体在被剖切后对截断面的______。

18. 断面图的剖视记号是用一组跨图形的粗短实线来表示其______，其投影方向是通过______来注写和表达。

19. 将形体某一部分剖切后所形成的断面图，移出投影图外一侧，称______。这种形式适用于构件、配件的描绘。

20. 详图索引标志有两种形式：一种是注在所需索引处的标志，称为索引标志，通常用______表示；另一种是注在详图处的标志，称为详图标志，通常用______表示，线型为外细内粗。

21. 由于建筑物的组成材料和构件构造都比较______，所以在施工图中常用______来简洁表达设计中的各类构件和材料。

22. 建筑总平面图是假设在建设区的______投影所得的水平投影图。

23. 建筑总平面图可作为建筑______、施工______和总平面______的依据。

24. 建筑平面图是假设用一个水平的平面沿建筑物______作水平剖切，移去上部向下投影而得到的水平剖视图。它反映了建筑物______，是施工图中的主要图样之一。

25. 建筑平面图是主要用来表明建筑物的______等情况的图样，是建筑施工______及内部装修和编制工程预算的重要依据，能直接反映建筑工程的______。

26. 建筑物内部尺寸的标注，是指建筑物内部的______，其中包括：______，门窗洞口、墙、柱垛的尺寸，______关系等。

27. 建筑物地面标高一般有：______、走廊地面、______、门台阶、卫生间地面、楼梯及平台等标高。

28. 所谓标准层平面图是指除______其他平面内容相同层的平面图。标准层平面图的图示方法和底层平面图相似，一般没有其复杂罢了，仅在______等的表达方法上有所不同。

29. 顶层平面图一般比较简单，仅表明顶层是______。如为平屋顶，仅表明______等的位置。

30. 建筑立面图是对建筑物______进行的正投影图，它能反映出建筑物______。反映建筑物主要______或比较显著地反映建筑物外貌特征的一面，称为正立面图。

31. 建筑平面图的图名一般按其所表明______来命名。

32. 在建筑立面图中，如需标注竖向尺寸，一般标注三道尺寸：外边一道尺寸标注建筑物的______；中间一道尺寸标注各楼层间的______；里边一道尺寸标注门窗等各细部的______。

33. 建筑立面图的标高标注的部位主要有：______、各层楼面、______、窗顶、窗台、烟囱顶、阳台面以及______等。

34. 建筑剖面图是假设用 1 个______将建筑在门窗处竖向截开，移去前面一部分，向后面一部分作______所得的投影图。

35. 在建筑剖面中可以看到建筑物内的墙面、顶棚、楼地面的______（如踢脚线、墙裙等）和吊车、卫生、通风、水暖、电气等设备的______情况。

36. 建筑施工图中的建筑详图一般包括：楼梯详图、______和其他详图。

37. 楼梯平面图是采用略高出地面和楼面处，并在______向下投影而成的投影图。

38. 楼梯剖面图是指楼梯的______，其主要反映建筑物的层数，各平台位置、楼梯段数和楼梯级数，以及楼梯的______。其剖切位置一般选在______。

39. 门窗详图是表明门窗______和所用材料等项内容的图样，是______安装的重要依据。一般包括：立面图、剖面图、______及有关文字说明。

40. 民用建筑构造一般由______、墙体、柱、楼板、______、楼梯、屋顶等部分组成。其中______这些承重部分共同组成了建筑物的结构体系，它们在建筑物中称为______。

41. 按建筑物层数多少分类：低层建筑为______的建筑；多层建筑为______的建筑；高层建筑为______的建筑。

42. 建筑标准化要求使建筑物的构配件，如______的类型与规格等达到最低限度，并能______使用。

43. 基础是建筑物的组成部分，承受建筑物的______，并将载荷和自重传给______。

44. 建筑物的______在很大程度上取决于地基和基础的性能和质量。

45. 地基虽然不是建筑物的组成部分，却起着______的作用，它直接支撑着______，对整个建筑物的安全使用起______作用。

46. 天然土层的______差，作为地基没有足够的坚固性和稳定性，需经过人工加固处理才能建造建筑物，这种地基称为______。常用的人工加固地基的方法有：______三大类。

47. 新建建筑物的基础埋置深度______相邻原有建筑物的基础。当新建基础深于原有建筑物基础时，两基础间应______，其数值一般控制在相邻两基础底面。

48. 基础的类型和构造与建筑物上部的______及它所采用的材料性能等因素有关。

49. 墙体隔绝了______的侵袭，可防止______的影响，达到隔热、隔声、保温的目的。同时，墙体又能将建筑物分隔成许多不同的______，起______作用。

50. 一般实砌砖墙大都是由______，采用一定的组砌方法砌成。实砌砖墙的厚度应为______的倍数。

51. 空斗墙是用普通黏土砖，通过______相结合的方法砌筑。平砌的砖称为______，侧砌的砖称为______。面砖与丁砖形成的孔洞称为______。

52. 墙体设置防潮层是为了防止土壤中的______墙面。

53. 墙体油毡防潮层，是在防潮层部位先抹 20mm 厚______，然后用热沥青贴______。

54. 采用______厚细石混凝土带，内配______钢筋作防潮层。

55. 外墙与室外地面接近部位称为______。其经常遭受______和______及风化、冻融破坏，影响建筑物的坚固、耐久、使用与美观，故勒脚部位需采取______措施。

56. 为了防止______浸入基础，一般沿建筑物周围勒脚与室外地坪相接处设置______，使勒脚与室外附近的______迅速排走。

57. 内窗台一般采用______或安装______和木窗台板等。

58. 钢筋混凝土过梁适用于______情况。有预制和现浇两种形式，其宽度一般和墙相同，高度有______几种。

59. 隔墙与隔断用于分隔，均不承受载荷，直接作用在______。隔墙与隔断的区别在于______。

60. 立筋式隔墙，其构造有______、模挡及板条等。根据其构造不同又分为：______和人造板隔墙。

61. 人造板隔墙，人造板包括______等。安装时，用电钻钻孔、用镀锌螺钉固定在骨架上，在板面上______后，进行______。

62. 加气混凝土板隔墙。加气混凝土由______，经过原料处理、配料、浇筑、切割及蒸压养护而成。其密度为______，抗压强度为______，并且具有______等优点。加气混凝土隔墙板之间的接缝多采用______粘结。

63. 按墙面装饰所采用材料与施工方法分，可分为______装饰四种。

64. 按墙面装饰的位置分，可分为______两种。

65. 清水砖墙面装饰构造，它是一种没有抹灰和饰面的砖墙面。要求在施工中对______，同时对砖缝的要求较高。墙身砖缝要求用______勾缝。

66. 外墙镶贴是在______大理石板、花岗石板、预制水磨石板、各色釉面砖、玻璃锦砖、______等。

67. 外墙涂刷类装饰分为______两种。涂刷类装饰，施工方便、造价低廉，有一定的______的能力，但耐久性较差。

68. 内墙面抹灰一般分______两个层次。底层常用______。面层可根据抹灰的等级和功能要求的不同而异，一般常用______等。

69. 内墙贴面一般分为______两大类。贴面砖类包括______等。贴面板类包括______等。

70. 内墙面建筑涂料可分为______两类。

71. 水溶型涂料中的聚乙烯醇类涂料是以______为主要成膜物质，包括聚乙烯醇水玻璃内墙涂料、聚乙烯醇缩甲醛改性内墙涂料。

72. 钢筋混凝土楼层又分为______两大类。其优点是：______；缺点是：______。钢筋混凝土楼层是目前楼层的______。

73. 现浇钢筋混凝土楼层的形式主要有______两种。

74. 板式楼层多用于较小跨度的房间，例如：厨房、卫生间。一般为钢筋混凝土单向简支梁，跨度一般在______之间，板厚约为______。板内配置______。

75. 搁置预制楼板的方法一般有______两种。采用墙体承重的搁置方式，是为了增强______，一般在墙体上设置钢筋混凝土圈梁，预制楼板搁置于______。当利用梁承重时，一般采用______搁置预制板。

76. 楼地面是______的总称。楼地面的名称通常是按其面层所用的______来命名的。

77. 混凝土楼地面，一般用______混凝土浇筑在基层或结构层上，采用随捣随抹光的方法，也可采用______做面层。

78. 空铺木楼地面，一般是在地面刚性垫层或楼面结构层上，先设置______，然后在龙骨上铺钉______而成。

79. 门窗是建筑物的______，门在建筑物中主要起到______的作用；窗主要供______。门窗均属建筑物的______，起到防止______等方面的围护作用。

80. 窗的种类很多，一般可根据其开启方式和构造材料进行分类：______，有平开窗、固定窗、推拉窗、悬窗、卷帘窗、立转窗。______，有木窗、钢窗、铝合金窗、塑料窗等。______，有玻璃窗、纱窗、百页窗等。

81. 楼梯是建筑物楼层间的主要______和______设施。

82. 对楼梯的基本要求是：______和一定的疏散、防火功能。

83. 楼梯在结构构造方面的要求，即要求楼梯有足够的______，楼梯间能够有良好的______，有适当的______和足够的______。

84. 楼梯段可分为______。梁式楼梯段一般由______组成。板式楼梯段一般由______连在一起，踏步由水平的踏板和垂直的踢板组成。

85. 建筑物的屋顶类型众多，主要是根据______和______、使用要求、屋面所用的材料，以及______和所在地区气候等因素而决定。

86. 按屋面的材料与构造分类，有______屋顶、______屋顶、______屋顶。

87. 不保温防水屋顶，一般是在屋顶承重结构面上直接______。其做法是在屋顶结构的表面______，涂冷底子油一度，然后做______。

88. 防水砂浆防水屋顶，一般适用于______，即用______。

89. 坡屋顶的屋面构造主要有：______屋面等。

90. 装配式建筑简单地来说，即工厂按照标准______构件，然后运到工地现场进行安装，是______的一种建筑形式。目前，在技术上比较成熟的装配式建筑有：______等。

91. 砌块建筑是由______作为墙体主要材料的一种建筑，采用简单的______完成砌筑，具有施工方便、适应性强、______等特点。

92. 墙板的类型可根据其______，分为内墙板和______两大类。外墙板还可根据其设计要求划分为：______等。

93. 框架轻板建筑是以______组成的建筑，它具有______、利用工业废料、______、结构面积小、______等优点。

94. 盒子结构建筑是将______，然后像搭积木一样组合起来的建筑。其特点是刚度好、能够把建筑的______，即将一个房间或一个单元整体在工厂中事先做好，再运到工地组合安装。

95. 升板式建筑因大量操作在______，节约模板，施工占地面积小，具有建筑布置灵活等优点，特别适用于______施工。

96. 在建筑工程中所用的胶凝材料包括______两大类。

97. 石膏是天然石膏矿中的______（$CaSO_4 \cdot 2H_2O$）经过加热脱水，磨细而成。在天然二水石膏加热过程中，由于______，脱水石膏的结构和特性也有所不同。

98. 当天然二水石膏在______条件下，用蒸压釜蒸炼脱水，可得 α 型半水石膏。在建筑工程中称为高强石膏，其强度可达______。

99. 建筑石膏有很强的吸湿性，______强度会显著降低。石膏遇水后，结晶体溶解，其耐水性和抗冻性较差，故只能______，同时要求贮存时应严格防潮防水，贮存期不宜______。

100. 石灰是在建筑中使用较早的一种______，是用含有碳酸钙（$CaCO_3$）、碳酸镁（$MgCO_3$）的石灰岩，经过______，形成的块状物。其主要成分为______。

101. 对于快熟石灰，其做法是______。这样可以避免反应激烈、石灰过热，在石灰块表面形成一层硬壳，以致影响进一步熟化。

102. 石灰的用途非常广泛，除了可作各种______外，在建筑施工中还可用来配制各种______等，还可以用来配制______等地面材料。

103. 硅酸盐水泥泛指以______，加入适量石膏，磨细制成的______。

104. 膨胀水泥，在硬化过程中，能够产生______的水泥称为膨胀水泥。膨胀水泥可分为两大类。一类是膨胀力较小的称为膨胀水泥，主要用于______，还可以配制______等。另一类是膨胀力较大的称为自应力水泥，用于配制______，制造______等。

105. 白色硅酸盐水泥。由白色硅酸盐水泥熟料加入适量石膏磨细制成的______。其特点是：______。可配制各种______，适用于建筑装饰工程的______，还可制各种颜色的______及配制彩色水泥。

106. 水泥的凝结时间是指从水泥加水拌合到失去塑性的时间，分为______两个阶段。初凝是指______的时间。终凝是指从______的时间。

107. 水泥的安定性是指标准稠度的水泥净浆在硬化过程中，______的性质。

108. 我国根据 ISO 国际标准及美国、日本、欧洲等发达国家的标准把水泥质量水平划分为______三个等级。

109. 优等品水泥质量要求：产品标准必须达到______，且水泥实物质量与国外同类产品相比达到近______。

110. 水泥石淡水腐蚀，是指水泥石在淡水的作用下产生的腐蚀。这类腐蚀主要是水泥石中的______，使水泥石孔隙增大，降低了强度。

111. 在胶凝材料中采用______，可使胶凝材料硬化体的______强度增高，______等都有明显提高。

112. 无机类纤维增强材料主要有：______等。

113. 石棉水泥主要由石棉与硅酸盐水泥所组成。石棉水泥有较高的______。这类石棉水泥制品主要有：______等。

114. 玻璃纤维石膏是在石膏浆体中，掺入中碱或无碱玻璃纤维制成的。玻璃纤维石膏浆体可制成______，其具有很高的抗______。同时，具有很高的耐火性。

115. 掺聚合物的胶凝材料，即将聚合物固体用______，悬浮于水中制成聚合物乳液，再掺加______等胶凝材料中制成聚合物乳液的胶凝材料。

116. 聚合物浸渍胶凝材料硬化体，将某些低黏度的有机单体浸入胶凝材料硬化体的______，然后通过高能射线的辐射或加热，使单体软化为______。可以提高水泥混凝土______，增强______。

117. 集石类饰面材料主要有______。色石子是由______破碎而成，其规格为______、中八厘（粒径约 6mm）、______等。

118. 目前常用的饰面砖有：______等。

119. 釉面砖的种类、规格繁多，有______装饰釉面砖等，其规格有______两种及配件。

120. 外墙面砖是用于建筑物外墙装饰的______，分有______两种。

121. 陶瓷锦砖又称______，是以优质陶土烧制的片状小瓷砖______贴在纸上的饰面材料，有______两种。

122. 大理石饰面板是用______经锯切、研磨、抛光、切割而成。主要用于______饰面。

123. 青石板系沉积岩以其材性纹理、构造劈裂而成。有______等不同颜色，使用其______，色彩丰富，具有自然风格，多用于______。

124. 水磨石饰面板是用______等，经过选配制坯、养护、磨光、打亮制成。具有______等特点。

125. 纸面纸基壁纸，这种壁纸比较便宜，但______。其品种较多，有______等花色。

126. 玻璃纤维贴墙布是以______而成的新型饰面材料。它具有______、施工方便等特点。

127. 裱糊玻璃纤维墙布的胶粘剂，常用______（质量比）配置成胶粘剂。

128. 裱糊无纹墙布的胶粘剂，无纺墙布可用______（质量比）粘贴。

129. 涂料类饰面材料是一种粘稠液体，涂刷在物体的表面，经______作用后，结成紧贴物体表面的坚硬薄膜。它既可增加物体的______，又可保护______，延长使用寿命，是一种重要的装饰材料。

130. 改性聚乙烯醇缩甲醛内墙涂料，是以______为涂膜物质，加入______，经三辊研磨混合搅拌而成。其特点是：______、可喷可刷、施工方便、______。

131. 抹灰工程中涉及的材料繁多，因此在抹灰工程中注意对______，有助于加强工地的劳动组织调配及材料的利用和供应，______，保证工程质量。

132. 根据______的工程量。从预算定额查出该工程项目的各种______，然后分别乘以该工程项目的工程量，可分别得到该项工程的______。

133. 内墙面抹灰以长度以______计算，其高度计算，有墙裙的，其高度自______。

134. 外墙抹灰的高度，由室外设计地坪算起，无挑檐天沟者，算______；无檐口顶棚者，就算至______。

135. 外墙裙抹灰以长度乘高度按______计算，不扣除______，但______亦不增加，______并入墙裙工程量内。

136. 外墙面抹灰工程量的计算规则如挑檐、天沟、腰线、窗眉、门窗套、压顶、抹平、栏板、遮阳板均按______计算。

137. 窗间墙、窗盘心抹灰面积按______计算。

138. 阳台和雨篷抹灰面积（包括起二道线、抹白灰心在内）按______计算。

139. 顶棚抹灰工程量计算按室内墙或梁间______计算（有坡度顶棚和栱形顶棚按______计算），不扣除______等所占面积。有钢筋混凝土梁的顶棚侧面及底面以______计算。

140. 在计算楼地面工程量时，首先要根据施工设计图样对各房间进行______，凡是______同一个号，然后按______分别进行计算。

141. 混凝土及钢筋混凝土楼地面面层抹灰工程量计算，按______计算。

142. 现制水磨石地面、块料面层、菱苦土面层、防腐耐酸的结合层和面层抹灰工程量，按______计算。

143. 找平层抹灰工程量计算规则，找平层按主墙间净空面积以______计算。立面按墙的______计算。

144. 防潮层工程量计算，地基防潮层按基础______计算。外墙基长度按______计算，内墙基长度按______计算，宽度按______计算。

145. 台阶及防滑坡道面层工程量计算规则，按______计算，垫层按______计算。

146. 明沟工程量计算规则为以______计算。

147. 屋面找平层工程量计算规则，对有挑檐的按______计算。

148. 屋面找平层工程量计算规则，对有女儿墙无挑檐的，按______计算。

149. 砂浆的配合比设计即计算出______用量及其配合的比例。

150. 砂浆质量比是以水泥用量为单位1，求得其他组成材料用量的比值，其计算表达式为______。

151. 砂浆的体积比是指各种组成材料的用量均用体积计算。一般以水泥的体积为1，计算其他组成材料的比值。其各种用量的计算公式为______。

152. 建筑物外装饰的作用有二种：一是______，二是______。

153. 抹灰施工对基体表面的灰尘、______等，应清除干净，并用清水冲洗。

154. 抹灰施工基层处理，对于板条墙或顶棚、板条间隙过窄处，应______；对于有金属网的基体，应铺钉______，不得______。

155. 在常温下进行外墙抹灰，墙体要浇______水，以防止底层灰浆的______而影响底层砂浆与基层的______。

156. 对于各种不同基体，浇水湿润程度还应根据______和______酌情掌握。

157. 在抹灰施工中，常用的是无机胶凝材料，这类材料有______和______两大类。

158. 抹灰施工中，要求石灰膏要充分______（石灰膏必须在池中保存______，这个过程也称为“阵伏”），要避免过火石灰引起______等质量问题。

159. 抹灰施工中常用的石膏为______，其凝结速度快，根据其施工情况______。需要______，可掺入少量磨细的未经煅烧的生石膏。不要使用过期石膏（石膏贮存期为______）以免引起质量问题。

160. 抹灰用砂要求：______，使用前应______，不得含有______。

161. 抹灰施工中常用的石骨料有：石子、砾石、石屑、色石子等。要求石骨料______，使用前必须______。

162. 抹灰用的砂浆主要分为：______等。

163. 装饰抹灰砂浆工程中常用的有______等面层用砂浆，有______等专用砂浆，以及______用面层砂浆。

164. 砂浆的流动性也称砂浆的______，是指在______的性能。

165. 一般抹灰砂浆的总厚度为______ mm。

166. 砂浆的保水性是指砂浆中______的性质。砂浆的保水性可以使新拌砂浆在______过程中，保持其水分______。

167. 砂浆的强度也称______，是通过胶凝材料和骨料经______实现的。一般来说，砂浆的______，粘结力越大。

168. 在装饰材料中，面砖、瓷砖等要按设计要求和产品标准进行______。对大理石花岗石板除按______，还要进行二次加工。

169. 抹灰施工中常用的纤维材料有______。纤维材料在抹灰饰面中起______作用，以提高抹灰层的______，增强抹灰层的______，使抹灰层不易裂缝脱落。

170. 铁抹子用于______或______面层。

171. 薄钢板，主要用于______抹灰及修理。

172. 靠尺板：八字靠尺用于做______，方尺用于测量______。

173. 砂浆搅拌机是搅拌砂浆常用的机械，经常用到的有______砂浆搅拌机、______砂浆搅拌机和______砂浆搅拌机。

174. 抹灰施工中，对于装饰抹灰的拉条灰、拉毛灰、洒毛灰、假面砖、斩假石、水刷石、水磨石、干粘石及喷砂、喷涂、滚涂、弹涂等施工时，要求所用材料的______，避免因产地品种不同引起色泽上的差异。

175. 标筋也称______，即在______，其宽度为6～7cm左右，厚度与标志块相平，作为墙面抹底子灰填平的______。冲筋的材料同______。

176. 阴阳角找方：中级抹灰要求______，其方法是先在阳角一侧墙上做______，用方尺将阳角先______，然后在墙角弹出抹灰准线，并在准线上下两端做______。

177. 灰线分层用灰，垫层灰也称______，其作用是做灰线的______。

178. 灰线分层用灰，出线灰也称______，采用______，对砂浆中砂子要求高。

179. 灰线施工时，喂灰推拉模板，要求喂灰和推拉模子操作动作要______操作。

180. 灰线施工要求灰线接头______、阳角部位接头的交线要与墙阴角的交线______，最后用排笔______使之光滑。

181. 灰线的质量要求：灰线各层______等缺陷。

182. 美术水磨石的施工准备一般包括______两部分。

183. 美术水磨石施工，一般宜用不低于______的普通硅酸盐水泥或______。

184. 美术水磨石施工，水磨石的分格条有______等。

185. 对水磨石所用石子要进行______。

186. 美术水磨石磨光酸洗时，一般要求______，在磨第四遍时加______。磨第五遍后，______成活。

187. 水磨石的质量保证，选用材料的______符合设计要求和______的规定。

188. 水磨石的质量保证，地漏和供排除液体用的带有______符合设计要求，______，与地漏结合处严密平顺。

189. 假面砖所用材料有______，将其按一定配合比例制成______。一般按设计要求的色调进行试配，抹在墙上，______，确定标准配合比。

190. 铁梳子一般用______厚钢板剪成所需______，用于假面砖划纹。

191. 彩色斩假石的施工准备，应首先根据设计要求，调配色彩，做出______，经确定后，再按样板配合比配制好色灰料装袋备用。要求采用______，防止二次进料。

192. 彩色斩假石斩剁时应______进行，先斩______，然后斩剁______。转角和四周边缘的剁纹应与其边棱呈______，中间墙面斩成______。

193. 彩色斩假石斩斧要保持锋利，操作时______。斩剁时，面层要保持湿润，每斩剁一行随时将______分格条取出。同时，注意使表面剁纹______。

194. 聚合物水泥浆是在水泥浆中掺加______制成的。所谓聚合物，是由天然有机单体分子互相结合成分子量很大的高分子化合物，与______等聚合而成的。在建筑工程中所用聚合物有：______等。

195. 聚合物水泥浆弹涂基层处理，对于砖墙面基层，用______，对于钢筋混凝土外墙板等水泥板表面，可直接______。

196. 聚合物水泥砂浆滚涂是将聚合物水泥砂浆______，用滚子滚出花纹的装饰抹灰工艺。适用于建筑物的______。

197. 饰面块材的镶贴与安装，基层处理一般应根据______进行。对于大理石、花岗石、预制水磨石等采用螺栓固定的饰面块材，应在结构施工时，按设计要求理好______。在块材较大或镶贴墙面较高时，应按设计要求在基层表面______，以便于饰材的固定。

198. 饰面块材镶贴与安装，对于有防水层的旁间、平台、阳台等，应______再进行基层处理。卫生间应根据设计要求，先______，留好______。

199. 饰面块材的镶贴与安装，施工前首先根据设计图样的要求对饰面块材按______进行挑选及分类。如块材色差较大，使用时要注意挑选，将______之处。

200. 釉面砖的镶贴，首先在找平层上依照室内标准水平线找出______，弹出砖的______控制线。

201. 釉面砖顶棚镶贴前，首先应把墙上的水平线______，校核顶棚______情况。

202. 陶瓷壁画是以______等为原材料而制成的具有______的现代装饰材料。

203. 为了再现陶瓷壁画原稿的艺术价值，必须______，要从施工技术和操作人员的技能两方面安排好______。

204. 陶瓷壁画施工，要组织专门作业组学习______，领会原______，制定切实可行的______。

205. 大理石饰面板的铺设与安装，其铺设安装方法为：对于小规格一般采取______；大规格的则分______两种。

206. 大理石饰面板的铺设与安装，当采用传统方法时，必须绑扎钢筋网，按施工大样图要求______，具体方法：凿出墙面或柱面的______。

207. 全部大理石板材安装完毕后，按板材______嵌缝，边嵌边擦干净。

208. 大理石饰面板灌浆应______，灌注时不要______，也不要只从______。

209. 大理石饰面板铺设与安装，当第三次灌浆完毕，待______后，即可清理板材上口余浆，并用棉丝擦干净，隔天再清理板材上口______。

210. 大理石墙和柱面的干法安装与湿法安装的主要区别是：______。干法安装取消了湿法安装中的______，而采用大理石板材上下行间用______。

211. 大理石饰面板安装采用干法安装，避免了因灌浆而导致的______，较好地保证了大理石墙、柱面的______。

212. 大理石的接缝可用______，用灰刀批刮嵌牢，随用湿海绵或湿布______。

213. 在整个花岗石复合板安装好后，擦洗干净，在留缝中填______，用______填充，再用______缝隙，然后用整形工具整成______，最后涂光蜡一道。

214. 塑制实样所用的材料较多，常见的有：______等。

215. 浇制阴模，软模制作时，在灌注前把硬化干燥后的实样先刷______，再抹掺煤油的______，然后灌注明胶，要求一次完成，并在灌注后______取出实样，再用______

洗净。

216. 安装花饰一般要求必须达到______方可进行安装，安装前要求把花饰安装部位的基层______现象。

217. 安装花饰的方法一般可分为三种：即______。对于质量轻的小型的花饰，一般用______；对于质量大、形体大的花饰，一般用______。

218. 中国古建筑经过历代能工巧匠共同努力，吸收了______制造了变化无穷、丰富多彩的艺术形象，形成了我国浓厚的传统民族风格，使中国古建筑中的______都达到了惟妙惟肖的境界。

219. 我国古代匠师们最善于______，在檐下和室内的梁枋、斗栱、天花板及柱头上______。如在梁、柱等处，多用______，在内外墙面上用掺______。

220. 我国的砖雕艺术是古建筑装饰中最常见，也是______。例如苏州怡园的______，采用______，使人观之如若置身于仙境之中。

221. 堆塑艺术根据堆塑材料不同，可分为______等。

222. 纸筋灰堆塑，首先扎骨架，即按图样设计要求用______的轮廓，用钢筋和预埋件绑扎于______。

223. 纸筋灰堆塑，最后工序进行磨光，磨光是从刮草坯到堆塑过程中，用薄钢板或杨木加工的______，将塑造的装饰品______，直至压实、磨光为止。

二、填空题答案

1. 设计图样
2. 房屋；构件的形状、尺寸和技术要求；施工计划、编制施工预算
3. 施工图样中的平面图、立面图、墙身剖面图及卫生间、浴室、厨房
4. 三者的相互关系；中心投影法；平行投影法
5. 空间物体的形状和大小；实形
6. 水平投影面；水平投影图；正投影面；正立投影图；侧投影面；侧投影图
7. 三；形状和大小
8. 缩短
9. 积聚成一点；实长
10. 缩短；都倾斜于
11. 实形；积聚成为一直线；缩小了的类似形
12. 数量的平面；棱柱和棱锥
13. 投影规律；平行面；垂直面；积聚性
14. 剖面图和断面图
15. 水平剖视
16. 位置；投影方向
17. 断面；轮廓线；垂直正投影图
18. 剖切位置；数字或字母
19. 移出断面图

20. 细线划成单圆圈；双圆圈
21. 复杂；图例和符号
22. 上空向下
23. 定位；放线；布置
24. 窗台以上的位置；内部的布置情况
25. 平面形状、尺寸大小和内部布置；定位放线、砌墙、门窗安装；技术经济指标
26. 细部尺寸；房间的净尺寸；墙、柱与轴线的平面布置尺寸
27. 室外地坪；室内地面
28. 底层和顶层外；阳台、楼梯间
29. 平屋顶或坡屋面；上人孔、水箱、屋面排水方向、檐沟和落水管
30. 外立面；外形特征及高度尺寸；出入口
31. 层间的层数
32. 总高度尺寸；高度尺寸；高度尺寸
33. 室外地面；建筑物顶部；遮阳板底
34. 垂直的平面；投影
35. 面层装饰情况；配置
36. 门窗详图、外墙节点详图
37. 窗口处作水平剖切
38. 垂直剖面；结构形式；梯段板中间穿过楼梯的门窗口
39. 外形特征、构造尺寸、节点构造、开启方向；结构施工和加工制作；节点大样
40. 基础；门窗；基础、墙、柱、楼板、屋顶；承重构件。
41. 1～5 层；9 层以下；9 层以上
42. 墙体、柱、楼板、楼梯、屋顶、门窗；互换和重复
43. 全部载荷；地基
44. 强度、耐久性和稳定性
45. 承受由基础传来的载荷；整个建筑物；保证
46. 承载能力；人工地基；压实法、换土法、桩基
47. 不宜深于；保持一定距离；高差的 1～2 倍
48. 结构形式、载荷大小、地基的承载能力
49. 自然界风、雨、雪；太阳辐射和声音干扰；空间，起围护
50. 普通黏土砖、灰砂砖、粉煤灰砖；半砖厚
51. 平砌和侧砌；眠砖；斗砖；空斗
52. 潮气侵袭室内环境和破坏
53. 水泥砂浆找平层；一毡两油
54. 60mm；3 根 ϕ6mm
55. 勒脚；雨水的侵溅；基础土壤中水分的浸入；防潮、防水
56. 雨水及室外地面上的水；排水明沟或散水；地面积水
57. 水泥砂浆抹面；预制水磨石、大理石、花岗石窗台板
58. 洞口较宽、载荷较大的；120mm、180mm、240mm

59. 楼板或次梁上；前者到顶，后者不到顶

60. 上槛、下槛、立筋、斜撑；灰板条抹灰隔墙

61. 胶合板、纤维板和石膏板；刮腻子；油漆刷浆或贴墙纸

62. 水泥、石灰、砂、矿渣、粉煤灰等加发气剂铝粉；500kg/m^3；30～50kg/cm^2；保温效果好、可钉、可锯、可刨；水玻璃矿渣粘结砂浆或108胶聚合物水泥砂浆

63. 抹灰类装饰、涂刷类装饰、裱糊类装饰和块材铺贴类

64. 外墙装饰和内墙装饰

65. 砖面进行挑选；水泥细砂砂浆

66. 外墙面上铺贴；铝合金板、装饰玻璃幕墙

67. 彩色水泥浆类和涂料类；装饰效果和保护墙面

68. 底层、面层；石灰砂浆、混合砂浆和水泥砂浆；纸筋灰浆、水泥砂浆、麻刀灰浆、石膏灰浆、锯末灰浆、水砂

69. 贴面砖类及贴面板类；釉面砖、陶瓷锦砖；大理石板、花岗石板、预制水磨石板

70. 水溶型涂料和乳液型涂料

71. 聚乙烯醇树脂

72. 现浇钢筋混凝土楼层和预制装配或钢筋混凝土楼层；刚度大、强度高、耐火、耐久性好；自重大、隔声和保温性差；主要结构形式

73. 板式和梁板式

74. 2～3m；80mm；主力钢筋和分布钢筋

75. 墙承重和梁承重；预制楼板与墙体的整体性和符合抗震要求；圈梁上；矩形梁或花篮梁

76. 楼底层地面和楼层地面；材料

77. C15～C20；细石混凝土

78. 大断面的龙骨；木地板刨平、油漆、打蜡

79. 重要组成部分；通道口和出入疏散人流；采光和通风之用；围护构件；自然风、雨、雪等侵蚀及隔声、保温

80. 按开启方式分类；按材料分类；按镶嵌材料分类

81. 垂直通道；人流疏散

82. 坚固、耐用、使用方便

83. 刚度；采光与通风；坡度；休息平台

84. 梁式楼梯段和板式楼梯段；梯段梁、梯段板及踏步；梁板合一直接和踏步

85. 屋顶结构形式；布置方式、建筑物形式；民族风俗习惯

86. 卷材防水；非卷材防水；构件自防水

87. 做卷材防水层；抹1∶3水泥砂浆找平；卷材防水层，撒绿豆砂

88. 现浇钢筋混凝土结构的平屋顶；1∶2防水砂浆分两次抹成

89. 平瓦屋面、波形瓦

90. 设计图样，预制整套；设计标准化、生产工厂化、施工机械化；砌块建筑、大板建筑、升板建筑、盒子结构

91. 预制好的砌块；机械吊装；刚度好、自重轻、抗震性能好

92. 位置的不同；外墙板；一间一块，竖向一层一块、两层一块或三层一块

93. 预制框架和轻质板材；分间灵活；节约材料、自重轻；抗震性能好、方便施工

94. 一个房间或一个单元房间的空间整体做在一起；80%的露天作业改为工厂化作业

95. 地面上进行，减少了高空作业和垂直运输；城市狭小场地

96. 无机胶凝材料和有机胶凝材料

97. 天然二水石膏：加热的程度和条件不同

98. 0.13MPa 压力和 125℃的温度；15～40MPa

99. 在潮湿环境中；在干燥环境中使用；超过三个月

100. 气硬性矿物胶凝材料；1000～1200℃的高温煅烧后；氧化钙和氧化镁

101. 先注水于池中，再将生石灰倒入水中

102. 水泥、无熟料水泥、碳化制品和硅酸盐制品；砂浆，如石灰砂浆、水泥石灰砂浆、麻刀灰浆、石灰纸筋灰浆；灰土、三合土

103. 硅酸盐水泥熟料；水硬性胶凝材料

104. 体积膨胀；加固钢筋混凝土结构，以及防渗、防裂和锚固工程；补偿收缩混凝土、防水砂浆和防水混凝土；自应力混凝土；自应力水泥管道

105. 水硬性矿物胶凝材料；色泽洁白、强度高；彩色砂浆及彩色涂料；粉饰和雕塑；水刷石、水磨石和人造大理石

106. 初凝和终凝；水泥加水拌合后开始失去塑性；加水拌合到水泥浆完全失去塑性开始产生强度

107. 体积变化是否均匀

108. 优等品、一等品、合格品

109. 国际先进水平；5 年内的水平

110. 氢氧化钙等成分溶解于水

111. 纤维或聚合物；抗拉、抗剪、抗弯、抗冲击；破坏韧性、极限延伸率、耐疲劳性

112. 石棉、玻璃纤维、矿物棉、氧化铝、碳化硅和碳

113. 抗拉、抗弯强度，有较高的耐久性；屋面瓦、墙面板、耐火板、电气绝缘板、压力管和排污管

114. 玻璃纤维石膏板；冲击强度，是石膏净浆的 30 倍；

115. 表面活性剂分散成为微细的环形颗粒；水泥、石灰、石膏

116. 孔隙与微裂缝内；大分子聚合物；抗压、抗拉、抗弯能力；耐磨性和耐腐蚀性

117. 水泥和色石子；天然大理石；大八厘（粒径约 8mm）；小八厘（粒径约为 4mm）

118. 釉面砖、外墙面砖、陶瓷锦砖

119. 白色、彩色、印花、图案及各种绘画；正方形、长方形

120. 块状陶瓷建筑材料；釉面和无釉

121. 马赛克、纸皮砖；拼成各种图案；挂釉和不挂釉

122. 大理石荒料；建筑物室内

123. 暗红、灰、绿、蓝、紫；自然纹理形状形式；园林建筑的外饰面

124. 大理石石子，加颜料、水泥色浆；色泽鲜明、表面光滑、美观耐用

125. 性能差，不耐水，不能擦洗；大理石花纹图案及各种木纹图案、压花图案

126. 玻璃纤维布作基材，表面涂上树脂印花；花样繁多、色彩鲜艳、不褪色、不老化、防火、防潮、可以洗刷

127. 聚醋酸乙烯脂乳液：羧甲基纤维素为60：40

128. 聚醋酸乙烯：羧甲基纤维素：水为5：4：1

129. 挥发和氧化；色彩和美观；物体防止腐蚀

130. 聚乙烯醇缩甲醛；颜料、填料、石灰膏及其助剂；无味、不燃、涂层干燥快；涂膜耐水性好

131. 抹灰工程的人工、材料进行分析；加强企业经济核算，提高劳动生产率，降低工料消耗

132. 施工详图计算分项工程，工料的单位定额用工、单位用料数量；定额用工数量及定额用各种材料数量

133. 立墙间的图示净长；墙裙顶算至顶棚底或边梁底面

134. 至檐口顶棚下皮；屋面板下皮

135. 平方米；门窗洞口和空圈所占的面积；门窗洞口和空圈侧壁及顶面面积；垛和附墙烟囱两侧面积

136. 展开面积以平方米

137. 展开面积以平方米

138. 各层水平投影面积以平方米

139. 净空水平投影面积以平方米；展开面积；柱、附墙烟囱、检查洞及管道；展开面积，按平方米

140. 编号；材料做法、房间面积一样的编成；不同房间编号

141. 不同厚度及用料以平方米

142. 实铺面积以平方米

143. 平方米；净长度乘高度（图示尺寸）以平方米

144. 长度乘宽度，以平方米；外墙中心线；内墙净长线；设计图示尺寸

145. 水平投影面积；不同材料分别另立项目以立方米

146. 延长米

147. 挑檐外皮尺寸的水平投影面积以平方米

148. 外墙外边的水平投影面积以平方米

149. 每立方米砂浆中水泥、石灰膏、砂子

150. $\frac{\text{甲材料用量}}{\text{甲材料用量}}:\frac{\text{乙材料用量}}{\text{甲材料用量}}:\frac{\text{丙材料用量}}{\text{甲材料用量}}=\text{甲}:\text{乙}:\text{丙}$

151. $\text{砂子用量}=\frac{\text{砂子比例数}}{\text{配合比总比例数}-\text{砂子比例数}\times\text{砂子空隙率}}\ (\text{m}^3)$

$\text{水泥用量}=\frac{\text{水泥比例数}\times\text{水泥表观密度}}{\text{砂子比例数}}\times\text{砂子用量}\ (\text{kg})$

$\text{石灰用量}=\frac{\text{石灰膏比例数}}{\text{砂子比例数}}\times\text{砂子用量}\ (\text{m}^3)$

152. 保护墙体；装饰建筑立面

153. 污垢、油渍、碱膜、沥青渍、粘结砂浆
154. 进行处理；牢固、平整；翘曲、松动
155. 两遍；水分被墙面吸收过快；粘结力
156. 施工季节的气候温度；室内外操作环境
157. 气硬性；水硬性
158. 熟化；两个星期以上；爆灰和开裂
159. 建筑石膏；调整凝结时间；加速凝固时；3 个月
160. 颗粒坚硬、洁净；过筛；杂物
161. 耐光、耐磨、坚硬；冲洗干净；
162. 一般抹灰砂浆、装饰抹灰砂浆和饰面工程用砂浆
163. 水刷石、水磨石、干粘石；假面砖、喷涂、滚涂、弹涂；拉灰条、拉毛灰、洒毛灰、仿石
164. 稠度；自重或外力作用下砂浆流动
165. 7～12
166. 各组材料不易分离；运输、存放和使用；不致很快流失
167. 砂浆强度等级；水化、硬化相互粘结；强度越高
168. 验收挑选，分类堆放；设计图样和配料单进厂、验收合格、分别堆放外
169. 麻刀、纸筋、草秸；拉结和骨架；抗拉强度；弹性和耐久性
170. 抹底层灰；水刷石、水磨石
171. 小面积或铁袜子伸不进去的地方
172. 棱角；阴阳角的方正
173. 周期式；圆桶式；连续式
174. 产地、品种、批号等力求一致
175. 冲筋；上下两个标志块之间先抹出一长条梯形灰埂；标准；底层抹灰材料
176. 阳角找方；基线；规方；标志块
177. 二道灰；垫层
178. 三道灰；石灰砂浆
179. 协调、步子要稳，分遍连续
180. 不显接槎；在一个平面内；蘸水清刷一遍
181. 砂浆粘结牢固，没有裂缝、空鼓
182. 材料准备，作业条件准备
183. 32.5 级以上；白水泥、彩色水泥
184. 铜条、玻璃条及铝条
185. 过筛，冲洗干净
186. 二浆五遍；草酸粉溶液；打蜡上光
187. 材质、品种、强度及颜色；施工规范
188. 坡度的面层；不倒泛水，无渗漏、无积水
189. 水泥、石灰膏和矿物颜料；彩色砂浆；做出样板
190. 2mm；齿距的锯齿形

191. 小块斩假石样板；同批号水泥一次备齐

192. 由上而下；转角和四边；中间；垂直方向；垂直纹

193. 动作要快，轻重均匀，使剁纹深浅一致；上面和竖向的；均匀顺直、深浅一致，无漏剁处。

194. 聚合物乳液；催化剂、稳定剂；合成橡胶、热塑性树脂、热固性树脂、沥青

195. 水泥砂浆找平；刷底色浆进行弹涂

196. 涂抹在墙表面上；外墙饰面和局部装饰

197. 不同饰面块材的具体要求；预埋件、钢筋环、螺栓及木砖；扎好钢筋网

198. 做好防水层；放好线；位置或先安装就位

199. 类型、规格和颜色；色差较大的挑出或用在较偏、背

200. 地面标高；水平、垂直

201. 翻引到墙顶交接处；方正

202. 陶瓷锦砖、面砖、陶板；较高艺术价值

203. 精心组织施工；镶贴施工工艺

204. 壁画的施工图样；设计要求和艺术内涵；施工技术方案

205. 粘贴法；传统安装方法和经改进新工艺安装方法

206. 绑扎安装用的钢筋骨架；预埋钢筋或钻孔用胀杆螺栓固定预埋铁件

207. 颜色调制水泥色浆

208. 分层灌注；碰动板材；一处灌浆

209. 砂浆初凝；木楔和有碍安装上层板的石膏

210. 板材与基体的结合方法不同；砂浆或细石混凝土的灌浆工序；钢销连接，板材与基体之间用钢丝挂钩锚拉，石膏固定

211. 板块错位、走形的间歇周期；施工质量

212. 白水泥加色调成与大理石色彩一致的水泥浆；擦净缝边残留浆

213. 聚乙烯苯板；XM-43 胶进行；XM-38 室温硫化型密封胶封闭；月牙形

214. 木材雕刻实样、纸筋灰塑实样、石膏塑制实样

215. 三道漆片；黄油调和油料；8～12h；明矾和碱水

216. 一定强度时；清理干净、平整、无凹凸

217. 粘结法、木螺钉固定法和螺栓固定法；粘结法；木螺钉固定法或螺栓固定法

218. 中国其他传统艺术，特别是工艺美术、绘画、雕刻、书法等造型艺术的特点；梁枋、斗拱、檩椽等结构构件的艺术装饰

219. 雕梁画栋；彩绘各种图案；彩色油漆绘画；胶水的墨绘画

220. 最精细、别致的一种花饰；照墙门楼；全砖雕刻的屋面，飞檐斗拱

221. 纸筋灰堆塑、水泥石子浆堆塑、水泥砂浆堆塑

222. 钢丝或镀锌铅丝配合细麻扎成人物或动物造型；屋脊上

223. 板形及条形溜子；自上而下压、刮、磨 3～4 遍

第三节　高级抹灰工选择题

一、选择题（下列每题有四个选项，其中只有1个是正确的，请将其代号填在横线空白处。）

1. 设计图样是按一定规则和方法绘制的，它能准确地表示出房屋及其构件的形状、尺寸和技术要求，为施工单位制定施工计划、编制施工预算提供______。

A. 依据；　　B. 根据；　　C. 素材；　　D. 条件。

2. 剖面图所表达的______与剖切平面的位置和剖视的投影方向有关，故在进行剖视时，必须在被割切的图面处用剖视记号标注。

A. 要求；　　B. 内容；　　C. 目标；　　D. 方法。

3. 在断面图中只表达被剖切的断面，不绘出剖切断面后的形体轮廓线，这是断面图和______的主要区别。

A. 平面图；　　B. 立面图；　　C. 剖面图；　　D. 详图。

4. 建筑施工图，是进行施工技术管理的重要______，是组织和指导施工的主要依据。

A. 管理文件；　　B. 理论根据；　　C. 监理文件；　　D. 技术文件。

5. 整套的施工图样，是由若干不同内容的图样所组成，为了便于技术人员的______，需要有一定形式的图样索引来指引。

A. 查阅；　　B. 施工；　　C. 设计；　　D. 使用。

6. 建筑平面图的图名一般按其所表明层间的层数来命名。通常由底层平面图、______平面图和顶层平面图三部分组成。

A. 二层；　　B. 标准层；　　C. 三层；　　D. 四层。

7. ______主要表明建筑物内部的空间布局、内部构造和结构形式、竖向分层等情况，反映建筑物各层的构造特点及竖向定位控制尺寸等，是施工的重要依据。

A. 建筑断面图；　　B. 建筑立面图；　　C. 建筑剖面图；　　D. 建筑详图。

8. 楼梯详图一般由楼梯平面图、剖面图和______等部分组成。

A. 断面图；　　B. 标准图；　　C. 立面图；　　D. 节点详图。

9. 楼梯节点详图一般包括楼梯踏步和栏杆扶手的______，用以反映其构造尺寸、用料情况和构件连接等内容。

A. 大样图；　　B. 断面图；　　C. 平面图；　　D. 立面图。

10. 外墙______主要表明建筑物的檐口、窗顶、窗台、勒脚和明沟等几个关键部位与墙身的构造连接关系。

A. 大样图；　　B. 节点详图；　　C. 剖面图；　　D. 立面图。

11. 建筑构造是专门研究建筑物各组成部分的组合原理和构造方式的______，是建筑设计、建筑施工的重要组成部分。

A. 问题；　　B. 基础；　　C. 学科；　　D. 科目。

12. 我国颁布的《建筑统一模数制》中规定的基本模数 M_0 =______ mm，同时根据基本模数的整倍数和分倍数延伸为扩大模数（$3M_0$、$6M_0$）、分模数（$M_0/10$、$M_0/5$、$M_0/2$）。

A. 400； B. 300； C. 200； D. 100。

13. $M_0/10$、______、$M_0/2$，主要用于表示缝隙、构造节点、构配件断面尺寸等。

A. $M_0/5$； B. $M_0/6$； C. $M_0/4$； D. $M_0/7$。

14. 墙体是建筑物的______组成部分，它既可是承重构件，又可能是围护构件。

A. 次要； B. 重要； C. 一般； D. 主要。

15. 墙体设置防潮层是为了防止土壤中的潮气侵袭室内环境和破坏墙面。一般在距室内地坪一皮砖（______ cm）处设置防潮层，同室内地面连成一片。

A. 4； B. 5； C. 6； D. 7。

16. 防水砂浆防潮层，采用______ mm 厚 1∶2.5 水泥砂浆，掺入适量防水剂。

A. 10； B. 15； C. 20； D. 25。

17. 明沟适用于年降雨量大于______ mm 的地区。

A. 900； B. 800； C. 700； D. 600。

18. 散水的外缘应高出室外地面______ mm。

A. 150～20； B. 20～50； C. 60～80； D. 90～120。

19. 钢筋混凝土过梁适用于洞口较宽、荷载较大的情况。长度为洞口宽度加______ mm，其断面形式有矩形、L 形等。

A. 400； B. 500； C. 200； D. 300。

20. 圈梁一般采用现浇钢筋混凝土，其宽度为墙厚，有时为避免“冷桥”现象的发生可薄于墙厚。其高度一般为 120mm、180mm、______ mm。

A. 200； B. 230； C. 240； D. 250。

21. 灰板条抹灰隔墙，板条之间留出______ mm 空隙，使抹灰灰浆挤到板条缝中，“咬”住板条墙。

A. 15～20； B. 20～25； C. 4～7； D. 7～10。

22. 砖隔墙一般不宜超过 3m 高，如果墙高超过 3m，长度超过______ m 时，就要对墙身的稳定性进行加固，即每隔 8～10 皮砖埋入 ϕ4mm 钢筋 1 根。

A. 5； B. 6； C. 7； D. 8。

23. 碳化石灰板隔墙是由磨细生石灰掺入______%（质量比）短玻璃纤维，加水搅拌、振动成型，利用石灰窑废气碳化而成。

A. 1～2； B. 3～4； C. 0.5～1； D. 0.1～0.4。

24. 外墙抹灰的总厚度一般控制在______ mm。

A. 5～10； B. 10～15； C. 15～20； D. 25～30。

25. 聚乙烯醇水玻璃内墙水溶性涂料（各色）（通称 106 内墙涂料）用量一般为______ kg/（m^2·度）。

A. 0.3～0.4； B. 0.05～0.10； C. 0.10～0.15； D. 0.15～0.20。

26. 内墙彩砂涂料，主要成膜物为苯乙烯—丙烯酸酯共聚乳液，一般用量为______ m^2/kg。

A. 0.5； B. 0.4； C. 0.3； D. 0.2。

27. 梁板式楼层主梁跨度可达______ mm，次梁跨度可达 4～7m，板厚为 60～80mm。

A. 2～4；　　B. 5～8；　　C. 9～12；　　D. 15～20。

28. 水泥砂浆楼地面，一般用1：（2～2.5）水泥砂浆做面层，厚度约______mm。

A. 5；　　B. 10；　　C. 20；　　D. 30。

29. 栏板（栏杆）和扶手是阶梯的围护结构，是起保护行人行走安全的作用。栏板和扶手的高度一般为______mm左右。

A. 500；　　B. 700；　　C. 800；　　D. 900。

30. 平屋顶是坡度在______%以下的屋顶。

A. 5；　　B. 10；　　C. 12；　　D. 25。

31. 细石混凝土防水屋顶是由钢筋混凝土结构作底层，上浇筑______mm厚C20密实性细石混凝土，随打随抹。

A. 20；　　B. 40；　　C. 60；　　D. 80。

32. 砌块建筑构造，砌筑时应留灰缝，一般应为______mm宽，以利灌浆捣实、防渗保温、隔声和提高刚度。

A. 5；　　B. 10；　　C. 20；　　D. 40。

33. 石膏的技术性能，通常在加水______min开始凝结。

A. 0.5～1；　　B. 1～2；　　C. 2～3；　　D. 3～5。

34. 石灰中氧化镁含量在______%以下为钙质石灰。

A. 5；　　B. 6；　　C. 7；　　D. 8。

35. 石灰在清解熟化速度在______min以内，称快熟石灰。

A. 12；　　B. 10；　　C. 20；　　D. 16。

36. 生石灰在形成熟石灰的过程中放出大量的热量，同时体积膨胀______倍。

A. 4.5～5；　　B. 5.5～6；　　C. 1.5～3.5；　　D. 6.5～7。

37. 对生石灰的运输和贮存应注意防雨、防潮，保管和贮存时间不宜超过______个月。

A. 4；　　B. 3；　　C. 2；　　D. 1。

38. 凡是由硅酸盐水泥熟料，加入______%石灰石或粒化高炉矿渣及适量石膏磨细制成的水硬性胶凝材料，称为硅酸盐水泥。

A. 0～5；　　B. 6%～10；　　C. 11%～15；　　D. 16%～20。

39. 我国膨胀水泥的净浆膨胀值为1d不少于0.15%，28d不大于______%

A. 0.9；　　B. 1；　　C. 0.7；　　D. 0.8。

40. 国家标准规定水泥的初凝时间不早于______min。

A. 35；　　B. 40；　　C. 45；　　D. 30。

41. 掺水溶性聚合物的胶凝材料，可使砂浆的抗压强度提高______%。

A. 1%～4；　　B. 5%～9；　　C. 10%～14；　　D. 15%～30。

42. 内墙抹灰工程量按垂直投影面积，以平方米计算，应扣除门窗洞口和空洞所占面积，不扣除踢脚线、装饰线、挂镜线以及______m^2以内孔洞和墙与构件交接处的面积。

A. 0.3；　　B. 0.4；　　C. 0.5；　　D. 0.6。

43. 内墙面抹灰，工程量计算应按吊顶不抹灰的，其高度按室内楼（地）面算至吊顶底面另加______cm。

A. 10；　　B. 20；　　C. 30；　　D. 40。

44. 外墙面抹灰工程量的计算，应按外墙长度乘高度的垂直投影面积，以平方米计算，应扣除门窗洞口（指门窗框外围尺寸）及空圈所占面积，但不扣除______ m^2 以内的孔洞面积。

A. 0.5；　　B. 0.6；　　C. 0.3；　　D. 0.4。

45. 顶棚抹灰工程量计算，对密肋梁、井字梁顶棚抹灰，肋内或井内面积在______ m^2 内时，以展开面积计算。

A. 7；　　B. 6；　　C. 8；　　D. 5。

46. 楼地面工程量计算，对水泥及108胶彩色地面，按主墙间的净空面积以平方米计算，不扣除墙垛、柱、间壁墙及______ m^2 以内孔洞所占面积。

A. 0.3；　　B. 0.5；　　C. 0.4；　　D. 0.6。

47. 楼梯面层工程量计算，按水平投影面积以平方米计算。楼梯井宽在______ cm 以内者不予扣除。

A. 60；　　B. 50；　　C. 70；　　D. 75。

48. 地面防潮层工程量计算与地面面积相同，与墙面连接处高在______ cm 以内者按展开面积的工程量并入平面工程量内。

A. 80；　　B. 70；　　C. 50；　　D. 60。

49. 墙身防潮层按图示尺寸以平方米计算工程量。不扣除______ m^2 以内孔洞的面积。

A. 0.6；　　B. 0.5；　　C. 0.4；　　D. 0.3。

50. 隔热层，按图尺寸以立方米计算，不扣除柱、附墙垛和______ m^2 以内孔洞所占体积。

A. 0.3；　　B. 0.5；　　C. 0.8；　　D. 0.9。

51. 屋面找平层按图示尺寸以平方米计算，但不扣除______ m^2 以内的孔洞面积，套用楼地面相应定额计算。

A. 0.4；　　B. 0.3；　　C. 0.6；　　D. 0.5。

52. 砂浆中砂的用量与砂的含水率有关。当砂的含水率为______%时，$V'_{os}=1m^3$。

A. 1；　　B. 1.5；　　C. 2；　　D. 3。

53. 墙上的脚手眼、各种管道穿越过的墙洞和楼板洞、剔槽等，应用______水泥砂浆填嵌密实或砌好。

A. 1∶8；　　B. 1∶0.5；　　C. 1∶1；　　D. 1∶3。

54. 对于混凝土、混凝土梁头、砖墙或加气混凝土墙等基体表面不平处，应剔平或用______水泥砂浆补平。

A. 1∶3；　　B. 1∶4；　　C. 1∶5；　　D. 1∶8。

55. 对于预制混凝土楼板顶棚，在抹灰前应用______水泥石灰砂浆勾缝。

A. 1∶1∶3；　　B. 1∶0.3∶3；　　C. 1∶2∶0.3；　　D. 1∶3∶0.3。

56. 加气混凝土墙表面，因其表面孔隙率大、毛细管为封闭性和半封闭性，阻碍了水分渗透速度，应在抹灰前两天进行浇水，并每天浇两遍以上，使渗水深度达到______mm。

A. 1～3；　　B. 4～7；　　C. 8～10；　　D. 15～20。

57. 抹灰施工中常用的石膏为建筑石膏，若需要缓凝固，则可掺入为水重______%的胶或亚硫盐酒精废渣、硼砂等。

A. 0.03%～0.05；　B. 0.06%～0.07；
C. 0.08%～0.09；　D. 0.1%～0.2。

58. 手工抹底层砂浆时，砂浆的流动性（稠度）应选用______ cm。

A. 11～12；　B. 9～12；　C. 9～10；　D. 7～8。

59. 手工抹含石膏的面层砂浆时，砂浆的流动性（稠度）应选用______ cm。

A. 7～8；　B. 9～12；　C. 11～12；　D. 9～10。

60. 保水性好的砂浆其分层度较少，砂浆的分层度以在______ cm 为宜。

A. 0.6～0.7；　B. 0.8～1；　C. 1～2；　D. 3～4。

61. 麻刀应为细碎麻丝，要求坚韧、干燥、不含杂质，长度不大于______ mm。

A. 60；　B. 50；　C. 40；　D. 30。

62. 草秸即将稻草、麦秸切成长度为______ mm 碎段，经石灰水浸泡处理半个月后使用。

A. 50～60；　B. 60～70；　C. 70～80；　D. 80～90。

63. 一般沿竖向和水平方向按______ m 间距在墙面上做灰饼，灰饼的外皮应在同一竖向平面内，以控制墙面抹灰的垂直平整度。

A. 1～1.5；　B. 1.5～2；　C. 2～3；　D. 3～4。

64. 护角一般用 1∶2 水泥砂浆做，每侧宽度不少于______ mm，以墙面标志块为依据。

A. 30；　B. 40；　C. 50；　D. 60。

65. 在进行水磨石施工前，在室内墙面做好＋______ cm 标准水平线。

A. 20；　B. 30；　C. 40；　D. 50。

66. 美术水磨石镶分格条，过______ h 进行浇水养护，常温下养护时间不少于 2d。

A. 12；　B. 24；　C. 36；　D. 48。

67. 美术水磨石罩面石子浆应高出分格条______ mm。

A. 0.5～0.9；　B. 1～2；　C. 3～4；　D. 5～6。

68. 美术水磨石抹石子浆面层要求次日浇水养护，在常温下要养护______ d。

A. 1～2；　B. 3～4；　C. 5～7；　D. 8～10。

69. 假面砖的施工，待面层砂浆收水后，用铁梳子在靠尺板上划纹，深度为______ mm。然后用铁钩子根据面砖的宽度沿靠尺板横向划沟，其深度以露出垫层灰为准，划好后将飞边砂浆扫净。

A. 4；　B. 3；　C. 2；　D. 1。

70. 彩色斩假石彩色砂浆抹好后，在常温下养______ d，当其强度达到 5MPa 时，进行弹线、斩剁。

A. 2～3；　B. 4～5；　C. 6～7；　D. 8～10。

71. 滚涂砂浆配合比一般常用 1∶2 白水泥砂浆或普通水泥、1∶1∶4 水泥石灰砂浆，掺入水泥质量______%的聚乙烯醇缩甲醛胶等。

A. 1%～5；　B. 10%～20；　C. 30%～40；　D. 50%～60。

72. 釉面砖镶贴前应首先清除污垢，放入清水中浸泡不少于______ h，然后取出阴干备用。

A. 5； B. 4； C. 2； D. 3。

73. 室内贴釉面砖，立面垂直度，用 2m 托线板和尺量检查，允许偏差不应大于______ mm。

A. 5； B. 4； C. 3； D. 2。

74. 室内贴釉面砖，接缝高低，用钢直尺和塞尺检查，允许偏差不应大于______ mm。

A. 0.5； B. 1； C. 2； D. 3。

75. 镶贴壁画施工时，必须具备良好的施工条件和适宜的施工温度环境，一般要求施工环境温度不低于______℃。

A. 10； B. 15； C. 0； D. 5。

76. 大理石饰面的干法安装，按设计尺寸在墙脚、柱边的地面上弹出板材的外边线，板材与基体面间净距为______ mm 左右，并在板材端立面上开挂钩槽，钻钢销孔。

A. 10； B. 20； C. 40； D. 50。

77. 大理石饰面板室内安装，立面垂直，用 2m 托线板检查，允许偏差不应大于______ mm。

A. 5； B. 4； C. 3； D. 2。

78. 大理石饰面板安装，接缝宽度，拉 5m 小线和尺量检查，允许偏差不应大于______ mm。

A. 0.5； B. 1； C. 2； D. 3。

79. 浇制阴模时，先将明胶隔水加热到______℃使其熔化，调拌均匀，稍凉后进行软模灌注。

A. 10～20； B. 30～70； C. 80～100； D. 110～140。

80. 安装花饰采用粘贴法时，在粘贴前，先将基层清理好，抹一道______ mm 的水泥砂浆，再在花饰背面稍浸水湿润，涂上水泥砂浆进行粘贴。

A. 0.5； B. 1； C. 2； D. 5。

81. 室内花饰安装，单独花饰中心线位置偏差，用纵横拉线和尺量检查，允许偏差不应大于______ mm。

A. 39； B. 29； C. 19； D. 10。

82. 室外花饰安装，条形花饰的水平和垂直，全长用拉线、尺量和托线板检查，允许偏差不应大于______ mm。

A. 6； B. 7； C. 8； D. 9。

83. 室内花饰安装，条形花饰的水平和垂直每米用拉线、尺量和托线板检查，允许偏差不应大于______ mm。

A. 0.5； B. 1； C. 1.5； D. 2。

84. 堆塑一般先经放样制作骨架，做堆塑坯或制作模具，经过压、刮、磨等______加工而成。

A. 流程； B. 步骤； C. 工序； D. 方法。

85. 雕刻是古建筑中常用的______手法，常用来雕刻梁、柱及方砖。它具有刻画细腻，造型逼真，布局匀称、紧凑、贴切、自然等特点。

A. 表明；　　B. 显示；　　C. 表示；　　D. 表现。

86. 彩绘是我国古建筑装饰的一个______组成部分。

A. 重要；　　B. 显要；　　C. 次要；　　D. 构造。

87. 堆塑细坯两度，是用细纸灰按图样或实样进行堆塑。堆塑时要一层一层地进行，不得太厚，每层厚度约为______cm左右，以免干缩开裂。

A. 0.1～0.4；　　B. 0.5～1；　　C. 1.5～2；　　D. 2.5～3。

88. 砖雕施工前应首先进行选砖，选砖是砖雕的______，要挑选质地均匀的砖，不能有裂缝、砂眼、掉边缺角等，可采用钢凿敲打挑选，以声音清脆为佳。

A. 重要步骤；　　B. 重要内容；　　C. 关键；　　D. 重要工序。

89. 砖雕在装贴前应浸水到无气泡为止，捞出来晒干。在墙基层上弹线，用油灰（其配合比为细石灰∶桐油∶水＝______）自上而下、从左到右进行装贴。对于双层砖用元宝榫连接。

A. 10∶2.5∶0.5；　　B. 10∶1∶2.5；

C. 10∶2∶0.5；　　D. 10∶2.5∶1。

90. 用于砖石墙表面（檐口、勒脚、女儿墙以及潮湿房间的墙除外）抹面砂浆可采用石灰砂浆配合比为石灰∶砂＝______。

A. 1∶2～1∶1.4；　　B. 1∶3～1∶2.4；

C. 1∶4～1∶3.4；　　D. 1∶5～1∶4.4。

91. 较高级墙面顶棚抹面，可采用纸筋灰其配合比为纸筋：石灰膏＝灰膏 0.1m^3，纸筋为______kg。

A. 0.1；　　B. 0.36；　　C. 0.4；　　D. 0.5。

92. 全面质量管理的______是提高人的素质和调动人的积极性，让全体员工共同参与，以工作质量来保证和提高产品质量或服务质量。

A. 方法；　　B. 目的；　　C. 核心；　　D. 内容。

93. 凡施工作业高度在______m以上时，均要采取有效的防护措施。

A. 1.5；　　B. 1.6；　　C. 1.8；　　D. 2。

94. 室外抹灰使用金属挂架时，应在一层建筑物外侧周围设______m安全网。

A. 6；　　B. 7；　　C. 8；　　D. 9。

95. 抹灰施工时，上料应先检查脚手架搭设和跳板的铺设。推车运料一律单行，严禁倒拉车，严禁并行超车，坡道行车前后距离不小于______m。

A. 9；　　B. 10；　　C. 7；　　D. 8。

96. 向脚手架上运料时，多立杆式外脚手架。每平方米不得超过______kg。

A. 280；　　B. 350；　　C. 270；　　D. 300。

97. 在室内使用内脚手架抹灰时，必须搭设平稳牢固。脚手板跨度不得超过______m，严禁操作人员集中站在一块脚手板上操作。

A. 5；　　B. 4；　　C. 3；　　D. 2。

98. 在室内______m以上顶棚抹灰时，应有架子工搭设满堂脚手架，满铺脚手板。

A. 4；　　B. 3；　　C. 2；　　D. 1。

99. 现场架空线与施工建筑物水平距离不得少于______m。

A. 9； B. 10； C. 7； D. 8。

100. 工棚内的灯具、电线都应采取妥善的绝缘保护，灯具与易燃物一般应保持______cm间距，工棚内不准使用碘钨灯照明。

A. 15； B. 20； C. 30； D. 25。

101. 为了保证抹灰层粘结牢固，控制好______，防止抹灰层起壳、开裂，确保抹灰质量，应分层操作。通常把抹灰分为底层、中层和面层三部分。

A. 水平度； B. 完整性； C. 整齐性； D. 平整度。

102. 根据墙面的平整度、墙体的材料性质、所用抹灰砂浆的种类及抹灰等级，施工验收规范规定了顶棚、板条、空心砖、现浇混凝土的抹灰平均厚度不得大于______mm。

A. 15； B. 18； C. 20； D. 25。

103. 涂抹水泥砂浆每遍厚度宜为______mm。

A. 1～3； B. 5～7； C. 8～10； D. 12～15。

104. 涂抹石灰砂浆和水泥混合砂浆每遍厚度宜为______mm。

A. 1～2； B. 3～5； C. 7～9； D. 12～15。

105. 面层抹灰经赶平压实后的厚度，麻刀灰浆不得大于______mm。

A. 6； B. 5； C. 4； D. 3。

106. 预制混凝土基体抹灰的抹灰层平均厚度不得大于______mm。

A. 18； B. 20； C. 25； D. 28。

107. 玻璃纤维丝灰浆，是将玻璃纤维切成______cm左右的丝段，石灰膏和玻璃丝的质量比为1000：（2～3），搅拌均匀即成。

A. 0.1； B. 1； C. 2； D. 3。

108. 砂浆的配合比对砂浆的强度等技术性能起______性作用。

A. 一定； B. 重要； C. 决定； D. 主要。

109. 室内墙面的底、中层抹灰，采用石灰砂浆，其体积配合比为石灰膏：黄砂＝1：2.5或石灰膏：黄砂＝______。

A. 1：1.5； B. 1：2； C. 1：2.5； D. 1：3。

110. 常用装饰抹灰砂浆配合比用于细部抹灰或用于墙、地面制作水磨石、水刷石面层，所用水泥石渣浆体积配合比为水泥：石粒＝1：1.25、水泥：石粒＝1：1.5或水泥：石粒＝______。

A. 1：2； B. 1：3； C. 1：4； D. 1：5。

111. 制作墙面水刷石面层，采用水泥玻璃屑浆，其材料体积配合比为水泥：玻璃屑＝______。

A. 1：0.5～1：1； B. 1：1.5～1：2；

C. 1：2.5～1：3； D. 1：3～1：3.5。

112. 一般抹灰工程的施工，应该在______完成后，并且具备在装饰工程施工后不被后期工序所损坏和沾污的条件下方可进行施工。

A. 安装工程； B. 防水工程； C. 屋面工程； D. 结构工程。

113. 做灰饼以内墙为例，在距顶棚15～20cm处和在墙的尽端距阴阳角______cm处分别按已确定的抹灰厚度抹上部的灰饼。

A. 30～35；　B. 25～30；　C. 20～25；　D. 15～20。

114. 设置好上部灰饼后，以此为依据用托线板与线锤做垂直方向灰饼，要求离地面______cm左右。

A. 20；　B. 30；　C. 40；　D. 50。

115. 所有灰饼的厚度最厚不宜超过______mm。

A. 27；　B. 25；　C. 28；　D. 26。

116. 抹护角线时应在阳角两侧先抹一层薄底子灰，其厚度为______cm。

A. 1；　B. 3；　C. 5；　D. 7。

117. 一般抹灰当用纸筋灰、麻刀灰罩面时，总厚度为______mm。

A. 6～7；　B. 5～6；　C. 4～5；　D. 2～3。

118. 一般抹灰，当用石膏罩面时，厚度不大于______mm。

A. 2；　B. 3；　C. 4；　D. 5。

119. 一般抹灰，表面平整度，用2m靠尺和塞尺检查，普通抹灰允许偏差不应大于______mm。

A. 6；　B. 5；　C. 8；　D. 7。

120. 一般抹灰，表面平整度，用2m靠尺和塞尺检查，高级抹灰允许偏差不应大于______mm。

A. 5；　B. 7；　C. 2；　D. 6。

121. 普通一般抹灰，分格条（缝）平直，拉5m小线和尺量检查，允许偏差不应大于______mm。

A. 6；　B. 4；　C. 5；　D. 3。

122. 踢脚线高度一般为______cm。

A. 15～20；　B. 25～30；　C. 35～40；　D. 45～50。

123. 抹踢脚线面层砂浆时，凸出墙面的部分应为______mm。

A. 5～8；　B. 8～9；　C. 9～10；　D. 10～12。

124. 内窗台抹灰，立面同内墙面一平，平面比窗框下口低______mm。

A. 2～4；　B. 5～8；　C. 9～12；　D. 13～15。

125. 按规范标准规定时间淋制熟化石灰，用于罩面抹灰的石灰熟化时间不得少于______d。

A. 20；　B. 10；　C. 30；　D. 25。

126. 扯灰线一般分四层做成，头道灰即粘结层，用______的配合比水泥石灰砂浆薄抹一层，与基体粘结牢固。

A. 1∶3∶3；　B. 1∶2.5∶2.5；　C. 1∶2∶2；　D. 1∶1∶1。

127. 扯石膏灰线，罩面灰用4∶6的石灰石膏灰浆，而且要在______min内扯完。

A. 7～10；　B. 11～14；　C. 15～18；　D. 19～21。

128. 当踏步设有防滑条时，在罩面过程中，应距踏步口______cm处留出防滑条槽，用素水泥浆粘贴宽2cm、厚7mm的梯形米厘条。

A. 7～8；　B. 3～4；　C. 9～10；　D. 5～6。

129. 当踏步设防滑条时，金刚砂砂浆要高出踏步面______ mm。

A. 7～8；　B. 9～10；　C. 3～4；　D. 5～6。

130. 水磨石面层石子一般按设计要求选用，粒径为______ mm。

A. 14～20；　B. 11～13；　C. 9～10；　D. 4～8。

131. 檐口、雨篷上面采用1∶3水泥砂浆由墙根往外做流水坡，墙根部抹成圆弧形，并翻墙上______ cm，以利防水、防渗。

A. 20～30；　B. 18～20；　C. 15～18；　D. 10～15。

132. 挑檐抹灰也可以在底面仅做外口向里______ mm宽的一条水泥方条，代替滴水槽。

A. 40；　B. 50；　C. 20；　D. 30。

133. 外窗台抹灰应先检查窗台与窗下框距离是否满足______ cm空距的要求，拉通线找出相邻窗台的统一进出与水平高度，做出标志块。

A. 1～2；　B. 2～3；　C. 4～5；　D. 7～8。

134. 外窗台抹灰，在抹面层时，要先在窗口底面距边口______ cm处粘贴分格条，以做滴水槽用。

A. 5；　B. 4；　C. 3；　D. 2。

135. 室外复杂装饰线角的扯制时，应采用中砂和粒径约为______ mm的米粒石。

A. 2；　B. 3；　C. 4；　D. 5。

136. 柱帽基层复核，将垫层活模上部靠在套板上，下部靠在柱身顶部，对基层逐段校核，必须以套模与基层面保持______ mm左右的间隙作为抹灰层厚度。

A. 10；　B. 20；　C. 30；　D. 40。

137. 扯制水刷石圆柱帽，石子浆面层冲刷干净后第二天起，石子面层应根据气候酌情洒水养护不少于______ d。

A. 6；　B. 4；　C. 7；　D. 5。

138. 装饰抹灰水刷石表面平整度，用2m靠尺和塞尺检查，允许偏差不应大于______ mm。

A. 6；　B. 4；　C. 5；　D. 3。

139. 装饰抹灰水磨石阴阳角垂直度，用2m托线板检查，允许偏差不应大于______ mm。

A. 2；　B. 3；　C. 4；　D. 5。

140. 装饰抹灰斩假石立面垂直度，用2m托线板检查，允许偏差不应大于______ mm。

A. 5；　B. 4；　C. 6；　D. 8。

141. 室内大理石饰面板立面垂直度，用2m托线板检查，允许偏差不应大于______ mm。

A. 4；　B. 5；　C. 2；　D. 3。

142. 室外大理石饰面板立面垂直度，用2m托线板检查，允许偏差不应大于______ mm。

A. 6；　B. 5；　C. 4；　D. 3。

143. 大理石、花岗岩板块料楼地面工程面层，表面平整度，用2m靠尺和塞尺检查，允许偏差不应大于______mm。

A. 1； B. 2； C. 3； D. 4。

144. 大理石、花岗石板块料楼地面工程面层，接缝平直，拉5m小线，不足5m拉通线和尺量检查，允许偏差不应大于______mm。

A. 1； B. 2； C. 3； D. 4。

145. 陶瓷锦砖（马赛克）地面，缝格平直度，拉5m小线，不足5m拉通线和尺量检查，允许偏差不应大于______mm。

A. 1； B. 2； C. 3； D. 4。

146. 水刷石采用石子，一般要求粒径为______mm，品种色泽按设计要求选定，也可以做样板选定。

A. 1； B. 2； C. 3； D. 4。

147. 水刷石面层嵌缝用1∶1水泥细砂浆嵌缝。要求密实平整，略低于面层______mm，镶口、阴角应方正。

A. 2～3； B. 4～5； C. 6～7； D. 8～9。

148. 水磨石饰面找平层抹好后要经养护方能抹面层石子浆。养护时间应根据气候情况而定，一般情况下，夏天养护时间为______d。

A. 0.5； B. 1； C. 2； D. 3。

149. 水磨石面层嵌填分格条，对于十字接头处，每根条子均应留出______mm左右不嵌条。

A. 5～10； B. 10～15； C. 15～20； D. 25～30。

150. 一般抹灰阴阳角方正，用方尺和塞尺检查，普通抹灰要求允许偏差不应大于______mm。

A. 7； B. 8； C. 5； D. 4。

151. 装饰抹灰干粘石阴、阳角方正，用方尺和塞尺检查，允许偏差不应大于______mm。

A. 4； B. 5； C. 6； D. 7。

152. 装饰抹灰假面砖镶贴，分格条（缝）平直度，用拉5m小线，不足5m拉通线和尺量检查，允许偏差不应大于______mm。

A. 4； B. 3； C. 6； D. 5。

153. 外墙面装饰抹灰，立面总高度$H \leqslant 10$m时，允许偏差为______mm。

A. 15； B. 12； C. 10； D. 20。

154. 外墙面装饰抹灰，立面总高度$H > 10$m时，允许偏差为______mm。

A. 28； B. 25； C. 22； D. 20。

155. 干粘石饰面施工，用粘结层粘结石子，即在找平层上抹粘结层，甩石子于粘结层上，然后用滚子或抹子压平压实，使石子嵌入砂浆中的深度不应少于粒径的______。

A. 1/2； B. 1/3； C. 1/4； D. 1/5。

156. 斩假石饰面施工，斩剁前在面层上弹顺线，相距约______cm，按线操作，以免剁纹混乱。

A. 20； B. 10； C. 40； D. 30。

157. 脚手架的搭设必须考虑到滚涂工艺的特殊性，使辊子在滚涂过程中能顺利滚压，要求脚手架的横杆不得搁在墙上或靠墙太近，横杆与立杆离墙不少于______ cm 为宜。

A. 5； B. 15； C. 20； D. 10。

158. 滚涂的配合比可根据各地条件、气候和操作方法的不同而异。常用的配合比为：水泥：砂：108 胶＝______，其中水泥、砂为体积比，108 胶为质量比。

A. 1：0.1：1； B. 1：0.3：1； C. 1：0.2：1； D. 1：1：0.2。

159. 滚涂所用的聚合物水泥砂浆，其稠度应为______ cm。拉出毛来，以不流不坠为宜。

A. 10～12； B. 13～15； C. 17～19； D. 20～25。

160. 滚涂施工喷有机硅是为了提高涂层的耐久性，减缓污染变色。一般可在滚拉完后 24h 喷有机硅水溶液，喷量从表面均匀湿润为原则。注意喷完有机硅______ h 不能受雨淋。

A. 20； B. 24； C. 12； D. 18。

161. 滚涂面层的厚度一般为______ mm，因此要求基层顺直平整，从保证面层取得良好的效果。

A. 0.5～1； B. 1～2； C. 2～3； D. 5～8。

162. 喷涂饰面施工时，喷底子灰的配合比为：水泥：砂：108 胶＝1：1：0.4，喷涂面层的配合比为：水泥：砂：108 胶＝______。

A. 1：0.3：2； B. 1：0.1：0.2； C. 1：0.2：2； D. 1：2：0.2。

163. 喷涂饰面施工，其砂浆稠度一般为______ cm。

A. 13； B. 15； C. 17； D. 20。

164. 喷涂前要搭设双排脚手架或用提升吊篮。要求架子的立杆离墙不少于______ cm。

A. 40； B. 50； C. 20； D. 30。

165. 喷涂前要搭设双排脚手架或提升吊篮。排木离墙应为______ cm，脚手分步宜与饰面的分格齐平，便于操作，减少接槎。

A. 10～15； B. 15～20； C. 20～30； D. 40～50。

166. 一般抹灰阴阳角垂直，用 2m 托线板检查，普通抹灰要求允许偏差不应大于______ mm。

A. 1； B. 2； C. 3； D. 4。

167. 室外花饰安装，单独花饰中心线位置偏差，用纵横拉线和尺量检查，允许偏差不应大于______ mm。

A. 15； B. 16； C. 17； D. 18。

168. 大理石饰面板，接缝高低，用钢直尺和塞尺检查，允许偏差不应大于______ mm。

A. 0.5； B. 0.3； C. 0.8； D. 0.6。

169. 室内贴釉面砖，表面平整度，用 2m 靠尺和塞尺检查，允许偏差不应大于______ mm。

A. 4；　　B. 5；　　C. 2；　　D. 3。

170. 机械抹底层砂浆时，其稠度应控制在______cm左右。

A. 5～6；　　B. 6～7；　　C. 7～8；　　D. 8～9。

171. 人工抹中层砂浆中，其稠度应控制在______cm左右。

A. 7～8；　　B. 9～10；　　C. 11～12；　　D. 13～15。

172. 喷涂时喷嘴垂直于墙面，根据气压大小和墙面干湿程度决定喷嘴与墙面的距离，一般为______cm。

A. 10～20；　　B. 15～30；　　C. 40～50；　　D. 60～70。

173. 喷涂成活后的厚度一般为______mm左右，完成喷涂后要将输送系统全部用清水加压冲洗干净。

A. 5；　　B. 6；　　C. 3；　　D. 4。

174. 喷涂饰面如设置分格缝，其宽度一般应以______cm为宜。

A. 5；　　B. 4；　　C. 3；　　D. 2。

175. 装饰抹灰干粘石施工，表面平整度，用2m靠尺和塞尺检查，允许偏差不应大于______mm。

A. 5；　　B. 6；　　C. 7；　　D. 8。

176. 装饰抹灰，仿石彩色抹灰，墙裙、勒脚上口平直，拉5m小线，不足5m拉通线和尺量检查，允许偏差不应大于______mm。

A. 4；　　B. 3；　　C. 6；　　D. 5。

177. 弹涂时，适当调整弹涂器与墙身距离，一般离墙面______cm。

A. 10～15；　　B. 15～20；　　C. 20～30；　　D. 40～50。

二、选择题答案

1. A	2. B	3. C	4. D	5. A	6. B	7. C	8. D	9. A
10. B	11. C	12. D	13. A	14. B	15. C	16. D	17. A	18. B
19. B	20. C	21. D	22. A	23. B	24. C	25. D	26. A	27. B
28. C	29. D	30. A	31. B	32. C	33. D	34. A	35. B	36. C
37. D	38. A	39. B	40. C	41. D	42. A	43. B	44. C	45. D
46. A	47. B	48. C	49. D	50. A	51. B	52. C	53. D	54. A
55. B	56. C	57. D	58. A	59. B	60. C	61. D	62. A	63. B
64. C	65. D	66. A	67. B	68. C	69. D	70. A	71. B	72. C
73. D	74. A	75. B	76. C	77. D	78. A	79. B	80. C	81. D
82. A	83. B	84. C	85. D	86. A	87. B	88. C	89. D	90. A
91. B	92. C	93. D	94. A	95. B	96. C	97. D	98. A	99. B
100. C	101. D	102. A	103. B	104. C	105. D	106. A	107. B	108. C
109. D	110. A	111. B	112. C	113. D	114. A	115. B	116. C	117. D
118. A	119. B	120. C	121. D	122. A	123. A	124. B	125. C	126. D
127. A	128. B	129. C	130. D	131. A	132. B	133. C	134. D	135. A

136. B　137. C　138. D　139. A　140. B　141. C　142. D　143. A　144. B
145. C　146. D　147. A　148. B　149. C　150. D　151. A　152. B　153. C
154. D　155. A　156. B　157. C　158. D　159. A　160. B　161. C　162. D
163. A　164. B　165. C　166. D　167. A　168. B　169. C　170. D　171. A
172. B　173. C　174. D　175. A　176. B　177. C

第四节　高级抹灰工简答题

一、简答题

1. 所谓投影。
2. 所谓投影法。
3. 什么是平行投影法？有何分类？
4. 直线的投影规律是什么？
5. 在什么情况下采用剖面图和断面图来表示物体内部的形状？
6. 什么是剖视图？
7. 剖视的分类有哪些？
8. 怎样做剖视记号的标注？
9. 断面图有几种形式？
10. 图样目录内容有哪些？
11. 建筑总平面图主要内容有哪些？
12. 建筑总平面图的识读顺序和内容是什么？
13. 建筑底层平面图的识读顺序和方法是什么？
14. 建筑物外部尺寸如何进行标注，其作用是什么？
15. 建筑物地面标高一般有哪些？
16. 建筑物内部尺寸的标注是指哪些尺寸？
17. 建筑立面图的标高标注的部位有哪些？
18. 楼梯平面图的识读要点有哪些？
19. 楼梯剖面图的识读要点有哪些？
20. 门窗详图的识读要点有哪些？
21. 民用建筑按建筑物构造特点分类有哪些？
22. 民用建筑按使用功能分类有哪些？
23. 勒脚部位面层应采用哪些材料？其高度应为多少？
24. 墙面装饰构造如何分类？
25. 楼层的种类有哪些？
26. 楼地面有哪几种？
27. 门的种类有哪些？
28. 楼梯的种类有哪些？

29. 现浇钢筋混凝土楼梯有哪两种？

30. 屋顶的作用及组成有哪些？

31. 根据石灰中氧化镁含量的多少可分哪两种？

32. 石灰的硬化要经过哪两个过程？

33. 水泥有哪些种类？

34. 水泥的主要性能指标有哪些？

35. 水泥质量要求是什么？

36. 金属纤维有哪几种？

37. 花岗石饰面板根据用途、加工方法及加工程序的不同可分为哪四种？

38. 小面积工程量的计算规则是什么？

39. 砂浆质量比是以水泥用量为单位 1，求得其他组成材料用量的比值，其计算表达式是什么？

40. 抹灰工程内装饰的作用是什么？

41. 抹灰工程外装饰的作用是什么？

42. 装饰工程施工的基本条件是什么？

43. 砂浆的流动性如何进行测定？

44. 抹灰施工中对常用的纤维材料有什么质量要求？

45. 抹灰施工时使用木制工具有哪些？其作用是什么？

46. 抹灰施工中常用的有哪些机械？

47. 抹底子灰的要点要求是什么？

48. 现制水磨石常见质量通病有哪些？

49. 仿石抹灰的施工操作要点有哪些？

50. 仿石抹灰工艺流程有哪些？

51. 假面砖的施工操作要点有哪些？

52. 彩色斩假石工艺流程有哪些？

53. 弹涂施工工艺流程有哪些？

54. 喷涂施工要点有哪些？

55. 铺贴釉面砖的质量验收标准，保证项目要求是什么？

56. 铺贴釉面砖的质量验收标准，基本项目要求是什么？

57. 花岗石复合板干法施工工艺流程有哪些？

58. 花饰的制作工艺流程有哪些？

59. 安装花饰的一般要求是什么？

60. 砖雕施工工艺流程有哪些？

61. 单位工程流水施工的组织步骤有哪些？

62. 建筑工程的质量检验制度有哪些？

63. 全面质量管理 PDCA 循环法具体分为哪八个步骤？

64. 一般抹灰质量验收标准，基本项目高级抹灰的内容是什么？

65. 一般抹灰质量验收标准，基本项目护角和门窗框与墙体间缝隙的填塞质量要求是什么？

66. 踢脚线、墙裙抹灰操作工艺流程有哪些？
67. 室内抹灰层出现裂缝的主要原因是什么？
68. 室内抹灰层防治裂缝的预防措施及处理方法是什么？
69. 外窗台抹灰的工艺流程有哪些？
70. 扯制水刷石圆柱帽，喷刷如何进行？
71. 扯制水刷石抽筋圆柱面底层抹灰前各道施工工序有哪些？
72. 楼地面抹灰出现空鼓的原因和防治措施是什么？
73. 装饰抹灰工程的项目有哪些？
74. 水磨石施工工艺流程有哪些？
75. 水磨石施工如何进行磨石子？
76. 目前我国常用的饰面板（块）材主要有哪些？
77. 饰面安装如何进行嵌缝？
78. 大理石墙面、柱面干法施工与湿法施工区别是什么？
79. 大理石地面干法施工，怎样铺设大理石？
80. 大理石地面空鼓的原因及防治措施有哪些？
81. 大理石地面质量评定验收标准，保证项目内容是什么？
82. 楼地面饰面工程质量评定验收标准，基本项目踢脚板内容要求是什么？
83. 陶瓷锦砖铺贴后面层缝格不均匀的主要原因是什么？
84. 室内外饰面工程质量评定验收标准，基本项目的内容是什么？
85. 饰面砖铺贴后面层的质量评定验收标准，基本项目内容是什么？
86. 碎拼大理石的块料按其形状可分为哪三种？
87. 陶瓷锦砖铺贴后面层格缝不均匀的防治有哪些？
88. 碎拼大理石的质量要求是什么？
89. 冬期施工应做好哪些组织准备？
90. 冬期施工的保温措施应做好哪些？
91. 各种抹灰防冻剂的作用主要表现在哪三个方面？
92. 怎样作冷作法水刷石施工？
93. 什么叫热作法抹灰施工？
94. 冬期施工安全操作应注意哪些事项？

二、简答题答案

1. 所谓投影是人们日常生活中常见的自然现象，即在光的照射下，物体投下的影子。

2. 工程图样是参照物体在光线照射下，在地面或墙面上产生与物体相同或相似的影子这一原理绘制出来的。这种用投影原理在平面上表示空间物体形状和大小的方法称为投影法。

3. 平行投影法，即投射线相互平行投射，这种对物体进行投影的方法称为平行投影法。平行投影法按其投射线与投影面的位置关系又可分为：

1）斜投影法，投射线倾斜于投影面的平行投影法。

2）正投影法，投射线垂直于投影面的平行投影法。

正投影法得到的投影图能真实表达空间物体的形状和大小，能准确地反映物体的实形，而且作图简便，故一般工程图样绘制均采用正投影法。

4. 直线的投影规律：

1）直线平行于投影面时，其投影是直线，并反映实长。

2）直线垂直于投影面时，其投影积聚成一点。

3）直线倾斜于投影面时，其投影仍是直线，但长度缩短，不反映实长。

5. 在工程中，当物体的内部构造和形状较为复杂时，用三面投影图只能反映形体可见部分的轮廓线，而不可见的轮廓线和可见的轮廓线往往会交叉或重合在一起，既无易识读，又不便标注尺寸。工程制图中遇到这种情况，一般采用剖面图和断面图来表示形体内部的形状。

6. 假想用一个垂直于投影方向的平面，在物体的合适位置将物体剖开，使物体分为前后两个部分，移去观察者与剖切平面之间部分，随后对剖切平面后部的物体进行投影，这种方法称为剖视。用剖视方法画出的正投影图称为剖视图。

7. 剖视的分类，进行剖视时，一般都采用与投影面平行的面作为剖切平面。制图中的剖视种类有：

1）垂直剖视　当剖切平面垂直于水平投影面时，这种剖视称为垂直剖视。

2）水平剖视　当剖切平面平行于水平投影面时，这种剖视称为水平剖视。

3）全剖视　如果用一个剖切平面将物体全部剖开，这种剖视称为全剖视。

4）半剖视　当物体内部构造、形状和外形都呈对称时，常用半个全剖视来表达。

5）局部剖视　它是将物体局部剖开作投影的方法。它适用于物体的外形和内部构造比较复杂或内部为多层构造的情况。

6）阶梯剖视　一个剖切平面若不能将物体上需要表达的内部构造一同剖开时，则可将剖切平面转折成两个相互平行的平面，并将物体沿着需要表达的地方剖开进行投影。

8. 剖视记号的标注：

1）剖面图所表达的内容与剖切平面的位置和剖视的投影方向有关，故在进行剖视时，必须在被剖切的图面处用剖视记号标注。

2）剖视记号是用一组跨图形的粗实线表示剖切平面的位置，并在记号的两端用另一组垂直于剖切线的粗实线表示投影方向。

3）当剖切面在图上需要转折时，则在转折处画出局部折线表示。

9. 断面图有以下几种形式：

1）移出断面图　将形体某一部分剖切后所形成的断面图，移出投影图外一侧。这种形式适用于构件、配件的描绘。

2）重合断面图　将形体的某一部分向左或向上侧倒，直接绘于投影图中，二者重合在一起。一般适用于现浇梁、板或型钢的断面描绘。

10. 图样目录在整套施工图样中又称首页图，是施工图样的汇总和说明。目前图样的目录格式及其内容主要包括如下几方面：

1）设计单位、工程名称和图样名称；

2）设计编号；

3）图别、图号；

4）建筑物特征。

11. 建筑总平面图的内容主要包括以下几点：

1）新建工程地区的地形、地貌、道路和水电管网的布置等；

2）新建工程的平面位置、平面形式、层数绝对标高及与原有建筑物的定位关系等；

3）标有表示某一地区常年风向频率和风速的风向玫瑰图及建筑物朝向的指北针。

12. 建筑总平面图的识读顺序和内容如下：

1）了解工程的名称、图样比例和设计说明；

2）了解建筑区和工程的平面位置、规定设计和施工中不能超越的建筑红线；

3）了解建筑物所在地的地形及室内外地面标高；

4）了解建筑物的平面组合形式及层数；

5）了解新建筑物室外附属设施情况。

13. 建筑底层平面图的识读顺序和方法如下：

1）看图标，了解图名、比例、图号和设计时间。

2）看建筑物的朝向、外围尺寸及墙或柱的定位轴线。

3）熟悉建筑物内部开间的布置、用途及相互关系。

4）了解门窗的代号、宽度、类别及数量。

5）了解建筑物的尺寸及地面标高。

14. 建筑物外部尺寸的标注一般标注三道尺寸：

1）最外面一道尺寸为建筑物外包总尺寸，其作用是标明建筑物的总长度和总宽度，以便预算时计算建筑面积。

2）中间一道尺寸为建筑物的轴线尺寸，其作用是标注建筑物轴线间的尺寸，它是配置建筑物构配件的主要尺寸。

3）靠墙边的一道尺寸，是门窗口及中间墙和端轴线与外墙外缘间的各细部尺寸，其主要作用是标明门窗口的位置等。

15. 建筑物地面标高一般有：室外地坪、走廊地面、室内地面、门台阶、卫生间地面、楼梯及平台等标高。

16. 建筑物内部尺寸的标注，是指建筑物内部的细部尺寸，其中包括：房间的净尺寸，门窗洞口、墙、柱垛的尺寸，墙、柱与轴线的平面位置尺寸关系等。

17. 建筑立面图的标高标注的部位主要有：室外地面、各层楼面、建筑物顶部、窗顶、窗台、烟囱顶、阳台面以及遮阳板等。

18. 楼梯平面图是采用略高出地和楼面处，并在窗口处作水平剖切向下投影而成的投影图，其识读要点如下：

1）了解楼梯或楼梯间在建筑物中的轴线和平面布置；

2）了解楼梯间、斜梯段、休息平台及楼梯井的平面形式和构造尺寸，楼梯踏步数和踏步宽度；

3）了解楼梯间处的墙体门窗、柱的平面布置和宽度尺寸；

4）了解楼梯间是否有夹层或楼下小间等设施布置；

5）了解楼梯间内各种管道、留孔槽等平面布置。

19. 楼梯剖面图的识读要点如下：

1）了解楼梯在竖向和进深方向的有关标高及尺寸；

2）了解楼梯墙与轴线间距尺寸，楼梯结构与墙、柱的连接；

3）了解楼梯间内垃圾道、电表箱、消防等设施的位置尺寸及门窗口尺寸；

4）了解楼梯段、休息平台、踏步的宽度和高度以及栏杆、扶手等的构造形式和用料。

20. 门窗详图的识读要点如下：

1）了解门窗的立面形状、外形尺寸和节点剖面等；

2）了解门窗的各部尺寸和开启形式；

3）了解门窗节点与墙体的连接方式和相对位置。

4）了解门窗详图的设计说明。

21. 民用建筑按构造特点分类如下：

1）砖木结构　用砖木作承重结构构件的建筑物。

2）混合结构　主要承重构件由砖、石、混凝土等材料组成的建筑物。

3）钢筋混凝土结构　主要承重构件由钢筋混凝土制成的建筑物。

4）钢结构　主要结构构件由钢材制成的建筑物。

22. 民用建筑按使用功能有如下分类：

1）公共建筑　即供人们工作、学习、进行各种社交活动的建筑，如办公楼、写字楼、教学楼、商店、影剧院、体育馆等。

2）居住建筑　即供人们日常生活、休息的建筑，如住宅楼、宿舍楼、宾馆等。

23. 勒脚部位所采用的材料有：水泥砂浆、水刷石、面砖、斩假石、大理石、花岗石等。其高度一般为300～600mm。

24. 墙面装饰构造有如下分类：

1）外墙面装饰：

（1）清水砖墙面；

（2）外墙抹灰；

（3）外墙镶贴；

（4）外墙涂刷。

2）内墙面装饰：

（1）内墙面抹灰；

（2）贴面；

（3）涂料饰面。

25. 楼层的种类按构造和材料可分为四大类；即木楼层、钢筋混凝土楼层、钢楼层和砖楼层。

26. 楼地面的名称通常是按其面层所用的材料来命名的。有水泥砂浆楼地面、混凝土楼地面、水磨石楼地面、块材铺贴楼地面、陶瓷锦砖楼地面、木楼地面等。

27. 门的种类可根据其开启方式、材料组成进行分类：

1）按开启方式分类　有平开门、弹簧门、推拉门、折叠门、卷帘门、微波感应自控门、转门等。

2）按构造材料分类　有木门、钢门、铝合金门、塑钢门等。

3）按使用要求和制作方式分类　有镶板门、拼板门、胶合板门、玻璃门、百叶门、纱门、保温门、隔声门、防火门、防爆门、防X射线门等。

28. 楼梯的种类：

1）按用途分类　有主要楼梯、辅助楼梯、安全楼梯、室外消防楼梯。

2）按位置分类　有室内楼梯和室外楼梯。

3）按材料分类　有木楼梯、钢筋混凝土楼梯、金属楼梯。

4）按平面位置方式分类　有单跑式楼梯、双跑式楼梯、三跑式楼梯、螺旋形楼梯等。

29. 现浇钢筋混凝土楼梯具有刚度大、坚固耐久、防火性能好等特点。根据其结构形式可分为以下两种：

1）板式楼梯　板式楼梯底面是平的，纵向配置钢筋搁置在楼面梁及平台梁上。这种楼梯适用于跨度较小、受载荷较轻的建筑中。

2）梁式楼梯　梁式楼梯的梯段内设有斜梁，斜梁布置在楼梯段的两侧或一侧（另一侧插入墙内），也可以设在踏步下中央处，使踏步板左右两端悬挑。

30. 屋顶的作用及组成：

1）屋顶的作用　屋顶亦称屋盖，它位于建筑物的最上部，起着阻挡风、雨、霜、雪和日光等的侵袭，排除雨水、雪水以及保温隔热和围护的作用。同时承受屋顶上部载荷包括风载荷、雪载荷和屋顶自重，并将它们传递到墙或柱上。

2）屋顶的组成　一般由屋面、屋顶承重结构、保温层、隔热层、顶棚等组成。

31. 根据石灰中氧化镁含量的多少可分为两种：

1）钙质石灰　石灰中氧化镁含量在5%以下。

2）镁质石灰　石灰中氧化镁含量在5%以上。

32. 石灰的硬化：

石灰熟化后，与空气接触，逐渐失去水分，进入硬化阶段。石灰的硬化是两个过程同时进行的。

1）其一，暴露在空气中的表面灰层与空气中的二氧化碳化合后，还原成碳酸钙，释出水分并蒸发掉，这个过程称为石灰的碳化过程。

2）其二，内部灰层因表面碳化成坚硬的碳酸钙外壳，阻止空气深入，仅能依靠游离水的蒸发析出氢氧化钙结晶来获得强度，这个过程称为石灰的结晶过程。故石灰浆体硬化后，是由碳酸钙和氢氧化钙两种不同结晶体组成。

33. 水泥的种类有：硅酸盐水泥、普通硅酸盐水泥、矿渣硅酸盐水泥、火山灰质硅酸盐水泥、粉煤灰质硅酸盐水泥、高强过硬水泥（快硬硅酸盐水泥、高铝水泥）、膨胀水泥、白色硅酸盐水泥。

34. 水泥的主要性能指标有以下七条：

1）密度和表观密度；

2）细度；

3）标准稠度需水量；

4）凝结时间；

5）安定性；

6）强度；

7）水化热。

35. 水泥的质量要求，我国根据ISO国际标准及美国、日本、欧洲等发达国家的标准把水泥质量水平划分为以下三个等级：

1）优等品　产品标准必须达到国际先进水平，且水泥实物质量与国外同类产品相比达到近5年的水平。

2）一等品　产品标准必须达到国际一般水平，且水泥实物质量达到国外同类产品的一般水平。

3）合格品　按我国现行水泥产品标准组织生产，水泥实物质量水平必须达到上述相应标准要求。

水泥的质量除了上述等级和标准之外，还应对水泥的耐久性、耐腐蚀性能有一定的要求。

36. 金属纤维主要是钢纤维。目前，我国建筑工程常采用的纤维增强胶凝材料主要有下列几种：

1）石棉水泥；

2）玻璃纤维水泥；

3）钢纤维砂浆；

4）聚丙烯纤维砂浆；

5）玻璃纤维石膏；

6）纤维硅酸钙。

37. 花岗石饰面板根据用途、加工方法及加工程序的不同可分为以下四种：

1）剁斧板　表面粗糙，具有规则条状斧纹。

2）机刨板　表面平整，具有相互平行的刨纹。

3）粗磨板　表面光滑、无光。

4）磨光板　表面光亮、色泽鲜明、晶体裸露。

38. 对于弧形梁、墙的弧形部分按实贴面积以平方米计算；对于装饰线以阳角凸出为准，按延长米计算；对于拉毛按实抹面积以平方米计算；对于采光井、花池、花台、垃圾箱、挡板、厕浴隔断等小型零星抹灰，均按展开面积以平方米计算。

39. 砂浆质量比的换算，砂浆质量比是以水泥用量为单位1，求得其他组成材料用量的比值，其计算表达式为：

$$\frac{\text{甲材料用量}}{\text{甲材料用量}}:\frac{\text{乙材料用量}}{\text{甲材料用量}}:\frac{\text{丙材料用量}}{\text{甲材料用量}}=\text{甲}:\text{乙}:\text{丙}$$

40. 抹灰工程内装饰的作用有三：即保证室内的使用要求、装饰要求和保护墙体。建筑物的内装饰使室内墙面平整、光滑、清洁、美观，同时能改善采光，为人们在室内工作、生活创造舒适的环境，并具有保温、隔热、防潮、隔声的功能，改善居住和工作条件。

41. 建筑物外装饰的作用有二：一是保护墙体，二是装饰建筑立面。

外墙是建筑物的重要组成部分，不仅需要具有一定的耐久性，而且有的还要承担结构载荷和具有围护结构的功能，以达到挡风遮雨、保温、隔热、隔声、防火之目的。同时还能够提高主体结构的耐久性，延长房屋的使用寿命，使建筑美观、舒适。

42. 装饰工程施工一般应在屋面工程完成后，具备以装饰工程施工后不至于被后期工序所损坏和沾污的条件为前提来进行。装饰工程的基本条件要求在施工前应对结构或基层表面进行全面的质量检查，要求将全部门窗框、阳台栏杆、落水管的卡子等安装完毕，然后根据施工顺序进行施工。

43. 砂浆的流动性用砂浆稠度测定仪来测定，测定时，以标准圆锥体在砂浆中沉入深度的厘米数来表示。在施工现场，可用简易沉锥进行测定，即将标准沉锥体的尖端直接与砂浆表面接触，然后放手让沉锥自由落入砂浆中，静止后取出锥体，用尺量出沉入的垂直深度（以 cm 计）即为该砂浆的稠度。

44. 抹灰施工中常用的纤维材料的质量要求如下：

1）麻刀　麻刀应为细碎麻丝，要求坚韧、干燥、不含杂质，长度不大于 30mm。

2）纸筋　即粗草纸，有干纸筋、湿纸筋两种。

3）草秸　即将稻草、麦秸切成长度为 50～60mm 碎段，经石灰水浸泡处理半个月后使用。

45. 抹灰施工时使用木制工具主要有以下几种：

1）托灰板　主要用于承托砂浆。

2）木杠　主要用于做标筋和刮平墙、地面的抹灰层。

3）靠尺板　八字靠尺用于做棱角，方尺用于测量阴阳角的方正。

4）托线板　用于靠吊垂直。

5）分格条　用于墙面分格，做滴水槽。

46. 抹灰施工中常用机械有以下几种：

1）砂浆搅拌机；

2）混凝土搅拌机；

3）纸筋灰轧磨机；

4）地面压光机；

5）磨石机；

6）喷浆机；

7）弹涂机；

8）滚涂机；

9）手电钻和无齿锯。

47. 抹底子灰的要点要求有如下几点：

1）对基层进行处理，冲洗干净，浇水湿润。

2）用 1∶3 干硬性水泥砂浆冲筋、装档、拍实、刮平、搓平。

3）次日进行浇水养护。

48. 现制水磨石常见质量通病有如下几点：

1）表面色泽不一致；

2）表面石子显露不均匀；

3）表面不平整；

4）分格条四角空鼓；

5）出现漏磨；

6）出现磨纹和砂眼。

49. 仿石抹灰的施工操作要点有如下几点：

1）根据设计图样和样板在墙上弹线放大样。

2）粘贴分格条（隔夜浸水的 6mm×15mm 分格条）。

3）检查墙面干湿程度，浇水湿润，抹灰压实刮平，再用木抹子搓平。

4）收水后用竹丝扫帚扫出条纹，起出分格条，用素灰浆勾好缝。

5）凝固后扫去浮砂，为了美观可待面层干燥后刷浅色乳胶两遍。

50. 仿石抹灰工艺流程见图 3-1。

51. 假面砖的施工操作要点有如下几点：

1）对墙面的基层处理和中层抹灰与一般装饰抹灰方法相同。

2）在抹面层砂浆前，先润水，后弹水平线。

3）抹中层灰后，待收水成半干时，抹面层砂浆。

4）待面层砂浆收水后，用铁梳子在靠尺板上划纹，深度为 1mm。然后用铁钩子根据面砖的宽度沿靠尺板横向划沟，其深度以露出垫层灰为准，划好后将飞边砂浆扫净。

52. 彩色斩假石工艺流程见图 3-2。

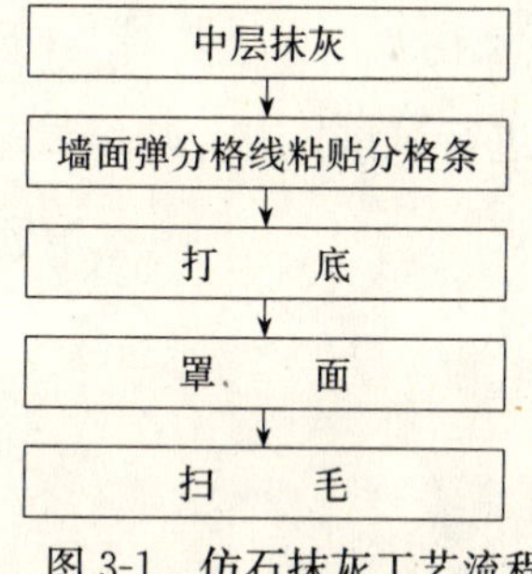

图 3-1　仿石抹灰工艺流程

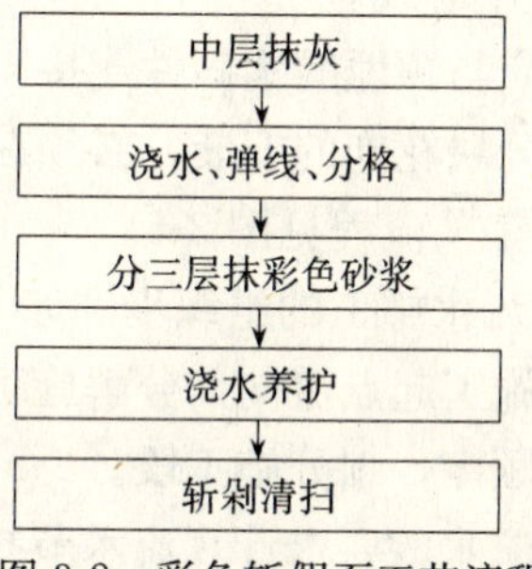

图 3-2　彩色斩假石工艺流程

53. 弹涂施工工艺流程见图 3-3。

54. 喷涂施工要点有如下几点：

1）喷涂时的基层要求及底层、中层抹灰与一般装饰抹灰相同。

2）在喷涂前先将门窗及不喷涂的部位进行遮盖，按设计要求弹分格线、粘胶条。

3）喷涂时应注意墙面的干湿程度。

4）喷涂时应保持颜色均匀一致，疏密适宜。

5）喷涂层的接槎、分块必须计划安排好，不留施工缝。

55. 铺贴釉面砖的质量验收标准，保证项目要求如下：

1）饰面砖所用的材料品种、规格、颜色以及图案必须符合设计要求和现行标准规定。

2）釉面砖镶贴必须牢固，无歪斜、缺棱掉角和裂缝等缺陷。

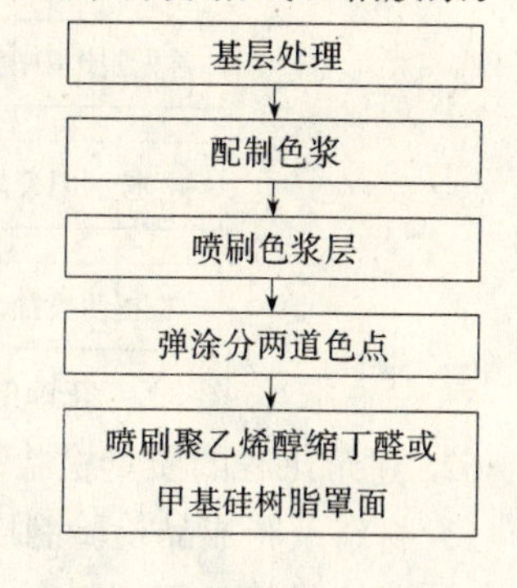

图 3-3　弹涂施工工艺流程

56. 铺贴釉面砖的质量验收标准，基本项目要求如下：

1）表面平整、洁净、颜色一致，无变色、起碱污痕和显著的光泽受损处，无空鼓现象。

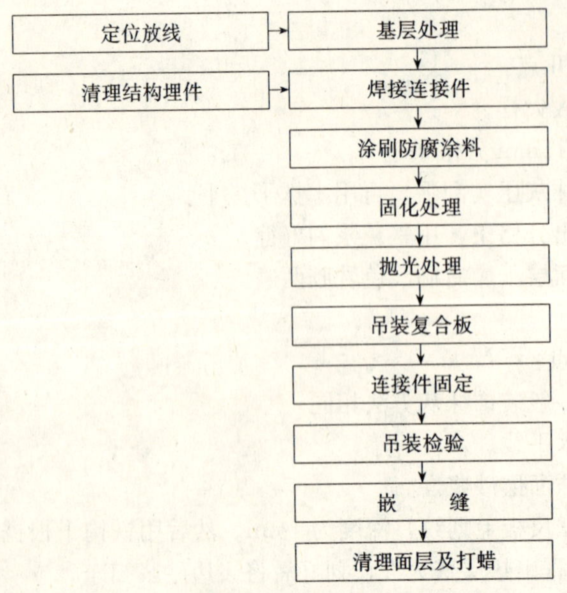

图 3-4　花岗石复合板干法施工工艺流程

2）接缝填嵌密实、平直、宽窄一致、颜色一致，阴阳角处的砖压向正确，非整砖的使用部位适宜。

3）在进行凸出物周围板块的套割时，应注意用整砖套割吻合边缘整齐，墙裙、贴脸等上口平顺，凸出墙面的厚度一致。

57. 花岗石复合板干法施工工艺流程见图 3-4。

58. 花饰的制作工艺流程见图 3-5。

59. 安装花饰的一般要求如下：

1）花饰必须达到一定强度时方可进行安装，安装前要求把花饰安装部位的基层清理干净、平整、无凹凸现象。

2）安装前，按设计要求在安装部位上弹出花饰位置中心线。

3）安装时，应与预埋的锚固件连接牢固。

4）对于复杂分块花饰的安装，必须在安装前进行试拼，并分块编号。

60. 砖雕施工工艺流程见图 3-6。

61. 单位工程流水施工的组织步骤如下：

1）确定项目施工起点流向，分解施工过程。

2）确定施工顺序，划分施工段。

3）根据专业流水的要求计算流水节拍。

4）确定流水步距。

5）计算流水施工的工期。

6）绘制流水施工指示图表。

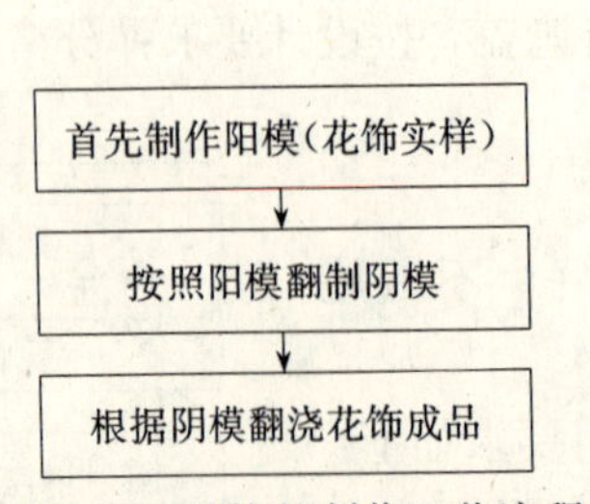

图 3-5　花饰的制作工艺流程

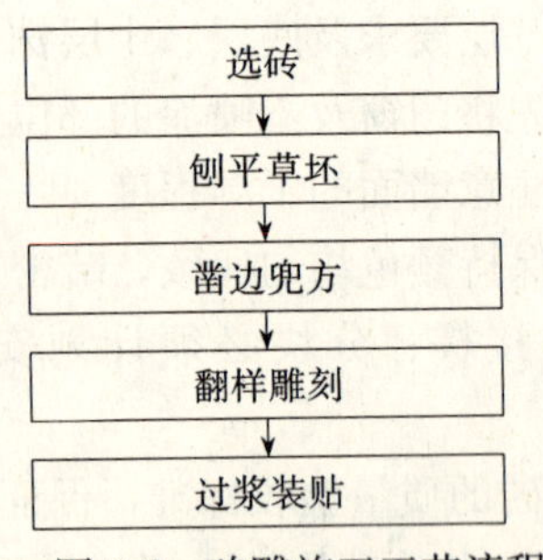

图 3-6　砖雕施工工艺流程

62. 建筑工程的质量检验制度如下：

1）材料及半成品检验制度。

2）预检与技术复核制度。

3）隐蔽工程检查验收制度。

4）结构工程质量验收制度。

5）自检、互检和交接检制度。

6）竣工、交工验收制度。

63. 全面质量管理 PDCA 循环法具体分为八个步骤：

第一步：调查分析现状，找出存在的质量问题。

第二步：分析质量问题的各种影响因素。

第三步：找出主要的影响因素。

第四步：制定改善质量的措施，提出行动计划和预计效果。

第五步：按既定的措施下达任务，并按措施去执行。

第六步：检查采取措施后的效果。

第七步：总结经验，巩固措施，制定标准，形成制度。

第八步：提出尚未解决的问题，转入下一个循环。

64. 一般抹灰质量验收标准，基本项目高级抹灰合格品为：表面光滑，洁净颜色均匀，线角和灰线平直方正。优良品为：表面光滑、洁净，颜色均匀无抹纹，线角和灰线平直方正，清晰美观。

65. 一般抹灰质量验收标准，基本项目护角和门窗框与墙体间缝隙的填塞质量标准如下：

1）合格：护角材、料、高度应符合施工规范规定，门窗框与墙体间缝隙填塞密实。

2）优良：护角符合施工规范规定，表面光滑、平顺、门窗框与墙体间缝隙填塞密实，表面平整。

66. 踢脚线、墙裙抹灰操作工艺流程，见图 3-7。

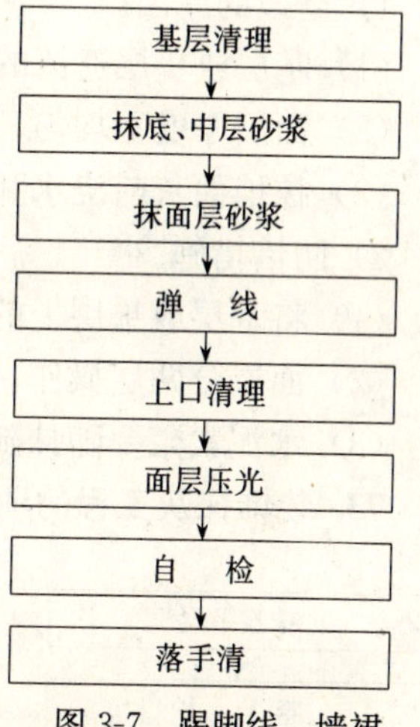

图 3-7　踢脚线、墙裙抹灰操作工艺流程

67. 室内抹灰层出现裂缝的主要原因如下：

1）抹灰砂浆的水灰比失调，用水量过大。

2）基层偏差较大，抹灰层的厚度不均，收缩不一致。

3）原材料选用不当，如砂子过细、水泥的安定性不好等。

4）抹灰层与基层及各抹灰层之间出现空鼓现象。

5）地基沉陷、结构变形、气候温差等也会导致开裂。

68. 防治室内抹灰层裂缝的措施如下：

1）控制用水量，选择最佳水灰比。

2）对基层偏差较大的地方要分层抹灰抹平，以达到规范要求。

3）选用中砂和安定性合格的水泥。

4）抹灰前对基层认真清理、湿润，保证各抹灰层粘结牢固。

5）对地基沉陷、结构变形及温差等原因导致的裂缝，要在裂缝部位刷白乳胶，粘贴白尼龙纱布后，刮腻子喷浆，以清除表面裂缝。

69. 外窗台抹灰的工艺流程见图 3-8。

70. 扯制水刷石圆柱帽，喷刷时，待石子浆开始初凝（即用手指轻压面层无指痕时）即可开始刷石子。刷时应先刷凹线，后刷凸线，使线角露石均匀。先用刷子蘸水刷掉面层水泥浆，然后用毛刷子刷掉表面浆水后即用喷壶或喷雾器冲洗一遍，并反复刷、喷至石子露出 1/3 后，最后用清水将线角表面冲洗干净。

71. 扯制水刷石抽筋圆柱面的底层抹灰前各道施工工序见图 3-9。

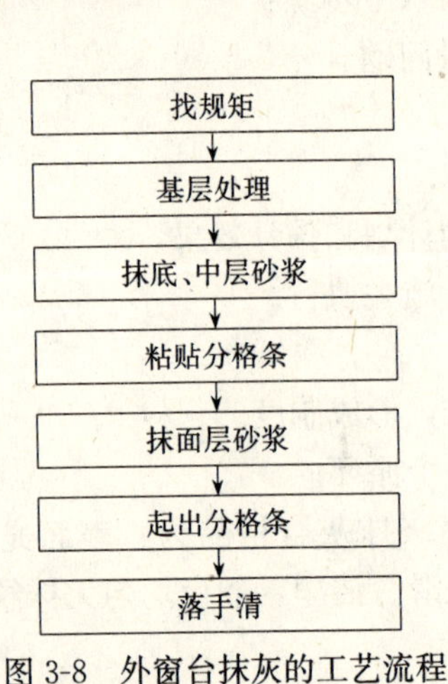

图 3-8　外窗台抹灰的工艺流程

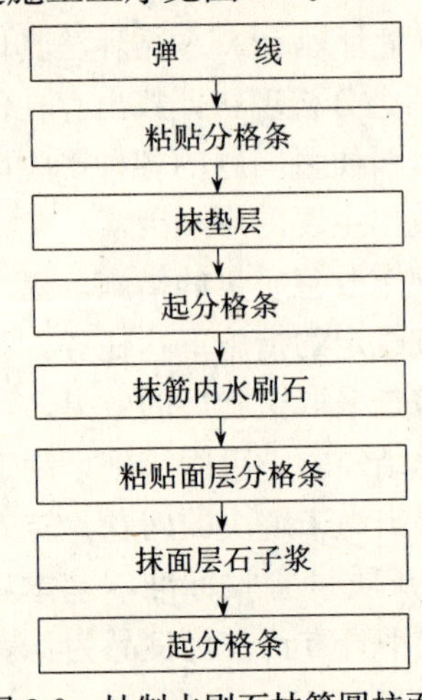

图 3-9　扯制水刷石抽筋圆柱面底层抹灰前各道施工工序

72. 楼地面抹灰出现空鼓的原因和防治措施如下：

1）空鼓的原因。

（1）基层或垫层遗留的杂物和落地灰清理不干净。

（2）面层厚度不均匀，收缩不一致。

（3）抹地面灰前浇水和扫水泥浆不均匀。

2）防治措施。

（1）将基层或垫层上的落地灰和杂物清理干净，并用水清刷干净。

（2）面层分两层操作，第一层找补凹处，第二层要求在第一层终凝后开始抹平。

（3）水泥素浆要随抹随扫，但不要扫得太早。

73. 装饰抹灰工程的项目有：水刷石、水磨石、干粘石、斩假石、假面砖、拉条灰、拉毛灰、喷砂、喷涂、弹涂、滚涂、仿石和彩色抹灰等。

74. 水磨石施工工艺流程见图 3-10。

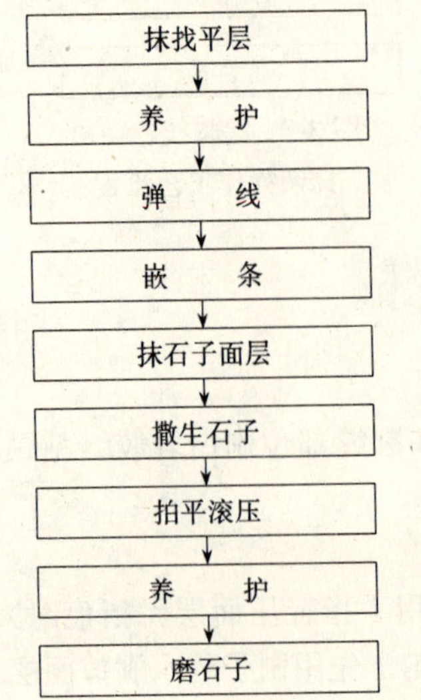

图 3-10　水磨石施工工艺流程

75. 水磨石施工磨石子。水磨石养护后，要用磨石机磨充。在开磨前要首先试磨，以不掉石子为标准。

第一遍用粗金刚石（60～80 号）打磨。边洒水边磨，要磨透，使嵌条全部露出，石子显露均匀。磨完后用水冲洗干净，稍干后，用预拌同颜色水泥浆在面层上涂擦一遍，填补细孔砂眼。第二遍、第三遍要采用 100～240 号金刚石打磨，方法同第一遍。最后，表面用草酸清洗干净，晾干后打蜡磨光。

76. 目前我国常用的饰面板（块）材主要有：大理石、花岗石、瓷砖、陶瓷锦砖、玻璃锦砖、釉面砖、缸砖、预制水磨石、预制水泥地面砖等。

77. 饰面板安装后应及时嵌缝。灌浆后应加强养护，防止暴晒，待砂浆有足够强度后即可拆除支撑，此时可调制与板材颜色相近的水泥浆嵌缝。

1）室内安装光面和镜面的饰面板，其接缝应干接，接缝处应用与饰面相同颜色的水泥浆填抹。

2）室外安装充面、镜面的饰面板接缝可在水平缝中垫铝条，垫时应将压出部分铲除至饰面板表面齐平，干接缝应用油腻子填抹，粗磨面、麻面、条纹面、天然饰面板的接缝和勾缝应用水泥砂浆。

78. 大理石墙面、柱面干法施工与湿法施工的区别是：板块与基体间的结合方法不同，大理石板块干法施工取消了湿法施工中的砂浆或细石混凝土灌浆的工序，而采取大理石板块上下行间用钢销连接，板块与基体间用钢丝挂钩锚拉、石膏固定的施工方法，即去掉湿法施工中的各种卡具，也避免了因灌浆而导致板块位移。

79. 大理石地面干法施工时，铺设大理石。一般铺设顺序是先里后外，即先从远离门口的一边开始依次铺设。铺设时先将基层洒水润湿，摊铺 1∶2.5 的干拌水泥砂，试摆大理石板块，压实砂灰层。然后用木锤敲击板块顶面使其平实，再将板块重新掀起，在压实的水泥砂层面上浇 1∶10 的水泥浆，浆量以在压实的水泥砂层面上的水不外溢为度。待水泥浆被砂灰层吸收后，再正式将板块铺设好，注意要确保板块四角同时下落。然后用锤反复敲击板块使其平实，同时用角尺、水平尺检查接缝及边角的平整。

80. 大理石地面空鼓的原因及防治措施如下：

1）基层清理不干净，浇水湿润不透，垫层与基层结合不牢。

2）垫层为干拌水泥砂时，垫层面上浇浆不足、不均匀，造成垫层与饰面扳间的结合不好而产生空鼓。

3）垫层为干硬性水泥砂浆时，一次铺得太厚，砸不密实也容易产生空鼓。

4）板块背面没有洗刷，浮灰没有清除干净所致。

5）操作时锤击不当，板块铺贴不平所致。

6）铺贴后遇干燥气候，垫层未充分水化，或过早地在板块上行走，也会引起空鼓。

其防治措施是针对上述原因采取相应的措施。

81. 大理石地面质量评定验收标准，保证项目内容如下：

1）饰面板的品种、规格、颜色和图案必须符合设计要求。检查方法：观察检查。

2）饰面板的安装必须牢固，以水泥为主要粘结材料时，严禁空鼓，无歪斜、缺棱掉角、裂缝等缺陷。检查方法：观察检查和用小锤轻击检查。

82. 楼地面饰面工程质量评定验收标准，基本项目踢脚板内容要求如下：

1）合格　结合牢固，平整洁净。

2）优良　结合牢固、高度一致、平整洁净、接缝均匀、上口整齐。

83. 陶瓷锦砖铺贴面层缝格不均匀的主要原因有如下两点：

1）一是在铺贴前没有挑选好陶瓷锦砖，使同一房间内出现了不相同的陶瓷锦砖；

2）二是由于没有按规矩放好套方控制线和纵横控制线，导致整张锦砖间出现或紧或松的缝隙。

84. 室内外饰面工程质量评定验收标准，基本项目的内容如下：

1）表面平整、洁净、颜色一致，无变色、起碱、污痕和光泽显著受损，无空鼓现象。

2）接缝填嵌密实、平直、宽窄一致，颜色一致，在阴阳角处板的压向正确，非整块的使用部位正确。

3）用整块套割吻合，边缘整齐，墙裙、贴脸等上口平顺，凸出墙面的厚度一致。

85. 饰面砖铺贴面层的质量评定验收标准，基本项目内容如下：

1）表面洁净，图案清晰，色泽一致，接缝均匀，周边顺直，陶瓷锦砖无裂纹、缺棱掉角现象。

2）地漏坡度符合设计要求，不倒泛水，无积水，与地漏结合处严密牢固，无渗漏。

3）与各种面层相邻接处的镶边用料及尺寸符合设计要求和施工规范，边角整齐、光滑。

86. 碎拼大理石的块料按其形状可分为下列三种：

1）非规格块料。长方形或正方形，尺寸不一，边角切割整齐。

2）冰裂状块料呈几何多边形，大小不一，边角切割整齐。

3）毛边碎块料。不整齐的碎块、毛边、不规则。

87. 陶瓷锦砖铺贴后面层格缝不均匀的防治措施主要有以下两点：

1）铺贴前一定要按要求认真挑选陶瓷锦砖，对不同规格的锦砖要分类放好，同一房间必须使用相同的整张陶瓷锦砖；

2）铺贴前要按要求套方，挂好纵横控制线，铺贴时要认真按控制线操作，揭纸后要及时进行调整拨缝，以使缝格均匀。

88. 碎拼大理石的质量要求如下：

1）碎拼大理石块料的镶贴要牢固，不得有空鼓、脱落等质量问题。

2）块料表面颜色搭配应协调，不得有通缝，缝宽为5～20mm。

3）若有镶边时，要选贴镶边并且要镶边对称，其颜色与中间部位要衬托。

4）碎拼大理石墙面镶贴前两端要挂好垂直线，镶贴时挂好水平线，以保证其垂直和平整度。

89. 冬期施工应做好哪些组织准备？主要做好以下三点：

1）制定冬期施工方案和保证冬期施工的措施。

2）组织有关人员学习冬期施工措施，并向班组交底。

3）建立岗位责任制，掺盐、测温、保暖、生火都要有专人负责，同时每天要记录室外最高、最低温度。

90. 冬期施工应做好以下保温措施：

1）室内抹灰前应将门窗玻璃全部安装好或用塑料布、编织片代替，门窗缝隙和脚手架孔洞等要全部堵严。

2）进出过道口、垂直运输架、进料的施工洞口应挂上厚实的麻袋或草帘，并设置风挡，室外抹灰的架子上也要悬挂挡风设备。

3）现场水管应埋设在冰冻线以下，立管露出地面要采取防冻保温措施。

4）淋石灰池、纸筋灰池要搭设暖棚，在向阳面留出入口并挂麻袋或草帘保温，砂子、石子应尽量堆高并加以覆盖。

91. 各种防冻剂的作用有以下三点：

1）降低用水量，减少可冻水，减少冻胀力。

2）改变结晶体结构，使砂浆密实。砂浆防冻剂中的某些化学物质能与水泥、白灰等胶凝材料的氢氧化钙作用生成胶体，这种胶溶液不但冻点低，而且它一旦结冰后晶体发生畸变，纤细而无力。胶体能较快固化，堵塞孔结构，增加密实性。

3）改善孔结构，阻止冻结过程中水分的转移，防冻剂中引起组分可起这种作用。

92. 冷作法水刷石施工，除和一般抹灰冷作法施工相同外，可另加水泥质量20%的108胶。抹灰操作时，先在清理好的基层上薄刮一遍氯化钠（氯化钙）水泥稀浆，再抹底层灰砂浆。待底层灰具有一定的硬度后抹面层石粒浆。面层石粒浆抹上后要比常温下施工多压一遍，要使石粒的大面朝外。稍干后，再用毛刷子蘸热盐水轻刷，再用喷雾器喷热盐水冲洗干净。

93. 热作法抹灰施工是使用加热砂浆涂抹抹灰层后，利用房间的永久性热源或临时性热源来保持操作环境的温度，使抹灰砂浆正常地硬化和凝结。一般在建筑物封闭之后室内开始采暖，并需要保持到抹灰层干燥为止。

94. 冬期施工安全操作应注意以下事项：

1）无论是在搅拌砂浆还是操作时，要避免灰浆溅入眼内，弄伤眼睛。

2）在使用有毒物品和酸类溶液时，要穿戴好防护衣和防护面具。

3）临时用的移动照明灯必须用低电压，机电设备应固定由经过培训的专业人员持证上岗，非操作人员严禁操作使用。

4）多工种立体交叉作业时应设有防护设施，一切进入施工现场的人员必须戴好安全帽，高处作业系好安全带。

5）冬期施工期间，室内热作业时应防止煤气中毒，热源周围严格防火。

6）使用电钻、无齿锯时，要注意操作方法，戴好防护用品，防止碎片飞溅伤人。

第五节　高级抹灰工计算题

一、计算题

1. 每立方米砂浆中水泥用量为221kg，石灰为126kg、砂子为1487kg，其质量配合比为多少？

2. 从定额中查到每立方米砂浆中的水泥质量为170kg、石灰为384kg、砂子为916kg，已知某项目抹灰的砂浆总量为40m^3，则该项目各种材料总用量为多少？

3. 每立方米混合砂浆的水泥用量为220kg，灰膏用量为380kg、砂子用量为960kg，搅拌机容量为0.2m^3，求每拌合一次各种材料的投入量。

4. 计算1∶3∶8混合砂浆的材料净用量。其中，砂子的空隙率为40%，砂子表观密度为1550kg/m^3，水泥的堆积密度为1200kg/m^3，每立方米石灰膏用生石灰600kg，求每立方米各种材料的用量。

5. 某建筑物平屋面，有挑檐天沟，外墙轴线中到中为32400mm，墙厚度240mm，室外设计地坪标高为－0.45m，外墙裙高度为600mm，挑檐天沟底标高为＋10.50m，外墙面上有钢窗SC1 1800mm×2100mm共17樘，大门2800mm×3000mm^{2}樘，雨篷2只，其水平投影尺寸为1000mm×3800mm。

试根据以上条件，计算外墙裙水泥抹灰及外墙面1∶1∶6混合砂浆抹灰的工程量（不考虑洞口的侧壁面积）。

6. 计算每立方米1：1：4混合砂浆的材料净用量，砂的空隙率为30%（水泥堆积密度1200kg/m^3，每立方米石灰膏用生石灰600kg）。计算：砂、水泥、生石灰用量。

7. 工料分析

定额编号			1—44	1—1	合　计
项　目			普通水磨石地面（带嵌条）	铺贴大理石地面	
计算单位			10m^2	10m^2	
工程量			302m^2	105m^2	
人工（工日）	抹灰工	定额	8.8	4.5	
		合计			
	辅助工	定额	1.8	0.79	
		合计			
材　料	32.5级水泥（kg）	定额	29.8	167	
		合计			
	黄砂（kg）	定额	340	332	
		合计			
	白云石（kg）	定额	310		
		合计			
	3mm玻璃条（m^2）	定额	0.4		
		合计			
	草酸（kg）	定额	0.12	0.1	
		合计			
	软白蜡（kg）	定额	0.3	0.4	
		合计			
	20mm厚大理石板块	定额	10.2		
		合计			

8. 某建筑物纵墙中—中为32400mm，横墙中—中13200mm，墙厚均匀240mm，纵墙方向都有挑檐天沟，离外墙面400mm，混凝土屋面板上首先做水泥膨胀珍珠岩保温层60mm厚，其上面做20mm厚水泥砂浆找平层，再在其上做二毡三油一砂防水层。

试根据以上条件计算屋面上保温层及找平层工程量。

9. 某教室纵墙中—中为8100mm，横墙中—中为6000mm，墙厚均为240mm，纵墙内侧每边有2只附墙砖垛（搁置大梁用），尺寸为120mm×240mm，混凝土楼板下面有L201大梁两根，截面尺寸为240mm×500mm，试根据以上条件计算顶棚抹灰工程量和顶棚四周装饰线工程量。

二、计算题答案

1. 解：$\frac{221}{221}:\frac{126}{221}:\frac{1487}{221}=1:0.57:6.7$

2. 解：水泥：170×40=6800（kg）

石灰：384×40=15360（kg）

砂子：916×40=36640（kg）

3. 解：水泥用量=0.2×220=44（kg）

灰膏用量＝0.2×380＝76（kg）

砂子用量＝0.2×960＝192（kg）

4. 解：

砂子用量$=\frac{8}{(1+3+8)-8\times0.4}=0.91$（$m^3$）

水泥用量$=\frac{1\times1200}{8}\times0.91=136.5$（kg）

生石灰用量$=\frac{3\times600}{8}\times0.91=204.8$（kg）

5. 解：（1）外墙裙抹灰工程量

$S=(32.4+0.24)\times0.6=19.584m^2$

（2）外墙面抹灰工程量

$l=32.4+0.24=32.64m$

$h=10.5+0.45-0.60=10.35m$

须扣除面积＝$1.8\times2.1\times17+2.8\times3\times2=81.04m^2$

则：$S=32.64\times10.35-81.04=256.784m^2$

6. 解：砂用量$=\frac{4}{(1+1+4)-4\times30\%}=0.83m^3$

水泥用量$=\frac{1}{4}\times0.83\times1200=249kg$

生石灰用量$=\frac{1}{4}\times0.83\times600=124.5kg$

7. 解：

定额编号			1—44	1—1	合　计
项　　目			普通水磨石地面（带嵌条）	铺贴大理石地面	
计算单位			$10m^2$	$10m^2$	
工 程 量			$302m^2$	$105m^2$	
人工（工日）	抹灰工	定额	8.8	4.5	
		合计	265.766	47.25	313.01
	辅助工	定额	1.8	0.79	
		合计	54.36	8.30	62.66
材　　料	32.5级水泥（kg）	定额	29.8	167	
		合计	899.96	1753.5	2653.46
	黄砂（kg）	定额	340	332	
		合计	10268	3486	13754
	白云石（kg）	定额	310		
		合计	936.2		936.2
	3mm玻璃条（m^2）	定额	0.4		
		合计	12.08		12.08
	草酸（kg）	定额	0.12	0.1	
		合计	3.62	1.05	4.67
	软白蜡（kg）	定额	0.3	0.4	
		合计	9.06	4.2	13.26
	20mm厚大理石板块	定额	10.2		
		合计	308.4		308.4

8. 解：(1) 保温层工程量

$S=(32.4+0.24)\times(13.2+0.24)=438.68m^2$

(2) 找平层工程量

$S=(32.4+0.24)\times(13.2+0.24+0.4\times2)=464.8m^2$

9. 解：

(1) 顶棚抹灰工程量

$S_1=(8.1-0.24)\times(6-0.24)=45.07m^2$

S_2（两根梁两侧）$=(6-0.24)\times0.5\times2$（面）$\times2$（根）$=11.52m^2$

S（顶棚）$=45.07+11.52=56.79m^2$

(2) 装饰线工程量

$L=[(8.1-0.24)+(6-0.24)]\times2+(0.12+0.12)\times4$（砖垛两侧）$=(7.86+5.76)\times2+0.24\times4=28.2m$

第六节 高级抹灰工操作技能题

一、抹水泥柱帽（表 3-1）

考核内容及评分标准　　表 3-1

序号	测定项目	分项内容	评分标准	标准分	检测点					得分
					1	2	3	4	5	
1	抹灰粘结层	粘结牢固无空鼓裂缝	空鼓裂缝每处扣 5 分	20						
2	表面	光洁	接槎印、抹子印每处扣 3 分，表面毛糙无分	15						
3	尺寸	正确	偏差大于 2mm 每处扣 5 分大于 4mm 无分	20						
4	弧度	一致	不正确处每处扣 2 分，5 处以上不正确无分	15						
5	工具使用维护	做好操作前工具准备，完成后工用具维护	施工前后两次检查酌情扣分或不扣分	10						
6	安全文明施工	安全生产落手清	有重大事故不得分，工完场不清不得分	5						
7	工效	定额时间	低于定额 90%不得分，在 90%～100%之间酌情扣分，超过定额以上加 1～3 分	15						
8	合计			100						

学员　姓名　　　　　教师签字　　　　　　　年　月　日

二、做石膏装饰（表 3-2）

考核项及评分标准　　表 3-2

序号	测定项目	分项内容	评分标准	标准分	检测点					得分
					1	2	3	4	5	
1	花饰粘结	粘结牢固无裂缝翘曲和掉角	粘结不牢固、裂缝翘曲等缺陷本项无分，分格缝不严密不吻合每处扣 1 分	15						
2	接缝	严密吻合	出现裂纹、不平滑每处扣 3 分	15						
3	装饰	位置正确	位置不正确本项无分，偏差 2mm 每处扣 2 分	10						
4	表面	光洁图案清晰	粗糙，不清晰每处扣 1 分	15						
5	线条	流畅	大于 1mm(偏差)每处扣 1 分	15						
6	工具使用维护	工具设备、使用和维护工具	做好操作前工、用具准备，做好工、用具维护	5						
7	安全文明施工	安全生产落手清	有重大事故不得分，落手清未做无分	10						
8	工效	定额时间	低于国家劳动定额 10％本项无分，在 10％范围内酌情扣分，超过定额加 1～3 分	15						
9	合计			100						

学员　　姓名　　　　　　　　教师签字　　　　　　　　　　　　年　月　日

三、制作阴阳模（表 3-3）

考核内容及评分标准　　表 3-3

序号	测定项目	分项内容	评分标准	标准分	检测点					得分
					1	2	3	4	5	
1	图案放样	符合、设计要求	图案不正确，局部变形每处扣 5 分，3 处以上本项目不合格	15						
2	选材料	正确	材料不正确本项无分	10						
3	图案	清晰正确	局部不清晰每处扣 5 分，达不到要求本项目不合格	10						
4	模内	光滑	裂缝、粗糙每处扣 2 分	10						
5	层次	分明	层次不分明每处扣 2 分	10						
6	模尺寸	正确	大于 1mm 每处扣 4 分	20						
7	工具使用维护	工、用具准备和维修	施工前后，进行两次检查，酌情扣分	10						
8	安全文明施工	安全生产、落手清	有重大事故不得分，工完场不清不得分	5						
9	工效	规定时间	低于规定时间 90％不得分 10％之间酌情扣分，超过定额加 1～3 分	10						
10	合计			100						

学员　　姓名　　　　　　　　教师签字　　　　　　　　　　　　年　月　日

四、墙面喷涂石灰浆涂料（表3-4）

考核内容及评分标准　　表3-4

序号	测定项目	评分标准	标准分	检测点					得分
				1	2	3	4	5	
1	掉粉、起皮、漏刷、透底	发现左边缺陷本项目无分	15						
2	反碱、咬色、流坠、疙瘩	允许少量出现，大量出现扣10分	15						
3	喷点刷纹	2mm正视喷点均匀，刷纹通顺得满分，有轻微缺陷酌情扣分	10						
4	装饰线、分色线平直	偏差大于3mm适当扣分	15						
5	门窗、灯具	不洁净适当扣分	15						
6	文明施工工完场清	工、用具准备、维护、工完场清欠缺者适当扣分	5						
7	安全	安全无事故得满分，出现事故适当扣分或不得分	10						
8	工效	低于定额90%者无分，在90%～100%酌情扣分，超过定额者适当加1～3分	15						
9	合计			100					

学员　　姓名　　　　　　教师签字　　　　　　　　　　　　　年　月　日

五、按图组织一般工程抹灰施工（表3-5）

考核项目及评分标准　　表3-5

序号	测定内容	评分标准	标准分	得分
1	计算工程量	允许偏差±5%，超过5%。每超过1%扣2分	10	
2	材料预算	允许偏差±5%，超过5%，每超过1%扣2分	10	
3	人工预算	允许偏差±5%，超5%每超过1%扣2分	10	
4	施工组织（方案）	人、机、物安排不合理本项无分较轻微者可适当扣分	15	
5	用料正确	不正确本项无分，轻微浪费适当扣分	5	
6	质量验收评定	漏项每处扣2分，错误本项无分	10	
7	安全措施	违项每处扣2分	10	
8	施工计划	不合理本项无分	10	
9	工艺流程	编制工艺卡，优15分，良10分，一般5分，差无分	10	
10	工效	完成定额90%以下不得分，在90%～100%之间酌情扣分，超过定额适当加1～3分	10	
11	合　计		100	

学员　　姓名　　　　　　教师签字　　　　　　　　　　　　　年　月　日

六、墙面滚涂

1. 内容：墙面上滚涂，每人 $2m^2$ 一块墙面，在长度方向设一条分格缝。

2. 时间要求：8h。

3. 使用工具、设备、材料：辊子、铁抹子、托灰板等常用工具、水泥、细砂、108胶。

4. 操作要点及评分标准：

1）墙面中层抹灰的质量应符合普通抹灰质量要求，表面搓平搓细即可，如利用原有中层墙面，则表示不得有裂缝如麻坑。

2）弹出分格线，用电工绝缘胶布沿分格线贴好。

3）滚涂时要掌握底层的干湿度，吸水较快时要适量洒水湿润，洒水量以涂抹时砂浆不流坠为宜。

4）先涂抹滚涂砂浆、用抹子紧压一遍，再用抹子顺平，面层厚约为2～3mm。

5）紧跟着拿辊子滚拉，操作时辊子运行不要太快，用力一致，上下左右滚匀，随时对照试样调整花纹，取得一致。滚时应上下顺直，一次滚成。滚时如发现砂浆过干，不得在滚面上洒水，应在灰桶内加水拌合至规定稠度，以避免“花脸”现象。最后成活时滚的方向一定要由上往下拉，使滚出的花纹有一自然向下的流水坡度。

6）滚拉完后将分格条取下。

7）操作时，应经常清洗辊子，保持干净，以便操作时不沾砂浆，转动灵活。

考核内容及评分标准见表3-6。

墙面喷涂、滚涂、弹涂 **表3-6**

序号	测定项目	分项内容	满分	评分标准	检测点					得分
					1	2	3	4	5	
1	颜色	均匀程度	15	参照样板，全部不符无分，局部不符适当扣分						
2	花纹色点	均匀程度	25	参照样板，全部不符无分，局部不符适当扣分						
3	涂层	漏涂程度	15	每处漏涂扣3分						
4	表面	接槎痕	10	每处接槎痕扣5分						
5	面层	透底程度	5	每处透底扣2分，严重透底序号2一项无分						
6	涂料	流坠程度	5	每处流坠扣2分，严重流坠序号2一项无分						
7	工具	使用方法	5	错误无分，局部错误适当扣分						
8	工艺	符合操作规范	10	错误无分，部分错误适当扣分						
9	安全文明施工	安全生产落手清	4	重大事故本次考核不合格，一般事故无分，事故苗头扣2分，落手清未做无分，不清扣2分						
10	工效	定额时间	6	每超过0.5h扣1分						
11	合计		100							

学员 姓名 教师签字 年 月 日

七、墙面拉毛

1. 内容：墙面混合砂浆中层抹灰，并根据实习教师提供的样板进行拉毛，每人 $2m^2$。

2. 时间要求：8h。

3. 使用的工具、设备、材料：铁抹子、木抹子、托灰板等常用工具、水泥、石灰膏、砂子。

4. 操作要点及评分标准：

1）按照中层抹灰的质量要求进行高级抹灰，中层砂浆的配合比为 1∶1∶4。涂抹和刮平后，用木抹子搓细搓平整。

2）中层抹灰 6～7 成干时开始拉毛。先将 1∶0.5∶0.5 的混合砂浆抹在中层上，然后用铁抹子平稳地压在罩面砂浆上顺势轻轻拉起，用力要均匀，使毛头显露均匀、大小一致。如个别地方不符合要求时，可以补拉 1～2 次，直到符合要求为止。

3）待毛头稍干时，再用抹子轻轻将毛头压下去，使整个面层呈不连续的花纹。

4）如在隔夜的中层上施工，应掌握中层的干湿程度，一般可提前浇水润湿，以能拉出毛头而不流坠下挂为宜。

考核内容及评分标准见表 3-7。

墙面拉毛、搭毛、洒毛 表 3-7

序号	测定项目	分项内容	满分	评分标准	检测点					得分
					1	2	3	4	5	
1	表面	平整	8	允许偏差 4mm，大于 1mm 扣 1 分（一处）						
2	立面	垂直	8	允许偏差 5mm，大于 1mm 每处扣 1 分						
3	面层	空鼓、裂缝	9	严重空鼓裂缝无分，局部空鼓空裂适当扣分						
4	花纹斑点	均匀程度	30	参照样板，全部不符无分，局部不符合适当扣分						
5	色泽	均匀程度	20	参照样板，全部不符无分，局部不符适当扣分						
6	工具	使用方法	5	错误无分，局部错误适当扣分						
7	工艺	符合操作规范	10	错误无分，局部错误适当扣分						
8	安全文明施工	安全生产落手清	4	重大事故本次考核不合格，一般事故扣 4 分事故苗头扣 2 分，落手清未做无分，不清扣 2 分						
9	工效	定额时间	6	每超过 0.5h 扣 1 分						
10	合　计		100							

学员　　姓名　　　　　　　　教师签字　　　　　　　　　　　　　　年　月　日

八、抹方、圆柱出口灰线

1. 内容：抹方、圆柱灰线、方柱、圆柱各一根，高度2m左右，柱边长和直径可任意确定。

2. 时间要求：8h。

3. 使用的工具、设备、材料：一般常用工具、弧形抹子、靠尺、圆形套板、水泥、砂子、石灰膏、石膏等。

4. 操作要点及评分标准：

1）先按柱的要求抹好柱的底、中层灰，并复核其尺寸。

2）方柱：在柱边角处和灰线出口处卡上竖向靠尺板和水平靠尺板。圆柱：按尺寸制作圆形样板套固在灰线的位置上。

3）校正靠尺或套板位置，然后分层进行抹灰。

4）待灰线略干后取下靠尺或套板，进行修整，使灰线清晰、平直、均匀。要注意线条形状、厚度和尺寸大小要符合要求。

5）与顶棚或梁的接头处应不显接槎，要求线条清晰。

考核内容及评分标准见表3-8。

方、圆柱出口灰线　　表3-8

序号	测定项目	分项内容	满分	评分标准	检测点					得分
					1	2	3	4	5	
1	表面	光滑、清晰	20	表面毛糙每处扣4分接槎印，颜色不均每处扣4分						
2	灰线	顺直、尺寸正确	20	不顺直、尺寸不正确每处扣4分						
3	垂直	符合规范要求	20	超出规范要求每处扣4分						
4	接角	清晰、无接槎	20	接槎印、毛糙每处扣4分						
5	工艺	符合操作工艺	10	错误无分，局部错适当扣分						
6	安全文明施工	安全生产，落手清	4	重大事故本次考核不合格，一般事故无分，事故苗头扣2分，落手清未做无分，不清扣2分						
7	工效	定额时间	6	每超时0.5h扣1分						
8	合计		100							

学员　姓名　　　　教师签字　　　　年　月　日

九、扯灯光圈

1. 内容：抹顶棚圆形灯光圈，1～2个。

2. 时间：8h。

3. 使用的工具、设备、材料：一般常用工具、小铁皮、活模、砂子、石灰膏、石膏、纸筋灰、铁钉等。

4. 操作要点及评分标准：

1）抹底、中层灰，灰线处底，中灰要求平整。

2）确定灯光圈中心位置，打入木楔或用石膏将铁钉固定在中心点上。

3）校正位置正确后，画出灰线位置。

4）分层抹上石灰砂浆（可掺少量石膏），然后用活模固定在中心点上，另一端来回绕着中心转动，使其成型。

5）待7～8成干时，先用纸筋灰第一遍罩面，第二遍用细纸筋或石膏灰浆，扯完后将模取下洗刷干净。

6）再用空模扯光，稍干时略洒些水。

考核内容及评分标准见表3-9。

顶棚圆形灯光圈 **表3-9**

序号	测定项目	分项内容	满分	评分标准	检测点					得分
					1	2	3	4	5	
1	表面	清洁	20	表面毛糙每处扣4分，接槎印颜色不均每处扣4分						
2	灰线	清晰	20	灰线不清，缺口每处扣4分						
3	灰线	与模一致	20	大于2mm，每超1mm扣2分						
4	尺寸	大小一致	20	大于2mm，每超1mm扣2分						
5	工艺	符合操作工艺	10	错误无分，局部错适当扣分						
6	安全文明施工	安全生产、落手清	4	重大事故本次考核不合格一般事故无分，事故苗头扣2分，落手清未做无分，不清扣2分						
7	工效	定额时间	6	每超过0.5h扣1分						
8	合计		100							

学员　姓名　　　　教师签字　　　　年　月　日

十、水刷石操作

1. 内容：墙面水刷石2～3m^2，柱面水刷石2m，窗台水刷石一个。

2. 时间要求：8h。

3. 使用的工具、设备、材料：排笔刷、一般常用工具、喷雾器、粉线袋、水平尺、石粒（大、中、小八厘）、玻璃、粒砂、普通水泥或白水泥、色粉、石灰膏、砂、分格条。

4. 操作要点及评分标准：水刷石装饰抹灰一般常做在砖墙、混凝土墙或加气混凝土墙等基体上。

1）操作前要认真审阅图样，按设计要求进行。

2）做好现场准备工作，对使用工具、材料要心中有数，对施工对象进行清理。

3）各部位操作：

（1）砖墙体。

①用 1：0.5：4 水泥石灰砂浆抹底层，厚度 5～7mm。

②用 1：0.5：4 水泥石灰砂浆抹中层，厚度 5～7mm。

③刮水灰比为 0.37～0.4 水泥浆一遍。

④用 1：1.25 水泥中八厘石粒浆抹面层，厚度 10mm；或用 1：1.5 水泥小八厘石粒浆抹面层，厚度 8mm。

（2）混凝土墙体。

①刮水灰比为 0.37～0.4 水泥浆。

②用 1：0.5：4 水泥石灰砂浆抹底层、中层，厚度均为 5～7mm。

③刮水灰比为 0.37～0.4 水泥浆一遍。

④1：1.25 水泥中八厘石粒浆抹面层，厚度 10mm；或用 1：1.5 水泥小八厘石粒浆抹面层，厚度 8mm。

（3）加气混凝土墙体。

①涂刷一遍 1：3 或 1：4 的 108 胶水溶液。

②用 2：1：8 水泥混合砂浆抹底层，厚度 7～9mm。

③用 1：3 水泥砂浆抹垫层，厚度 5～7mm。

④刮水灰比 0.37～0.4 水泥浆一遍。

⑤用 1：1.25 水泥中八厘石粒浆抹面层，厚度 10mm；或用 1：1.5 水泥小八厘石粒浆抹面层，厚度 8mm。

4）待水泥石粒浆凝结后，进行喷刷，喷刷时，先用毛刷蘸水将表面水泥浆刷掉露出石粒，然后喷浆机喷刷，并随时拍实。喷刷要均匀，喷刷至表面清晰。

5）施工完后，要认真清理现场，做到文明施工。

考核内容及评分标准见表 3-10。

墙面水刷石 **表 3-10**

序号	测定项目	分项内容	满分	评分标准	检测点					得分
					1	2	3	4	5	
1	表面	平整	12	允许偏差 3mm，大于 1mm 扣 1 分						
2	立面	垂直	12	允许偏差 5mm，大于 1mm 扣 1 分						
3	阴阳角	垂直	10	允许偏差 4mm，大于 1mm 扣 1 分						
4	阴阳角	方正	8	允许偏差 3mm，大于 1mm 扣 1 分						
5	棱角	顺直	5	不顺直每处扣 1 分						
6	石粒分布	均匀	10	脱粒、空洞、接缝痕迹，每处扣 2 分						
7	分格条	横平竖直	8	全长允许偏差 3mm，大于 1mm 扣 1 分						

续表

序号	测定项目	分项内容	满分	评分标准	检测点					得分
					1	2	3	4	5	
8	石粒冲刷	干净不掉粒	8	掉粒、不净一处扣2分						
9	分层粘结度	牢固	7	起壳、起泡、裂缝一处扣1分						
10	工艺	符合操作规范	10	错误无分，部分错适当扣分						
11	安全文明施工	安全生产、落手清	4	重大事故本次考核不及格，一般事故扣4分，事故苗头扣2分，落手清未做无分，不清扣2分						
12	工效	定额时间	6	每超过0.5h扣1分						
13	合计		100							

学员　姓名　　　　　　教师签字　　　　　　　　　　　　年　月　日

十一、剁斧石操作

1. 内容：墙面斩假石3～4m^2，方柱面斩假石2～3m^2。

2. 时间要求：8h。

3. 使用的工具、设备、材料：一般常用工具、斩假石专用工具、墨斗线、钢丝刷、扫帚、石粒、水泥、色粉、砂子。

4. 操作要点及评分标准：

1）操作前要认真审阅图样，按设计要求进行施工。

2）做好现场准备工作，对使用工具、材料做到心中有数，对施工对象进行认真清理。

3）各部位操作：

（1）砖墙体。

①用1∶3水泥砂浆抹底层，厚度5～7mm。

②用1∶2水泥砂浆抹中层，厚度5～7mm。

③刮水灰比为0.37～0.4水泥素浆一遍。

④抹1∶1.25水泥石粒（中八厘掺30%石屑）浆，厚度10～11mm。

（2）混凝土墙体。

①刮水灰比为0.37～0.40的水泥浆一遍。

②用1∶0.5∶3水泥石灰混合砂浆抹底层，厚度5～7mm。

③1∶2水泥砂浆抹中层，厚度5～7mm。

④刮水灰比为0.37～0.40的水泥浆一遍。

⑤1∶1.25水泥石粒浆（中八厘掺30%石屑），厚度10～11mm。

4）要注意斩剁顺序，用力要先轻后重，斩剁纹路应相互平行，各行间距要均匀一致。

5）斩剁后，要用钢丝刷清理墙面。

6）施工结束要注意清理现场，做到文明施工。

考核内容及评分标准见表3-11。

墙面斩假石 **表 3-11**

序号	测定项目	分项内容	满分	评分标准	检测点					得分
					1	2	3	4	5	
1	表面	平整	12	允许偏差 3mm，大于 1mm 扣 1 分						
2	立面	垂直	12	允许偏差 4mm，大于 1mm 扣 1 分						
3	阴阳角	垂直	10	允许偏差 5mm，大于 1mm 扣 1 分						
4	阴阳角	方正	8	允许偏差 3mm，大于 1mm 扣 1 分						
5	棱角	顺直	7	有一处不顺直、清晰、有掉角扣 1 分						
6	剁纹分布	均匀顺直	12	以 $1m^2$ 为检测单位，一处漏剁扣 2 分						
7	分格条	平直	9	全长允许偏差 3mm，大于 1mm 扣 1 分						
8	分层粘结度	牢固	9	$1m^2$ 为检测单位，有一处起壳、裂缝起皱扣 1 分						
9	工艺	符合操作规范	10	错误无分，局部错适当扣分						
10	安全文明施工	安全生产，落手清	4	重大事故本次考核不合格，一般事故扣 4 分，事故苗头扣 2 分落手清未做无分，不清扣 2 分						
11	工效	定额时间	6	每超过 0.5h 扣 1 分						
12	合计		100							

学员　　姓名　　　　　　　　　教师签字　　　　　　　　　　　　　　　　年　月　日

十二、镶贴瓷砖

1. 内容：墙面镶贴瓷砖 $2m^2$ 左右。

2. 时间要求：8h。

3. 使用的工具、设备、材料：一般常用工具、托线板、线锤、直靠尺、水平尺或水平管、小铁铲、划针或瓷砖切割器、钢丝钳、砂轮片、粉线袋、排笔刷、方尺、钢卷尺、水泥、石膏、砂子、石灰浆、108 胶、瓷砖等。

4. 操作要点及评分标准：

1）墙面底、中层要求平整毛糙。

2）镶贴前找好规矩，用水平尺找平，定出水平标准及垂直控制线，进行预排。

3）挑选规格、颜色一致的瓷砖。

4）使用前将挑选好的瓷砖放在清水中浸泡 2h，晾干备用。

5）做出标志块，用废瓷砖粘贴标志块，上下用托线板挂直，作为粘贴厚度的依据。

6）在地面水平线上嵌一根八字靠尺或直靠尺，用水平尺校正，作为第一行瓷砖水平方向的依据。

7）镶贴时，从下往上铺贴，用装有木柄的小铲刀在瓷砖背面刮满刀灰，铺贴在墙面上用力按压，使其略高于标志块，再用铲刀木柄轻击，使砖紧贴干墙面，用靠尺校正平直，当缝隙不直时，随时调整。

8）清洗与擦缝。铺贴完后进行检查，全部达到要求后将瓷砖表面擦干净，接缝处用石膏或白水泥擦嵌密实，并将表面擦净。

考核内容及评分标准见表3-12。

墙 面 瓷 砖　　表3-12

序号	测定项目	分项内容	满分	评分标准	检测点					得分
					1	2	3	4	5	
1	表面	平整	10	允许偏差2mm，大于1mm扣2分						
2	表面	整洁	20	污染每块扣2分，抹缝不洁每处扣2分						
3	立面（阳角）	垂直	10	允许偏差2mm，大于1mm扣2分						
4	横竖缝	平直	20	大于2mm每超1mm扣2分						
5	粘结	牢固	10	起壳每块扣2分						
6	相邻高低	一致	10	大于0.5mm，每块扣2分						
7	工艺	符合操作规范	10	错误无分，部分错适当扣分						
8	安全文明施工	安全生产、落手清	4	重大事故，本次考核不合格，一般事故无分，事故苗头扣2分，落手清未做无分不清扣2分						
9	工效	定额时间	6	每超过0.5h扣1分						
10	合计		100							

学员　姓名　　　　教师签字　　　　年　月　日

十三、镶贴面砖

1. 内容：墙或柱面镶贴面砖，墙面$2m^2$左右，柱200mm×300mm、高1.8m左右1根。

2. 时间要求：8h。

3. 使用的工具、设备、材料：一般常用工具、托线板、线锤、靠尺、分格条、小铲刀、粉线袋或墨斗线、钢卷尺、切割机、水泥、砂子（嵌缝砂子需过筛）、石灰膏、面砖（规格宜采用150mm×75mm×7mm）。

4. 操作要点及评分标准：

1）墙、柱面底、中层要求平整毛糙。

2）镶贴前找好规矩，按墙柱大小划出皮数、杆皮数，弹出若干条水平线，并按尺寸弹出竖直控制线。

3）检查面砖外观、尺寸。

4）使用前将挑选好的面砖放在清水中浸泡，吸足水分后晾干备用。

5）做出标志块，上下用托线挂直，作为粘结厚度的依据。

6）按水平线垫平八字尺或靠尺，用水平尺校正，作为第一行面砖水平方向的依据。

7）贴完一行即清理面砖上的砂浆，砖的上口尽量在同一直线上，然后放分格条，再贴第二皮砖，依次向上镶贴。

8）完成一个流水即进行勾缝，匀缝用 1∶1 水泥砂浆（砂子过筛）。

9）在勾缝砂浆硬化后进行表面清洗。

考核内容及评分标准见表 3-13。

墙（柱）面面砖 **表 3-13**

序号	测定项目	分项内容	满分	评分标准	检测点					得分
					1	2	3	4	5	
1	表面	平整	10	允许偏差 2mm 每大于 1mm 扣 2 分						
2	表面	整洁	20	污染每块扣 2 分，缝隙不洁每条扣 1 分						
3	立面	垂直	10	允许偏差 2mm，每大于 1mm 扣 2 分						
4	横竖缝	通直	20	大于 2mm 每超 1mm 扣 2 分						
5	粘结	牢固	10	起壳每块扣 2 分						
6	缝隙	密实	10	缝隙不实每处扣 2 分						
7	工艺	符合操作规范	10	错误无分，部分错适当扣分						
8	安全文明施工	安全生产，落手清	4	重大事故本次考核不合格，一般事故扣 4 分，事故苗头扣 2 分。落手清未做无分，不清扣 2 分						
9	工效	定额时间	6	每超过 0.5h 扣 1 分						
10	合计		100							

学员　姓名　　　　　　　　　　教师签字　　　　　　　　　　　　　　　　年　月　日

十四、铺贴地面陶瓷锦砖

1. 内容：地面铺贴陶瓷锦砖 $4m^2$ 左右。

2. 时间要求：8h。

3. 使用工具、设备、材料：一般常用工具、托线板或其他靠尺（检查平整用）、水平尺、方尺、粉线袋、小铲刀、拨刀、橡皮锤、拍板、棉丝、水泥、砂子（过筛）、陶瓷锦砖。

4. 操作要点及评分标准：

1）清理地面，洒水湿润，找好规矩和泛水。

2）根据标高确定铺设厚度（小灰饼），均匀扫水泥浆，铺设于硬性水泥砂浆结合层。

3）铺设前先将结合层表面用清水润湿，然后均匀撒布于水泥面，稍洒水后，开始铺贴陶瓷锦砖。

4）铺贴时，根据立好的控制线，人站在木板上，顺序向前铺贴，并随时注意调整缝隙。

5）铺完后，用橡皮锤和拍板依次整平。

6）用喷壶浇水湿透护面纸，然后依次把纸揭掉，如有块粒脱落应随即补上。

7）用拨刀拨缝，使缝均匀一致。调直后再全面敲拍一遍，使表面平整，粘结紧密。

8）将过筛的细砂与干水泥拌合，撒上进行擦缝，将所有缝隙擦满嵌实，再拍平一次，随时进行缝隙调整，最后用棉纱将表面擦净。

考核内容及评分标准见表3-14。

陶瓷锦砖或玻璃墙面（地面） **表3-14**

序号	测定项目	分项内容	满分	评分标准	检测点					得分
					1	2	3	4	5	
1	表面	平整	10	允许偏差2mm，每超过1mm扣2分						
2	立面(泛水)	垂直（正确）	10	允许偏差2mm（泛水不正确扣5分，倒泛水无分）						
3	缝隙	一致	20	缝隙不密实每处扣1分						
4	接缝	平直	20	大于2mm每超1mm扣2分						
5	砖表面	完整洁净	10	缺粒掉角每处扣2分，表面污染每处扣1分						
6	粘结	牢固	10	脱落起壳每处扣1分						
7	工艺	符合操作规范	10	错误无分，部分错适当扣分						
8	安全文明施工	安全生产落手清	4	重大事故本次考核不及格，一般事故扣4分，事故苗头扣2分；落手清未做无分，不清扣2分						
9	工效	定额时间	6	每超过0.5h扣1分						
10	合计		100							

学员　姓名　　　　　　教师签字　　　　　　　　　　年　月　日

第四章　技师抹灰工试题

第一节　技师抹灰工判断题

一、判断题

1. 在建筑物的墙、地、顶、柱等的面层上，用砂浆或灰浆涂抹，以及用砂浆或灰浆做粘结层，粘结饰面板、块材的工作过程，称为抹灰。（　）

2. 简单地说，抹灰的作用不外乎两个：其一为耐用，即满足耐久年限的要求；其二为美观，即要有一定的装饰效果。（　）

3. 室内抹灰依部位不同分为：顶棚抹灰，墙面抹灰，楼、地面抹灰，门窗口、踢脚、墙裙、水池、踏步、勾缝等抹灰。（　）

4. 按新规范的规定，一般抹灰工程分为普通抹灰和高级抹灰两个等级。（　）

5. 饰面块材、板材要按尺寸的大小和施工高度选择一定的施工方法，如边长在300mm×300mm以下，粘贴高度在2m以下者可采用粘贴法作业。（　）

6. 大尺寸的装饰板材一般多采用粘贴法施工工艺。并且施工前要进行选材、预排、润板、找规矩弹线、钻孔等工作。（　）

7. 由于多数砂浆在凝结硬化过程中，都有不同程度的收缩，这种收缩无疑对抹灰层与层之间、抹灰层与基层之间的粘结效果和抹灰层本身的质量效果均有不同程度的影响。（　）

8. 耐酸砂浆及重晶石的抹灰以每层3～4mm的均匀厚度而操作，每次抹灰亦要在上一层抹灰层的间隔时间6～8h后进行。（　）

9. 工程图样是不可缺少的重要的技术文件，是表达和交流技术思想的重要工具。因此，工程图样被喻为“工程界的语言”。（　）

10. 图纸的标题栏应竖放在图纸左上角。图纸的会签栏应竖放在图纸右下角。（　）

11. b为线条宽度，b=0.35～2mm，一般取1.5mm。

12. 比例是指图中图形与实物尺寸之比。比例的大小即比值的大小，比例为1的比例叫原比例，比值大于1的比例称之为放大比例，比值小于1的比例称为缩小比例。（　）

13. 图中尺寸是施工的依据，因此标注尺寸必须认真、细致，书写清楚，正确无误，否则会给施工造成困难和损失。（　）

14. 标高是表明建筑物以某点为基准的绝对高度。

15. 在总平面图中标高数字可注写到小数点后三位。（　）

16. 定位轴线是用以表示建筑物的主要结构或墙体位置的线，也是建筑物定位的基准

线。（　）

17. 一般的工程图纸都是用正投影的方法绘制出来的。（　）

18. 点的投影基本规律是点的投影仍然是一个点。（　）

19. 指北针一般出现在立面图和平面图中，用以表示场地的方向或示意建筑物的朝向。（　）

20. 以折断线表示需要连接的部位，两个被连接的图样必须用不同的字母编号，以便于区分。

21. 详图与被索引的图样不在同一张图内，详图符号上半圆注明详图的编号，下半圆注明被索引图样的图纸编号。（　）

22. 常用构件阳台，其代号为YP。（　）

23. 常用构件雨篷，其代号为YT。（　）

24. 常用建筑材料砂、灰、土，其图例为。（　）

25. 常用建筑材料饰面砖，其图例为。（　）

26. 常用建筑构件隔墙，包括板条抹灰、木制、石膏板、金属材料等隔断。适用于到顶与不到顶隔断，其图例为。（　）

27. 建筑工程的图纸，大多是采用正投影的方法，用几个图综合起来表示一个物体，这种图能准确地反应物体的真实形状和大小。（　）

28. 一条直线平行于投影面时，其投影是一条直线，但长度缩短。（　）

29. 一个平面倾斜于投影面时，其投影是一个平面，但面积不变。（　）

30. 正立投影反映形体的长度、高度和形体上、下、左、右关系。（　）

31. 长对正、高平齐、宽相等称为三视图的“三等关系”，是三面投影的重要原则，也是检测投影正确与否的原则。（　）

32. 识读整套图纸时，应按照“总体了解、顺序识读、前后对照、重点细读”的读图方法。（　）

33. 识读一张图纸时，应采取由里向外看、由小到大、由细到粗、图样与文字交替看、有关图纸对照看的方法。重点看轴线及各种尺寸关系。（　）

34. 图纸目录起到组织编排图纸的作用。从图纸目录可以看到该工程是由哪些专业图纸组成，每张图纸的图别、编号和页数，以便于查阅。（　）

35. 建筑立面图是垂直于建筑物各墙面的正投影图。它用来表示建筑物的体型外貌。（　）

36. 看剖面图主要是了解建筑物的结构形式和分层情况。（　）

37. 平面图中的轴线很重要，它表明墙、柱与轴线间的关系是施工放线的重要依据。（　）

38. 材料在自然状态下单位体积的质量称为密度。（　）

39. 审核图纸一般要经过熟悉、汇总、统一、建议四个步骤。（　）

40. 散粒材料在一定的疏松堆放状态下单位体积的质量，称为堆积密度。（　）

41. 对于某些轻质材料，如加气混凝土、泡沫塑料、软木、海绵等，由于材料本身具有很多微细、开口、连通的孔隙，其吸水后的质量往往比烘干时的质量大若干倍，计算出

的质量吸水率将会超过300%，因此在这种情况下用体积吸水率表示它们的吸水性较好。（ ）

42. 材料在潮湿的空气中吸收空气中水分的性质称为吸湿性，吸湿性的大小常用含水率（或叫湿度）来表示。

43. 冰冻的破坏作用，是由于材料微小孔隙中的水分，在冻结时产生了体积膨胀（体积约增大9%），对孔壁形成了很大的压力，致使孔壁开裂，材料遭到破坏。（ ）

44. 抗冻性指材料在吸水饱和状态下，能经受多次冻结和融化作用（冻融循环）而不破坏，也不严重降低强度的性质。（ ）

45. 试验证明，材料传导的热量与热传导面积、热传导时间及材料两侧表面的温差成反比，与材料的厚度成正比。

46. 所有材料中，比热容最大的是石膏板，因此材料的含水率愈大，则其比热容 c 也愈大。（ ）

47. 要保证材料具有优良的保温性能，就必须在施工、保管过程中，注意尽量使材料保持干燥、不受潮湿，在吸水受潮之后，则应尽量避免冰冻的发生。（ ）

48. 脆性材料如石子、砖、混凝土等，其抗压强度高，而抗拉、抗剪强度都很低，故这类材料在建筑物中只适用于房屋的墙、基础等承受压力荷载作用的部位。（ ）

49. 在建筑工程中，某些部位的面层直接与其他物体接触或摩擦，如地面、踏步面层等，必须使用弹性或塑性较好的材料。（ ）

50. 工程上常用“弹性模量”来表示材料的弹性性能。弹性模量就是材料应力与应变的比值，该比值越小说明材料抵抗变形的性能越强，材料越不易变形。（ ）

51. 材料的强度、抗渗性、耐磨性等均与材料的耐久性有着很密切的关系。提高建筑材料的耐久性，不仅对延长建筑物的正常使用年限具有重大意义，而且也是节约建筑材料的重要措施之一。（ ）

52. 工程中主要起粘结作用的一类材料，统称为胶凝材料。胶凝材料是指哪些经过自身的物理、化学作用后，能够由液态或半固体状态变成具有一定强度的坚硬固体，并能在硬化过程中把散粒的或块状的材料胶结成为一个整体的物质。

53. 气硬性胶凝材料一般抗水性差，不宜在潮湿环境、地下工程及水中工程中使用。（ ）

54. 生石灰的主要成分是碳酸钙，其次是氧化镁。（ ）

55. 为保证石灰的充分熟化，进一步消除过火石灰的危害，必须将石灰在化灰池内放置一周以上，这一储存期在工程上常称为“陈化”。（ ）

56. 石灰浆在干燥后，由于大量水分蒸发，将发生很大的体积收缩，引起开裂，因此一般不单独使用净浆，常掺加填充或增强材料，如与砂、纸箱、麻刀等混合使用，可减少收缩，节约石灰用量；加入少量水泥、石膏，则有利于石灰的硬化。（ ）

57. 石灰遇水后易发生水化作用，因此生石灰必须储存在干燥的环境中，运输时要做好各项防水工作，避免石灰受潮、淋雨，防止火灾发生或使石灰失去效能。（ ）

58. 建筑石膏的凝结硬化过程实际上是半水石膏还原为二水石膏的过程。（ ）

59. 石膏加入卤化物、硝酸盐、水玻璃等，可降低石膏的溶解度，得到缓凝的效果。加入硼砂、动物胶、亚硫酸盐纸浆废液等，可提高石膏的溶解度，从而加速凝结。（ ）

60. 建筑石膏的凝结硬化速度很慢，其原因在于半水石膏的溶解及二水石膏的生成速度都很慢。（ ）

61. 石膏在硬化时体积略有膨胀，不易产生裂纹，利用这一特性可制得形状复杂、表面光洁的石膏制品，如各种石膏雕塑、石膏饰面板及石膏装饰件等。（ ）

62. 水玻璃是一种水硬性胶凝材料，在建筑工程中常用来配制水玻璃胶泥和水玻璃砂浆，以配制水玻璃涂料，特别是在防酸、耐热工程中使用更为广泛。（ ）

63. 菱苦土制品不适宜于潮湿环境，故不能在水中及地下工程中使用。在运输以及贮存时，应避免受潮，以防苛性菱苦土的活性降低。（ ）

64. 水泥属气硬性无机胶凝材料。所谓气硬性无机胶凝材料，是指能在空气中硬化，长久地保持或提高其强度的无机胶凝材料。（ ）

65. 水泥与适量水混合后，经物理化学过程，能由可塑性浆体变成坚硬的石状体，并能将散粒状材料胶结为整体的混凝土。（ ）

66. 改变熟料矿物成分间的比例，水泥的技术性能会随之而改变。例如降低硅酸三钙、硅酸二钙的含量，可以制得具有快硬特性的水泥；提高铝酸三钙、硅酸三钙的含量，提高硅酸二钙的含量，可制得水化热低的大坝水泥。（ ）

67. 由于水泥水化物结合水减少，结晶过程受到抑制而形成更紧密的结构。所以在工程中，减小水灰比是提高水泥制品强度的一项有利措施。（ ）

68. 温度和湿度，是保障水泥水化和凝结硬化的重要外界条件，必须在高湿度环境下，才能维持水泥的水化用水。如果处于干燥环境下，强度会过早停滞，并不再增长。（ ）

69. 水泥的初凝时间是从水泥加水拌合起，至水泥浆完全失去可塑性并开始产生强度所需要的时间。（ ）

70. 水泥的凝结时间在施工中具有重要的意义。根据工程施工的要求，水泥的初凝不宜过迟，以便水泥浆的适时硬化，及时达到一定的强度，以利于下道工序的正常进行。（ ）

71. 水泥硬化后所得到的水泥石在通常的使用条件下是耐久的，能在潮湿环境或水中继续增长强度。但是在某些侵蚀性液体或气体的长期作用下，水泥石的结构会遭到损坏，强度会逐渐降低，甚至会全部溃裂，这种现象称为水泥的腐蚀。

72. 由白色硅酸盐水泥熟料加入适量的石膏、磨细制成的白色水硬性胶凝材料称为白色硅酸盐水泥，简称为白色水泥。（ ）

73. 膨胀水泥是一种在水化过程中体积产生微量膨胀的水泥，通常是由胶凝材料和膨胀剂混合制成。（ ）

74. 储存超过1年的水泥应重新检验，重新确定强度等级，否则不得在工程上使用。（ ）

75. 水泥储存时，要求仓库不得发生漏雨现象，水泥垛底离地面10cm以上，水泥垛边离开墙壁15cm以上。（ ）

76. 为了减少木材干缩湿胀变形，可预先干燥到与周围温度相适应的平衡含水率。（ ）

77. 建筑用钢材的机械性能指标很多，一般用屈服强度、抗拉强度、伸长率和冷弯性

能几个指标来控制。 ( )

78. 砂的粒径在 0.8mm 以上的为粗砂；粒径在 0.5mm 为中砂；粒径在 0.35～0.5mm 为细砂；再细的砂粒径在 0.35mm 以下为面砂。 ( )

79. 抹灰一般用中砂，而中细相结合更佳；面砂在某些特殊情况下（修补、勾缝）才要用到。 ( )

80. 豆石要在进场后视其洁净程度作适当处理，如果含泥量过高，需要经过筛、水洗，含杂质的要经筛选后方可使用。特别是用其抹水刷石时，一定要经过挑选，挑出草根、树皮等杂质后，放在筛子上用水管放水冲洗，而后要散放在席子上晾干后备用。 ( )

81. 色石粒是由大理石、方解石等经破碎、筛分而成。按粒径不同可分大八厘、中八厘、小八厘、米厘石等。 ( )

82. 纤维材料在抹灰层中起拉结和骨架作用，能增强抹灰层的拉结能力和弹性，使抹灰层粘结力增强，减少裂纹和不易脱落。 ( )

83. 麻刀以洁净、干燥、坚韧、膨松的麻丝为好，使用长度为 2～3mm。使用前要挑选出掺杂物，如草树的根叶等，并抖掉尘土后用竹条等有弹性的细条状物抽打松散以备用。 ( )

二、判断题答案

1.√ 2.× 3.√ 4.√ 5.× 6.× 7.√ 8.× 9.√
10.× 11.× 12.√ 13.√ 14.× 15.× 16.√ 17.√ 18.√
19.× 20.× 21.√ 22.× 23.× 24.× 25.√ 26.√ 27.√
28.× 29.× 30.√ 31.√ 32.√ 33.× 34.√ 35.× 36.√
37.√ 38.× 39.√ 40.√ 41.× 42.√ 43.√ 44.√ 45.×
46.× 47.√ 48.√ 49.× 50.× 51.√ 52.√ 53.√ 54.×
55.× 56.√ 57.√ 58.√ 59.× 60.× 61.√ 62.× 63.√
64.× 65.√ 66.× 67.√ 68.√ 69.× 70.× 71.√ 72.√
73.√ 74.× 75.× 76.√ 77.√ 78.× 79.× 80.√ 81.√
82.√ 83.×

第二节 技师抹灰工填空题

一、填空题

1. 抹灰，是________工作中一个重要的工作内容。

2. 抹灰，是一项工程量大、________、劳动力耗用比较多、技术性要求比较强的工种。

3. 室外抹灰依部位分为：________、檐裙抹灰、屋顶找平层抹灰、________，柱、垛抹灰，窗楣、窗套、窗台、腰线、遮阳板、________台阶、花池等抹灰。

4. 按基层不同可分为________、钢筋混凝土基层抹灰、________、普通黏土砖基层抹灰、钢板网基层抹灰、石膏板基层抹灰、________、木板条基层抹灰、陶粒板砖基层抹灰和石材基层抹灰等。

5. 装饰抹灰，一般是指在室外施工的不同部位及方法施工的具有装饰效果的抹灰。如水刷石、________、拉毛、甩毛、打毛等对结构既起装饰效果又有保护作用的工艺过程。

6. 为了保证施工质量，克服和减小________，在抹灰的施工中要分层作业。由于基层不同和________不同，所分________亦有差别。

7. 对于某些特种砂浆抹灰，其抹灰层的组成也有着不同的要求，如防水砂浆五层做法，是由________。施工时每层密度要求高，要求抗渗性能好，所以每层涂抹后要有紧压过程，每层厚度为不均匀性的，一般________，而________为5mm。

8. 耐酸砂浆及重晶石的抹灰又以每层________而操作，每次抹灰亦要在上一层抹灰层的间隔时间________进行。

9. 为进一步清楚地表达图纸的内容，在工程图中应使用不同的________。

10. 建筑施工图尺寸标注是由________和尺寸数字四部分组成。

11. 相对标高：标高基准面根据________自行选定，由此而引出的标高称为相对标高。建筑上一般把________定为相对标高的零点（±0.000）。

12. 平面图上定位轴线的编号，宜标注在图样的________。横向的编号应用阿拉伯数字，________编写；竖向编号应用大写拉丁字母，________编写。拉丁字母中的________不得用为轴线编号。

13. 剖面剖切符号由剖切位置线及剖视方向线组成，均应以________，编号应注写在________。

14. 当详图在本张图纸上时，索引符号上半圆中数字系________；下半圆中的一横代表在________。

15. 详图与被索引的图样不在同一张图纸内，详图索引符号上半圆注明________；下半圆注明________。

16. 预埋件构件代号为________。

17. 点的投影基本规律：点的投影仍然是一个________。

18. 直线的投影规律：

1）一条直线平行于投影面时，其投影是一条直线，且________。

2）一条直线倾斜于投影面时，其投影是一条直线，但________。

3）一条直线垂直于投影面时，其投影是________。

19. 平行于形体正面的投影称________；平行于形体侧面的投影称________。

20. 正立投影和水平投影都反映________；正立投影和侧立投影都反映________；水平投影和侧立投影都反映________。

21. 建筑工程图是一整套图纸，依专业不同可分为：________（简称“建施”）；________（简称“结施”）；________（简称“水施”）；________（简称“暖施”）；________（简称“电施”）。

22. 施工图的识读方法，一般是先看________，以大致了解工程的概况，如工程设计单、建设单位、新建房屋的位置、________等。

23. 施工图的识图方法，应按顺序识读。在总体了解建筑物的情况以后，根据施工的先后顺序，从________及装修的顺序，仔细阅读有关图纸。

24. 施工图的识图方法，应注意前后对照。读图时，要注意________对照着读，________对照着读，做到对整个工程施工情况及技术要求心中有数。

25. 建筑总平面图的阅读，应了解________，了解各建筑物及构筑物的位置、________以及各建筑物的层数等。明确________，以及新建房屋底层的室内地面和室外整平地面的绝对标高。

26. 在建筑平面图中，外墙尺寸有三道，最外边的一道叫外包尺寸，表明________；中间一道是轴线尺寸，表明________；最里面一道是门窗洞口和墙垛尺寸，是________。

27. 立面图上的尺寸一般用________，如檐口标高、女儿墙标高、雨篷标高、腰线标高、门窗口顶及窗台标高、________等。看立面图时，要注意________以免混淆了立面图的方向。

28. 楼梯详图一般由________及踏步栏杆等详图组成。楼梯详图一般分________。楼梯详图主要表示________、防滑条、底层起步梯级等的详细构造方式、尺寸和材料。

29. 楼层结构平面布置图：楼层结构图包括________，有时还有________。看结构布置图要搞清________的关系。

30. 采用预制楼板时，往往在采用范围画一个对角线，在线上方或下方注出________。

31. 当采用通用预制楼板时，结构布置图中只需要注出________，不必另画________。标注通用板的方法，不同地区有不同的规格，所以看图时一定要搞清楚________。

32. 在楼板的详图中，一般画出配筋详图，表明________。弯钩向上的钢筋配置在________，弯钩向下的钢筋配置在________，对于弯起钢筋要注明________以及弯筋伸入支座的长度。

33. 梁立面图：主要表示________。梁板等属现浇构件，还要用________楼板。此外还要表示梁内________等。

34. 楼梯结构平面图是表明各构件（如楼梯梁、楼梯板、平台板及楼梯间的门窗过梁等）的________及它们的________的图样。

35. 审核图纸一般要经过________四个步骤。

36. 审核图纸，首先各级技术人员，包括________等，在接到施工图后要认真阅读，充分熟悉，并重点分析________，了解施工的________。

37. 审核图纸应注意________，还要注意各部分之间的尺寸，如________的关系，以及________等的标高，要认真核对。

38. 审核图纸时应注意建筑结构和装饰之间的关系。例如各种________要求，以及结构在不同位置（如地下室）时，对________。土建施工应为装饰提供各类方便，如________等。

39. 审核图纸应注意对________的要求，例如各类结构对混凝土和钢筋的强度等级要求，各类材料特别是装饰材料的________。施工所涉及的________等的使用、检测乃至采购、保管等。

40. 审核图纸时应注意所需预埋件的类型，________，以及预埋件是否有________等。

41. 材料在________状态下单位体积的质量称为表观密度。

42. ________是指材料总体积内空隙体积所占的比例，常以百分数表示。

43. 材料的吸湿性对________。例如木材，由于吸收和蒸发水分，往往造成________等缺陷，又如石灰、水泥等，因吸湿性较强，容易造成________，从而导致经济损失。因此，不应忽视吸湿性对材料质量的影响。

44. 对长期浸水或处于潮湿环境中的重要结构物，须选用软化系数________的材料建造；次要或受潮较轻的结构物也要求材料的软化系数________。

45. 由于材料毛细孔隙中水的冰点在________，所以材料的抗冻性试验要求在低于此温度下冻结，在________，每冻融一次就称作一次冻融循环。材料抵抗________，说明材料的抗冻性越好。

46. 普通黏土砖的冻融试验，是在________，在 10～20℃水中融 3h，经________，按质量损失率及裂纹程度来评定。

47. 材料抗渗性能的好坏，与________关系较大。绝对密实或具有封闭式孔隙的材料，实际上是________。而那些具有________材料，其抗渗性就较差。

48. 热容量值大的材料，能在________的变动，有利于保持室内温度的稳定性。例如在冬季供暖失调时，________一些，这便是两种材料的不同比热所引起的结果。

49. 钢筋混凝土结构就是利用钢材的________、混凝土的________的特点而组成的一种复合材料。

50. 材料所具备的强度性能主要取决于________。不同种类的材料具有不同的________，即使是同种类的材料，由于________的不同，材料表现出的强度性能也都存在着很大的差异。

51. 弹性和塑性均指材料受到________作用时的变形性质。

52. 有些材料在________表现为弹性变形，但在受力________又表现为塑性变形，建筑工程中常用的________就是这样。

53. 材料在受到外力________，突然产生破坏，而在破坏前没有________，称为脆性。具有这种性质的材料称为脆性材料，如________等。

54. ________是指材料能抵抗其他较硬物体压入的能力。________是指材料抵抗磨损的能力。

55. 材料在长期的使用过程中，除受到各种________的作用外，还会受到各种________的破坏作用。这些破坏作用一般可分为________等几个方面。

56. 生物作用：主要是指由于________的危害所引起的建筑材料的破坏作用。

57. 建筑工程中常用的胶凝材料按其化学成分可分为________两大类。

58. 气硬性胶凝材料一般抗水性差，不宜在________工程中使用。

59. 石灰的原料多采用________，其成分除碳酸钙外还含有不同程度的________等杂质。

60. 生石灰为块状物，使用时必须将其________，一般常采用________的方法。生石灰加水消解为熟石灰的过程称为________。

61. 国家标准规定：建筑石灰按品种可分为________；按石灰中氧化镁含量的多少可分为________。

62. 以石灰为原料可配制成________等，常用于砌筑和抹灰工程。

63. 由于石灰遇空气易发生汽化作用，因此应避免石灰的________。石灰在库内的存储期________，最好做到________，既避免汽化的发生，又使熟化进行得彻底。

64. 石膏是一种具有很多优良性能的________，是建材工业中广泛使用的材料之一，其________。

65. 石膏调浆的________，都是影响凝结速度的因素。加入________等，可提高石膏的溶解度，从而加速凝结。加入________等，可降低其溶解度，得到缓凝的效果。

66. 纯净的建筑石膏为白色，密度为________ kg/cm^3，松散密度为________ kg/cm^3，紧密密度________ kg/cm^3。

67. 石膏完全水化所需要的用水量仅占石膏质量的________%，为使石膏具有良好的可塑性，实际使用时的加水量常为石膏质量的________%。

68. 石膏制品具有________。遇火时硬化后的制品因________，从而可阻止火焰蔓延，起到防火作用。

69. 水玻璃又称泡花碱，是一种性能优良的矿物胶，它能够________，并能在________，具有________等多种性能。

70. 水玻璃能在空气中与________，由于硅胶脱水析出固态的二氧化硅而硬化。这一硬化过程进行缓慢，为加速其凝结硬化，常掺入________，以加快二氧化硅凝胶的析出，并增加制品的________。

71. 苛性菱苦土，又名菱苦土、苦土粉。系用菱镁矿（主要成分为________），经750～850℃________，其主要成分为氧化镁，属镁质胶凝材料。

72. 菱苦土能够与________，且长期不发生腐蚀，又因其加色容易、加工性能良好，故常与________等。

73. 国家标准规定：凡由硅酸盐________制成的水硬性胶凝材料，称为硅酸盐水泥。硅酸盐水泥即国际上通称________水泥。

74. 硅酸盐水泥熟料的主要矿物组成由硅酸三钙约占________%，硅酸二钙约占________%，铝酸三钙及铁铝酸四钙共约占________%。由于硅酸盐约占75%以上，所以称之为硅酸盐水泥。

75. 硅酸三钙是硅酸盐水泥熟料中的________，遇水时水化反应________，其水化产物表现为早期强度高。硅酸三钙是赋于硅酸盐水泥________的主要矿物。

76. 硅酸二钙是硅酸盐水泥中的主要矿物，遇水时________，遇水时水化产物表现为________________。硅酸二钙是决定硅酸盐水泥________的矿物。

77. 水泥加水拌合后，最初形成________，这一过程称为初凝，开始具有强度时称为________，由________称为凝结。终凝后________—水泥石，这一过程称为硬化。

78. 硅酸盐水泥经过溶解期后，溶液已达饱和，水继续与水泥颗粒作用而形成的________，它们根据各自的溶解度和结构形式的不同，先后以________，最后发展成为网状絮凝结构的凝胶体，随着凝胶体的逐渐变稠，水泥浆________，从而表现为水泥的凝结。

79. 水泥的凝结、硬化过程，是一个长期而又复杂、交错进行的________过程。

80. 水泥细度：水泥颗粒的粗细影响着________。同样质量的水泥，其颗粒越细，总表面积越大，________，其颗粒越粗，表现则相反。

81. 适宜的加水量，可使水泥________。同时，由于水化物结合水减少，结晶过程受到抑制而________。所以在工程中，________是提高水泥制品强度的一项有利措施。

82. 标准稠度用水量是指水泥净浆达到________，所需要的________。所谓标准稠度，是在特制的稠度仪上，角锥沉入深度达到________时的稀稠状态。

83. 影响水泥凝结时间的因素主要有：________等。

84. 体积安定性是指水泥浆体在硬化过程中________的性能。

85. 水泥中含有游离氧化钙、氧化镁及三氧化硫是导致________重要原因。此外，当石膏掺量过多时，也会引起________。

86. 水泥的水化热大部分在________，以后逐渐减少。影响水化热的因素很多，如________等。

87. 水泥石中的氢氧化钙溶于水，尤其易________，水愈纯净（如蒸馏水），其________。氢氧化钙的溶出，使________，从而引起水泥石结构破坏，强度降低。流动的或有压力的软水，对水泥石所产生的破坏________。

88. 硅酸盐水泥腐蚀破坏的基本原因，在于水泥石本身成分中存在着易引起腐蚀的________。

89. 硅酸盐水泥的水化产物中氢氧化钙含量较高，耐软水侵蚀及化学腐蚀性能均较差，故不宜用于经常与________工程，以及________工程，也不适用于受________工程。

90. 硅酸盐水泥中掺的活性混合材料，内含有活性的氧化硅和氧化铝，当与石灰混拌后，遇水能________，可使气硬性石灰具有________。活性混合材料与水泥的水化物起化学反应，使水泥的________。

91. 按国家标准 GB 175—1999 规定，普通水泥的强度等级分为：________。

92. 水泥中火山灰质混合材料掺加量百分比计为________。

93. 水泥中粉煤灰掺加量按质量百分比计为________。

94. 能够满足建筑工程中的特殊需要，具有一定特殊性能的水泥，简称为________。目前特种水泥仍是以________为主，其次是________。

95. 白色水泥共分有________四个强度等级。

96. 白色水泥特级品白度可达到________。

97. 白水泥在使用中，应注意保持________，以免影响白度。在运输保管期间，________，不得混杂，不得受潮。

98. 白色及彩色水泥主要应用于________，可制作成具有一定艺术效果的各种________，用以装饰________等。此外，还可制成各色________。

99. 快硬水泥的强度等级分有________三种。

100. 国家规定：高铝水泥的细度要求比面积不小于________ m^2/kg 或 $45\mu m$ 筛筛余量不得超过________%。

101. 国家规定高铝水泥的初凝时间 CA-50、CA-70、CA-80 不得早于________ min，CA-60 不得早于________ min；终凝时间 CA-50、CA-70、CA-80 不得迟于________ h，CA-60 不得迟于________ h。

102. 膨胀水泥是一种在水化过程中体积________，通常是由胶凝材料和膨胀剂混合制成。膨胀剂使水泥在水化过程中形成________，从而使水泥体积膨胀。

103. 高铝水泥以 28d 的抗压、抗拉强度划分为________三个标号（硬练标号）。

104. 水泥在运输及贮存过程中，须按________等分别存运，不得混杂。散装水泥要________，装袋水泥的堆放高度________。

105. 水泥一般在贮存了 3 个月后，其强度约降低________，6 个月后约降低________，1 年后约降低________。

106. 一般，新伐木材的含水率高达________以上，经风干可达________，室内干燥后可达________。

107. 木材的长向强度几乎只相当于短向强度的________。

108. 钢材根据含碳量多少可分为：低碳钢（含碳量________%）；中碳钢（含碳量________%）高碳钢（含碳量________%）。

109. 钢筋的线膨胀系数为________混凝土的线膨胀系数为________，二者热胀冷缩变形________，避免了因________造成的相对滑动使粘结力破坏。

110. 水泥的存放________。库房内一定要________，下雨时________，有条件一定要提前抹好________，脚手板下设木方架空。以利通风防潮。

111. 如果水泥是在现场室外存放，一定要用________，平台下空部________。平台要设在地势较高处，平台上铺油毡，堆放的水泥要用________。使用后每天下班要检查一遍，以免夜间下雨而造成损失。每次进料要有计划，________。

112. 石膏在使用时可按需要掺加一定量的________等缓解凝结速度，或通过掺加________等来加快凝结速度。

113. 抹灰一般用中砂，而________；细砂在某些特殊情况下________才要用到；面砂由于________，不宜使用。

114. 砂要经洗后，方能使用。砂应在使用前过筛，堆放要依________，但要在砂浆机的附近堆放。

115. 色石粒按粒径不同可分为：大八厘的粒径为________ mm；中八厘的粒径为________ mm；小八厘的粒径为________ mm，________ mm 粒径为米厘石。

116. 在制水磨石地面时还专用到较大粒径的色石粒。常见的有大一分（一勾），粒径为________ mm；一分半（一勾半），粒径为________ mm；大二分（二勾），粒径为________ mm；大三分（三勾），粒径为________ mm 等。

117. 玻璃丝较轻风吹易飞扬，所以在进场后的堆放时要在上面________。在搅拌玻璃丝灰浆时，操作人员要有________。

118. 大理石在使用前要________为原则先进行预排编号，顺序地________码放备用。

119. 花岗石板在室外使用时常用一些________品种，以使建筑物局部或整体产生较强的________。

120. 如果所使用的面砖是正方形时，可用一个________，分别进行两个方向的测量；

如果所使用的面砖是长方形时，要制作________，分别对面砖进行两个方向测量。在制作两个样框时可借用________。

121. 瓷砖的规格一般多为________和________两种，也有长方形的特殊尺寸砖，但比较少见。

122. 通体瓷砖简称通体砖，它是由陶土烧制而成的陶瓷制品。表面多不挂釉，类似品种亦有________等。这类砖耐________都很强，质地比较好；________，________。

123. 缸砖吸水力较强，所以在使用前要________使用。

124. 锦砖特点具有彩色不退，经久耐用，________，价格亦不高，所以常被采用。陶瓷锦砖的进场库存________，万一受潮将________，造成损失。

125. 由于抹灰工作比较复杂，灰浆种类繁多，所以要用到许多附属的其他材料。如________等多种材料。在材料的准备中，要依________，并按产品说明要求妥善保管。

126. 喷浆泵分________两种，用于水刷石施工的________，各种抹灰中________，及拌制干性水泥砂浆时________。

127. 鸭嘴，有大小之分，主要用于小部位的________。如外窗台的两端头，________等。

128. 塑料压子，是用于________，作用与钢压相同，但在墙面稍干时用塑料压子________。这一点优于钢抹子，但弹性较差，不及钢抹子灵活。

129. 托线板主要是用来做________的工具。一般尺寸________厚，________宽，________长。亦有特殊时特制的________的短小托线板。托线板的长度要依________来决定。一般工程上有时要用到几种长度的托线板。

130. 靠尺是抹灰时________的工具，分为________等。长度依________部位不同而定。

131. 米厘条，简称米条，作抹灰________之用。其断面形状为________，断面尺寸依________而各异。长度依________而不等。使用前要提前________。

132. 抹灰用的筛子按用途不同分为大、中、小三种，和按孔隙分________等多种孔经筛，大筛子一般是筛分________等，中、小筛子多为筛________等使用。

133. 抹灰工程根据具体情况制定出合理的施工方案。一般要遵从________的顺序来施工。使整个工程________进行，以保证工程优质，顺利的进行。

134. 抹灰的技术操作也有其共性，都要经过________等找规矩的工作。

135. 砖墙抹石灰砂浆做灰饼、挂线的方法是依据用托线板检查墙面的________来决定灰饼的厚度。如果是高级抹灰，不仅要依据墙面的________，还要依据________做灰饼的厚度。

136. 砖墙抹石灰砂浆，做灰饼要________。然后在所做好的四个灰饼的外侧，与灰饼中线相平齐的高度各钉________。在钉上系小线，要求线________，并要求拉紧小线。再依小线作中间________。

137. 待护角底子灰六七成干时用护角抹子在做好的护角底子灰的________略掺小砂子（过窗纱筛）的水泥护角。

138. 窗台抹灰，一般出头尺寸与檐宽相等，即两边耳朵要呈________。最后用阳角抹子________，用小鸭嘴把阳角抹子________。表面压光，檐的底边要压光。室内窗台一般用________水泥砂浆。

139. 踢脚、墙裙一般多在墙面________，罩面纸筋灰施工________进行。也可以在抹完墙面纸筋灰________。要求________，表面________，出墙厚度________。

140. 如果刚抹完的灰梗吸水较慢时，________，待前边抹好的灰梗已吸水后，可________。

141. 纸筋灰罩面前要视底子灰颜色而决定________。如果需要浇水，可用喷浆泵________，喷浇时注意踢脚、墙裙上口的________，这个部位一般不吸水。

142. 刮面层素浆时一定要适时，太早________，太晚则________。一般要在底子灰抹子抹压下________为宜。

143. 拌制石膏浆时要先把________，再把石膏粉放入窗纱筛中________。边筛边搅动以免________。

144. 水砂罩面，压光则用________。最后用________，要________，阴角部位要用阴角抹子捋光。要求________，面层光滑平整、洁净、抹纹顺直。

145. 石灰砂浆罩面的底层用________，面层用________。抹面前要视底子灰________，然后先在贴近顶棚的墙面上部抹出一抹子宽的面层灰。

146. 石灰砂浆罩面抹灰，抹中间六面时要以________，一般是________。抹时一抹子接一抹子，接槎________。

147. 砖墙抹水泥砂浆，每个灰饼均要离线________，竖向每步架子不少于一个，横向以________间距离为宜。灰饼大小为________见方，要与墙面平行，不可倾斜、扭翘。做饼、充筋、打底均采用________。

148. 米厘条在使用前要________，也可以用大水桶浸泡，浸泡时要用________。

149. 在一条水平线上（每一面砖）的米厘条要在________。竖直方向同一弹线旁的米厘条要在________。各条不同高度的横向米厘条________。米厘条之间的接槎要________。米厘条的大面要与墙面________。

150. 大面的米厘条粘贴完成后，可以抹面层灰，面层灰要________开始。大角处可在另一面抹________，反粘八字尺，使靠尺的外边棱与________。

151. 鹰嘴是在抹好的________趁砂浆未终凝时，在上脸阳角的正面________，使尺外边棱比阳角低________，卡牢靠尺后，用小圆角阴角抹子，把________的交角处，捋抹时要填抹密实，捋光。

152. 混凝土墙抹水泥砂浆前要对基层上所残留的________等进行清除。油毡、纸片等要用________，对隔离剂要用________后，用清水冲洗干净。

153. 石材的密度比砖________，所以与砂浆的粘结力要比砖墙________，而石材墙体表面________大，所以石材墙体的抹灰需要进行底层的处理。

154. 钢板网的粘结层也可用________略掺麻刀，中层抹平用________，面层亦可用________。

155. 加气板、砖抹灰采用的配合比应分别为：水泥砂浆面层的中层用________；混合砂浆面层的中层用________；石灰砂面层和纸筋灰面层的中层找平为________。

156. 加气板、砖抹灰，待中层灰六七成干时可进行面层抹灰。水泥砂浆面层采用________；混合砂浆面层采用________；石灰砂浆面层采用________。

157. 预制钢筋混凝土顶棚抹灰，采用横抹是指________相垂直。横抹分________。拉抹是从头上的________，推抹是从头上________。一般来说拉抹________，而推抹________。

158. 预制钢筋混凝土顶棚抹灰，面层一般分两遍完成，两遍应________，第一遍薄薄刮一遍________，第二遍应________，亦应先抹周边，后抹中间，两层厚度为________。

159. 预制钢筋混凝土顶棚抹灰，如果是采用纸筋灰浆罩面时，在刮糙层________，找平层仍是先从四周阴角边开始，先把阴角四边的________，用软尺刮平，用木抹子搓平，________的依据标筋。

160. 顶棚相邻板块间高低误差比较大时，要在低洼的板块处向________顺平，要求坡度不大于________，阴角处坡度不大于________。抹顺平坡时，要先在湿润过的低洼处抹刮一道水泥质量________，也可涂刷该胶浆。

161. 现浇钢筋混凝土顶棚抹灰，铁板糙刮抹________水泥石灰混合砂浆，其厚度为________；中层采用________水泥水砂浆或采用________水泥石灰混合砂浆，其厚度为________；水泥砂面层采用________水泥砂浆，其厚度为________。

162. 木板条吊顶抹灰前，要悉细对吊顶进行检查。看一下平整度________，缝宽是否________，板条有无________的部位，发现问题及时修补好。

163. 木板条吊顶抹灰粘结层灰浆的稠度值要相对小一些，因为稠度值大的灰浆中________，而且稠度值过大时，抹完后在板条缝隙部灰浆________，从而影响平整度。一般灰浆稠度值应控制在________。如果板缝稍大，应控制在________。

164. 苇箔比较弱，如果用稠度值较小的灰浆，在涂抹过程中相对要比较用力涂抹，这样会使苇箔在被涂抹过程中________，将先抹好的粘结层产生________。

165. 钢板网吊顶抹灰的砂浆稠度为________度为宜。

166. 水泥砂浆地面抹灰应采用________，砂子应以________，含泥量不大于________。水泥最好使用强度等级________，也可用矿渣水泥。

167. 水泥砂浆地面抹灰，如果房间较大时，要依________，依线做灰饼。做灰饼的小线要拉紧，不能有垂度，如果线太长时________。

168. 水泥砂浆地面抹灰，各遍压光要________，压光过早________的作用；压光过晚，抹压________的规律，对强度有影响。

二、填空题答案

1. 装修

2. 施工工期长

3. 檐口抹灰；压顶板抹灰；勒角、散水、雨篷

4. 混凝土基层抹灰；泡沫混凝土板基层抹灰；保温板块材基层抹灰

5. 干粘石、剁假石、扒拉石、扒拉灰

6. 收缩对抹灰层的种种影响；使用要求；层数及用料

7. 三层素水泥浆及两层水泥砂浆交替抹压而成；一、三、五层为2mm；二、四层

8. 3～4mm 的均匀厚度；12～24h 后

9. 线型

10. 尺寸线、尺寸界线、尺寸起止符号

11. 工程需要；房屋底层室内地坪面

12. 下方或左侧；从左至右顺序；从下向上顺序；I、O、Z

13. 粗实线绘制；剖视方向的端部

14. 该详图的编号；本张图纸上

15. 详图的编号；被索引图样的图纸编号

16. M

17. 点

18. 长度不变；长度缩短；一个点

19. 正立投影面；侧立投影面

20. 形体的长度；形体的高度；形体的宽度

21. 建筑施工图；结构施工图；给水排水施工图；供暖通风施工图；电气照明施工图

22. 目录、总平面图和施工总说明；周围环境、施工技术要求

23. 基础、墙体（或柱）、结构、平面布置、建筑构造

24. 平面图、剖面图；土建施工图与设备施工图

25. 新建工程的性质与总平面布置；道路、场地和绿化等布置情况；新建工程或扩建工程的具体位置

26. 建筑物的总长度和总宽度；开间和进深的大小；砌墙和安装门窗的主要依据

27. 标高标注；台阶和室外地面标高；轴线的排列方向

28. 楼梯平面图、剖面图；建筑详图与结构详图；楼梯的类型、结构形式及梯段、栏杆扶手

29. 结构布置图和构件图；构件统计表和文字说明书；楼层结构的做法和各种构件之间

30. 预制板的规格、数量

31. 该通用板的型号即可；预制板的配筋图；编号中的文字、数字和字母的涵义

32. 受力钢筋的配置和弯起情况，注明编号、直径、间距；板底；板面；梁边到弯起点的距离

33. 梁的轮廓；虚线画出；钢筋的布置，支座情况以及标高、轴编号

34. 平面布置代号、大小和定位尺寸；结构标高

35. 熟悉、汇总、统一、建议

36. 施工人员、预算员、质检员；实施的可能性和现实性；难点、疑点

37. 建筑物结构及各类构配件的位置；墙柱和轴线；圈梁、门窗、梁板

38. 结构在不同功能时的装饰；装饰的要求；预埋件、预埋木砖、预留洞口

39. 结构材料及装饰材料；质量要求，产地及施工要求；防火材料、绝缘材料、保温材料以及外加剂

40. 预埋位置和预留洞口是否有矛盾；遗漏或交代不清

41. 自然

42. 空隙率

43. 施工生产影响较大；翘曲、裂纹；材料失效

44. 不低于0.85；不低于0.75

45. −15℃以下；20℃的温水中融化；冻融循环的次数越多

46. −15℃冻3h；15次循环

47. 材料的孔隙率、孔隙特征；不透水的；连通孔隙、孔隙率较大的

48. 采暖、空调不均衡时缓和室内温度；木地板的房间往往比混凝土地面的房间显得温暖舒适

49. 抗拉强度好；抗压强度高

50. 材料的成分、结构和构造；强度值；孔隙率及孔隙构造特征

51. 外力（荷载）

52. 受力不大的情况下；超过一定的限度之后；低碳钢

53. 作用达到一定限度后；明显的塑性变形作征兆的性质；石材、普通混凝土、砖、铸铁、玻璃

54. 硬度；耐磨性

55. 外力（荷载）；自然因素；物理作用、机械作用、化学作用和生物作用

56. 昆虫或菌类

57. 有机胶凝材料和无机（矿物）胶凝材料

58. 潮湿环境、地下工程及水中

59. 石灰石等以含碳酸钙为主的天然岩石；黏土、碳酸镁、硅石

60. 变成粉末状；加水消解；石灰的消解或熟化过程

61. 生石灰、消石灰粉；钙质石灰、镁质石灰、白云石石灰

62. 石灰砂浆、石灰水泥混合砂浆

63. 露天存放；也不宜过长；随到随化

64. 气硬性无机胶凝材料；资源丰富，生产工艺简单

65. 水量、加入的外加剂以及周围环境温度；卤化物、硝酸盐、水玻璃；硼砂、动物胶、亚硫酸盐纸浆废液

66. 2.5～2.7；800～1100；1250～1450

67. 18.6；60～80

68. 较好的防火性能；结晶水的蒸发而吸收热量

69. 溶解于水；空气中凝结硬化；不燃、不朽、耐酸

70. 二氧化碳反应生成硅胶；适量的促硬剂氟硅酸钠；耐水效力

71. 碳酸镁；煅烧磨细而制得的白色或浅黄色粉末

72. 植物纤维很好地胶结在一起；木丝、木屑混合制成菱苦土木屑地板、木丝板、木屑板

73. 水泥熟料、0～5%石灰石或粒状高炉矿渣、适量石膏磨细；波特兰

74. 50；25；25

75. 主要矿物成分；速度快、水化热高，凝结硬化快；早期强度

76. 水化反应速度慢，水化热很低；早期强度低而后期强度增进较高；后期强度

77. 具有可塑性的浆体，然后逐渐变稠失去塑性；终凝；初凝到终凝的过程；强度逐渐提高并变成坚固的石状物

78. 水化物已不能再溶解；胶体状态析出；慢慢失去塑性

79. 物理化学变化

80. 水化的快慢；越容易水化，凝结硬化越快

81. 充分水化，加快凝结硬化，并能减少多余水分蒸发所留下的孔隙；形成更紧密的结构；减少水灰比

82. 标准稠度时；拌合水量占水泥质量的百分率；28±2mm

83. 水泥熟料中的矿物成分、水泥细度、石膏掺量及混合材料掺量

84. 体积是否均匀变化

85. 体积不安定现象发生的；安定性不良

86. 水化初期（7d）内放出；水泥熟料的矿物组成、水灰比、养护温度和水泥细度

87. 溶解于软水；溶解度越大；水泥石中的石灰浓度降低；更为严重

88. 氢氧化钙和水化铝酸钙

89. 流动的淡水接触的；有水压力作用的；海水和矿物水作用的

90. 生成具有水硬性的胶凝材料；明显的水硬性；抗水性和抗蚀性大大增强

91. 32.5、32.5R、42.5、42.5R、52.5、52.5R

92. 20%～50%

93. 20%～40%

94. 特种水泥；硅酸盐矿物成分的硅酸盐系水泥；铝酸盐系水泥

95. 原325、32.5级、42.5级、52.5级

96. 86%

97. 工具的清洁；不同强度等级、不同白度的水泥须分别存运

98. 建筑物的内外表面装饰；水磨石、水刷石及人造大理石；地面、楼板、楼梯、墙面、柱子；混凝土、彩色砂浆及各种装饰部件

99. 32.5、37.5、42.5

100. 300；20

101. 30；60；6；18

102. 产生微量膨胀的水泥；膨胀性物质（如水化硫铝酸钙）

103. 400、500、600

104. 不同品种、强度等级、出厂日期；分库存放；不应超过10袋

105. 10%～20%；15%～30%；25%～40%

106. 35%；15%～25%；8%～15%

107. 50%～60%

108. 0.25；0.25%～07；0.7%～1.3

109. 1.2×10^{-5}；$(1.0\sim1.5)\times10^{-5}$；基本能同步进行；温度变化热胀冷缩不同

110. 最好是搭设水泥库房；干燥，地势要高；雨水不能流向库房内；水泥地面或在砖地上铺上油毡并脚手板

111. 木板搭设下空平台；不少于20cm高；苫布盖严、压好；不可一次进料过多

112. 石灰水、菜胶；生石膏、盐

113. 中、粗相结合更佳；修补、勾缝；粒径过小，拌制的砂浆收缩率大，易开裂

114. 施工组织图的平面布置

115. 8；6；4；2～4

116. 10；15；20；30

117. 浇些水或加覆盖保护；相应的劳动保护措施

118. 依排板图，以颜色协调，花纹相近似；面对面、背对背

119. 非光面的无光板、细琢面板和精毛面板材；立体感

120. 选砖样框；两个不同间隔尺寸木条的选砖样框；一块木板，贴邻钉制

121. 152mm×152mm；98mm×98mm

122. 釉面砖和通体抛光砖；腐蚀、耐酸碱能力；坚实，耐久性

123. 提前浸泡，阴干后

124. 色彩丰富，图案多样；一定要注意防潮；造成脱纸而无法使用

125. 乳液、108胶、903胶、925胶、界面剂胶、水玻璃、防水剂（粉）、防冻剂；设计要求，有计划地适时进场

126. 手压和电动；喷刷；基面、底部润湿；加水所用

127. 抹灰、修理；双层窗的窗档，线角喂灰

128. 纸筋灰面层的压光；压光时，不会把墙压糊（变黑）。

129. 灰饼时吊垂直和用来检验墙柱等表面垂直度；1.5～2cm；8～12cm；1.5～3m；60～120cm；工作内容和部位

130. 制作阳角和线角；方靠尺、一面八字靠尺和双面八字靠尺；木料和使用

131. 分格；梯形；工程要求；木料；泡透水

132. 10mm筛、8mm筛、5mm筛、3mm筛；砂子、豆石；干粘石

133. 选室外后室内，先地面后顶墙，从上至下；合理地、有条不紊地、科学地

134. 桂线、做灰饼、充筋

135. 垂直度和平整度；垂直度和平整度；找方来决定

136. 平整不能倾斜、扭翘，上下两灰饼在一条垂直线上；一个小钉；要离开灰饼面1mm；若干灰饼

137. 夹角处捋一道素水泥浆或素水泥

138. 正方形；把阳角捋光；捋过的印迹压平；1∶2

139. 底子灰后；前；后进行；立面垂直；光滑平整，线角清晰、丰满、平直；均匀一致

140. 要多抹出几条灰梗；从前开始向后逐条刮平，搓平

141. 是否浇水润湿和浇水量；从上至下通喷一遍；水泥砂浆底子灰上不要喷水

142. 易造成底子灰变形；素浆勒不进底子灰中也不利于修理和压光；不变形而又能压出灰浆时

143. 缓凝物和水拌成溶液；筛在溶液内；产生小颗粒

144. 钢板抹子；钢压子；边洒水边竖向压光；线角清晰美观

145. 1∶3石灰砂浆打底；1∶2.5石灰砂浆抹面；干燥程度酌情浇水湿润

146. 抹好的灰条作为标筋；横向抹，也可竖抹；平整，薄厚一致，抹纹顺直

147. 1mm；1～1.5m；5cm；1∶3 水泥砂浆

148. 捆在一起浸泡在米条桶内；重物把米厘条压在水中泡透

149. 一条直线上（高低和薄厚两个方向）；同一垂直线上（左右和薄厚两个方向）；薄厚方向要在同一垂直线上；一平；平行，不能倾斜

150. 从最上一步架的左边大角；1∶2.5 水泥砂浆；粘好的米厘条一平

151. 上脸底部；正贴八字尺；8mm；1∶2 水泥砂浆（砂过 3mm 筛）填抹在靠尺和上脸底

152. 隔离剂、油毡、纸片；铲刀铲除掸；10%火碱水清刷

153. 高得多；小得多；平整度误差一般比砖墙

154. 1∶2∶1 水泥石灰砂浆；1∶3∶9 水泥石灰混合砂浆；1∶3∶9 混合砂浆或纸筋灰浆

155. 1∶3 水泥砂浆；1∶1∶6 或 1∶3∶9 混合砂浆；1∶3 石灰砂浆

156. 1∶2.5 水泥砂浆；1∶3∶9 或 1∶0.5∶4 混合砂浆；1∶2.5 石灰砂浆

157. 抹子的运动方向与前进方向；拉抹和推抹；左侧向右侧拉抹；右侧向左侧推抹；速度稍快，但费力；稍慢，但比较省力

158. 垂直涂抹；最好纵抹；横抹；2mm

159. 六七成干时，用 1∶1∶6 水泥石灰砂浆做中层找平；顶棚各抹出一抹子宽灰条后；钢板抹子溜一下作为抹中间大面灰层

160. 较高的板块坡；10%；5%；15%的水泥 108 胶浆

161. 1∶0.5∶1 的；2mm；1∶3；1∶3∶9；3mm；1∶2；5mm

162. 是否符合要求；过大或过小；松动、不牢固

163. 水分含量过大，板条遇水易膨胀，干燥后又收缩；易产生垂度；4～5 度为宜；3～4 度为好

164. 产生颤动；坠落而影响质量

165. 3～4

166. 1∶2 水泥砂浆；粗砂为好；3%；32.5 的普通水泥

167. 四周墙上弹线，拉上小线；中间要设挑线

168. 及时、适时；起不到每遍压光应起到；比较费力，而且破坏其凝结硬化过程

第三节　技师抹灰工选择题

一、选择题

1. 抹灰，是装修工作中一个重要的工作内容。随着建筑业的飞速发展，建筑市场上新材料、新工艺不断出现，并随着人们生活水平的提高，人们对装饰标准、装饰档次的要求也不断提高，所以对抹灰工作也有着新的、更高的________。

A. 质量要求；　　B. 数量要求；　　C. 工作要求；　　D. 服务要求。

2. 通过高质量的抹灰工艺施工过程，可以提高房屋的________，给用户一种舒适、温馨的惬意。

A. 使用寿命；　B. 使用性能；　C. 使用效率；　D. 使用功能。

3. 普通抹灰分底层、面层两层时，每层厚度约在________mm，总厚度不越过 17mm。

A. 1～2；　B. 2～3；　C. 5～8；　D. 8～12。

4. 普通抹灰分为底层、中层、面层三层时，底、中层砂浆每层厚度在________mm，面层用纸筋灰或玻璃丝灰分两遍抹成，厚度应控制在 2～3mm，总厚度为 20mm。

A. 8～12；　B. 1～2；　C. 2～3；　D. 5～8。

5. 高级抹灰应分为底层、中层、面层，总厚度为________mm。

A. 25；　B. 30；　C. 18；　D. 20。

6. 室外抹灰的底层是用抹子薄薄刮抹一层水泥砂浆或聚合物水泥砂浆，亦可不用抹子而是用扫帚头蘸稠度为________度的水泥砂浆或聚合物灰浆向基层上甩毛糙。

A. 5～6；　B. 7～8；　C. 9～10；　D. 11～12。

7. 点画线每一线段的长度应大致相等，约等于________mm。

A. 2～8；　B. 10～14；　C. 15～20；　D. 21～25。

8. 虚线的线段及间距应保持长短一致，线段长约________mm，间距约 0.5～1mm。与另一线相交时也应交于线段处。

A. 15～18；　B. 10～13；　C. 7～9；　D. 3～6。

9. 总平面图常用比例为 1∶500，1∶1000，________。

A. 1∶2000；　B. 1∶1500；　C. 1∶2500；　D. 1∶1800。

10. 标高符号的具体画法为一等腰三角形，高约________mm。

A. 2；　B. 3；　C. 4；　D. 5。

11. 常用构件楼梯板用代号为________。

A. YB；　B. MB；　C. TB；　D. GB。

12. 常用建筑材料图例如砂、灰、土，其图例为________。

A. ；　B. ；　C. ；　D. 。

13. 抹灰工程质量检验评定标准，经计算合格率为________时可定为合格。

A. 80%～90%；　B. 85%～95%；　C. 95%～100%；　D. 70%～80%。

14. 抹灰工程质量检验评定标准，经计算合格率在________%以上为优良。

A. 80；　B. 90；　C. 85；　D. 95。

15. 装饰抹灰工程质量验收标准，立面垂直度，用 2m 垂直检测尺检查，假面砖允许偏差不应大于________mm。

A. 3；　B. 4；　C. 5；　D. 6。

16. 有排水要求的部位应做滴水线（槽）。滴水线（槽）应整齐顺直，滴水线应内高外低，滴水槽的宽度和深度均不应小于________mm。

A. 6；　B. 8；　C. 9；　D. 10。

17. 架子上的料具堆放，要分散有序，有能集中堆放，一般每平方米不能超过________kg。

A. 270；　　B. 280；　　C. 290；　　D. 300。

18. 抹灰工所使用的架子，其中小横杆间距不得大于________m，而且不能滑动。

A. 3；　　B. 2；　　C. 2.5；　　D. 2.8。

19. 装饰抹灰工程质量验收标准，表面平整度，用2m靠尺和塞尺检查，水刷石允许偏差不应大于________mm。

A. 5；　　B. 6；　　C. 3；　　D. 4。

20. 抹灰工程应分层进行。当抹灰总厚度不小于________mm时，应采取加强措施。

A. 20；　　B. 25；　　C. 30；　　D. 35。

21. 装饰抹灰工程施工不同材料基体交接处，应采取防止开裂的加强措施，当采用加强网时，加强网与各基体的搭接宽度不应小于________mm。

A. 100；　　B. 80；　　C. 90；　　D. 70。

22. 冬期施工，在热作法施工过程中，要有专人对室内进行测温，室内的环境温度，以地面以上________cm处为准。

A. 40；　　B. 50；　　C. 60；　　D. 70。

23. 对麻刀等松散材料一定不要受潮，要保持________，膨松状态。

A. 无腐烂；　　B. 无杂质；　　C. 干燥；　　D. 干净。

24. 冬期热作法施工时，环境温度要在________℃以上，要把门窗事先封闭好。

A. 2；　　B. 3；　　C. 4；　　D. 5。

25. 氯化钠只可掺加在硅酸盐水泥及矿渣硅酸盐水泥中，不能掺入高铝水泥中，在天气温度低于________℃时不得施工。

A. －26；　　B. －27；　　C. －28；　　D. －29。

26. 冬期冷作法施工时，调制砂浆的水要进行加温，但不得超过________℃。

A. 38；　　B. 35；　　C. 36；　　D. 37。

27. 一般________m高以下的房间，应先喷下一步架，待下一步架刮平、搓平后，依搓平后的墙面为准，再喷抹上边剩余部分的灰浆，然后经托板托平，用大杠刮依下部抹好的墙为依据，把上部刮平。

A. 2.5；　　B. 3.0；　　C. 3.2；　　D. 3.5。

28. 机械喷涂操作，一般以________m宽，两筋间距之间的面积范围内为一个喷射段，一段一段从左向右依次喷射。

A. 1.5～2；　　B. 2～2.2；　　C. 1～1.2；　　D. 1.2～1.5。

29. 机械喷涂，在充筋时，墙高在________m以上的要每步架不少于一道筋。

A. 3.2；　　B. 3.5；　　C. 3.8；　　D. 4.0。

30. 机械抹灰，要在浇水湿润后的基层上进行充筋，充筋多为横筋，最下边横筋应在踢脚或台度上口________cm处。

A. 4；　　B. 5；　　C. 6；　　D. 7。

31. 古建筑的修缮，硬活的________可依部件的损坏程度不同决定是采用灰浆修补（轻微破损），还是采用灰浆做粘接层、砖雕榫接（较大的破损）来修复。

A. 换新；　　B. 整修；　　C. 修复；　　D. 修理。

32. 古建筑装饰施工，刮草坯要分层进行，每层厚度约为________mm，要刮堆至初具雏形，刮草坯的过程可理解为抹灰中的打底。

A. 2～4；　　B. 4～6；　　C. 6～8；　　D. 8～10。

33. 古建筑装饰施工，捣草坯即是制拌纸筋灰和纸筋水泥灰浆后，用柳叶等工具把灰浆依画出的轮廓线初堆出花饰全厚度的一半，作为花饰雏形________。

A. 垫层；　　B. 底层；　　C. 粘结层；　　D. 中层。

34. 室外花饰的制作，翻倒水泥砂浆花饰时，所用的水泥砂浆一般常采用________水泥砂浆。

A. 1∶1；　　B. 1∶2；　　C. 1∶3；　　D. 1∶4。

35. 室外花饰的制作，为了翻倒速度的提高，稠度值应不大于________度。一般以抓在手中稍能出稀浆即可。

A. 2；　　B. 3；　　C. 4；　　D. 5。

36. 如果是水刷石花饰，在翻倒花饰时，要用________的水泥米粒石灰浆。

A. 1∶2；　　B. 1∶1；　　C. 1∶1.5；　　D. 1∶1.1。

37. 修整后的花饰，要从多方角度观看，确认与图样无误后，要用________轻轻打磨光洁。

A. 砂纸；　　B. 砂布；　　C. 棉纱；　　D. 磨石。

38. 花饰的凹入部分极微细部分，如果无法用小工具压光时，要用________mm宽的扁刷或小油画笔轻轻抽打平整、光滑。

A. 3～5；　　B. 5～10；　　C. 10～15；　　D. 15～20。

39. 灰线抹灰，水泥砂浆的各层做法不同。其中第一道为粘结层，用水泥素浆薄薄抹一层约________mm厚。

A. 4；　　B. 3；　　C. 1；　　D. 2。

40. 灰线抹灰采用水泥石子浆时，常用的配合比为________水泥米粒石，或1∶1.05的水泥小八厘石子浆。

A. 1∶2.5；　　B. 1∶1.5；　　C. 1∶2；　　D. 1∶1。

41. 在门窗口贴脸灰线时，应先把口角的侧边与正面贴脸灰线及粘尺的部位先用________水泥砂浆打底。

A. 1∶3；　　B. 1∶2.5；　　C. 1∶2；　　D. 1∶1.5。

42. 室内抹灰线的分层做法，一般为四道。其中第二道为垫层，用________混合砂浆略掺麻刀。

A. 1∶1∶2；　　B. 1∶1∶4；　　C. 1∶4∶1；　　D. 1∶2∶4。

43. 灰线抹罩面灰时要分两遍进行。第一遍用普通纸筋灰，第二遍用过筛后的细纸筋灰，两遍厚度为________mm。要捋至棱角整齐、挺括、平直、光滑为止。

A. 4；　　B. 5；　　C. 2；　　D. 3。

44. 聚合物砂浆弹涂施工。色浆点面层干燥后，要用甲基硅树脂溶液在表面喷涂一层面层，以增加抗渗性和提高耐久性。甲基硅树脂溶液中应加入________的乙醇胺。

A. 0.2%～0.5%；　　B. 0.5%～0.8%；　　C. 0.8%～1%；　　D. 1%～3%。

45. 弹涂施工前如果是砖基层，可以在浇水湿润后，用________水泥砂浆打底，搓平、搓细。

A. 1∶3；　　B. 1∶2.5；　　C. 1∶2；　　D. 1∶1.5。

46. 聚合物砂浆弹涂，如果是钢筋混凝土基层，对于有局部不平整的，要在凸出部位剔平；低洼处用________水泥砂浆作局部垫平处理。

A. 1∶2；　　B. 1∶2.5；　　C. 1∶3；　　D. 1∶1.5。

47. 底层衬底涂刷后，可进行弹涂层施工，弹涂层灰浆的参考配合比（设计有要求时应按设计要求）为：白水泥∶水∶108胶∶颜料＝1∶0.45∶________∶适量。

A. 0.02；　　B. 0.05；　　C. 0.1；　　D. 0.2。

48. 聚合物砂浆滚涂面层完成后________ h，在表面喷一道有机硅水溶液，喷量视其表面均匀湿润为准。

A. 4；　　B. 8；　　C. 12；　　D. 24。

49. 聚合物水泥砂浆喷涂，面层如采用彩色水泥砂浆，配合比可依设计而定，如果设计无要求时，可依白水泥∶细骨料∶108胶∶甲基硅醇钠∶木质素磺酸钙＝1∶________∶（0.1～0.15）∶0.05∶0.003及颜料适量。

A. 2；　　B. 3；　　C. 4；　　D. 5。

50. 聚合物水泥砂浆喷涂时，要求喷枪速度均匀，一般喷枪要垂直于墙面，离开墙面________ mm左右。

A. 100～300；　　B. 300～500；　　C. 500～700；　　D. 700～900。

51. 聚合物砂浆滚涂。抹面层前应在底子灰上涂刷________%108胶溶液。

A. 20；　　B. 25；　　C. 30；　　D. 40。

52. 聚合物彩色水泥砂浆滚涂可用彩色水泥或用白水泥掺加不超过________%的耐光、耐碱的氧化铁系列颜料。

A. 8；　　B. 7；　　C. 6；　　D. 5。

53. 聚合物彩色水泥砂浆滚涂，骨料采用有一定颜色的中砂或色石渣石屑过________ mm筛。

A. 3；　　B. 4；　　C. 5；　　D. 6。

54. 混凝土坡道，可采用C________混凝土，随打随压。

A. 10；　　B. 15；　　C. 20；　　D. 25。

55. 防滑条坡道的施工：在光面水泥砂浆的基础上为防坡道过滑，在抹面层1∶2水泥砂浆时纵向每间隔________ mm镶一根短于坡道横向尺寸（两端各100～150mm）的米厘条。

A. 80～100；　　B. 100～150；　　C. 150～200；　　D. 200～250。

56. 糙面坡道是在铺设的坡道混凝土基层上，先用________水泥砂浆坡道的周边抹出一定宽度的镜面池，在中间大面上填抹水泥石渣或水泥豆石灰浆。

A. 1∶0.5；　　B. 1∶1；　　C. 1∶1.5；　　D. 1∶2。

57. 礓礤坡道又称搓极道、倒齿坡道（踏步）。抹面时要用四面光的长方形截面的靠尺，尺的宽度和厚度要依设计要求而定，如果设计无要求时，可采用厚度________ mm，宽为40～80mm，具体尺寸要依坡道的大小而定。

A. 6～10；　　B. 10～15；　　C. 15～20；　　D. 20～25。

58. 礓礤坡道小斜面抹上后，视干湿度如何，可以在小斜面上洒上________水泥砂子干粉吸一下水，而后用木抹子搓平，用钢抹子压光。

A. 1∶0.5；　　B. 1∶1；　　C. 1∶1.5；　　D. 1∶2。

59. 台阶抹灰，一般要求底子灰加上面层后要低于室内地面________mm。

A. 3～5；　　B. 5～10；　　C. 10～20；　　D. 20～30。

60. 台阶抹灰，如果是剁斧石面层，在抹面层时用水泥米粒石灰浆，养护后，在平面和立面的近阴阳角________处，弹上镜边控制线，斩剁时要符合设计要求。

A. 3mm；　　B. 4mm；　　C. 1mm；　　D. 2mm。

61. 阳台抹灰对于基层高得太多者要适当剔凿，过低的要在刮糙后，分层抹平，每层厚度不超过________mm，对于基层过光的应进行凿毛处理。

A. 10；　　B. 12；　　C. 15；　　D. 20。

62. 垛子抹灰，在打底前先在排垛两端最外的垛子外阳角的正面距地面________cm处做出灰饼，依所做的灰饼厚度，用缺口木板，分别做出两边上部的灰饼。

A. 10；　　B. 15；　　C. 20；　　D. 25。

63. 柱、垛抹灰，对混凝土基层上的油污、木丝等进行清除，而后用掺加________%乳液的水泥乳液聚合物灰浆刮抹粘结层。

A. 5；　　B. 10；　　C. 15；　　D. 20。

64. 雨篷抹灰，如果墙面是清水墙，要在雨篷上、墙根部抹上一道水泥砂浆________cm勒角，以防雨水淋湿下部砖体。

A. 50～60；　　B. 60～80；　　C. 10～20；　　D. 25～50。

65. 檐口抹面层灰前在打过底子灰的底面距底边阳角________mm处弹出一道粘米厘条控制线。

A. 20；　　B. 30；　　C. 40；　　D. 50。

66. 重晶石抹灰，使用的水泥应为强度等级________的普通硅酸盐水泥。

A. 32.5；　　B. 42.5；　　C. 22.5；　　D. 52.5。

67. 重晶石抹灰，所用的砂子一般采用中砂、砂子要洁净，含泥量少于________%。

A. 4；　　B. 5；　　C. 2；　　D. 3。

68. 用沥青胶泥沥青砂浆粘贴耐酸砖板，基层含水率不大于________%时，才能开始进行面层施工。

A. 12；　　B. 14；　　C. 15；　　D. 6。

69. 用沥青胶泥沥青砂浆粘贴耐酸板砖前，要在基层上先涂刷二道冷底子油。冷底子油是由破碎沥青加热熔化后，经冷却至________℃时，慢慢边注入汽油边搅动至均匀而成。

A. 100；　　B. 110；　　C. 140；　　D. 160。

70. 用沥青胶泥或沥青砂浆粘贴耐酸砖板，采用挤浆法，即在底层上铺略厚于结合层________mm的胶泥或砂浆，把砖（板）斜向挤至相应的位置，把浆挤入缝隙中，也使砖下结合层满饱的一种镶贴方法。

A. 1～2；　　B. 2～3；　　C. 3～4；　　D. 4～5。

71. 在施工中沥青胶泥不应低于要求温度：一般建筑石油沥青胶泥为________℃。如果施工现场环境温度低于5℃，应将板材加热至40℃。

A. 140；　　B. 160；　　C. 180；　　D. 240。

72. 用沥青胶泥或沥青砂浆粘贴耐酸砖（板），由于使用板材不同及施工方法不同，结合层和缝隙尺寸亦不同。一般挤浆法和灌浆法结合层厚度为________mm，个别板材为4～6mm。

A. 5～8；　　B. 1～2；　　C. 2～3；　　D. 3～5。

73. 耐酸饰面砖（板）镶贴的工作温度以________℃为宜。

A. 15～30；　　B. 30～35；　　C. 0～10；　　D. 10～15。

74. 耐酸板砖镶贴时，板材间的缝隙要控制在________mm。

A. 1～2；　　B. 2～6；　　C. 6～8；　　D. 8～10。

75. 在抹耐酸水磨石面层前要在基层上先用刷子涂刷一道耐酸胶泥，其配合比为：水玻璃：氟硅酸钠：耐酸粉＝1：0.15：________。

A. 4；　　B. 3；　　C. 1；　　D. 2。

76. 耐酸水磨石施工，待找平层抹光、干燥后，在找平层上依设计分格，弹出分格线，依分格线用水玻璃：氟硅酸钠：石英砂＝1：0.15：________的耐酸胶泥镶嵌分格玻璃条。

A. 1.2；　　B. 1.4；　　C. 1.5；　　D. 1.6。

77. 耐酸水磨石磨光时要先配制分子量为34.6的盐酸：水＝1：________的溶液代替水来对面层磨平、磨光。

A. 5；　　B. 6；　　C. 7；　　D. 8。

78. 在有酸性物质侵蚀的工作间外表面，涂抹耐酸砂浆，可以对酸性物质的侵蚀有________作用。

A. 保护；　　B. 抵抗；　　C. 损坏；　　D. 破坏。

79. 耐酸砂浆的参考配合比为：耐酸粉：耐酸砂：氟硅酸钠：水玻璃＝100：250：11：________。

A. 54；　　B. 64；　　C. 74；　　D. 84。

80. 耐酸砂浆搅拌后要在________min内用完，每次拌料量要有计划，以免浪费。

A. 60；　　B. 50；　　C. 40；　　D. 30。

81. 一般室内膨胀珍珠岩保温砂浆抹灰，底子灰的配合比为________石灰膨胀珍珠岩灰浆。

A. 1：4；　　B. 1：3；　　C. 1：2；　　D. 1：5。

82. 在室内抹膨胀珍珠岩保温砂浆，有时采用三层做法，只是厚度上应控制在每层________mm即可，并要在底层干燥后再浇水湿润后，进行中层和面层操作。

A. 8；　　B. 10；　　C. 12；　　D. 15。

83. 膨胀蛭石抹灰时，在基层上首先涂刷一道素石灰浆或素水泥浆。也可以刮抹一道1：2的水泥或石灰砂浆（砂子过3mm筛），厚度为________mm，作为粘结层。

A. 0.5～1；　　B. 1～2；　　C. 2～3；　　D. 4～5。

84. 膨胀蛭石抹灰，可用水泥蛭石灰浆或水泥石灰混合砂浆抹面，厚度为________mm。

A. 6；　　B. 8；　　C. 9；　　D. 10。

85. 膨胀蛭石抹灰，厚度要依设计而定，如设计无要求则不少于________mm。

A. 50； B. 60； C. 70； D. 80。

86. 防水五层做法，在基层上刮抹一道________mm厚的素水泥浆，用抹子反复抹压多遍后，稍待，在上边再抹一道素水泥浆，厚度为1mm，这两道素水泥浆合为第一层防水层，只不过是分两道完成。

A. 0.5； B. 1； C. 2； D. 3。

87. 碎拼石材，在打好底子的基层上用1∶2水泥砂浆（可掺加适量的108胶或乳液），在板材背面抹上厚________mm，抹平后可依事先设计方案或即兴发挥粘贴在底子灰上。

A. 3～5； B. 6～8； C. 8～10 D. 10～12。

88. 碎拼石材可以采用小缝（3mm以内），但一般多为大缝（________mm）；在采用大缝时，由于板材较厚，所以缝隙较深，勾缝时应分层填平。

A. 3～4； B. 4～6； C. 6～8； D. 8～10。

89. 自然拼缝是用水泥砂浆打底后，经划毛、养护后，在底子灰上用________水泥砂浆（掺加适量108胶或乳液），把大小不同、颜色各异、形状多样的石材板块拼粘在墙、地上。

A. 1∶2； B. 1∶2.5； C. 1∶3； D. 1∶1.5。

90. 冰裂纹施工只限于平面施工。这种________的成品效果更加趋于自然。如果施工得好，产生的效果会令人对施工方法发生兴趣，对施工技艺赞叹不已和对装饰技术有新的认识。

A. 施工计划； B. 施工方法； C. 施工方案； D. 施工技术。

91. 冰裂纹抹灰施工，多采用平缝，而且缝不宜太长，一般________mm为宜。

A. 1～3； B. 3～5； C. 5～8； D. 9～12。

92. 顶面的镶粘。对尺寸较大的板材，除在侧边钻孔外，还要在板背适当的位置，用云石机先割出矩形凹槽，数量适当，矩形槽入板深度以距板面不少于________mm为准。

A. 6； B. 8； C. 10； D. 12。

93. 板材采用干挂法施工。将调整好的板材要拧好膨胀螺栓，在孔上抹上环氧树脂。板与板之间留出________mm缝隙，在缝隙中嵌入膨胀嵌缝条。

A. 3～5； B. 5～7； C. 7～9； D. 9～11。

94. 在要安装板材的结构________，要预埋好钢钩或留有焊件，用以绑扎和焊接钢筋网。

A. 底层上； B. 基层上； C. 表面上； D. 面层上。

95. 板材采用安装法施工时，灌浆要逐层灌浆，最上一层灌浆的上口要低于板材上口________cm的高度，以利于上一行板材铜丝的绑扎和与上一行的首层灌浆一同完成。

A. 3； B. 4； C. 5； D. 6。

96. 板材镶贴采用粘贴法施工。适宜于板材长边不大于40cm、粘贴高度在________m以下时采用。

A. 5； B. 4； C. 3； D. 2。

97. 大理石、花岗石板材粘贴开始时，应在板材背面，抹上________水泥砂浆，厚度为10～12mm，稠度5～7度。

A. 1∶2；　　B. 1∶2.5；　　C. 1∶3；　　D. 1∶0.5。

98. 外墙面砖粘贴时，一般缝隙较大，（一般为________mm左右），所以排砖时，有较大的调整量。

A. 8；　　B. 10；　　C. 12；　　D. 15。

99. 外墙面砖的粘贴，即在基层湿润的基础上，用1∶3水泥砂浆（砂过3mm筛）刮________mm厚铁板糙（现在多采用稍掺乳液或108胶），第二天养护后进行面层粘贴。

A. 1；　　B. 2；　　C. 3；　　D. 4。

100. 外墙面砖面层粘结层采用1∶0.2∶2水泥石灰混合砂浆，稠度为________度。

A. 9～11；　　B. 7～9；　　C. 3～5；　　D. 5～7。

101. 铺贴缸砖应隔天勾缝，勾缝采用________水泥细砂砂浆。

A. 1∶1；　　B. 1∶2；　　C. 1∶2.5；　　D. 1∶3。

102. 缸砖的粘贴一般留缝比较大，约为________mm左右。

A. 1～5；　　B. 5～10；　　C. 10～12；　　D. 12～15。

103. 陶瓷地砖在施工中一定要留出一定缝隙。一般房间小时，缝隙也不必太大，可控制在________mm为宜。

A. 5～6；　　B. 4～5；　　C. 2～3；　　D. 3～4。

104. 陶瓷地砖铺贴在一些公共场所的商场、饭店等，则应把缝隙适当放大一些，控制在________mm左右，或再大一点。

A. 1～3；　　B. 3～4；　　C. 4～5；　　D. 5～8。

105. 陶瓷地砖镶铺时先在相应的部位抹上一道聚合物灰浆，涂抹的面积要大于板材面积。涂抹后要用靠尺刮平，涂抹的厚度应为板虚后高出设计标高________mm为宜。

A. 3；　　B. 4；　　C. 5；　　D. 6。

106. 水磨石板墙裙的粘贴，一般采用30cm×30cm以下尺寸的板材，而且粘贴高度一般不超过________m。

A. 1；　　B. 2；　　C. 3；　　D. 4。

107. 打毛灰的粘结层采用________的水泥石灰砂浆（砂过3mm筛），略掺麻刀或纸筋。

A. 1∶0.05∶0.5；　　B. 1∶0.1∶1；　　C. 1∶0.5∶1；　　D. 1∶1∶2。

108. 打毛抹灰可喷水养护，不可用水管直接浇水。一般养护期不少于________d。

A. 4；　　B. 1；　　C. 2；　　D. 3。

109. 甩毛抹灰灰浆的稠度要依设计而定。如果设计无要求时，可按甩毛的毛头大小而进行调整，一般在________度范围内。

A. 5～7；　　B. 7～8；　　C. 8～9；　　D. 10～11。

110. 甩毛抹灰面层灰浆可采用1∶2水泥砂浆或________水泥石灰混合砂浆以及1∶0.5∶4水泥石灰混合砂浆或1∶0.5∶1水泥石灰砂浆。

A. 1∶1∶3；　　B. 1∶1∶4；　　C. 1∶1∶5；　　D. 1∶1∶6。

111. 室内混合灰浆中拉毛的打底可用1∶3石灰砂浆或用________水泥石灰砂浆。

A. 1∶2∶4；　　B. 1∶1∶2；　　C. 1∶0.5∶4；　　D. 1∶1∶4。

112. 粘贴瓷砖时要先在底子灰上找规矩弹线。弹线时首先要依给定的标高或自定的标高在房间内四周墙上，弹一圈封闭的水平线，作为整个房间若干水平控制线的________。

A. 规定； B. 要求； C. 标准； D. 依据。

113. 要始终把所用的砖和灰浆，保持在________含水率和良好的和易性及理想稠度状态下进行粘贴，才能对质量有所保证。

A. 最佳； B. 最好； C. 合适； D. 最低。

114. 粘贴时用左手取浸润、阴干后的瓷砖，右手拿鸭嘴之类的工具，取灰浆在砖背面________cm厚，要抹平，然后把抹过灰浆的瓷砖粘贴在相应的位置上。

A. 1～2； B. 3～4； C. 5～6； D. 7～8。

115. 打毛抹灰，也称筛子毛，是古建筑工艺的一种，多用于柱、壁画、________的影壁等部位。

A. 宾馆； B. 办公楼； C. 庭院； D. 厨房。

116. 为了色彩丰富，在抹粘结层时可分几层色浆涂抹，而且各层均要有较协调的________变化。

A. 色彩； B. 染色； C. 彩色； D. 颜色。

117. 打毛抹灰可依面层刻画内容，对不同颜色的不同需要，分别在粘结层抹灰时的不同部位，涂抹不同________的砂浆。

A. 色彩； B. 彩色； C. 染料； D. 颜色。

118. 拉毛抹聚合物混合砂浆前要在底子灰上刮一道素水泥浆粘结层，以利拉毛灰与底子灰的粘结。紧随用水泥∶石灰∶砂＝________的水泥石灰砂浆略掺108胶拌合成的聚合物混合砂浆拉毛。

A. 1∶1∶1； B. 1∶0.5∶1； C. 1∶2∶1； D. 1∶2∶4。

119. 室外聚合物混合砂浆大拉毛的方法是：一手拿灰板，灰板上盛面层灰浆，用鸭嘴打灰，在粘结层上一拍一拉，拉出毛来。灰浆稠度为4度，拍拉的鸭嘴要与墙保持________°，呈直角垂直拍去。

A. 135； B. 180； C. 90； D. 45。

120. 一个工程要选定什么配合比稠度和种类的灰浆，用什么样工具和操作方法，要依________情况而定。

A. 特殊； B. 一般； C. 实际； D. 具体。

121. 扒拉灰操作时，钉刷划入面层的深度不能同扒拉石时一样，而要浅得多。而且要求面层凝结时间________一些，再进行扒拉时反而更便于操作和利于提高生产效率。

A. 稍长； B. 稍短； C. 稍快； D. 稍慢。

122. 扒拉石抹灰用素水泥浆抹一道______mm厚的结合层。

A. 0.2～0.5； B. 0.5～1； C. 1～2； D. 2～3。

123. 剁斧石抹灰，斩剁前要先在分格条周边量出2cm宽弹上线，斩剁时依弹线留出分格条周边______cm不剁，作为镜边，增加美观。

A. 4； B. 5； C. 2； D. 3。

124. 剁斧石抹灰，斩剁的方法是，使剁斧垂直于墙面剁向面层，一般应剁入石子粒径的______约1mm深。

A. 1/2；　　B. 1/5；　　C. 1/4；　　D. 1/3。

125. 扒拉石面层灰可用水泥∶绿豆砂=1∶2水泥绿豆砂（直径不大于5mm）灰浆或用水泥∶砂∶小八厘石子=______的水泥砂石子浆罩面。

A. 1∶0.5∶1.5；　　B. 1∶0.5∶2；

C. 1∶1.5∶0.5；　　D. 1∶2∶4。

126. 剁斧石面层采用______水泥石渣米粒石浆。

A. 1∶2；　　B. 1∶2.5；　　C. 1∶3；　　D. 1∶4。

127. 剁斧石抹面层灰前，要先用素水泥浆刮抹一道结合层，厚度约______mm。

A. 0.1～0.3；　　B. 0.3～0.5；　　C. 0.5～1；　　D. 1～2。

128. 窗台有顶面、底面、正立面和两个小侧面。特别是对底面的涂抹，要在打底后距正面______cm的底面，与正平行粘贴一根米厘条。

A. 4；　　B. 3；　　C. 2；　　D. 1。

129. 水刷石抹灰，在正常情况下，对抹好、修平的面层上，要进行刷汰水泥浆、压平石子的反复工作程序。方法是在面层稍吸水后，用刷子蘸水把表面的灰浆带掉至深于石子______mm左右。

A. 0.5；　　B. 1；　　C. 2；　　D. 3。

130. 水刷石抹灰，墙裙打底子时，底子灰的上口应比设计高度低______，以便抹面层石子灰浆时，上口能被水泥石子浆包盖住。

A. 0.5cm；　　B. 1cm；　　C. 2cm；　　D. 3cm。

131. 水刷石抹灰，水泥石子浆的配合比用小八厘石子时为水泥∶石子=______。

A. 1∶0.5；　　B. 1∶1；　　C. 1∶1.15；　　D. 1∶1.1。

132. 干粘石抹灰，在底子灰上涂刷______%水质量的108胶水溶液为结合层。

A. 5；　　B. 10；　　C. 15；　　D. 20。

133. 干粘石抹灰，垫层抹完后要用靠尺刮平，木抹子搓平。稍吸水后，在垫层上抹______mm厚，掺加水质量15%108胶的水泥108胶聚合物灰浆粘结层一道。

A. 1；　　B. 2；　　C. 3；　　D. 4。

134. 干粘石抹灰，正面灰浆抹完一段后紧随甩粘石子，侧面抹出一段后亦可同时甩粘石子，只要把侧面顺阳角甩粘出______cm后即可取下正面靠尺。

A. 5～10；　　B. 10～20；　　C. 20～30；　　D. 30～40。

135. 干粘石抹灰，甩石子后，用滚子将石子滚压平整，滚压牢固，拍压时要一抹子挨一抹子（一滚子挨一滚子），不要漏过，力度要适宜，石子嵌入灰浆不少于______粒径，轻重度要掌握均匀。

A. 1/5；　　B. 1/4；　　C. 1/2；　　D. 1/3。

136. 楼梯踏步的养护应在最后一道压光后的第二天进行，要在上边覆盖草袋、草帘等从保持草帘潮湿为度，养护期______内不得搬运重物在梯段中停滞、休息。

A. 3d；　　B. 7d；　　C. 10d；　　D. 14d。

137. 楼梯踏步抹灰，如果设计要求踏步带防滑条，可以在打底后在踏面离阳角______cm处粘一道米厘条，米厘条长度应每边距踏步帮3cm左右，米厘条的厚度应与罩面层灰厚度一致。

A. 2～4；　　B. 4～6；　　C. 6～8；　　D. 8～10。

138. 楼梯踏步抹灰，依打底控制线为据，向上平移______cm 弹出踏步罩面厚度控制线。

A. 1.0；　　B. 1.2；　　C. 1.5；　　D. 2。

139. 不发火地面抹灰，水泥珍珠岩灰浆的配合比为 1∶水泥∶珍珠岩＝______，稠度为 5 度。

A. 1∶0.1；　　B. 1∶0.5；　　C. 1∶1；　　D. 1∶2。

140. 不发火地面抹灰，水泥石屑浆的配合比为：水泥∶石屑＝1∶2，稠度为______度。

A. 2～3；　　B. 3～4；　　C. 4～5；　　D. 5～6。

141. 普通水磨石的磨平、磨光一般分三遍进行。其中第一遍用______号金钢石，磨至分格条清晰，石子均匀外露。

A. 60～80；　　B. 80～100；　　C. 100～150；　　D. 150～200。

142. 水磨石地面面层完成后要适时开始进行磨平、磨光，开磨时间受季节、气候、温度、环境等多种因素的影响，是比较复杂的问题。一般春秋季要在最后抹压后______h 以上。

A. 20；　　B. 30；　　C. 40；　　D. 50。

143. 水磨石地面，如果是撒石子，用滚子碾压，石子要散布均匀，碾压灰浆提出，再用抹子拍抹平整，抹平后的水泥石子浆应稍高于分格条______mm。

A. 0.5；　　B. 1；　　C. 1.5；　　D. 2。

二、选择题答案

1. A	2. B	3. C	4. D	5. A	6. B	7. C	8. D	9. A
10. B	11. C	12. D	13. A	14. B	15. C	16. D	17. A	18. B
19. C	20. D	21. A	22. B	23. C	24. D	25. A	26. B	27. C
28. D	29. A	30. B	31. C	32. D	33. A	34. B	35. C	36. D
37. A	38. B	39. C	40. D	41. A	42. B	43. C	44. D	45. A
46. B	47. C	48. D	49. A	50. B	51. C	52. D	53. A	54. B
55. C	56. D	57. A	58. B	59. C	60. D	61. A	62. B	63. C
64. D	65. A	66. B	67. C	68. D	69. A	70. B	71. C	72. D
73. A	74. B	75. C	76. D	77. A	78. B	79. C	80. D	81. A
82. B	83. C	84. D	85. A	86. B	87. C	88. D	89. A	90. B
91. C	92. D	93. A	94. B	95. C	96. D	97. A	98. B	99. C
100. D	101. A	102. B	103. C	104. D	105. A	106. B	107. C	108. D
109. A	110. B	111. C	112. D	113. A	114. B	115. C	116. D	117. A
118. B	119. C	120. D	121. A	122. B	123. C	124. D	125. A	126. B
127. C	128. D	129. A	130. B	131. C	132. D	133. A	134. B	135. C
136. D	137. A	138. B	139. C	140. D	141. A	142. B	143. C	

第四节　技师抹灰工简答题

一、简答题

1. 怎样当好一个抹灰工？
2. 抹灰的主要作用是什么？
3. 室内抹灰依部位不同分为哪些？
4. 抹灰按所用材料不同有哪些分类？
5. 什么是普通抹灰？
6. 什么是艺术抹灰？
7. 室内面层抹灰一般做法是什么？
8. 什么是绝对标高？
9. 投影法有哪些分类？
10. 平面的投影规律是什么？
11. 什么是投影的积聚性？
12. 施工图一般的编排顺序有哪些？
13. 审核图纸要经过哪四个步骤？
14. 什么是建筑材料的吸水性？
15. 什么是建筑材料的极限强度？
16. 石灰有何用途？
17. 建筑石膏的缺点是什么？
18. 建筑石膏的用途有哪些？
19. 水玻璃有哪些特性？
20. 菱苦土不用水调和而用氯化镁溶液为什么？
21. 水泥品种有哪些？
22. 硅酸盐水泥的矿物组成有哪些？
23. 什么是水泥的硬化期？
24. 用水量影响水泥凝结硬化的原因是什么？
25. 什么是水泥的凝结时间？
26. 水泥的凝结时间在施工中具有哪些重要意义？
27. 水泥的凝结时间国家标准规定是多少？
28. 影响水泥体积安定性的因素有哪些？
29. 为减轻或防止水泥石腐蚀，工程上常采用哪些措施？
30. 硅酸盐水泥的应用范围有哪些？
31. 硅酸盐水泥中掺加非活性混合材料能起哪些作用？
32. 国家标准对白色硅酸盐水泥有哪些规定？
33. 彩色水泥按其生产方法可为哪两类？各有什么特点？

34. 国家标准《快硬硅酸盐水泥》对快硬硅酸盐水泥的要求是什么？
35. 快硬水泥有什么特性？
36. 膨胀水泥有哪些分类？其特点是什么？
37. 硅酸盐膨胀水泥应符合《硅酸盐膨胀水泥》（建标 55—61）中哪些规定？
38. 为防止水泥受潮雨淋在储运时应采取哪些措施？
39. 抹灰用砂有何分类？其特点是什么？
40. 色石粒进场保管使用有哪些要求？
41. 抹灰前纸筋应作如何准备？
42. 面砖在使用前如何进行选砖？
43. 抹灰工程常用机械有哪些？
44. 施工前要做好哪些保障工作？
45. 抹灰施工对基层的缝隙如何处理？
46. 怎样用水泥砂浆抹护角？
47. 石灰砂浆如何充筋？
48. 装档抹灰如何进行？
49. 砖墙抹水泥砂浆，如何掌握浇水量？
50. 砖墙抹水泥砂浆如何抹面层？
51. 如何取出米厘条？
52. 如何使砖墙水泥砂浆面层颜色一致？
53. 混凝土墙抹水泥砂浆时，如何做结合层？
54. 板条、苇箔、钢板网墙抹灰时遇有门窗洞口时如何进行？
55. 加气板、砖抹灰如何进行刮糙？
56. 顶棚抹灰依基层不同可分为哪几种？
57. 顶棚抹灰时出现气泡如何处理？
58. 如果预制钢筋混凝土顶棚不抹灰，只须勾缝时，如何施工？
59. 现浇钢筋混凝土顶棚抹灰，中层灰找平如何施工？
60. 现浇钢筋混凝土顶棚抹灰，罩面层灰如何施工？
61. 地面抹灰根据所用材料不同可分为哪几种？
62. 水泥砂浆地面抹灰，如何做灰饼？
63. 水泥砂浆地面抹灰完成后如何进行养护？
64. 聚合物灰浆彩色地面面层依要求不同可分几道刮抹？
65. 水磨石地面，曲线图案分格条如何设置？
66. 水磨石地面磨平、磨光要经哪三遍进行？
67. 不发光地面应采用哪些建筑材料？
68. 楼梯踏步抹灰前应对基层作如何处理？
69. 楼梯踏步在抹灰操作中有什么技术要求？
70. 干粘石抹灰对粘好的分格条有哪些技术要求？
71. 干粘石抹灰具体做法是什么？
72. 水刷石抹灰如何抹面层水泥石子浆？

73. 扒拉石工艺如何在小面积上进行施工？
74. 怎样进行扒拉抹灰？
75. 室外聚合物混合砂浆大拉毛的方法是什么？
76. 甩毛抹灰有什么要求？
77. 什么是打毛抹灰？
78. 内墙瓷砖润砖时间过长或过短为什么不好？
79. 内墙瓷砖如何进行竖向排砖？
80. 内墙瓷砖如何进行横向排砖？
81. 内墙瓷砖铺贴如遇门窗口如何排砖？
82. 内墙瓷砖粘贴前如何进行弹线？
83. 内墙瓷砖粘贴后如何进行勾缝？
84. 陶瓷锦砖粘贴前其背面如何处理？
85. 陶瓷锦砖粘贴如何操作？
86. 什么是预制水磨石对称排砖法？
87. 预制水磨石踢脚板如何粘贴？
88. 缸砖粘贴方法有哪两种？
89. 缸砖粘贴后如何进行勾缝？
90. 外墙面砖的粘贴方法有哪两种？
91. 采用建筑胶粘贴外墙面砖如何操作？

二、简答题答案

1. 抹灰，是一项工程量大、施工工期长、劳动力耗用比较多、技术性要求比较高的工种。要学习和掌握这一技术，不但要刻苦努力钻研本工种的基本功，而且要经过反复实践，积累丰富的实践经验，特别是要掌握一定的建筑材料的性能、材质、鉴别的知识，以及材料与季节性施工的基本知识和基本的操作程序、相关的施工规范等。

2. 抹灰的主要作用不外乎两个：其一为实用，即满足使用要求，其二为美观，即要有一定的装饰效果。

具体地说，在室内通过抹灰可以保护墙体等结构层面，提高结构的使用年限，使墙、顶、地、柱等表面光滑洁净，便于清洗，起到防尘、保温、隔热、隔声、防潮、利于采光的效果，以至耐酸、耐碱、耐腐蚀、阻隔辐射等作用。

比如，室内的艺术抹灰（如灯光、灰线等）又会给人一种艺术上的享受和挡次上的感受；而室外抹灰，也可以使建筑物的外墙得到保护，使之增强抵抗风、霜、雨、雪、寒、暑的能力，提高保温、隔热、防潮的效果，增加建筑物的使用年限。

3. 室内抹灰依部位不同分为：顶棚抹灰，墙面抹灰，楼、地面抹灰，门窗口、踢脚、墙裙、水池、踏步、勾缝等抹灰。

4. 抹灰按所用材料不同分为水泥砂浆抹灰、石灰砂浆抹灰、混合砂浆抹灰、聚合物灰浆抹灰、麻刀灰浆抹灰、纸筋灰浆抹灰、玻璃丝灰浆抹灰、水泥石子浆抹灰、石膏灰浆抹灰、特种砂浆抹灰等。

5. 普通抹灰适用于简易住房和非居住房屋、一般民用住宅、普通商店、一般招待所、学校等房屋，以及地下室、普通厂房、锅炉房等。

普通抹灰是由底层和面层两层组成，分层刮平、修整、压实、压光；或是由底层、中层、面层共同组成。

普通抹灰要求设置标筋，分层修整压平、阳角找方、接搓平整，表面垂直，平整值不超过相应规范规定。

6. 艺术抹灰主要是用于高级建筑的室内、室外的局部。用模具扯出的复杂线型或用堆塑、翻模等方法制出的花饰一类的装饰艺术品在建筑物的阴、阳角或踢脚、门窗套、柱帽、柱墩、大梁等部位用以修饰和美化建筑物。不仅有明显的装饰性于外，而且又具强烈的艺术感寓内。

7. 室内面层一般采用石膏或水砂，一般分两遍相互垂直抹，第一遍多为竖抹，薄薄刮一层厚约 1mm，紧跟着横抹第二遍，然后修整、压平、压实、压光。

8. 绝对标高是以我国青岛黄海平均海平面作为标高零点，由此而引出的标高称为绝对标高。

9. 用投影表示物体的方法称为投影法，简称投影。投影分为中心投影和平行投影两大类。由一点放射光源所产生的投影称为中心投影，由相互平行的投射线所产生的投影称为平行投影。平行投影又分为斜投影和正投影。一般的工程图纸都是用正投影的方法绘制出来的。

10. 平面的投影规律是：

1）一个平面平行于投影面时，其投影是一个平面，且反映实形。

2）一个平面倾斜于投影面时，其投影是一个平面，但面积缩小。

3）一个平面垂直于投影面时，其投影是一条直线。

11. 一个面与投影面垂直，其投影为一条线。这个面上的任意一点、线或其他图形的投影也都积聚在这条线上；一条直线与投影面垂直，它的正投影成为一个点，这条线上任意一点的投影也都落在这一点上，这种特性称为投影的积聚性。

12. 施工图一般的编排顺序

一套施工图是由几个专业几张、几十张甚至几百张图纸组成的，为了识读方便，应按首页图（包括图纸目录、施工总说明、材料做法表等）总平面图、建筑施工图、结构施工图、给水排水施工图、采暖通风施工图、电气施工图等顺序来编排。

各专业施工图应按图纸内容的主次关系来排列，如基本图在前，详图在后；总体图在前，局部图在后；主要部分在前，次要部分在后；先施工的图在前，后施工的图在后等。

13. 审核图纸一般要经过以下四个步骤：

1）熟悉：各级技术人员，包括施工人员、预算员、质检员等，在接到施工图后要认真阅读，充分熟悉，并重点分析实施的可能性和现实性，了解施工的难点、疑点。

2）汇总：对提出的各类问题进行系统整理。

3）统一：对审核图纸提出的问题统一意见、统一认识。

4）建议：对统一后的意见，提出处理的建议。在会审时提出，并进行充分讨论，在征得设计单位和建设单位同意后，由设计单位进行图纸修改，并下达更改通知书后方可实施。

14. 材料在水中吸收水分且能将水分存留一段时间的性质称为吸水性。吸水性的大小常用吸水率 W 来表示。吸水率又分为质量吸水率与体积吸水率两种。

质量吸水率：材料吸收水分的质量与材料烘干后质量的百分比。其计算式为：

$$W_{\mathrm{m}}=\frac{m-m_{\mathrm{s}}}{m_{\mathrm{s}}}\times 100\%$$

体积吸水率：材料吸收水分的体积占烘干时自然体积的百分数，其计算式为：

$$W_{\mathrm{V}}=\frac{V-V_{\mathrm{s}}}{V_{\mathrm{s}}}\times 100\%$$

15. 强度是指材料在外力（荷载）作用下抵抗破坏的能力。当材料承受外力作用时，内部就产生了应力（即单位面积上的分布内力），随着外力的逐渐增加，应力也相应地增加，当应力增加到超过材料本身所能承受的极限值时，材料内部质点间的作用力已不能抵抗这种应力，材料即产生破坏，此时的极限应力值就是材料的极限强度，常用 R 来表示。

16. 石灰的用途很广有如下作用：

1）可制造各种无熟料水泥及碳化制品、硅酸盐制品等。

2）以石灰为原料可配制成石灰砂浆、石灰水泥混合砂浆等，常用于砌筑和抹灰工程。

3）在石灰中掺加大量水，配制出的石灰乳可用于粉刷墙面，若再掺加各种色彩的耐碱颜料，可获得极好的装饰效果。

4）由石灰、黏土配制的灰土，或由石灰、黏土、砂、石渣配制的三合土，都已有数千年的应用历史，它们的耐水性和强度均优于纯石灰膏，一直广泛地应用于建筑物的地基基础和各种垫层。

17. 建筑石膏的缺点是吸水性强，耐水性差。石膏制品吸水后强度显著下降并变形翘曲，若吸水后受冻，则制品更易被破坏。因此在贮存、运输及施工中要严格防潮防水，并应注意贮存期不宜过长。

18. 建筑石膏有如下用途：

1）工程中宜用于室内装饰、保温隔热、吸声及防火等。

2）建筑石膏加水调成石膏浆体，可用于室内粉刷涂料，加水、砂拌合成石膏砂浆，可用室内抹灰或作为油漆打底层用。

3）石膏板是以建筑石膏为主要原料而制成的轻质板材，具有质轻、吸声、保温隔热、施工方便等特点。

19. 水玻璃有如下特性：

1）水玻璃凝结硬化后具有很高的耐酸性能，工程上常以水玻璃为胶结材料，加耐酸骨料配制耐酸砂浆、耐酸混凝土。

2）由于水玻璃的耐火性良好，因此常用作防火涂层、耐热砂浆和耐火混凝土的胶结材料。

3）将水玻璃溶液涂刷或浸渍在含有石灰质材料的表面，能够提高材料表层的密实度，加强抗风化能力。

4）若把水玻璃溶液与氯化钙溶液交替灌入土壤内，则可加固建筑地基。

水玻璃混合料是气硬性材料，因此养护环境应保持干燥，存储中应注意防潮防水，不得露天长期存放。

20. 在使用时，菱苦土一般不用水调和而多用氯化镁溶液。因为菱苦土加水后，生成的氢氧化镁溶解度小，很快达饱和状态而被析出，呈胶体膜包裹了未水解的氧化镁微粒，使继续水化发生困难，因而表现为硬化后结构疏松，强度低。再则，氧化镁在水化过程中产生很大热量，致使拌合水沸腾，从而导致硬结后的制品易产生裂缝。采用氯化镁溶液拌和不仅可避免上述危害的发生，而且能加快凝结，显著提高菱苦土制品的强度。

21. 水泥的品种有如下几种：

1）按用途及性能可分为通用水泥、专用水泥和特种水泥三类。

2）依主要水硬性物质名称又可分为硅酸盐类水泥、铝酸盐类水泥、硫铝酸盐水泥等。

3）建筑工程中应用最广泛的是硅酸盐类水泥，常用有五大水泥，即硅酸盐水泥、普通硅酸盐水泥、矿渣硅酸盐水泥、火山灰质硅酸盐水泥和粉煤灰硅酸盐水泥。

22. 硅酸盐水泥的矿物组成，即主料在煅烧过程中其各种原料首先逐步分解为氧化钙、氧化硅、氧化铝及氧化铁。在更高的温度下，这些氧化物相化合，形成以硅酸钙为主要成分的熟料矿物。为得到具有合理矿物组成的水泥熟料，这四种主要的化学成分应控制在如下范围：

氧化钙（CaO）　64%～67%

氧化硅（SiO）　21%～24%

氧化铝（Al_2O_3）　4%～7%

氧化铁（Fe_2O_3）　2%～5%

此外，熟料中的有害成分游离氧化镁的含量不得超过5%。

23. 水泥硬化期，即由于凝胶的形成以及发展，使水泥的水化工作越来越困难，因此在凝结后，水泥中还存有大量未完全水化的颗粒，它们吸收凝胶体内的水分继续进行水化作用，使凝胶体由于水分渐渐干涸、脱水而趋于紧密。同时氢氧化钙及水化铝酸钙也由胶质状态转化为稳定的结晶状态，随着结晶体的增生和凝胶体的紧密，两者相互结合，使水泥硬化并不断增长强度。

总之，水泥的凝结、硬化过程，是一个长期而又复杂的、交错进行的物理化学变化过程。

24. 拌合水的用量，影响着水泥的凝结硬化。加水太多，水化固然进行得充分，但水化物间加大了距离，减弱了彼此间的作用力，延缓了凝结硬化；再者，硬化后多余的水蒸发，会留下较多的孔隙而降低了水泥石的强度。所以在工程中，减小水灰比，是提高水泥制品强度的一项有利措施。

25. 水泥的凝结时间是指水泥从加水拌合开始到失去流动性，即从可塑性状态发展到固体状态所需要的时间。

水泥的凝结时间，通常分为初凝时间和终凝时间。初凝时间是从水泥拌合起，至水泥浆开始失去可塑性所需要的时间；终凝时间是从水泥加水拌合起，至水泥浆完全失去可塑性并开始产生强度所需要的时间。

26. 水泥的凝结时间在施工中具有重要意义。根据工程施工的要求，水泥的初凝时间不宜过早，以便施工时有足够的时间来完成搅拌、运输、操作等；终凝时间不宜过迟，以便水泥浆的适时硬化，及时达到一定的强度，以利于下道工序的正常运行。

27. 水泥的凝结时间，国家标准规定：硅酸盐水泥的初凝时间不得早于45min，一般为 1～3h，终凝时间不得迟于 6.5h；普通水泥初凝时间不得早于 45min，终凝不得迟于 10h。

28. 体积安定性是指水泥浆体在硬化过程中体积是否均匀变化的性能。

水泥中含有的游离氧化钙、氧化镁及三氧化硫是导致体积不安定现象发生的重要原因。此外，当石膏掺量过多时，也会引起安定性不良。

29. 为减轻或防止水泥石腐蚀，工程上常采用以下措施：

1）针对工程所处的环境特点，选用适当品种的水泥。

2）尽量提高水泥制品本身的密实度，减少侵蚀性介质的渗透作用。

3）将水泥制品在空气中放置 2～3 个月，使其表层的氢氧化钙形成碳酸钙硬壳，以增加抗水性。

4）当环境的腐蚀作用较强时，可在水泥制品表面设置耐腐蚀性强且不透水的沥青、合成树脂、玻璃等材料，以隔离侵蚀介质与水泥制品的接触。

30. 硅酸盐水泥的应用有如下范围：

1）硅酸盐水泥强度等级高，常用于重要结构的高强度混凝土和预应力混凝土工程。

2）硅酸盐水泥凝结硬化快，早期强度高，适用于对早期强度有较高要求的工程。

3）硅酸盐水泥的抗冻性较好，在低温环境中凝结与硬化较快，适用冬期施工及严寒地区遭受反复冰冻的工程。

4）硅酸盐水泥的水化热较高，故不宜用于大体积的混凝土工程。

31. 硅酸盐水泥中掺加非活性混合材料主要起以下作用：非活性混合材料又称填充材料，不具有活性，与水泥成分不起化学反应或化学反应微弱。非活性材料掺入水泥中，主要起调节水泥强度、节约水泥熟料及降低水化热等作用。凡不含有害成分，具有足够细度，又不具有活性的矿物粉料，均可作为非活性材料。常用的非活性混合材料有：磨细石、砂、石灰石、黏土、白云石、块状高炉矿渣、炉灰以及其他与水泥无化学反应的工业废渣。

32. 国家标准对白色硅酸盐水泥作如下规定：

1）熟料中氧化镁的含量不得超过 4.5%。

2）水泥中三氧化硫的含量不得超过 3.5%。

3）细度：0.080mm 方孔筛筛余量不得超过 10%。

4）凝结时间：初凝不得早于 45min；终凝不得迟于 12h。

5）安定性：用沸煮法检验必须合格。

6）强度：白水泥共分有原 325、32.5、42.5、52.5 四个强度等级。

7）白度：三级为 75%、二级 80%、一级 84%、特级 86%。

33. 彩色硅酸盐水泥，简称彩色水泥，按其生产方法可分为以下两种：

1）为白水泥熟料加适量石膏和碱性颜料共同磨细而制得。以这种方法生产彩色水泥时，要求所用颜料不溶于水，分散性好，耐碱性强，具有一定的抗大气稳定性能，且掺入水泥中不会显著降低水泥的强度。通常情况下，多使用以氧化物为基础的各色颜料。

2）彩色硅酸盐水泥，是在白水泥生料中加入少量金属氧化物，直接烧成彩色水泥熟料，然后再加入适量石膏磨细而成。

34. 国家标准《快硬硅酸盐水泥》对快硬性硅酸盐水泥有以下要求：

1）熟料中氧化镁含量不得超过5%。若水泥经蒸压安定性试验且合格，则熟料中氧化镁的含量允许放宽到6.0%。

2）水泥中三氧化硫的含量不得超过4.0%。

3）细度：在0.080mm方孔筛上的筛余量不得超过10%。

4）凝结时间：初凝不得早于45min；终凝不得迟于10h。

5）安定性：用沸煮检验必须合格。

6）强度：快硬水泥的强度等级分有32.5、42.5、52.5三种。

35. 快硬水泥具有早期强度增进率较高的特性，其3d抗压强度可达普通水泥28d的强度值，后期强度仍有一定的增长，因此最适用于紧急抢修工程、冬期施工工程以及制造预应力钢筋混凝土或混凝土预制构件等。由于快硬水泥的水化热较普通水泥大，故不宜在大体积工程中使用。

36. 膨胀水泥按胶凝材料的不同，膨胀水泥可分为硅酸盐型、铝酸盐型和硫铝酸盐型三类；按膨胀水泥的膨胀值及用途的不同，又可将其分为收缩补偿水泥和自应力水泥两类。

收缩补偿水泥的膨胀性能较弱，膨胀时所产生的压应力大致能抵消干缩所引起的拉应力，工程上常用于减少或防止混凝土的干缩裂缝。自应力水泥，主要是依靠水泥本身的水化而产生应力，这种水泥所具有的膨胀性能较强，足以使干缩后的混凝土仍有较大的自应力。自应力水泥主要用于配制各种自应力钢筋混凝土。

37. 硅酸盐膨胀水泥应符合《硅酸盐膨胀水泥》（建标55—61）中的规定：

1）细度：用4900孔/cm^2标准筛，其筛余量不得大于10%；

2）凝结时间：初凝不得早于20min，终凝不得迟于10h；

3）体积安定性：蒸煮试验和浸水28d后，体积变化均匀；

4）不透水性：在8个大气压作用下完全不透水；

5）强度：以28d的抗压、抗拉强度划分为400、500、600三个标号（硬练标号）。

38. 水泥储运应注意以下问题：

1）须按不同品种、强度等级、出厂日期等分别存运不得混杂。散装水泥要分库存放，袋装水泥的堆放高度不应超过10袋。

2）水泥储存时间按规定不能超过时间。超过6个月的水泥应重新检验，重新确定强度等级。

3）运输时应采取散装水泥专用车或棚车为运输工具，以防雨雪淋湿。

4）储存时，要求仓库不得发生漏雨现象，水泥垛底离地面30cm以上，水泥垛边离墙壁20cm以上。

39. 抹灰用砂分类如下：

1）普通砂依产源不同可为：

山砂，是由石头风化而成，一般颗粒粗糙，质地较酥松；

河砂，经河水冲洗，颗粒较圆滑，质地坚硬，是抹灰的理想用砂；

海砂，亦是颗粒圆滑，质地比较坚硬，但含盐，使用前应进行处理。

2）砂依不同粒径又可分别为：

粗砂，粒径在0.5mm以上；

中砂，粒径在0.35～0.5mm；

细砂，粒径在0.25～0.35mm；

再细的称面砂。

40. 色石粒是制作干粘石、水刷石、水磨石、剁斧石、扒拉石等的水泥石子浆的骨料。色石进场后，不同颜色要分类堆放。使用前要经挑选，选出草根、树叶等杂物，然后放在筛子里用水冲洗干净。在散放席子上晾干后，用苫布盖好，以免被风吹等掺入尘土，要保持清洁、干爽，以备使用。

41. 纸筋是面层灰浆中的拉结材料，分为干、湿两种。干纸筋在使用前要挑去杂质，打成小碎块，在大桶内泡透。泡纸筋的桶内最好要放一定量的石灰，搅拌成石灰水，纸筋在浸泡过程中要经多次搅动，使纸筋中的砂、石子等硬物下沉。搅拌灰浆时只取用上部纸筋，最下沉淀层不能使用。纸筋灰的搅拌最好在使用前一周进行，而且搅拌后的纸筋灰要过小钢磨，磨细后使用。

42. 面砖在进场后，使用前要进行选砖。

1）选砖时颜色的差别可通过目视；

2）面砖变形的误差可通过目视与尺量相结合的方法；

3）尺寸大小的误差和方正与否可通过自制的选砖样框来挑选。面砖与选砖样框的缝隙要同样大小。

4）大砖、小砖、标准砖要分别堆放，不要搞混。

43. 抹灰工程常用机械有：砂浆搅拌机、混凝土搅拌机、灰浆机、喷浆泵、水磨石机、无齿锯、云石机、卷扬机等。

44. 抹灰开始前，如有不安全的因素，一定要提前做好防护。如施工洞口等要铺板和挂网。室外作业的脚手架要检查、验收，探头板下要设加平杆，架子要有护栏和挂网，并且护栏的下部要有竖向的挡脚板。架子要牢固，不能有不稳定感，以保证安全操作。

45. 抹灰施工对基层缝隙的处理：

对预制板顶棚缝应提前用三角模吊好，灌注好细石混凝土，且提前用1∶0.3∶3混合砂浆勾缝。

如果是板条或苇箔吊顶要视其缝隙宽度是否合适和有无钉固不牢现象，对于轻型、薄型混凝土隔墙等，视其是否牢固，缝隙要提前用水泥砂浆或细石混凝土灌实。

门、窗口的缝隙要在做水泥护角前用1∶3水泥砂浆勾严。

46. 在抹水泥砂浆护角时，可以在底层水泥砂浆抹完后第二天进行抹面层1∶2.5水泥砂浆，也可在打底后稍收水后即抹第二遍罩面砂浆。在抹罩面砂浆时阳角要找方，侧面（膀）与框交接部位的阴角要垂直，要与阳角平行。抹完后用刮尺刮平，用木抹搓平，用木抹搓平，用钢抹子溜光。如果吸水比较快，要在搓木抹子时适当洒水，边洒水边搓，要搓出灰浆来，稍收水后用钢板抹子压光，用阳角抹子把阳角捋光。随手用干刷子把框边残留的砂浆清扫干净。

47. 石灰砂浆充筋具体方法是在上下两个相对应的灰饼间抹上一条宽10cm、略高灰饼的灰梗，用抹子稍压实，而后用大杠紧贴在灰梗上，上右下左或上左下右的错动直到刮至与上下灰饼一平。把灰梗两边用大杠切齐，然后用木抹子竖向搓平。如果刚抹完的灰梗吸水较慢时，要多抹出几条灰梗，待前边抹好的灰梗已吸水后，可从前开始向后逐条刮平、搓平。

48. 装档要分两遍完成，第一遍薄薄抹一层，视吸水程度决定抹第二遍的时间。第二遍要抹至与两边筋一平。抹完后用大杠依两边充筋，从下向上刮平。刮时要依左上→右上→左上→右上的方向抖动大杠。也可以从上向下依左下→右下→左下→右下的方向刮平。如有低洼的缺灰处要及时填补刮平。待刮至完全与两边筋一平时稍待用木抹子搓平。

49. 砖墙抹水泥砂浆墙体湿润浇水量要适当。浇水多者，容易使抹灰层产生流坠，变形凝结后造成空鼓；浇水不足者，在施工中砂浆干得过快，不易修理，进度下降，且消耗操作者体能。应依季节、气候、气温及结构的干湿程度等。比较准确地估计出浇水量。如果没有把握，可以把基层浇至基本饱和程度后，夏季施工时第二天可开始打底；春秋季施工要过两天后再进行打底。也可以根据浇水后砖墙的颜色来判断，浇水的程度是否合适。

50. 砖墙抹面层水泥砂浆时，为了与底层粘结牢固，可以在抹面前，在底子灰上刮一道素水泥粘结层，紧跟抹面层1∶2.5水泥砂浆，抹面层时要依分格块逐块进行，抹完一块后，用大杠依米厘条或靠尺刮平，用木抹子搓平，用钢板抹子压光。待收水后再次压光，压光时要把米厘条上的砂浆刮干净，使之能清楚地看到米厘条的棱角。压光后可以及时取出米厘条。

51. 抹灰压光后可以及时取出米厘条，其方法是用鸭嘴尖扎入米厘条中间后，向两边轻轻晃动，使米厘条和砂浆产生缝隙时轻轻提起，把分格缝内用溜子溜平，溜光，把棱角轻轻压一下。米厘条也可以隔日取出，特别是隔夜条不可马上取出，要隔日取出。这样比较保险而且也比较好取。因为米厘条干燥收缩后，与砂浆产生缝隙，这时只要用刨锛或抹子根轻轻敲振后即可自行跳出。

52. 砖墙水泥砂浆面层有时为了颜色一致，在最后一次压光后，可以用刷子蘸水或用干净的干刷子，按一个方向在墙面上直扫一遍。要一刷子挨一刷子，不要漏刷，使颜色一致，微有石感。

53. 混凝土墙抹水泥砂浆做结合层时，可采用15%～20%水重量的水泥108胶浆，稠度为7～9度。也可以用10%～15%水重量的乳液，拌合成水泥乳液聚合物灰浆，稠度为7～9度。用小笤帚头蘸灰浆，垂直于墙面方向甩粘在墙上，厚度控制在3mm，也可以在灰浆中略掺细砂。甩浆要有力、均匀，不能漏甩，如有漏甩处要及时补上。

54. 板条、苇箔、钢板网墙抹灰时遇有的窗洞口时，要在抹粘结层灰时，用头上系有20～30cm长的麻丝的小钉，钉在门窗洞口侧面木方上。在刮抹粘结层灰浆时，把麻钉的麻刀燕翘形粘在粘结层上，刮小砂子灰时，可用1∶3水泥砂浆略加石灰麻刀或1∶1∶4混合砂浆略掺麻刀。中层找平可用1∶3水泥砂浆或1∶0.3∶3混合砂浆略掺麻刀。面层用1∶2.5水泥砂浆或1∶0.3∶3混合砂浆抹护角。

55. 加气板、砖抹灰刮糙厚度一般为5mm，抹刮时抹子要放陡一点。刮糙的配合比要视面层用料而定。如果是水泥砂浆面层，刮糙用1∶3水泥砂浆，内略加石灰膏或用石灰水搅拌水泥砂浆。如果是混合灰面层时，刮糙用1∶1∶6混合砂浆，而石灰砂浆或纸筋灰面层时，刮糙可用1∶3石灰砂浆略掺水泥。在刮糙六七成干时可进行中层抹灰找平。

56. 顶棚抹灰依基层不同，可分为预制钢筋混凝土顶棚抹灰，现浇钢筋混凝土顶棚抹灰、木板条吊顶抹灰和钢板网吊顶抹灰。

57. 顶棚抹灰如果有气泡时，要在稍收水后，用压子尖在气泡中间扎一下，然后在压子扎过的四周向中间压至合拢。如果气泡比较大经以上方法处理后仍有空起现象时，可以用压子夹成气泡周围，迅速、圆滑地划圈，把气泡挖掉。另用稠度值稍小一点同比例的砂浆补上去，如果该处基层经以上处理而比较湿，可以先薄抹一层后，用干水泥粉吸一下，刮去吸过水的干粉后再抹至一平即可。

58. 如果预制钢筋混凝土顶棚不抹灰，只须勾缝时，要扫净尘砂，有油污者用10%火碱水清洗后，用清水冲洗干净，把三角模板吊缝挤出的灰浆剔除，如果缝隙内的细石混凝土比较光滑时，要用掺加水质量15%108胶拌合的聚合物水泥胶浆，涂刷一道后，紧跟用1∶3水泥砂浆或1∶0.3∶3水泥石灰混合砂浆分层把缝隙填平，再用木抹搓平，要把缝隙边上楼板上的残留砂浆全部搓干净。待吸水后，用一份水泥一份石灰膏拌制的混合纸筋灰浆，在打过底的板缝薄薄罩上一遍，然后压一遍光，要把缝隙与接板边的接缝口压密实，吸水后压光。

59. 现浇钢筋混凝土顶棚抹灰，抹中层灰要先从阴角周边开始，依弹线在四周阴角边先抹出一抹子宽灰条来，然后用软尺刮平，用木抹子搓一下，再从四周先抹的灰条为标筋，抹中间大面灰，中层最好抹的方向与底层相垂直。水泥砂浆罩面时，中层灰采用1∶3水泥砂浆（砂过3mm筛）；混合砂浆罩面时，中层采用1∶3∶9或1∶1∶6混合砂浆；纸筋灰罩面时，中层可采用1∶3水泥砂浆或采用1∶3∶9水泥石灰混合砂浆均可。中层砂浆的厚度为3mm。中层大面抹完后，用软尺依四周抹好的标筋刮平，用木抹子搓平，待中层六七成干时进行罩面。

60. 现浇钢筋混凝土顶棚抹灰，罩面前可视中层颜色，决定是否洒水湿润，如果底子发白，要稍洒水湿润后方可抹面。水泥砂浆面层采用1∶2水泥砂浆；混合砂浆面层采用1∶1∶4或1∶0.5∶4水泥石灰混合砂浆，厚度均可控制在5mm左右；纸筋灰面层，用纸筋灰分两遍抹成，要求两遍要相互垂直抹，总厚度为2mm。面层抹灰也是先从四周边开始作标筋后，再抹中间大面的灰层，抹平、压光。

61. 地面抹灰根据所用材料不同可分为水泥砂浆地面抹灰、豆石混凝土地面抹灰、混凝土随打随压地面抹灰、聚合物彩色地面抹灰、菱苦土地面抹灰、水磨石地面抹灰等多种。

62. 水泥砂浆地面抹灰，做灰饼时要做纵向房间两边的，两行灰饼间距以大杠能搭及为准。然后以两边的灰饼再做横向的。灰饼的上面要与地平面平行，不能倾斜、扭曲。做灰饼也可以借助于水准仪或透明水管。做好的灰饼均应在线下1mm，各饼应在同一水平面上，厚度应控制在2cm。

63. 水泥砂浆地面抹灰完成24h后浇水养护，养护最好要铺锯末或草袋等覆盖物。养护期内不可缺水，要保持潮湿，最好封闭门窗，保持一定的空气湿度。养护期不少于5昼夜，7d后方可上人，亦要穿软底鞋，并不可搬运重物和堆放铁管等硬物。

64. 聚合物灰浆彩色地面面层依要求不同可分多道刮抹，一般分为三道成活。头道用掺加水泥质量30%108胶的水泥108胶浆，水灰比为0.4；第二道的比例为水泥∶颜料∶108胶=1∶0.05∶0.3，水灰比为0.4；第三道的配合比为水泥∶颜料∶108胶=1∶0.05∶0.2，水灰比为0.45～0.50。抹无砂地面的每道灰不能连续操作，每天最多只能进行一道。

65. 水磨石地面曲线图案分格条要在直线分格条镶嵌完毕后进行。镶嵌时先在底子灰上弹画好图案线，把铜条或铝条按图案形状弯好。然后在底子灰弹好的图案线上，用素水泥浆打点后，把弯好的铜、铝条放上去，依底子上弹画的图案线调整位置，依镶嵌好的直线条，用靠尺或拉小线的方法调好高低和平整。

66. 水磨石地面磨平磨光一般分三遍进行。第一遍用60～80号金刚石，磨至分格条清晰，石子均匀外露后，换100号金刚石再磨一遍，擦去水分，用同颜色的水泥浆擦揉一道，填平砂眼。第二遍用100～180号金刚石，磨至石子大面外露，表面光滑平整，擦晾干燥后，用同颜色水泥浆擦一道，将砂眼进一步填平。过3～5d进行第三遍磨光，用200～220号金刚石磨至表面洁净光滑、光亮。

67. 不发光地面的胶凝材料采用强度等级32.5的矿渣硅酸盐水泥或强度等级32.5的普通硅酸盐水泥，细骨料采用大理石或白云石石屑及膨胀珍珠岩；粗骨料采用大理石、白云石渣。材料进场后要作物理试验，达到要求的方能使用。

68. 楼梯踏步抹灰前，应对基层进行清理。对残留的灰浆进行剔除，面层过于光滑的应进行凿毛，并用钢丝刷子清刷一遍，洒水湿润。并且要用小线依一梯段踏步最上和最下两步的阳角为准拉直，检查一下每步踏步是否在同一斜线上，如果有过低的要事先用1∶3水泥砂浆或豆石混凝土，在涂刷粘结层后补齐，如果有个别不平的要采用剔高补低相结合的方法解决。

69. 楼梯踏步在抹灰操作中，踏面在宽度方向要水平，踢面要垂直（斜梯面斜度要一致），这样既可保证所要求的所有踏步宽度相等，踢面高度尺寸一致。防滑条的位置应采用镶米厘条的方法留槽，待磨光后，再起出米厘条镶嵌防滑条材料。

70. 干粘石抹灰，要求粘好的分格条要平直，不能扭翘，横向在一条水平线上，接头平齐，竖向在一条垂直线上。一面墙的所有横、竖分格条，要竖向在一个垂直面上。

71. 干粘石抹灰具体做法是：打好底子灰后，在底子灰上涂刷20％水质量的108胶水溶液为结合层，后跟抹粘结层，粘结层用10％～15％水质量的108胶拌合的水泥108胶聚合物灰浆，稠度为7～9度，分二遍抹成。第一遍薄薄抹一层，稍待后，抹第二遍，这遍要抹平，抹纹要极浅，两遍厚度为3mm。然后依设计分格的位置用浸过水的潮湿布条，粘在分格的位置后即可甩粘石子。石子经拍压后即可以把分格布条拉去，显现出分格线。

72. 依分格条填抹水泥石子浆。抹时要用力，从上到下，从左到右依次而抹，每抹之间的接搓要压平，抹完一个分格空间后，用小木杠轻轻刮平，低洼处补上水泥石子浆。用石头抹子拍平、拍实，从下向上用竖抹子捋一遍，以增加水泥石子浆的密度和粘结力。

73. 扒拉石工艺如果不是在大面墙上进行，而是在窗间墙、窗盘心等各小面积上施工时，为了提高工效，可以不必提前打底和进行底层养护等。可以在基层浇水润湿后，即打底、抹面层，随之进行面层扒拉。扒拉石完成后第二天用笤帚清扫浮尘，用水冲洗干净，起掉分格米厘条，把分格缝勾好，使之大面形成蜂窝状麻面，产生一种极强的立体感，镜面光，线条尖而挺括，美感极强。

74. 面层扒拉石抹灰是用自制的长15cm、宽6～7cm、厚1～1.5cm的红松木板，上钉满间距为5～10mm钉子的钉刷，在抹灰层表面依一定的方向或规律扒拉，使表面部分灰浆、石子经钉刷扒拉掉后，形成蜂窝状的麻面，产生一种极强的立体感，形成一种特殊的装饰效果。进行面层扒拉时，要统一方法，纹路要方向一致，划痕深浅要一致，行刷速度要均匀，扒拉时各分块要相近，硬度要相同。

75. 室外聚合物混合砂浆大拉毛的方法是，一手拿灰板，灰板上盛层灰浆，用鸭嘴打灰，在粘结层上一拍一拉，拉出毛来。灰浆稠度为 4 度，拍拉的鸭嘴要与墙保持 90°，呈直角垂直拍去。适当用力，以利粘结牢固。拉出时要大于 90°，稍向上扬一下，目的是因拉出的毛由于砂浆的自重产生下垂度不致太大，而呈现出大拉毛的挺感。如果要求垂感强烈些，可调整灰浆的稠度和拍拉时所用工具的角度。

76. 甩毛抹灰，甩粘面时毛头大小一致，疏密一致，薄厚一致，也要求毛头大小相同，疏密有致，薄厚错落。甩毛时工具与墙要保持 90°，要稍用力以增加粘结力。工具离墙要保持一定距离，工具不要碰墙，以免把先甩粘好的毛头碰坏。甩毛抹灰，立体感极强，自然、古朴、洒脱、天然感较强。

77. 打毛抹灰，待粘结层抹平溜光后，操作人员用左手拿住筛子，对准要打毛的部位（一般要从上到下，从左到右，依次打毛），右手抓起拌好的水泥砂干粉，向筛底抛打，干粉通过筛底筛过而比较均匀地浮粘在粘结层上。一个面层全部打完后，待干粉把粘结层的水分全部吸出后，干粉吸水变色，产生粘结力，与粘结层溶为一体时，可在浮绒表面，用柳叶等小工具，按设计构思或随意发挥，刻画出花、鸟、草、虫等图案。

78. 内墙瓷砖润砖时间过长或过短都不好，都会严重影响施工质量。

如果浸泡时间不足，砖面吸水力较强，抹上灰浆后，灰浆中的水分很快被砖吸走，造成砂浆早期失去，产生粘结困难或空鼓现象。

如果浸泡过长，阴晾不足时，灰浆抹在砖上后，砂浆不能及时凝结，粘结后易产生流坠现象，影响施工进度，而且灰浆与面砖间有水膜隔离层，在砂浆凝固后造成空鼓。所以掌握瓷砖的最佳含水率是保证质量的前提。应根据浸、晾时间、环境、季节、气温等多种复杂的综合因素，比较准确地估计出瓷砖最佳的含水率。

79. 内墙瓷砖竖向排砖的方法是：依砖块的尺寸和所留缝隙的大小，从设计粘贴的最高点、向下排砖，半砖放在最下边。再依排砖，在最下边一行砖的上口，依水平线返出一圈最下一行砖的上口水平线。这样竖向排砖已经完成。其竖向排砖的计算方法是，以总高度除以砖高加缝隙所得的高，为竖向要粘贴整砖的行数，余数为边条尺寸。

80. 内墙瓷砖横向排砖的方法是：如果采用对称方式时，要横向用米尺，找出每边墙的中点（要在弹好的最下一行砖上口水平线上画好中点位置），从中点按砖块尺寸和留缝向两边阴（阳）角排砖。如果采用的是一边跑的排砖法，则不需找中点，要从墙一边（明处）向另一边阴角（不显眼处）排去。排砖时可以通过计算的方法来进行。如横向排砖时一面跑排砖，则以墙的总长除以砖宽加缝隙，所得的商，为横向要粘贴的整砖块数，余数为边条尺寸。

81. 内墙瓷砖铺贴如遇门窗口的墙可按以下方法进行排砖：有时为了门窗口的美观，排砖时要从门窗口的中心考虑，使门窗口的阳角外侧的排砖两边对称。有时一面墙上有几个门窗口及其他的洞口时，这样要综合考虑，尽量要做到合理安排，不可随意乱排，或没有整体设想赶上什么算什么。要从整体考虑，要有理有据。

82. 内墙瓷砖粘贴前必须进行弹线。弹完最下一行砖的上口水平控制线后，再在横向阴角边上一列砖的里口竖向弹上垂直线。每一面墙上这两垂一平的三条线，是瓷砖粘贴施工中的最基本控制线，是必不可少的。另外应在墙上竖向或横向以某行或某列砖的灰缝位置弹出若干控制线亦是有必要的，以防在粘贴时产生歪邪现象。所弹的若干水平或垂直控制线的数量，要依整墙的面积、操作人员的工作经验、技术水平而决定。一般若墙的面积大，要多弹、墙的面积小，可少弹。操作人员经验丰富、技术水平高可以不用弹或少弹，否则需要多弹。

83. 内墙瓷砖粘贴完后，第二天用喷浆泵喷水养护。3d后可以勾缝。勾缝可以采用粘结层灰浆，也可以减少108胶的使用量或只用素水泥浆。但稠度值不可过大，以免灰浆收缩后有缝隙不严和毛糙的感觉。勾缝时要用柳叶一类的小工具，把缝隙填满塞实，然后捋光。一般多勾凹入缝，勾完缝后要把缝隙边上的余浆刮干净，再用干净布把砖面擦干净。最好在擦完砖面后，用柳叶再把缝隙灰浆捋一遍光。第二天用湿布擦抹养护，每天最少2～3次。

84. 陶瓷锦砖粘贴前，其背面应作如下处理。要把四张陶瓷锦砖，纸面朝下平拼在操作平台上，再用1∶1水泥砂子干粉撒在陶瓷锦砖上，用干刷子把干粉扫入缝隙内，填至1/3缝隙高度。而后，用掺加30%水重108胶的水泥108胶浆或素水泥浆，把剩下的2/3缝隙抹填平齐。这时由于缝隙下部有干粉的存在，与上可把填入缝隙上部的灰浆吸干，使原来纸面陶瓷锦砖软板，变为较挺括的硬板块。

85. 陶瓷锦砖粘贴时如何操作：即在粘结层用木抹子走平后，后边跟一人用双手捉住填过缝的陶瓷锦砖的上边两角，粘贴在粘结层的相应位置上，要以控制线找正位置，用木拍板拍平、拍实，也可以用平抹子拍平。一般要从上向下，从左到右依次粘贴。也可以在不同的分格块内分若干组同时进行。遇分格条时，要放好分格条后继续粘贴。每两张陶瓷锦砖之间的缝隙，要与每张内块间缝隙相同。粘贴完一个工作面或一定量后，经拍平、拍实调整无误后，可用刷子蘸水把表面的背纸润湿。过半小时后视纸面均已湿透，颜色变深时，把纸揭掉。

86. 预制水磨石对称排砖法，是先要找出一个房间中的两个方向中心线，一般以其中长向的中心线作为基准线，以两中心线的交点作为基准点。然后以板材的中心或边对准中心线（长向），以基准点为中心，板材与中心线（长向）平行方向按一定缝隙排砖，这种排砖方法相对两面墙边处的砖块尺寸相同且规矩，所以叫对称法。

87. 预制水磨石踢脚板的粘贴，开始粘时要先把两端板材以地面板材的尺寸裁好，在地面四周弹出踢脚板出墙厚度的控制线。把两端准备好的两块踢脚板的背面抹上1∶2水泥砂浆。砂浆的厚度为8～10mm，稠度为5～7度。把抹好砂浆的踢脚板依地面块相对应的位置，粘在基层上，用胶锤敲振密实，并与地面上所弹的控制线相符，且要求板的立面垂直。然后依两端粘好的踢脚板拉上小线，小线高度与粘好的踢脚板一平，水平方向要晃开两端粘好的踢脚板外棱1mm。然后，可依照所拉小线和所弹的控制线，把中间的踢脚板逐块粘好，用胶锤振实，调平、调直，完成一面墙后再进行第二面墙上的踢脚板。

88. 缸砖粘贴方法有以下两种：

1）是在打好底的底层上用1∶2水泥砂浆粘贴；

2）是采用聚合物灰浆粘贴。

89. 缸砖粘贴后第二天浇水养护，隔天勾缝。勾缝采用1∶1水泥细砂砂浆。稠度为3～4度。用小圆阴角抹子或12mm直径钢筋做成的溜子，勾成圆弧的凹入缝。缝隙中的砂浆要填满、填实，用溜子溜出光来，稍待吸水后，再溜压一遍。在溜缝过程中，如果吸水较慢，可在第一次溜出光后，在缝隙中撒上干水泥吸水变色后用溜子溜平、溜光。地面有地漏时，应在打底中找出坡度，流水要顺畅。边角及地漏附近的砖，要切割整齐，尺寸、形状合适。勾缝完成后第二天喷水养护。

90. 外墙面砖的粘贴方法有以下两种：

1）是传统的方法，是在基层湿润后，用1：3水泥砂浆（砂过筛3mm筛），刮3mm厚铁板糙，第二天养护后进行面层粘贴。面层粘结层采用1：0.2：2水泥石灰混合砂浆，稠度为5～7度。

2）采用掺加30%水质量108胶的水泥108胶聚合物灰浆或采用掺加20%水质量乳液的水泥乳液聚合物灰浆作为粘结层。

91. 采用建筑胶粘贴外墙面砖时，只需在砖背面打点胶，不须满抹，按压至基本贴底无厚度或微薄厚度。可以不必靠下部靠尺和拉横线，而直线从上到下，从左到右依次向下粘贴。如有有时稍有微量下坠时，可以暂时不必调整，而继续向前粘贴，待吸水或胶体凝固一些时，用手轻轻向上揉动至符合控制线即可。在采用建筑胶粘贴时，必须待底子灰干透后，方可进行。砖体也不必浸水。在贴完一面墙和一定面积后，可以勾缝。然后擦净，第二天喷水养护。

第五节　技师抹灰工计算题

一、试题

1. 某住宅的一个房间地面用水泥砂浆贴大理石板，房间轴线尺寸为3.3m×3.6m；门一个，尺寸为1.0m×2.4m；墙厚0.24m；选用大理石板规格为600mm×600mm×10mm；求人工工日和材料用量。

2. 有3间教室内墙（砖墙）面抹水泥混合砂浆，每间轴线尺寸6.3m×9m；每间有3个窗，窗尺寸为1.5m×1.8m；每间有2个门，门尺寸为1.0m×2.7m；教室净高3.4m；墙厚0.24m；求人工工日和材料用量。

3. 已知某堆黄砂的实际密度为2.6g/cm^3，堆积密度为1500kg/m^3。试求该堆黄砂的孔隙率是多少？

4. 已知抹灰用水泥砂浆体积比为1：4，求以重量计的水泥和砂子用量（砂空隙为32%）（砂表观密度为1550kg/m^3，水泥密度为1200kg/m^3）。

5. 某建筑物外墙面铺贴陶瓷锦砖，外墙总面积为3000m^2，门窗面积为1000m^2，定额为0.5562工日/m^2。因工期紧采用两班制连续施工，每班出勤人数共计46人。试求（1）计划人工数；（2）完成该项工程总天数。

6. 试计算1.3：2.6：7.4（沥青：石英粉：石英砂）耐酸沥青砂浆每立方米各种材料的净用量（已知：沥青的密度为1.1g/cm^3，石英粉和石英砂的密度均为2.7g/cm^3）。

7. 根据已提供的数据，计算抹灰工程频率和累计频率，并作排列图。一共检查500间房间，发现起砂10处，开裂20处，空鼓15处，不平整50处，其他质量问题5处。

8. 工料分析

定额编号			2—37	2—83	合 计
项 目			铺贴外墙面无釉面砖	柱面斩假石装饰	
计算单位			$10m^2$	$10m^2$	
工程量			408	12.6	
人工、工日	抹灰工	定额	7.35	8.6	
		合计			
	辅助工	定额	1.04	1.14	
		合计			
材料	32.5 级水泥（kg）	定额	158.7	166.4	
		合计			
	黄 砂（kg）	定额	325.8	230.3	
		合计			
	45mm×45mm无釉面砖（块）	定额	2050		
		合计			
	108 胶水（kg）	定额	0.15		
		合计			
	白石屑（kg）	定额		157.5	
		合计			
	木 材（m^3）	定额		0.0023	
		合计			

9. 某建筑物平屋面，有挑檐天沟，外墙轴线中到中为32400mm，墙厚度240mm，室外设计地坪标高为−0.45m，外墙裙高度为600mm，挑檐天沟底标高为+10.5m，外墙面上有钢窗SC1 1800mm×2100mm共17樘，大门2800mm×3000mm 2樘，雨篷2只，其水平投影尺寸为1000mm×3800mm。

试根据以上条件，计算外墙裙水泥抹灰及外墙面1∶1∶6混合砂浆抹灰的工程量（不考虑洞口的侧壁面积）。

二、试题答案

1. 解：

1）计算工程量

地面面积＝（3.3−0.24）×（3.6−0.24）＝10.28m^2

门洞口部分面积1.0×2.4＝2.4m^2

工程量合计＝10.28＋2.4＝12.68m^2

2）查定额表水泥砂浆贴大理石板楼地面子目，按下式分别计算相应的人、工日和各种材料用量。

综合工日＝工程量×相应人工定额

各种材料用量＝工程量×相应材料定额

（1）综合人工工日＝0.1052×23.86＝2.51 工日

（2）各种材料用量：

①大理石板＝0.1052×101.50＝10.68m^2

每块大理石面积＝0.6×0.6＝0.36m^2

大理石板块数＝10.68÷0.36＝30 块

② 1∶2.5 水泥砂浆＝0.1052×2.02＝0.22m^3

③素水泥浆＝0.1052×0.10＝0.011m^3

④白水泥＝0.1052×10＝1.05kg

3）查表 2-1 得 1∶2.5 水泥砂浆、素水泥浆的配合比，按下式分别计算原材料用量。

原材料用量＝组合材料用量×相应配合比

（1）1∶2.5 水泥砂浆：

32.5 级水泥用量＝0.22×490＝107.8kg

砂用量＝0.22×1.03＝0.23m^3

（2）素水泥浆：

32.5 级水泥用量＝0.011×1517＝16.7kg

（3）原材料用量汇总：

32.5 级水泥用量＝107.8＋16.7＝125kg

人工工日和材料用量为：

人工工日＝2.51 工日

大理石板＝30 块

32.5 级水泥＝125kg

白水泥＝1.05kg

砂＝0.23m^3

2. 解：

1）计算工程量

门面积＝1×2.7×6＝16.2m^2

窗面积＝1.5×1.8×9＝24.3m^2

墙周长＝（6.3－0.24）×6＋（9－0.24）×6＝88.92m

墙面积＝88.92×3.4＝302.33m^2

抹灰面积（工程量）＝302.33－16.2－24.3＝261.83m^2

2）查表 12-9 水泥混合砂浆砖墙子目，按下式分别计算相应的人工工日和各种材料用量。

综合工日＝工程量×相应人工定额

各种材料用量＝工程量×相应材料定额

（1）综合人工工日＝2.6183×13.73＝35.95 工日

（2）各种材料用量

①1∶1∶6 混合砂浆＝2.6183×1.62＝4.242m^3

②1∶1∶4 混合砂浆＝2.6183×0.69＝1.807m^3

3）查表 2-2、表 2-3 得 1∶1∶6 混合砂浆、1∶1∶4 混合砂浆的配合比，按下式分别计算原材料用量。

原材料用量＝组合材料用量×相应配合比

（1）1∶1∶6 混合砂浆：

32.5 级水泥用量＝4.242×204＝865.37kg

石灰膏用量＝4.242×0.17＝0.72m^3

砂用量＝4.242×1.03＝4.37m^3

（2）1∶1∶4 混合砂浆：

32.5 级水泥用量＝1.807×278＝502.35kg

石灰膏用量＝1.807×0.23＝0.42m^3

砂用量＝1.807×0.94＝1.70m^3

（3）原材料用量汇总：

32.5 级水泥＝865.37＋502.35＝1368kg

石灰膏＝0.72＋0.42＝1.14m^3

砂＝4.37＋1.70＝6.07m^3

人工工日和材料用量为：

人工工日＝35.95 工日

32.5 级水泥＝1368kg

石灰膏＝1.14m^3

砂＝6.07m^3

3. 解：

（1）单位换算 2.6g/cm^3＝2600kg/m^3

（2）$P=\left(1-\frac{1560}{2600}\right)\times 100\%=40\%$

答：该堆黄砂的孔隙率为 40%。

4. 解：

（1＋4）－4×0.32＝3.72

1÷3.72＝0.27（m^3）

则砂体积为：0.27×4＝1.08（m^3）

水泥体积为：0.27×1＝0.27（m^3）

砂用量：1.08×1550＝1674（kg）

水泥用量：0.27×1200＝324（kg）

5. 解：

（1）计划人工数：（3000－1000）×0.556＝1112（工日）

（2）总天数：1112÷46÷2＝12d

6. 解：

单位用量$=\frac{1}{1.3+2.6+7.4}=0.0885m^3$

沥青用量＝1.3×0.0885＝0.115m^3

石英粉用量＝2.6×0.0885＝0.230m^3

石英砂用量＝7.4×0.0885＝0.655m^3

$$每立方米耐酸砂浆重量=\frac{1\times1000}{\frac{0.115}{11}+\frac{0.23}{2.7}+\frac{0.655}{2.7}}=2985\text{kg}$$

沥青＝2985×0.115＝343kg

石英粉＝2985×0.23＝686kg

石英砂＝2985×0.665＝1985kg

7. 解：

项　目	不合格数	频率（%）	累计频率（%）
不平整	50	50	50
开　裂	20	20	70
空　鼓	15	15	85
起　砂	10	10	95
其　他	5	5	100
合　计	100		

8. 解：

定额编号			2—37	2—83	合　计
项　目			铺贴外墙面无釉面砖	柱面斩假石装饰	
计算单位			10m^2	10m^2	
工程量			408	12.6	
人工、工日	抹灰工	定额	7.35	8.6	
		合计	299.88	10.84	310.72
	辅助工	定额	1.04	1.14	
		合计	42.43	1.44	43.87
材料	32.5级水泥（kg）	定额	158.7	166.4	
		合计	6474.96	209.66	6684.62
	黄　砂（kg）	定额	325.8	230.3	
		合计	13292.64	290.18	13582.8
	45mm×45mm无釉面砖（块）	定额	2050		
		合计	83640		83640
	108胶水（kg）	定额	0.15		
		合计	6.92		6.12
	白石屑（kg）	定额		157.5	
		合计		198.45	198.45
	木　材（m^3）	定额		0.0023	
		合计		0.003	0.003

9. 解：

（1）外墙裙抹灰工程量

$S=(32.4+0.24)\times 0.6=19.584m^2$

（2）外墙面抹灰工程量

$L=32.4+0.24=32.64m$

$H=10.5+0.45-0.60=10.35m$

须扣除面积 $=1.8\times 2.1\times 17+2.8\times 3\times 2=81.04m^2$

则 $S=32.64\times 10.35-81.04=256.784m^2$

第六节　技师抹灰工操作技能题

一、扯灰线接阴角

1. 内容：扯顶棚与墙面灰线，接阴角。扯 3～4m 左右灰线，接一个阴角。

2. 时间要求：8h。

3. 使用的工具、设备、材料：一般常用工具、死模、喂灰板、接角尺、靠尺（钉子）、小铁皮、小线锤、粉线袋、排笔、水泥、砂子（出线灰砂子要求过 3mm 筛子孔）、石灰膏、纸筋灰（面层第二遍用细纸筋灰、石膏灰）等。

4. 操作要点及评分标准：

1）抹墙面的底、中层和顶棚的水平标志线。

2）弹下口水平线，按顶棚水平标志线，根据死模尺寸确定下靠尺位置，弹出四周墙面水平线。

3）用水泥纸筋灰、石膏或钉子等在墙面水平线上固定下靠尺，并留出上下模位置。

4）弹上靠尺位置线，将木模坐在四周角的下靠尺上，用线锤挂直线找正木模垂直线，定出上靠尺位置、弹线。

5）固定上靠尺方法与下靠尺相同。上下灰口适当，用死模进行试拉，以不卡不松为宜。要注意靠尺的尺寸位置应准确，靠尺要固定牢固。

6）清理后抹 1∶1∶1 混合砂浆粘结层，紧接着分层抹出 1∶1∶4 混合砂浆垫灰层。用死模扯垫灰层，基本成型后用模倒拉一次，以免卡模。

7）扯出线灰（1∶2 石灰细砂），稍干后用喂灰板上纸筋灰扯罩面层，第二遍用细纸筋（或用石膏灰浆）扯出。扯完后将模洗净，用空模扯光。注意扯面层灰时，模不准倒拉，扯模与喂灰动作要协调，步子要稳，使喂灰板依靠模的推动前进。

8）拆除上、下靠尺，切齐甩搓。

9）阴角处清理后，抹粘结层，垫灰层用接角尺以扯好灰线为依据使接角处灰线基本成型。

10）以同样地方用接角尺接出出线层、罩面层，应不显接搓，灰线交线和墙面交线在一个平面内。

考核内容及评分标准见表 4-1。

扯灰线（接阴角）

表 4-1

序号	测定项目	分项内容	满分	评分标准	检测点					得分
					1	2	3	4	5	
1	准备工作	靠尺位置正确	10	弹线、嵌条、钉模膏不正确每项扣4分						
2	表面	洁净清晰	20	表面毛糙、有接槎印每处扣4分						
3	尺寸	正确	15	大于3mm，每超1mm每处扣3分						
4	灰线	通顺	15	大于2mm，每超1mm每处扣3分						
5	攒角	和顺无接槎	20	接角不和顺，有接槎印，每处扣4分						
6	工艺	符合操作工艺	10	错误无分，局部错递减得分						
7	安全文明施工	安全生产、落手清	4	重大事故本次考核不合格，一般事故无分，事故苗头扣2分，落手清未做无分，不清扣2分						
8	工效	定额时间4h	6	每超时0.5h扣1分						
9	合计		100							

学号　　　　姓名　　　　　　教师签字　　　　　　　　　　　　　年　月　日

二、扯灰线接阳角

1. 内容：扯灰线接阳角，3～4m左右灰线，接一个阳角。

2. 时间要求：8h。

3. 使用的工具、设备、材料：扯灰线一般常用工具、死模、喂灰板、接角尺、靠尺（钉子）、小铁皮、小线锤、粉线袋、排笔、水泥、砂子（出线灰砂子要求过3mm筛子孔）、石灰膏、纸筋灰（面层第二遍用细纸筋灰、石膏灰），另需要方尺、铅笔、水平尺。

4. 操作要点及评分标准：

1）扯灰线同扯灰线接阴角内容。

2）过线：

（1）方尺靠在已成灰线的墙面上，用小线锤以顶棚灰线外口为准，挂下垂线，在方尺上端水平线上用铅笔做好标记。

（2）将方尺按在垛、柱上，根据方尺做好标记，挂垂直线，将灰线尺寸引到垛、柱顶棚上。

（3）画出垛、柱灰线的上口线。

（4）根据两面墙面已成型灰线，水平方向引出垛、柱的灰线下口线。

（5）校核，使柱、垛上的灰线尺寸一致。

3）抹各层灰浆，用接角尺使灰线成型。

操作时，注意不要使灰线超出上下画线，首先将两边阴角接好，再接阳角。阳角操作时要随时注意阳角方正，并使所有阳角交线在一个平面内。

考核内容及评分标准见表 4-2。

扯灰线（接阳角） **表 4-2**

序号	测定项目	分项内容	满分	评分标准	检测点					得分
					1	2	3	4	5	
1	表面	洁净、清晰	10	表面毛糙，接槎印每处扣 2 分						
2	攒角	和顺、无接槎	10	不和顺，接槎印每处扣 2 分						
3	阳角	垂直方正	25	大于 2mm，每超 1mm 扣 2 分						
4	灰线	通顺	10	大于 5mm，每超过 1mm 扣 2 分						
5	线角夹角	与墙角垂直一致	25	与墙夹角同一直线，大于 2mm，每超 1mm 扣 2 分						
6	工艺	符合操作工艺	10	错误无分，局部错递减得分						
7	安全文明施工	安全生产落手清	4	重大事故本次考核不合格，一般事故无法，事故苗头扣 2 分，落手清未做无分，不清扣 2 分						
8	工效	定额时间	6	每超时 0.5h 扣 1 分						
9	合计		100							

学号　　　　姓名　　　　教师签字　　　　年　月　日

三、水磨石操作

1. 内容：水磨石踢脚线 10m，普通水磨石地面和美术水磨石地面各 3～4m^2，有挑口的美术水磨石楼梯一个。

2. 时间要求：8h。

3. 使用的工具、设备、材料：一般常用工具、灰匙、水平尺、尼龙线、滚筒、磨石机、磨石、钢丝钳、靠尺板、毛刷、水泥（宜采用不低于 32.5 级）、石粒（大八厘、中八厘、小八厘三种）、颜料（掺入量不得大于水泥质量的 12%）、镶条（铜条或铝条、塑料条、玻璃条）、草酸（浓度为 5%～10%）、氧化铝、地板蜡或石蜡（0.5kg 配 2.5kg 煤油加热后使用）、松香水、鱼油。

4. 操作要点及评分标准：

1）做好现场准备工作，对使用工具、材料做到心中有数，对施工对象进行清理，按设计要求进行。

2）现制水磨石地面用 100mm 厚灰土做底层，用 50mm 厚的细石混凝土做垫层，刷素水泥浆一道，用 20mm 厚 1∶3 水泥砂浆做找平层，镶分格条，再用素水泥砂浆做粘结层，然后做水磨石面层。

3）现制水磨石楼面，首先清理基层，刷素水泥浆一道，用60mm厚1∶8水泥炉渣做底层，刷素水泥浆一道，用20mm厚1∶3水泥砂浆做找平层，再镶分格条，刷素水泥浆做粘结层，然后做10mm厚水磨石面层。

4）磨光时要先进行试磨，认真掌握开磨时间，磨光次数以不同类型磨光机的性能确定。

5）涂草酸抛光，要把磨面冲洗干净，经3～4d干燥后方可进行。

6）各道工序完成后，要认真清理现场，做到文明施工。

考核内容及评分标准见表4-3。

普通水磨石地面 **表4-3**

序号	测定项目	分项内容	满分	评分标准	检测点					得分
					1	2	3	4	5	
1	基层处理	清理基层	8	清理、湿润及扫浆符合要求						
2	分格条	平直清晰	10	深浅、宽窄一致，横平竖直，全长允许偏差3mm						
3	石粒浆配合比及稠度	配合比稠度	10	掌握不同石粒浆的配合比及适宜的稠度、目测						
4	石粒分布	均匀	14	石粒分布均匀，显露清晰，无明显接槎						
5	粘结牢固	牢固	13	各抹灰层粘结牢固，无起壳、裂缝，以2m直尺为检查单位						
6	表面平整	平整	13	表面平整，允许偏差2mm						
7	石粒表面	光滑	12	地面光滑，不得有细孔、砂眼、缺粒等现象，目测以$1m^2$为检测单位						
8	工艺	符合操作规范	10	错误无分，部分错递减得2分						
9	安全文明施工	安全生产、落手清	4	重大事故，本次考核不合格，一般事故扣4分，事故苗头扣2分；落手清未做无分，不清扣2分						
10	工效	定额时间	6	每超0.5h扣1分						
11	合计		100							

学号　　　　姓名　　　　　　教师签字　　　　　　　　　　年　月　日

四、墙面喷涂

1. 材料：水泥、石灰膏、细砂、108胶、甲基硅酸钠、硫酸铝溶液、木质素磺酸钙。

2. 机具：空气压缩机、喷斗、足够长的小气管一根及常用工具。

3. 操作内容及数量：

1）操作内容：墙面上喷底子涂料和粒状面层涂料。

2）操作数量：每人 $2m^2$ 一块墙面，在其长度方向设一条分格缝。

4. 时间定额：1h。

5. 考核内容及评分标准（见表 4-4）。

墙 面 喷 涂 **表 4-4**

序号	测定项目	分项内容	满分	评分标准	得分
1	颜　色	均匀程度	15	参照样板，全部不符无分，局部不符递减得 2 分	
2	花纹色点	均匀程度	25	参照样板，全部不符无分，局部不符递减得 2 分	
3	涂　层	漏涂程度	15	每处漏涂扣 3 分	
4	表　面	接槎痕	10	每处接槎痕扣 5 分	
5	面　层	透底程度	5	每处透底扣 2.5 分，严重透底序号 2 一项无分	
6	涂　料	流坠程度	5	每处流坠扣 2 分，严重流坠程序号 2 一项无分	
7	工　具	使用方法	5	错误无分，局部错递减得 2 分	
8	工　艺	符合操作工艺	10	错误无分，部分错递减得 2 分	
9	安全文明施工	安全生产、落手清	4	重大事故，考核不合格，一般事故扣 4 分，事故苗头扣 2 分；落手清未做无分，不清扣 2 分	
10	工　效	定额时间 1h	6	每超 0.5h 扣 2 分	
11	合　计		100		

学号　　　　姓名　　　　教师签字　　　　年　月　日

五、墙面拉毛

1. 材料：水泥、石灰膏、砂子。

2. 工具：铁抹子、木抹子、托灰板等常用工具。

3. 操作内容及数量：

1）操作内容：墙面混合砂浆中层抹灰及根据样板进行拉毛。

2）操作数量：每人 $2m^2$。

4. 考核内容及评分标准（表 4-5）。

5. 时间定额：1h。

墙 面 拉 毛　　表 4-5

序号	测定项目	分项内容	满分	分 项 内 容	得分
1	表 面	平 整	8	允许偏差 4mm	
2	立 面	垂 直	8	允许偏差 5mm	
3	面 层	空鼓、裂缝	9	严重空鼓、裂缝无分、局部空鼓裂缝适当扣分	
4	花纹斑点	均匀程度	30	参照样板，全部不符无分，部分不符适当扣分	
5	色 泽	均匀程度	20	参照样板，全部不符无分，部分不符适当扣分	
6	工 具	使用方法	5	错误无分，局部错适当扣分	
7	工 艺	符合操作工艺	10	错误无分，局部错适当扣分	
8	安全文明施工	安全生产落手清	4	重大事故，考核不合格，一般事故扣 4 分，事故苗头扣 2 分；落手清未做无分不清扣 2 分	
9	工 效	额定时间 1h	6		
10	合 计		100		

学号　　姓名　　教师签字　　年　月　日

六、抹方、圆柱出口灰线

1. 材料：水泥、砂子、石灰膏、石膏等。

2. 工具：一般常用工具、弧形抹子、靠尺和圆形套板等。

3. 操作内容及数量：

1）操作内容：抹方、圆柱灰线。

2）数量：方柱、圆柱各一根，高度 2m 左右，柱边长和直径可任意确定。

4. 时间定额：3h。

5. 考核内容及评分标准（表 4-6）。

抹方、圆柱出口灰线　　表 4-6

序号	测定项目	分项内容	满分	分 项 内 容	得分
1	表 面	光滑清晰	20	表面毛糙每处扣 4 分，接槎印、颜色不均匀每处扣 4 分	
2	灰 线	顺直尺寸正确	20	不顺直、尺寸不正确每处扣 4 分	
3	垂 直	符合规范要求	20	超出规范要求每处扣 4 分	
4	接 角	清晰无接槎	20	接槎印、毛糙每处扣 4 分	
5	工 艺	符合操作工艺	10	错误无分，局部错适当扣分	
6	安全文明施工	安全生产落手清	4	重大事故考核不合格，一般事故无分，事故苗头扣 2 分，落手清未做无分，不清扣 2 分	
7	工 效	定额时间 3h	6		
8	合 计		100		

学号　　姓名　　教师签字　　年　月　日

七、水刷石操作

1. 材料：石粒（大、中、小八厘）、玻璃、粒砂、普通水泥或白水泥、色粉、石灰膏、砂、分格条。

2. 工具：排笔刷、一般常用工具、喷雾器、粉线袋、水平尺等。

3. 操作内容及数量：

1）墙面水刷石 2～3m^2。

2）柱面水刷石 2m。

3）窗台水刷石一个。

4. 时间定额：4h。

5. 考核内容及评分标准（表 4-7）。

墙 面 水 刷 石　　表 4-7

序号	测定项目	分项内容	满分	评 分 标 准	检测点					得分
					1	2	3	4	5	
1	表　面	平　整	12	平面凹凸允许偏 3mm 大 1mm 一处扣 1 分						
2	立　面	垂　直	12	允许偏差 5mm，大于 1mm 扣 2 分						
3	阴阳角	垂　直	10	允许偏差 4mm，大于 1mm 扣 2 分						
4	阴阳角	方　正	8	允许偏差 3mm，大于 1mm 扣 1 分						
5	棱　角	顺　直	5	线条顺直清晰无缺角，一处不顺直扣 1 分						
6	石粒分布	均　匀	10	石粒均匀密实，脱粒一处扣 2 分，空洞一处扣 2 分，接缝痕一处扣 2 分						
7	分格条	横平竖直	8	全长允许偏差 3mm，大于 1mm 扣 2 分						
8	石粒冲刷	干净不掉粒	8	掉粒一处扣 1 分，一处不净扣 1 分						
9	分层粘结度	牢　固	7	起壳、裂缝、起泡各出现 1 处各扣 1 分						
10	工　艺	符合操作工艺	10	错误无分，部分错适当扣分						
11	安全文明施　工	安全生产落手清	4	重大事故考核不合格，一般事故扣 4 分，事故苗头扣 2 分落手清未做无分，不清扣 2 分						
12	工　效	客额时间 4h	6	超过 0.5h 扣 1 分						
13	合　计		100							

学号　　　　姓名　　　　　　教师签字　　　　　　　　　　　　年　月　日

八、斩假石操作

1. 材料：石粒、水泥、色粉、砂。

2. 工具：一般常用工具、斩假石常用工具、墨斗线、钢丝刷、扫帚等。

3. 操作内容及数量：

1）墙面斩假石，3～4m^2。

2）方柱面斩假石，2～3m^2。

4. 时间定额：4h。

5. 考核内容及评分标准（表 4-8）。

墙面斩假石 **表 4-8**

序号	测定项目	分项内容	满分	评分标准	得分
1	表面	平整	12	平面不应凹，允许偏差 3mm	
2	立面	垂直	12	阴阳角与窗头角垂直，允许偏差 4mm	
3	阴阳角	垂直	10	上下垂直一致，允许偏差 5mm	
4	阴阳角	方正	8	按 90°要求规方，允许偏差 3mm	
5	棱角	顺直	7	线条顺直、清晰，无缺角	
6	垛纹分布	均匀顺直	12	垛纹均匀顺直，深浅一致，无漏垛，以 1m^2 为检查单位	
7	分格条	平直	9	深浅宽窄一致，横平竖直，全长允许偏差 3mm	
8	分层粘结度	牢固	10	粘接牢固，无起壳、裂缝、起皱，以 1m^2 为检测单位	
9	工艺	符合操作规范	10	错误无分，部分错适当扣分	
10	安全文明施工	安全生产、落手清	4	重大事故，考核不及格，一般事故扣 4 分，事故苗头扣 2 分；落手清未做无分，不清扣 2 分	
11	工效	定额时间 4h	6		
12	合计		100		

学号　　　　姓名　　　　　　教师签字　　　　　　　　　　　　　年　月　日

九、镶贴面砖

1. 材料：水泥、砂子、(镶缝砂需过筛)、石灰膏、面砖等。

2. 工具：一般常用工具、托线板、线锤、靠尺、分格条、小铲刀、粉线袋或墨斗线、钢卷尺、切割机等。

3. 操作内容及数量：

1）操作内容：墙或柱镶贴面砖。

2）数量：墙面 2m^2 左右，柱 200mm×200mm，高 1.8m，左右一根（面砖规格采用 150mm×75mm×7mm）。

4. 时间定额：4h。

5. 考核内容及评分标准（表 4-9）。

墙（柱）面面砖 **表 4-9**

序号	测定项目	分项内容	满分	评分标准	得分
1	表　面	平　整	10	允许偏差 2mm	
2	表　面	整　洁	20	污染每块扣 2 分，缝隙不洁扣 1 分	
3	立　面	垂　直	10	允许偏差 2mm	
4	横竖缝	通　直	20	大于 2mm，每超 1mm 扣 2 分	
5	粘　接	牢　固	10	起壳每块扣 2 分	
6	缝　隙	密　实	10	缝隙不密实每处扣 1 分	
7	工　艺	符合操作规范	10	错误无分，局部错适当扣分	
8	安全文明施工	安全事故 落手清	4	重大事故，考核不及格，一般事故扣 4 分，事故苗头扣 2 分；落手清未做无分，不清扣 2 分	
9	工　效	定额时间 4h	6	超过 0.5h 扣 1 分	
10	合　计		100		

学号　　　　姓名　　　　教师签字　　　　　　　　　　年　月　日

十、镶贴陶瓷锦砖或玻璃锦砖

1. 材料：水泥、砂子（过筛）、纸筋灰、108 胶水、陶瓷锦砖或玻璃锦砖等。

2. 工具：一般常用工具、托线板、线锤、靠尺、刮尺、拨刀、木拍板、粉线袋或墨斗线、钢卷尺等。

3. 操作内容及数量：

1）操作内容：墙面镶贴陶瓷或玻璃锦砖。

2）数量：$1\sim2m^2$ 左右。

4. 时间定额：2h。

5. 考核内容及评分标准（表 4-10）。

陶瓷锦砖或玻璃锦砖墙面 **表 4-10**

序号	测定项目	分项内容	满分	评分标准	得分
1	表　面	平　整	10	允许偏差 2mm	
2	立面（泛水）	垂直（正确）	10	允许偏差 2mm {泛水不正确扣 5 分 倒泛水无分	
3	缝　隙	一　致	20	缝隙不密实每处扣 1 分，缝隙不均匀每处扣 1 分	
4	接　缝	平　直	20	大于 2mm 每超 1mm 扣 2 分	
5	陶瓷锦砖表面	完整整洁	10	缺棱掉角每处扣 1 分，表面污染每处扣 1 分	

续表

序号	测定项目	分项内容	满分	评分标准	得分
6	粘　接	牢　固	10	脱落起壳每处扣1分	
7	工　艺	符合操作规范	10	错误无分，局部错适当扣分	
8	安全文明施工	安全生产、落手清	4	重大事故考核不及格，一般事故扣4分，事故苗头扣2分；落手清未做无分，不清扣2分	
9	工　效	定额时间：2h	6		
10	合　计		100		

学号　　　　姓名　　　　教师签字　　　　年　月　日

十一、铺设大理石或预制水磨石地面

1. 材料：水泥、砂子、大理石或预制水磨石块材。

2. 工具：一般常用工具、刮尺、托线板或靠尺、橡皮锤、粉线袋或墨斗线、麻线、钢卷尺等。

3. 操作内容及数量：

1）操作内容：地面预制水磨石或大理石。

2）数量：$2m^2$ 左右。

4. 时间定额：3h。

5. 考核内容及评分标准（表4-11）。

大理石或预制水磨石地面　　　　**表4-11**

序号	测定项目	分项内容	满分	评分标准	得分
1	表　面	光　洁	10	表面不洁净、污染每处扣2分	
2	表　面	平　整	10	大于1mm每超过1mm扣1分	
3	缝　隙	平直、一致	20	缝隙大小不一，每条扣2分；大于2mm，每超1mm扣1分	
4	相邻接缝高低	一　致	20	大于0.5mm每处扣2分	
5	粘　接	牢　固	10	起壳每块扣4分	
6	泛　水	正　确	10	倒泛水本项无分	
7	工　艺	符合操作规范	10	错误无分，局部错适当扣分	
8	安全文明施工	安全生产落手清	4	重大事故考核不合格，一般事故扣4分，事故苗头扣2分；落手清未做无分，不清扣2分	
9	工　效	定额时间：3h	6		
10	合　计				

学号　　　　姓名　　　　教师签字　　　　年　月　日

十二、石膏花饰安装

1. 材料：纸筋灰、明胶、泡立水、油脂、木底板和挡胶板、石膏、麻丝、小木板条或竹片、白水泥、油膏、木螺钉、铜质螺钉或镀锌螺钉等。

2. 工具：塑花板（可用有机玻璃制作）、小铁皮、刷子、明胶加热工具或设备、钻子、锯子、凿子等。

3. 操作内容及数量：

1）操作内容：较简单图案花饰。

2）数量：小型单体花饰 1m 左右或较大花饰 1～2 只。

4. 时间定额：略。

5. 考核内容及评分标准（表 4-12）。

石 膏 花 饰 **表 4-12**

序号	测定项目	分项内容	满分	评 分 标 准	得分
1	图　案	尺寸正确	20	局部不正确每处扣 5 分	
2	表　面	光　洁	20	局部空隙粗糙每处扣 4 分	
3	接　缝	严密吻合	15	接缝不严密不吻合每处扣 3 分	
4	花饰位置	正　确	10	位置不正确无法	
5	线　条	流　畅	15	线条弯曲变形、不和顺每处扣 3 分	
6	工　艺	符合操作工艺	10	错误无分，局部错误适当扣分	
7	安全文明施工	安全生产、落手清	4	重大事故，本考核不及格，一般事故扣 4 分，事故苗头扣 2 分，落手清未做扣 4 分，不清扣 2 分	
8	工　效	定额时间	6	根据实际情况确定	
9	合　计		100		

学号　　　　姓名　　　　　　　　教师签字　　　　　　　　　　　　　　年　月　日

参 考 文 献

[1] 建筑专业《职业技能鉴定教材》编审委员会组织编写．抹灰工（初级）．北京：中国劳动社会保障出版社，2002.

[2] 建筑专业《职业技能鉴定教材》编审委员会组织编写．抹灰工（中级）．北京：中国劳动出版社，1999.

[3] 建筑专业《职业技能鉴定教材》编审委员会组织编写．抹灰工（高级）．北京：中国劳动出版社，1999.

[4] 建设部人事教育司组织编写．抹灰工（技师）．北京：中国建筑工业出版社，2005.

[5] 建设部人事教育司组织编写．抹灰工（初、中、高级）．北京：中国建筑工业出版社，2002.